Lernen leicht gemacht!

W0291861

Für Ihren optimalen Lernerfolg enthält dieses Buch ...

Basiswissen:
verständliche Texte, hilfreiche Grafiken und Tabellen

Beispiele:
Anwendungsszenarien aus der beruflichen Praxis

Wissenskontrollfragen:
das erworbene Wissen wiedergeben

Übungen:
das erworbene Wissen anwenden

Glossar:
die wichtigsten Fachbegriffe auf einen Blick

Anhang:
Formulare, Übersichten und Lernhilfen

Gesetzestexte:
die wichtigsten Gesetze als Beilage zum Buch

Lohnsteuertabelle:
Übungs-Lohnsteuertabelle zur Bearbeitung der Übungen

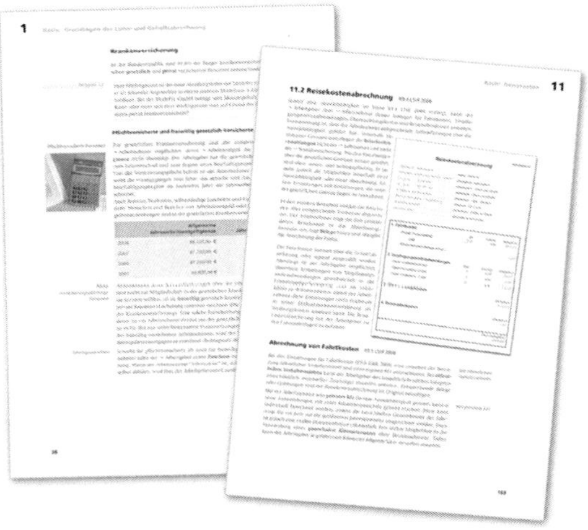

Was Sie wissen sollten ...

Damit unsere Unterrichtsmaterialien lebendig und lesbar bleiben, haben wir in dem vorliegenden Band auf Wortungetüme wie „LeserInnen" u. ä. verzichtet und stattdessen die männliche Form verwendet. Bitte haben Sie Verständnis für unser Vorgehen, liebe Leserin. Sie sind selbstverständlich ebenso gemeint, wenn wir z. B. von „dem Arbeitgeber" oder „dem Beschäftigten" sprechen.

Unser Unterrichtsmaterial soll Kursteilnehmenden helfen, Zusammenhänge zu erkennen und Verfahren zu erlernen - unabhängig von den im konkreten Einzelfall eingesetzten Rechenwerten. Aus didaktischen Gründen wurden daher die in Beispielen und Übungen verwendeten Lohnsteuerbeträge und Vorsorgeaufwendungen nicht aus der aktuellen Lohnsteuertabelle, sondern aus der beiliegenden Xpert Business Übungs-Lohnsteuertabelle ermittelt.

Bei der Ermittlung der Lohnsteuerbeträge wird in den Beispielen, wie auch in den Aufgaben, auf die Ermittlung der tatsächlichen Vorsorgeaufwendungen verzichtet. Es sind die beigefügten Muster-Lohnsteuertabellen (A und B) zu verwenden.

So kommen Sie weiter:

Dieses Buch führt Sie zum Xpert Business Zertifikat

Lohn und Gehalt 1

Dies ist u.a. Bestandteil folgender Abschlüsse:

Geprüfte Fachkraft Lohn und Gehalt

- Lohn und Gehalt 1 ☑
- Lohn und Gehalt 2 ☐
- Lohn und Gehalt 3 (EDV) DATEV oder Lexware ☐

Manager/in (XB) Betriebswirtschaft Rechnungswesen

- Finanzbuchführung 2 ☐
- Finanzwirtschaft ☐
- Kosten- und Leistungsrechnung ☐
- Controlling ☐
- Bilanzierung ☐
- Betriebliche Steuerpraxis ☐
- Lohn und Gehalt 1 ☑

Xpert Business Abschlüsse | Betriebswirtschaft

	Geprüfte Fachkraft (XB)				Buchhalter/in (XB)		Manager/in (XB)
XB Kurse	Finanzbuchführung	Internes Rechnungswesen	Externes Rechnungswesen	Lohn und Gehalt	Finanzbuchhalter/in *	Finanz- und Lohnbuchhalter/in	Betriebswirtschaft Rechnungswesen
Finanzbuchführung (1)	●	●					
Finanzbuchführung (2)	●		●		●	●	●
Finanzbuchführung (3) EDV	●				●	●	
Bilanzierung			●		● (alternativ)	● (alternativ)	●
Finanzwirtschaft		●			● (alternativ)	● (alternativ)	●
Kosten- und Leistungsrechnung		●			●	●	●
Controlling		●					●
Betriebliche Steuerpraxis			●				●
Lohn und Gehalt (1)				●			●
Lohn und Gehalt (2)				●		●	
Lohn und Gehalt (3) EDV				●		●	

* Zugangsvoraussetzung für Betriebs- und Fachwirtstudiengänge am Management-Zentrum Villingen, einem Unternehmen der HWK Konstanz.

Bitte informieren Sie sich bei Ihrer Volkshochschule, bei der Masterprüfungszentrale Xpert Business oder beim EduMedia-Verlag.

EduMedia-Verlag

Kundenservice
Tel. 05031 - 909800
E-Mail: info@edumedia.de
Website: www.edumedia.de

Masterprüfungszentrale
Xpert Business
Annegret Klose
Tel. 0711 - 7590036
E-Mail: klose@vhs-bw.de
Web: www.xpert-business.eu

So kommen Sie noch weiter:

Das Zertifikatssystem **Xpert Personal Business Skills** bietet Ihnen 12 berufsrelevante Weiterbildungskurse unterteilt in 4 Fachgebiete. Jeder der 12 Kurse kann mit einer Prüfung und einem Einzelzertifikat abgeschlossen werden.

Kombinieren Sie die Einzelzertifikate zu drei aufeinander aufbauenden Abschlüssen - ganz nach Ihrem individuellen Weiterbildungsbedarf.

Reden und verhandeln

Wirksam vortragen
Rhetorik 1

Erfolgreich verhandeln
Rhetorik 2

Erfolgreich verkaufen
Verkaufstraining

Zielgerichtet präsentieren

Overheadfolien und Bildschirmshows
am Computer erstellen und gestalten

Präsentationen
gekonnt durchführen

Xpert personal business skills

Effektiv planen und organisieren

Projekte realisieren
Projektmanagement

Zeit optimal nutzen
Zeitmanagement

Kompetent entscheiden
und verantwortungsbewusst handeln

Probleme lösen
und Ideen entwickeln

Gruppenprozesse moderieren

Konflikte lösen
Konfliktmanagement

Erfolgreich moderieren
Moderationstraining

Teams erfolgreich
entwickeln und leiten

Mögliche Abschlüsse:

Xpert Personal Business Skills	Für diesen Abschluss benötigen Sie 3 Einzelzertifikate aus mind. 2 Fachgebieten.
Xpert Personal Business Skills Pro	Für diesen Abschluss benötigen Sie 5 Einzelzertifikate aus mind. 3 Fachgebieten.
Xpert Personal Business Skills Master	Für diesen Abschluss benötigen Sie 5 Einzelzertifikate aus mind. 3 Fachgebieten, sowie eine Zusatzleistung (je nach Kurs z.B. eine Präsentation oder Projektarbeit).

Bitte informieren Sie sich bei Ihrer Volkshochschule, bei der Europäische Prüfungszentrale Xpert PBS oder beim EduMedia-Verlag:

EduMedia

EduMedia-Verlag

Kundenservice
Tel. 05031 - 909800
E-Mail: info@edumedia.de
Website: www.edumedia.de

Xpert personal business skills

Europäische Prüfungszentrale
Xpert Personal Business Skills
Udo Schneidereit
Tel. 0211 - 54214115
E-Mail: info@personal-business-skills.de
Web: www.personal-business-skills.de

Vorwort

Liebe Leserin, lieber Leser,

ich freue mich über Ihr Interesse an der Xpert Business Reihe. Der vorliegende Band wurde entwickelt, um Ihnen das Lernen im Kurs und zu Hause zu erleichtern. Er fasst den Lernstoff aktuell zusammen und hilft, das Mitschreiben zu minimieren. So kann Ihre wertvolle Aufmerksamkeit auf das Kursgeschehen gerichtet bleiben.

Der Inhalt des Bandes ist in enger Zusammenarbeit von Verlag und Masterprüfungszentrale entstanden; die Autorin ist erfahrener Praktiker und anerkanntes Mitglied wichtiger Lehrplan- und Prüfungsgremien mit bundesweiter Zuständigkeit.

Gerade in der heutigen Zeit, in der mehr denn je Interesse und Verständnis für volks- und betriebswirtschaftliche Fragen erwartet werden, spielt auch das Thema Lohn und Gehalt eine wichtige Rolle für die Perspektive am Arbeitsplatz.

Ich wünsche Ihnen viel Erfolg, aber auch Freude mit dem vorliegenden Band und hoffe, dass Sie durch die Arbeit mit den Büchern der Reihe Xpert Business nicht nur mehr Wissen und Können, sondern auch noch mehr Spaß am Lernen gewinnen.

Ihr
Dr. Bernd Arnold

Leiter der Masterprüfungszentrale Xpert Business

Inhaltsverzeichnis

1

Arbeitsrechtliche Grundlagen

Dieses Kapitel führt in die arbeitsrechtlichen Grundlagen ein. Es vermittelt einen Überblick der wichtigsten Arbeitsgesetze sowie grundlegende Kenntnisse der Personalverwaltung und Lohnbuchführung.

Inhalt

1.1 Arbeitnehmer und Arbeitgeber

Beispiel
Arbeitnehmer und Arbeitgeber

> Frau Lehmann ist in der Firma ModeFix GmbH als Buchhalterin angestellt und arbeitet 40 Stunden in der Woche. Ihr Mann ist Drehbuchautor und hat eine Stelle bei einer Filmproduktionsfirma. Da beide berufstätig sind, haben sie sich ein Kindermädchen gesucht, das ihre Tochter aus dem Kindergarten abholt und zwei Stunden betreut, bis die Mutter von der Arbeit kommt. Das Kindermädchen bekommt für ihre regelmäßigen Dienste 400,00 € im Monat.
> Wer ist in diesem Beispiel Arbeitnehmer und wer Arbeitgeber?

1.1.1 Wer ist Arbeitnehmer?

Dienstverhältnis

Arbeitnehmer ist, wer sich vertraglich gegenüber einem Anderen gegen → Arbeitsentgelt zur Leistung von Diensten verpflichtet hat. Dies können z.B. Angestellte, Arbeiter, Beamte, Auszubildende, fest engagierte Schauspieler usw. sein. Entscheidend für das Vorhandensein eines Dienstverhältnisses ist die **persönliche Abhängigkeit** des Beschäftigten vom Arbeitgeber. Das heißt der Arbeitnehmer unterliegt den Weisungen des Arbeitgebers, ist fest in die Arbeitsorganisation des Betriebes eingebunden und trägt kein eigenes unternehmerisches Risiko.

zu Beispiel
Arbeitnehmer und Arbeitgeber

> Frau Lehmann ist demnach Arbeitnehmerin der ModeFix GmbH, Herr Lehmann ist Arbeitnehmer der Filmproduktion und auch das Kindermädchen ist Arbeitnehmerin in einem → geringfügigen Beschäftigungsverhältnis.

1.1.2 Wer ist Arbeitgeber?

Wer Arbeitnehmer beschäftigt, ist Arbeitgeber.

Als Arbeitgeber ist jeder anzusehen, der einen anderen als Arbeitnehmer beschäftigt. Arbeitgeber können Unternehmen aller Rechtsformen (AG, GmbH usw.) sein, aber auch Freiberufler, Gewerbetreibende, die öffentliche Hand (Bund, Länder und Gemeinden). Auch ein Privathaushalt kann Arbeitgeber sein, wenn er regelmäßig z.B. eine Putzfrau beschäftigt. Entscheidend dabei ist, dass der Arbeitgeber **Gläubiger von Arbeitsleistung** und **Schuldner von → Arbeitsentgelt** ist.

zu Beispiel
Arbeitnehmer und Arbeitgeber

> In unserem Beispiel sind die Eheleute Lehmann also als Arbeitgeber gegenüber dem Kindermädchen anzusehen. Die Tatsache, dass sie gleichzeitig Arbeitnehmer sind, bleibt dabei unerheblich. Der Status eines Arbeitnehmers oder Arbeitgebers schließt nicht aus, dass die betreffende Person in einem anderen Dienstverhältnis den jeweils anderen Status einnimmt.

1.2 Gesetzliche Grundlagen

Steuergesetze

Der → Arbeitgeber behält im Rahmen der Lohn- und Gehaltsabrechnung vom → Arbeitnehmer **Steuerbeträge** ein (→ Lohnsteuer, → Kirchensteuer und → Solidaritätszuschlag). Die gesetzlichen Vorschriften hierzu sind im Einkommensteuergesetz (EStG) geregelt. Ergänzend dazu gibt es die Einkommensteuer- und Lohnsteuer-Richtlinien (EStR; LStR) sowie die Einkommensteuer- und Lohnsteuer-Durchführungsverordnungen (EStDV; LStDV). Ein gesondertes „Lohnsteuergesetz" gibt es nicht, da die Lohnsteuer keine eigenständige Steuer ist, sondern eine besondere Erhebungsform der Einkommensteuer darstellt.

Sozialversicherungsrecht

Neben den Steuern werden auch die → **Sozialversicherungsbeiträge** vom Arbeitgeber einbehalten und abgeführt. Die Besonderheit dabei ist, dass der Arbeitgeber zusätzlich einen eigenen Anteil an den Sozialversicherungsbeiträgen zahlt. Die gesetzlichen Regelungen dazu sind in den Sozialgesetzbüchern (SGB) zu finden.

Arbeitsgesetze

In einer Reihe von Arbeitsgesetzen sind das Berufsleben und die Rechte und Pflichten von Arbeitnehmer und Arbeitgeber geregelt. Sie dienen vor allem dazu, Beschäftigte vor gesundheitlichen Gefahren, sozialen Belastungen oder der Willkür des Arbeitgebers zu schützen und Mitbestimmungsmöglichkeiten einzuräumen. Indem beispielsweise Arbeitszeiten, Teilzeitarbeit oder Urlaubsansprüche geregelt werden, haben diese Gesetze unmittelbaren Einfluss auf die Lohn- und Gehaltsabrechnung:

- Arbeitszeitgesetz
- Bundesurlaubsgesetz
- Entgeltfortzahlungsgesetz
- Mutterschutzgesetz
- Tarifvertragsgesetz
- Jugendarbeitsschutzgesetz
- Nachweisgesetz

1.3 Vertragliche Grundlagen

§§ 611 ff BGB

Arbeitsverträge sind **Dienstverträge** im Sinne des § 611 ff BGB und begründen das → Arbeitsverhältnis zwischen → Arbeitgeber und → Arbeitnehmer. Als „Dienst" ist hier die Arbeitsleistung des Beschäftigten, als „Vergütung" das → Arbeitsentgelt zu sehen. Arbeitsverträge werden durch die zwingenden Bestimmungen der §§ 611 ff BGB in ihrer Vertragsfreiheit eingeschränkt (z.B. Verbot der geschlechtsbezogenen Benachteiligung, Maßregelungsverbot, Pflicht zu Schutzmaßnahmen). Die nicht zwingenden Bestimmungen können abgeändert werden.

1.3.1 Arten von Verträgen

Beispiel
Vertragsarten

In der ModeFix GmbH arbeiten neben Frau Lehmann noch 21 weitere Angestellte und zwei Außendienstmitarbeiter. Während Frau Lehmann einen Urlaubsanspruch von 28 Arbeitstagen im Jahr hat, erhalten die übrigen Angestellten nur 26 Tage. Die Außendienstmitarbeiter haben einen Anspruch auf 25 Tage. Wie kommt es zu diesen Unterschieden obwohl die ModeFix GmbH tarifgebunden ist? Der Grund liegt in unterschiedlichen Arten von Verträgen, die auch nebeneinander gültig sein können.

Tarifvertrag

Tarifverträge sind Kollektivverträge

Tarifverträge sind so genannte **Kollektivverträge**, deren Bedingungen für eine bestimmte Gruppe von Arbeitnehmern und Arbeitgebern gelten. Sie werden zwischen Gewerkschaften und Arbeitgeberverbänden oder einzelnen Arbeitgebern abgeschlossen und gelten in der Regel für ein bestimmtes Tarifgebiet und eine Branche. Tarifverträge können u. a. Festlegungen zu folgenden Punkten enthalten:

- Arbeitszeiten (z.B. Normalzeit, Nachtzeit)
- Freizeiten (Erholungsurlaub, Sonderurlaub)
- Grundentgelte
- Zuschläge für Arbeiten zu „Unzeiten" (z.B. Nachtarbeit)
- Arbeitgeberanteile zur Vermögensbildung
- Tarifliche Sonderleistungen (z.B. Urlaubsgeld, Weihnachtsgeld)
- Bemessungsgrundlagen für Urlaubsentgelt
- Verlängerung von → Entgeltfortzahlung im Krankheitsfall bei langer Betriebszugehörigkeit.

Tarifvertragsarten

Ein Tarifvertrag zwischen einer Gewerkschaft und einem Arbeitgeberverband wird als **Verbandstarifvertrag** (auch Flächen- oder Branchentarifvertrag) bezeichnet. Vom **Haustarifvertrag** (oder Firmentarifvertrag) wird gesprochen, wenn die Regelungen zwischen einer Gewerkschaft und einem einzelnen Arbeitgeber zustande kommt.

Um eine höhere Flexibilität zu ermöglichen werden die Regelungsbereiche in getrennten Tarifverträgen ausgehandelt, die z.B. unterschiedliche Laufzeiten haben können. Inhaltlich werden daher Rahmen- bzw. Manteltarifverträge und Vergütungstarifverträge (z.B. Lohntarifverträge) unterschieden.

In **Manteltarifverträgen** werden die allgemeine Arbeitsbedingungen (z.B. Kündigung, Arbeitszeiten, Urlaub usw.) geregelt. Oftmals werden bestimmte Rahmenbedingungen auch in weiteren Einzeltarifverträgen geregelt (z.B. Tarifverträge über Altersteilzeit, Urlaub, Zusatzleistungen usw.). Manteltarifverträge laufen meist über mehrere Jahre.

Festlegungen zur Höhe und Zusammensetzung der Vergütung werden entweder einheitlich in Entgelttarifverträgen geregelt oder in einzelnen Lohn-, Gehalts- und Ausbildungsvergütungstarifverträgen. **Vergütungstarifverträge** werden meist für eine Laufzeit von zwölf Monaten abgeschlossen.

Für welchen Personenkreis gelten Tarifverträge?

Tarifverträge gelten für Arbeitnehmer, die Mitglied in der entsprechenden Gewerkschaft sind und deren Arbeitgeber entweder selbst Tarifvertragspartei ist (z.B. bei einem Haustarifvertrag) oder Mitglied in einem Arbeitgeberverband, der Tarifvertragspartei ist. Arbeitgeber, die in keinem Verband sind und selbst keinen Haustarifvertrag abgeschlossen haben sind auch Beschäftigten gegenüber, die Gewerkschaftsmitglieder sind, nicht tarifgebunden. Umgekehrt gelten Tarifverträge grundsätzlich zunächst nur für diejenigen Beschäftigten eines Betriebes, die Mitglied in der Gewerkschaft sind. Jedoch müssen aufgrund des Gleichbehandlungsgrundsatzes auch Nicht-Gewerkschaftler den gewerkschaftlich organisierten Arbeitnehmern arbeitsvertraglich gleichgestellt werden. In der Praxis werden daher Tarifverträge in der Regel auf die gesamte Belegschaft angewendet.

Der Bundeswirtschaftsminister hat die Möglichkeit, einen Tarifvertrag für eine Branche für **allgemeinverbindlich** zu erklären (z.B. für die Baubranche). In diesem Fall sind alle Arbeitnehmer und Arbeitgeber dieser Branche tarifgebunden, egal ob sie Mitglied einer Tarifvertragspartei sind.

Betriebsvereinbarung

Betriebsvereinbarungen sind Kollektivverträge

Betriebsvereinbarungen zählen ebenso zu den kollektiven Arbeitsverträgen wie Tarifverträge. Sie werden zwischen dem Arbeitgeber und dem Betriebsrat abgeschlossen und haben somit **nur für diesen Betrieb Gültigkeit**. Durch Betriebsvereinbarungen können in nicht tarifgebundenen Betrieben entsprechende Regelungen getroffen oder aber bestehende Tarifverträge ergänzt werden. Die Arbeitnehmerbedingungen gültiger Tarifverträge dürfen durch zusätzliche Betriebsvereinbarungen jedoch nicht verschlechtert werden (Günstigkeitsprinzip).

Für die Lohn- und Gehaltsrechnung sind oftmals betriebliche Regelungen zu folgenden Punkten von Bedeutung:

- Aufteilung der Arbeitszeit
- Zeitraum für Zeitausgleich
- Gleitzeit
- Schichtzeit
- Schichtzulagen
- Einstufungsrichtlinien
- Fahrtkostenzuschüsse
- Jahresprämien

Einzelarbeitsvertrag

Individueller Einzelvertrag

Der Einzelarbeitsvertrag ist ein **Individualvertrag** zwischen einem Arbeitgeber und einem einzelnen Arbeitnehmer. Für Einzelarbeitsverträge gilt grundsätzlich Vertragsfreiheit, allerdings dürfen geltende gesetzliche, tarifliche oder betriebliche Regelungen aus Sicht des Arbeitnehmers nicht verschlechtert werden.

Vor allem in Betrieben, in denen weder ein Tarifvertrag noch eine Betriebsvereinbarung gilt, kommt dem Einzelarbeitsvertrag besondere Bedeutung zu, da in ihm dann alle Regelungen, die das Beschäftigungsverhältnis betreffen festgehalten werden.

Zusammenspiel der Vertragsarten nach dem Günstigkeitsprinzip

Günstigkeitsprinzip

Die **Mindestbedingungen** für die Gestaltung eines Arbeitsverhältnisses bilden die gesetzlichen Regelungen. Diese dürfen weder durch Tarifverträge, noch durch Betriebsvereinbarungen oder Einzelarbeitsverträge unterlaufen werden. Ein tarifgebundenes Unternehmen darf die tariflichen Arbeitnehmerbedingungen nicht durch Betriebsvereinbarungen verschlechtern, es sei denn, es besteht eine gesetzliche Öffnungsklausel. Gleiches gilt für Einzelarbeitsverträge.

zu Beispiel
Vertragsarten

> Die ModeFix GmbH unterliegt z.B. einem Tarifvertrag, in dem ein Jahresurlaub von 26 Arbeitstagen festgelegt ist. Außendienstmitarbeiter sind von dieser Regelung allerdings ausgenommen; sie hätten somit den gesetzlichen Urlaubsanspruch auf 24 Werktage. In einer Betriebsvereinbarung werden die Außendienstmitarbeiter der ModeFix GmbH aber besser gestellt, indem ihnen 25 Arbeitstage Urlaub im Jahr gewährt werden. Da ModeFix ein kinderfreundlicher Arbeitgeber sein möchte, wurde berücksichtigt, dass Frau Lehmann die einzige Angestellte mit einem schulpflichtigen Kind ist. In einem Einzelvertrag sind für sie daher zwei zusätzliche Urlaubstage festgelegt, die den tariflichen Anspruch von 26 Tagen auf 28 Tage erhöhen.

1.3.2 Inhalt und Formerfordernis bei Arbeitsverträgen

Beispiel
Inhalt und Form von Arbeitsverträgen

> Frau Lehmann hat bei ihrer Anstellung bei der ModeFix GmbH einen schriftlichen Arbeitsvertrag unterschrieben. Das Kindermädchen, das für Frau Lehmann arbeitet, hat dagegen keinen schriftlichen Arbeitsvertrag bekommen, es wurde nur eine mündliche Vereinbarung getroffen. Ist diese Vereinbarung überhaupt rechtswirksam?

Form von Arbeits-, Ausbildungs- und befristeten Verträgen

Schriftlich oder mündlich

Grundsätzlich bedarf ein Arbeitsvertrag nicht der Schriftform. Mündliche Verträge sind ebenso rechtswirksam. In einigen Tarifverträgen ist allerdings die Schriftform des Arbeitsvertrages vorgeschrieben. **Befristete** Arbeitsverträge und **Ausbildungsverträge** bedürfen zwingend der Schriftform. In der Praxis empfiehlt es sich in jedem Fall einen detaillierten Arbeitsvertrag schriftlich festzuhalten und je ein Exemplar an Arbeitgeber und Arbeitnehmer auszuhändigen. Missverständnisse, die später eventuell zu Rechtsstreitigkeiten führen, können so ausgeschlossen werden. Zudem hat jeder Arbeitnehmer Anspruch auf einen **schriftlichen Nachweis** über die wesentlichen Bedingungen des Arbeitsverhältnisses (siehe auch Kapitel 1.3.3).

zu Beispiel
Inhalt und Form von Arbeitsverträgen

> Die mündliche Vereinbarung mit dem Kindermädchen ist als rechtswirksamer Arbeitsvertrag anzusehen. Allerdings ist Frau Lehmann gegenüber dem Kindermädchen zur Aushändigung eines schriftlichen Nachweises über die wesentlichen Bedingungen des Arbeitsverhältnisses verpflichtet.

Inhalt von Arbeitsverträgen

Vertragsfreiheit

Inhaltlich besteht für Arbeitsverträge grundsätzlich **Vertragsfreiheit**. Diese wird allerdings durch die §§ 611 ff BGB, durch verschiedene Arbeitsgesetze und ggf. durch Tarifverträge oder Betriebsvereinbarungen eingeschränkt. Wenn eine einzelne Regelung in einem Arbeitsvertrag einer geltenden gesetzlichen, tariflichen oder betrieblichen Festlegung widerspricht, wird dadurch nicht der gesamte Arbeitsvertrag nichtig, sondern anstelle der einzelnen Regelung gilt die entsprechende **Mindestbestimmung** aus Gesetz, Tarifvertrag oder Betriebsvereinbarung.

Inhalte eines schriftlichen Arbeitsvertrages

In einem schriftlichen Arbeitsvertrag sollten die folgenden Angaben enthalten sein:

- Name und Anschrift der Vertragsparteien
- Zeitpunkt des Beginns des Arbeitsverhältnisses und ggf. die vorgesehene Dauer (Befristung)
- Dauer der Probezeit und diesbezügliche Kündigungsfristen
- Arbeitsort (ggf. Hinweis, dass der Arbeitnehmer an verschiedenen Orten eingesetzt werden kann)
- Beschreibung der zu leistenden Tätigkeiten und des Arbeitsbereichs (Zusätzlich kann auf die Zulässigkeit verwiesen werden, dem Arbeitnehmer andere gleichwertige Aufgaben entsprechend seiner Qualifikation zu übertragen)
- Die regelmäßige wöchentliche (oder tägliche) Arbeitszeit
- Überstundenregelung
- Zusammensetzung, Höhe und Fälligkeit des Arbeitsentgeltes
- weitere Zuwendungen wie Sachleistungen, Weihnachtsgeld, Urlaubsgeld, 13. Gehalt u. ä.)

- Vermögenswirksame Leistungen
- Entgeltfortzahlungen bei Arbeitsverhinderung
- Untersagung oder Anzeigepflicht von bezahlten Nebentätigkeiten
- Die Dauer des jährlichen Erholungsurlaubs
- Die Kündigungsfristen
- Wettbewerbsverbot für eine bestimmte Zeit nach Beendigung des Arbeitsverhältnisses
- Geheimhaltungsverpflichtungen
- Anzuwendende Tarifverträge oder Betriebsvereinbarungen

Wann sind Arbeitsverträge ungültig?

Die Regelungen des Bürgerlichen Gesetzbuches zur Ungültigkeit von Rechtsgeschäften und Verträgen finden auch auf Arbeitsverträge Anwendung. Demnach sind Arbeitsverträge **ungültig**, wenn sie z.B. gegen die **guten Sitten** (§ 138 Abs. 1 BGB) oder gegen gesetzliche **Beschäftigungsverbote** (§ 134 BGB) verstoßen. Ein Arbeitsvertrag ist auch nichtig, wenn einer der Vertragsparteien **geschäftsunfähig** (nach § 104 BGB) ist oder wenn einer der Parteien die Erbringung der vertraglich festgelegten Leistung (Arbeitsleistung bzw. Vergütung) objektiv unmöglich ist (§ 306 BGB). Bei **beschränkter Geschäftsfähigkeit** einer Vertragspartei (§ 107 BGB) ist der Vertrag schwebend unwirksam und bedarf der nachträglichen Genehmigung durch einen gesetzlichen Vertreter.

Ausbildungsverträge

Ausbildungsverhältnisse und Ausbildung von Minderjährigen

Wer einen anderen zur Berufsausbildung einstellt (Ausbildender), hat mit dem Auszubildenden einen **Berufsausbildungsvertrag** zu schließen (§ 10 Abs. 1 BBiG). Dabei sind grundsätzlich die Rechtsvorschriften und Rechtsgrundsätze anzuwenden, die auch für Arbeitsverträge gelten (§ 10 Abs. 2 BBiG). **Minderjährige** Auszubildende müssen durch ihre gesetzliche Vertreter (Eltern) bevollmächtigt werden, eine Berufsausbildung aufzunehmen und einen entsprechenden Ausbildungsvertrag abzuschließen. Darüber hinaus gelten für Ausbildungsverhältnisse besondere Regelungen:

Besondere Regelungen für Ausbildungsverhältnisse

- Die Berufsausbildung von unter 18jährigen darf nur in anerkannten Ausbildungsberufen erfolgen, für die entsprechende Ausbildungsordnungen gelten.
- Der Arbeitgeber hat unverzüglich nach Abschluss des Ausbildungsvertrages, spätestens vor Ausbildungsbeginn, eine Niederschrift der wesentlichen Vertragsinhalte anzufertigen und diese selbst zu unterschreiben, sowie durch den Auszubildenden und dessen gesetzlichem Vertreter unterzeichnen zu lassen.
- Dem Auszubildenden ist durch den Arbeitgeber eine angemessene Vergütung zu zahlen. Ausbildungsverträge, die eine unangemessen niedrige oder gar keine Vergütung vorsehen sind nichtig. Der Verkauf von Ausbildungsplätzen, d.h. das Verlangen des Ausbildenden, der Auszubildende solle für die Ausbildung an ihn zahlen, ist sogar strafbar.
- Die Ausbildungsvergütung ist mindestens zu jedem neuen Ausbildungsjahr zu erhöhen. Eine innerbetriebliche unterschiedliche Bezahlung von Auszubildenden des gleichen Berufs (z.B. nach Leistung) ist nicht zulässig.
- Die Ausbildungsvergütung darf nicht vollständig aus → Sachbezügen bestehen. Mindestens 25% der Vergütung ist in bar auszuzahlen.
- Der Ausbildende hat den Auszubildenden für die Teilnahme am Berufsschulunterricht und an Prüfungen sowie für Ausbildungsmaßnahmen außerhalb der Ausbildungsstätte freizustellen. Für die Zeit dieser Freistellungen ist die Vergütung weiterzuzahlen. Entgeltfortzahlung für bis zu sechs Wochen ist auch verpflichtend, bei Krankheit oder wenn der Auszubildende sich zur Ausbildung bereithält, diese aber nicht stattfindet.

- Die Probezeit für eine Berufsausbildung muss mindestens einen Monat und darf höchstens vier Monate dauern.
- Der Ausbildende hat dem Auszubildenden bei Beendigung des Berufsausbildungsverhältnisses ein Zeugnis auszustellen.
- Bei einem Nichtbestehen der Abschlussprüfung durch den Auszubildenden verlängert sich das Ausbildungsverhältnis bis zur nächsten Wiederholungsprüfung (höchstens um ein Jahr).
- Vor Ausbildungsbeginn ist für minderjährige Auszubildende durch einen Arzt eine gesundheitliche Unbedenklichkeitsbescheinigung auszustellen.

Befristete Arbeitsverträge

Besondere Regelungen für befristete Arbeitsverhältnisse

Auch für befristete Arbeitsverträge gelten besondere Regelungen, welche im Teilzeit- und Befristungsgesetz (TzBfG) geregelt sind. Vor allem bedürfen befristete Arbeitsverträge zu ihrer Wirksamkeit der Schriftform.

In der Lohnabrechnung ist speziell bei der Beurteilung über das Vorliegen einer kurzfristigen Beschäftigung (siehe dazu Kapitel 10.6) die Laufzeit eines solchen Vertrages von Bedeutung.

1.3.3 Nachweisgesetz

Beispiel
Nachweisgesetz

> Der Drehbuchautor Herr Lehmann beginnt ein Arbeitsverhältnis bei einer deutschen Filmproduktionsfirma, die ihn für drei Monate nach Hamburg schicken möchte, wo er Recherchen für einen neuen Film durchführen soll. Der Arbeitgeber möchte den Arbeitsvertrag lediglich mündlich vereinbaren. Kann Herr Lehmann von der Produktionsfirma einen schriftlichen Arbeitsvertrag verlangen?

Arbeitgeberverpflichtung durch das Nachweisgesetz

Rechtssicherheit durch schriftlichen Nachweis

Arbeitsverträge können sowohl schriftlich als auch mündlich vereinbart werden. Allerdings haben alle Arbeitnehmer einen Anspruch auf einen **schriftlichen Nachweis** über die wesentlichen Bedingungen des Arbeitsverhältnisses. Dieser Nachweis soll der Rechtssicherheit sowohl von Arbeitnehmer als auch von Arbeitgeber dienen. Der Arbeitgeber ist dadurch nicht verpflichtet einen schriftlichen Arbeitsvertrag anzufertigen, lediglich die Vertragsinhalte müssen schriftlich niedergelegt werden. Ein Nachweis in elektronischer Form ist ausgeschlossen.

Anspruch auf einen solchen Nachweis haben alle **in Deutschland Beschäftigte**, also auch ausländische Arbeitnehmer, die in Deutschland arbeiten.

Form und Inhalt des Nachweises

Der schriftliche Nachweis über die wesentlichen Vertragsbedingungen muss vom Arbeitgeber **unterschrieben** sein und dem Beschäftigten binnen eines Monats nach Beschäftigungsbeginn ausgehändigt werden.

Als Mindestinhalt sind folgende Punkte aufzunehmen:

- Name und die Anschrift der Vertragsparteien,
- Zeitpunkt des Beginns des Arbeitsverhältnisses,
- Bei befristeten Arbeitsverhältnissen: die vorhersehbare Dauer des Arbeitsverhältnisses,

- der Arbeitsort (ggf. der Hinweis darauf, dass der Arbeitnehmer an verschiedenen Orten beschäftigt werden kann),
- eine kurze Charakterisierung oder Beschreibung der vom Arbeitnehmer zu leistenden Tätigkeit,
- die Zusammensetzung, Höhe und Fälligkeit des Arbeitsentgelts einschließlich der Zuschläge, der Zulagen, Prämien und Sonderzahlungen sowie anderer Bestandteile des Arbeitsentgelts,
- die vereinbarte Arbeitszeit,
- Dauer des jährlichen Erholungsurlaubs,
- die Fristen für die Kündigung des Arbeitsverhältnisses,
- in allgemeiner Form gehaltener Hinweis auf die Tarifverträge, Betriebs- oder Dienstvereinbarungen, die auf das Arbeitsverhältnis anzuwenden sind.
- Bei geringfügig beschäftigten Arbeitnehmern ist der Hinweis aufzunehmen, dass dieser in der gesetzlichen Rentenversicherung die Stellung eines versicherungspflichtigen Arbeitnehmers erwerben kann.

Zusätzlich zu diesem Mindestinhalt, der in jedem Fall in einem schriftlichen Nachweis enthalten sein muss, empfiehlt es sich weitere **Vertragsbedingungen** aufzunehmen, z.B. Regelungen zur Probezeit, Ausschluss von Kündigungen usw. Wenn einer der Mindestinhalte in einem geltenden Gesetz, Tarifvertrag oder einer Betriebsvereinbarung geregelt ist, genügt es in der Niederschrift auf die jeweilige Regelung hinzuweisen.

Folgen bei Verstößen gegen das Nachweisgesetz

Beispiel
Verstoß gegen das Nachweisgesetz

Herrn Lehmann steht laut Tarifvertrag eine Erstattung der Ausgaben zu, die er während einer Auswärtstätigkeit zu Recherchezwecken hat. Die entsprechenden Belege muss er binnen vier Wochen beim Arbeitgeber eingereicht haben. Hat Herr Lehmann trotz Fristverstreichung Anspruch auf Kostenerstattung, wenn im schriftlichen Nachweis nicht auf die Frist oder den anzuwendenden Tarifvertrag verwiesen wurde?

Schadensersatz und Beweislast

Grundsätzlich ist ein Arbeitsvertrag auch dann wirksam, wenn der Arbeitgeber gegen das Nachweisgesetz verstoßen hat. Auch Straf- oder Bußgeldvorschriften sind im Nachweisgesetz nicht enthalten.

Schadensersatzansprüche

Entstehen einem Arbeitnehmer aber Schäden, weil der Arbeitgeber seiner Verpflichtung zur Aushändigung eines schriftlichen Nachweises nicht nachkommt, ist der Arbeitgeber grundsätzlich **schadensersatzpflichtig** (§ 823 Abs. 2 BGB). Auch wenn der Nachweis unvollständig ist, also nicht alle für das Arbeitsverhältnis wesentlichen Bedingungen enthält, kann der Arbeitgeber für entstandenen Schaden haftbar gemacht werden. Ist z.B. in einem Nachweis nicht auf die anzuwendenden Tarifverträge verwiesen, haftet der Arbeitgeber gegenüber dem Beschäftigten für Ansprüche, die deshalb verfallen sind, weil der Arbeitnehmer sie nicht innerhalb der tarifvertraglich festgelegten Frist geltend gemacht hat.

Beweislast vor dem Arbeitsgericht

Neben eventuellen Schadensersatzforderungen hat der Arbeitgeber bei Verstößen gegen das Nachweisgesetz mit **Beweisnachteilen** vor dem Arbeitsgericht zu rechnen. Weicht die Aussage des Arbeitgebers bezüglich der vereinbarten Arbeitsbedingungen von der des Beschäftigten ab, so muss bei fehlender oder unvollständiger Niederschrift in der Regel der Arbeitgeber seine Darlegungen beweisen.

1.4 Die Personalakte (Exkurs)

Der → Arbeitgeber sollte in eigenem Interesse für jeden → Arbeitnehmer eine **Personalakte** anlegen. Darin werden alle Urkunden, Belege und Schriftwechsel gesammelt, die das → Arbeitsverhältnis betreffen.

Es gibt keine gesetzliche Vorschrift, in der festgelegt ist, ob und wie Personalakten zu führen sind. Der Arbeitgeber ist gegenüber dem Arbeitnehmer auch nicht zur Führung einer Personalakte verpflichtet. Dennoch sollte kein Arbeitgeber auf das Anlegen von Personalakten verzichten. Vollständige, aktuelle und sorgfältig geführte Personalakten sind ein unerlässliches Hilfsmittel für die Personalabteilung. Sie erleichtern die Personalverwaltung, -planung und -führung und erleichtern es dem Unternehmen, seinen steuer- und sozialversicherungsrechtlichen Pflichten nachzukommen.

Eine vorgeschriebene **Form** von Personalakten gibt es nicht. Sie können z.B. als Aktenmappen, Karteien, Dateien oder Mikrofilme angelegt sein.

Inhalt von Personalakten

In einer Personalakte sollten alle Unterlagen enthalten sein, die mit dem **Arbeitsverhältnis** und der **Person** des betreffenden Arbeitnehmers in Zusammenhang stehen. Dies können u. a. sein:

- Lohnsteuerkarte
- Sozialversicherungsunterlagen
- Arbeitsvertrag
- Gehaltsabrechnungen
- Personenstand
- Bewerbungsunterlagen
- berufliche Entwicklung
- Beurteilungen
- Fähigkeiten und Leistungen
- ärztliche Gutachten
- Arbeitsunfälle
- Krankheitszeiten
- Schriftwechsel
- Urlaubsvertretungen
- Abmahnungen
- Verwarnungen

Wer ist zur Einsichtnahme berechtigt?

Bisher ist nicht eindeutig gesetzlich geregelt, wer außer dem Arbeitgeber und dem betreffenden Arbeitnehmer **Einsicht** in eine Personalakte nehmen darf. Um seiner Fürsorgepflicht nachzukommen und dem Persönlichkeitsrecht des Arbeitnehmers gerecht zu werden hat der Arbeitgeber grundsätzlich Sorge zu tragen, dass **kein Unbefugter** Kenntnis über den Inhalt einer Personalakte erlangen kann. Betriebfremden Dritten ist die Einsicht grundsätzlich nur mit dem Einverständnis des Arbeitnehmers gestattet. Aber auch betriebsintern ist der Kreis der einsichtsberechtigten Personen so klein wie möglich zu halten und vertraulich mit den Inhalten der Personalakte umzugehen.

Datenschutz

Auch wenn es sich bei Akten und Unterlagensammlungen, die nicht elektronisch erfasst sind, nicht um Dateien im Sinne des Bundesdatenschutzgesetzes handelt, unterliegen Personalakten dennoch dem **Datenschutz** - egal ob sie in elektronischer Form gespeichert oder mittels Papier und Aktenmappe angelegt sind. Der Arbeitgeber hat daher sicherzustellen, dass die Personalakte vor falschen Eingaben, unbefugten Veränderungen oder der Information Dritter geschützt ist. Die Anzahl der Mitarbeiter, die eine Personalakte führen (Personalwesen) ist möglichst gering zu halten. Sämtliche Personalunterlagen, die elektronisch gespeichert sind, unterliegen den Regelungen nach § 32 ff. Bundesdatenschutzgesetz.

Rechte des Arbeitnehmers

Jeder Arbeitnehmer ist berechtigt die über ihn geführte Personalakte **ohne Angabe von Gründen** einzusehen. Dabei darf er sich Notizen über deren Inhalt anfertigen. Einen Anspruch auf Fotokopien hat der Arbeitnehmer zwar nicht, in der Regel wird dies durch den Arbeitgeber aber gestattet. Darüber hinaus ist der Arbeitnehmer berechtigt ein Betriebsratsmitglied seiner Wahl zur Einsichtnahme hinzuzuziehen.

Wenn der Beschäftigte mit bestimmten Inhalten (z.B. Beurteilungen) der Personalakte nicht einverstanden ist, kann er eine **schriftliche Stellungnahme** verfassen, die auf sein Verlangen der Personalakte hinzugefügt werden muss. Unrichtige Angaben müssen aus der Personalakte entfernt oder richtig gestellt werden. Vor allem Beurteilungen der fachlichen Eignung, Befähigung und Leistung eines Arbeitnehmers führen nicht selten zu Differenzen. Der Arbeitgeber ist verpflichtet solche Beurteilungen zu **begründen**. Im Streitfall kann der Arbeitnehmer das Arbeitsgericht anrufen und feststellen lassen, ob die zur Begründung angegebenen Sachverhalte tatsächlich zutreffen.

Praxisübungen

Die Lösungen finden Sie im Band „**Lohn und Gehalt 1 - Übungen und Musterklausuren**" dieser Fachbuchreihe.

Aufgabe: Arbeitsverträge

◆ **Beantworten Sie die folgende Fragen:**

a) Welche Verträge bezeichnet man als Kollektivverträge?

....

....

....

b) Wer schließt einen Tarifvertrag ab?

....

....

....

c) Der Bäckermeister Plunder hat eine Konditorei mit Café eröffnet. Er und auch seine Angestellten sind nicht Mitglied in einer Gewerkschaft bzw. einem Arbeitgeberverband. Muss Herr Plunder beachten, ob es für ihn tarifvertragsrechtliche Regelungen gibt?

....

....

....

d) Der Kellner Charme, der schon seit einigen Monaten im Restaurant Mehlig angestellt ist, hat keinen schriftlichen Arbeitsvertrag. Beide Parteien hatten sich seinerzeit mündlich über das Beschäftigungsverhältnis geeinigt. Jetzt möchte Herr Charme etwas Schriftliches in der Hand haben. Kann Kellner Charme auf einen schriftlichen Arbeitsvertrag bestehen?

....

....

....

....

....

e) Unternehmer Knickig hat sich mit einer Kfz-Reparaturwerkstatt selbstständig gemacht. Er will einen Gesellen mit einer Arbeitszeit von 40 Stunden in der Woche einstellen, da er die Arbeit alleine nicht bewältigen kann. Er bereitet einen Arbeitsvertrag vor und bewilligt, da er an keinen Tarifvertrag gebunden ist, hierin einen Jahresurlaub von 18 Werktagen. Ist dies zulässig?

24 Werktage laut Urlaubsgesetz

18 Werktage unzulässig

2

Lohnabrechnung und Lohnkonto

In diesem Kapitel werden Ihnen die Grundbegriffe der Lohn- und Gehaltsabrechnung vorgestellt sowie Form, Inhalte und Funktionen eines Lohnkontos erläutert.

Inhalt

2.1 Grundbegriffe der Lohn- und Gehaltsabrechnung

2.1.1 Lohn- und Gehaltsabrechnung

Steuer- und Sozialversicherungspflicht

Jeder → Arbeitnehmer ist verpflichtet → **Lohnsteuer**, → **Solidaritätszuschlag** und ggf. → **Kirchensteuer** an den Staat zu zahlen. Ist er als sozialversicherungspflichtiger Arbeitnehmer in der Kranken-, Pflege-, Renten- oder Arbeitslosenversicherung beitragspflichtig, so sind entsprechende → **Sozialversicherungsbeiträge** zu entrichten. Die Berechnung Abführung der Abgaben übernimmt jedoch der Arbeitgeber und zieht die entsprechenden Beträge im Rahmen der Lohn- und Gehaltsabrechnung vom Arbeitsentgelt des Arbeitnehmers ab.

Brutto und Netto

Sowohl die Lohnsteuer als auch die Sozialversicherungsbeiträge richten sich in ihrer Höhe nach dem Arbeitseinkommen des Beschäftigten. Der → Arbeitgeber berechnet die abzuführenden Beträge, zieht sie vom → Gesamt-Brutto des Arbeitnehmers ab und entrichtet sie an das Finanzamt bzw. die Krankenkasse. Lohnsteuern, Solidaritätszuschlag, Kirchensteuer und Sozialabgaben werden deshalb auch als **gesetzliche Abzugsbeträge** bezeichnet. Der Arbeitnehmer bekommt vom Arbeitgeber dann nur noch den → Auszahlungsbetrag.

2.1.2 Gesamt-Brutto

Formen des Gesamt-Brutto

Als **Gesamt-Brutto** werden alle Bezüge bezeichnet, die einem → Arbeitnehmer als Vergütung seiner geleisteten Arbeit vom → Arbeitgeber zufließen - unabhängig von ihrer steuerlichen und sozialversicherungsrechtlichen Behandlung. Dazu gehören sowohl **laufende Bezüge** (z.B. Lohn oder Gehalt), als auch **Einmalzahlungen** (z.B. Weihnachtgeld) und **Sachbezüge** (geldwerte Vorteile). Das Gesamt-Brutto ist arbeitsvertraglich für einen bestimmten Lohnabrechnungszeitraum (z.B. Monat oder Jahr) festgelegt.

laufende Bezüge	Einmalzahlungen	Sachbezüge
▪ Lohn oder Gehalt ▪ Überstunden-vergütungen ▪ Zuschläge ▪ laufende Prämien ▪ Entgeltfortzahlung im Krankheitsfall ▪ Urlaubsentgelt ▪ Zuschuss zum Mutterschaftsgeld ▪ Zuschuss zur Vermögensbildung ▪ Zuschuss zur Altersversorgung	▪ Weihnachtsgeld ▪ Urlaubsgeld ▪ Tantiemen ▪ Jubiläumszulagen ▪ Heirats- und Geburtszulagen	▪ freie oder verbilligte Mahlzeiten ▪ freie oder verbilligte Unterkunft ▪ private Nutzung von Firmenwagen ▪ Rabatte und Gutscheine ▪ etc.

2.1.3 Gesetzliche Abzugsbeträge und Nettoverdienst

Die einzelnen Bestandteile des Gesamt-Brutto sind zunächst hinsichtlich ihrer steuerlichen und sozialversicherungsrechtlichen Behandlung zu prüfen. Vom steuer- und sozialversicherungspflichtigen Brutto sind dann durch den Arbeitgeber die → **gesetzlichen Abzugsbeträge** einzubehalten und an die zuständigen Stellen abzuführen.

Steuern

Zu den → **Steuerabzugsbeträgen** gehört die → Lohnsteuer, der → Solidaritätszuschlag und ggf. die → Kirchensteuer. Sie werden aus dem steuerpflichtigen Brutto (Steuer-Brutto) ermittelt und an das Finanzamt abgeführt.

Sozialversicherungsbeiträge

Als **Sozialabgaben** sind die Arbeitnehmerbeiträge zur Kranken-, Pflege-, Renten- und Arbeitslosenversicherung vom sozialversicherungspflichtigen Bruttoentgelt (SV-Brutto) zu ermitteln und vom Gesamt-Brutto abzuziehen und zusammen mit den Arbeitgeberanteilen an die Krankenkasse des Arbeitnehmers zu entrichten.

Nettoverdienst

Nach Abzug der Steuerbeträge und der → Sozialversicherungsbeiträge vom Gesamt-Brutto ergibt sich der **Nettoverdienst**.

Gesamt-Brutto
- Steuerabzugsbeträge
- Arbeitnehmeranteil der Pflichtsozialversicherungsbeiträge
....
= Nettoverdienst

2.1.4 Netto-Bezüge, Netto-Abzüge und Auszahlungsbetrag

Abzüge und Zulagen zum Netto

Nicht immer ist der Nettoverdienst auch der tatsächlich auszuzahlende Betrag. Zuwendungen des Arbeitgebers, die kein steuer- und sozialversicherungspflichtiges Entgelt darstellen, werden hinzugerechnet, dagegen werden beispielsweise die vom Arbeitnehmer getragenen Beiträge zu vermögenswirksamen Leistungen abgezogen. Bei einer Berechnung des **Auszahlungsbetrages** könnten z.B. folgende Bezüge und Abzüge zu berücksichtigen sein.

Nettoverdienst
+ Steuerfreie Lohnarten (z.B. Kindergartenzuschuss)
+ Zuschuss zur Kranken- und Pflegeversicherung für freiwillig und privat versicherte Arbeitnehmer
- Gesamtbeiträge zur Kranken- und Pflegeversicherung für freiwillig versicherte Arbeitnehmer
- geldwerte Vorteile
- Beiträge zur Vermögensbildung
- Beiträge zur Altersvorsorge (wie Direktversicherung)
- eventuelle Vorschüsse
....
= Auszahlungsbetrag

2.1.5 Abrechnung der Brutto-Netto-Bezüge (Lohnabrechnung)

Lohnabrechnung

Jeder Arbeitnehmer erhält zum Ende eines jeden Lohnabrechnungszeitraumes eine **Lohnabrechnung**. Die Lohnabrechnung beinhaltet neben den Personalstammdaten, das Gesamt-Brutto, das Steuer-Brutto, das Sozialversicherungsbrutto, eventuelle Zuschüsse, die Steuerabzugsbeträge, die Sozialversicherungsbeiträge bis hin zum auszuzahlenden Betrag.

2.2 Lohnkonto

Sowohl im Steuer- als auch im Sozialversicherungsrecht sind die **Aufzeichnungspflichten** des → Arbeitgebers geregelt. Danach hat er für jeden Beschäftigten und für jedes Kalenderjahr ein **Lohnkonto** zu führen.

ModeFix GmbH **Lohnkonto**

Pers.Nr.: 1
Name: Petra Lehmann
Adresse: Frankfurter Str. 51, 63179 Obertshausen

Abteilung:
Kostenstelle:

Geburtsdatum: 27.08.1960
Staatsangehörigkeit: Deutschland
SV-Nr.: 52270860M502
Berufsbez.:

Finanzamt: Offenbach-Land
Finanz.-Nr.: 2644
AGS: 06438010

Monat: (korrigiert im): (Zuordnung zu): (Zahlung im):	Januar	Februar	März	April	Mai	Juni	Juli	August	September	Oktober	November	Dezember	Gesamt
Personalnummer	1	1	1	1	1	1	1	1	1	1	1	1	
Gesamt-Brutto	2.115,00	2.115,00	2.115,00	2.115,00	2.115,00	2.649,64	2.649,64	2.649,64	2.649,64	2.649,64	4.744,64	2.649,64	31.217,48
Steuerabzüge	326,51	326,51	326,51	326,51	326,51	472,04	472,04	472,04	472,04	472,04	1.181,94	472,04	5.646,73
Sozialabzüge	449,44	449,44	449,44	449,44	449,44	542,97	542,97	542,97	542,97	542,97	988,16	542,97	6.493,18
Nettolohn	1.339,05	1.339,05	1.339,05	1.339,05	1.339,05	1.634,63	1.634,63	1.634,63	1.634,63	1.634,63	2.574,54	1.634,63	19.077,57
Sonstige Be- und Abzüge	-40,00	-40,00	-40,00	-40,00	-40,00	-574,64	-574,64	-574,64	-574,64	-574,64	-574,64	-574,64	-4.222,48
davon VWL-Überweisung	40,00	40,00	40,00	40,00	40,00	40,00	40,00	40,00	40,00	40,00	40,00	40,00	480,00
Auszahlung	1.299,05	1.299,05	1.299,05	1.299,05	1.299,05	1.059,99	1.059,99	1.059,99	1.059,99	1.059,99	1.999,90	1.059,99	14.855,09
Steuer Berechnungsgrundlagen													
St.Kl./Kinder/Konf.	1/0.5/rk	1/0.5/rk	1/0.5/rk	1/0.5/rk	1/0.5/rk	1/0.5/rk	1/0.5/rk	1/0.5/rk	1/0.5/rk	1/0.5/rk	1/0.5/rk	1/0.5/rk	
Familienstand	verheiratet	verheiratet	verheiratet	verheiratet	verheiratet	verheiratet	verheiratet	verheiratet	verheiratet	verheiratet	verheiratet	verheiratet	
Steuertabelle	Allgemeine	Allgemeine	Allgemeine	Allgemeine	Allgemeine	Allgemeine	Allgemeine	Allgemeine	Allgemeine	Allgemeine	Allgemeine	Allgemeine	
Freibetrag jährlich	0,00	0,00	0,00	0,00	0,00	0,00	0,00	0,00	0,00	0,00	0,00	0,00	
Freibetrag monatlich	0,00	0,00	0,00	0,00	0,00	0,00	0,00	0,00	0,00	0,00	0,00	0,00	
Hinzurechnung jährl.	0,00	0,00	0,00	0,00	0,00	0,00	0,00	0,00	0,00	0,00	0,00	0,00	
Hinzurechnung monatl.	0,00	0,00	0,00	0,00	0,00	0,00	0,00	0,00	0,00	0,00	0,00	0,00	
Steuertage	30	30	30	30	30	30	30	30	30	30	30	30	360
Bem.grundl. Vers.FB	0,00	0,00	0,00	0,00	0,00	0,00	0,00	0,00	0,00	0,00	0,00	0,00	
Steuerpfl. Brutto	2.115,00	2.115,00	2.115,00	2.115,00	2.115,00	2.555,14	2.555,14	2.555,14	2.555,14	2.555,14	2.555,14	2.555,14	28.460,98
St.-pfl. Versorgungsbez.	0,00	0,00	0,00	0,00	0,00	0,00	0,00	0,00	0,00	0,00	0,00	0,00	0,00
Steuerpfl. Brutto EZ	0,00	0,00	0,00	0,00	0,00	0,00	0,00	0,00	0,00	0,00	2.095,00	0,00	2.095,00
St.-pfl. Versorg.-Bez. EZ	0,00	0,00	0,00	0,00	0,00	0,00	0,00	0,00	0,00	0,00	0,00	0,00	0,00
Steuerpfl. Brutto Gesamt	2.115,00	2.115,00	2.115,00	2.115,00	2.115,00	2.555,14	2.555,14	2.555,14	2.555,14	2.555,14	4.650,14	2.555,14	30.555,98
[illegible]zuschuss	0,00	0,00	0,00	0,00	0,00	0,00	0,00	0,00	0,00	0,00	0,00		0,00
	0,00	0,00	0,00	0,00				0,00	0,00	0,00			
	0,00	0,00	0,00						0,00				

Beim Lohnkonto handelt es sich nicht um ein Konto im Sinne der Finanzbuchführung, sondern um eine **Sammlung von Daten**, anhand derer zum einen die Lohnsteuerbescheinigung und die Meldung zur Sozialversicherung erstellt werden und zum anderen das zuständige Betriebsstättenfinanzamt und die Sozialversicherungsträger die korrekte Abführung der Steuern und Sozialversicherungsbeiträge überprüfen können.

Form von Lohnkonten

Die Form, in der das Lohnkonto geführt wird, ist nicht gesetzlich vorgeschrieben. Es ist daher unerheblich, ob es sich um eine Karteikarte, einen Ordner oder eine Computerdatei handelt. Da jedoch die Lohnsteuerbescheinigung und die Meldung zur Sozialversicherung elektronisch zu übermitteln sind wird in der Regel auch das Lohnkonto mittels EDV geführt.

In das Lohnkonto sind zum einen die Stammdaten des Arbeitsnehmers, wie z.B. Anschrift, Vorname, Familienname und Geburtstag zu übernehmen, zum anderen die Merkmale aus der → **Lohnsteuerkarte**, die für den → Lohnsteuerabzug erforderlichen sind. Außerdem werden die Versicherungsnummer, die Krankenversicherungsdaten und eventuell Daten zu vermögenswirksamen Leistungen und betriebliche Altersversorgung übernommen. Des Weiteren sind bei jeder Lohnzahlung detaillierte Angaben zur Art und Höhe des gezahlten Arbeitslohns einzutragen. Dazu gehören u. a.:

Inhalt eines Lohnkontos

- Tag der Lohnzahlung und Lohnzahlungszeitraum, Unterbrechungszeiten
- Steuerfreie Bezüge
- Sachbezüge und Versorgungsbezüge[1]
- Einbehaltene oder übernommene Lohnabzugsbeträge
- Kurzarbeitergeld[1], Schlechtwettergeld, Winterausfallgeld
- Zuschuss zum Mutterschaftsgeld
- Steuerfreie Aufstockungsbeträge[1]

Angaben zu Lohnzahlungen

Der Arbeitgeber ist verpflichtet bestimmte Personalunterlagen für festgelegte Zeiträume **aufzubewahren** (z.B. Lohnunterlagen und Beitragsberechnungsunterlagen für die → Sozialversicherung bis zum Ablauf des Kalenderjahres, das auf die letzte Betriebsprüfung folgt). Aus handels- und steuerrechtlicher Sicht sind Lohnunterlagen soweit sie Buchungsgrundlage sind **zehn Jahre** aufzubewahren (§ 257 HGB; § 147 Abgabenordnung). Die **Lohnkonten** sind bis zum Ablauf des 6. Kalenderjahres, das auf die zuletzt eingetragene Lohnzahlung folgt, aufzubewahren (§ 41 Abs. 1 Satz 10 EStG).

Aufbewahrungsfrist

1 Auf diese Lohnzahlungen wird im Band „Lohn und Gehalt 2" näher eingegangen.

Praxisübungen

Die Lösungen finden Sie im Band **„Lohn und Gehalt 1 - Übungen und Musterklausuren"** dieser Fachbuchreihe.

Aufgabe: Aufbewahrung

- **Beurteilen Sie den folgenden Fall:**

Unternehmer Nichtig betreibt eine Gebäudereinigungsfirma. Leider ist es so, dass ein ständiger Wechsel bei den Mitarbeitern stattfindet. Da er nicht über die entsprechenden Räumlichkeiten verfügt, entsorgt er jedes Jahr alle Personalunterlagen mit Ausnahme der Lohnkonten; diese bewahrt er zwei Jahre auf. Ist dies korrekt?

....

....

....

3

Grundlagen des Steuerabzugs

In diesem Kapitel lernen Sie die Steuerabzugsbeträge kennen, mit der Lohnsteuerkarte und Lohnsteuertabellen umzugehen sowie die Kirchensteuer und den Solidaritätszuschlag zu ermitteln.

Inhalt

3.1 Die Steuerabzugsbeträge

Arbeitnehmer kommen ihrer Einkommensteuerpflicht nach, indem der → Arbeitgeber die → **Lohnsteuer** als besondere Form der Einkommensteuer vom → steuerpflichtigen Bruttoarbeitslohn des → Arbeitnehmers einbehält und an das Betriebsstättenfinanzamt abführt. Neben der Lohnsteuer hat der Arbeitgeber noch den → **Solidaritätszuschlag** und ggf. die → **Kirchensteuer** einzubehalten und abzuführen.

Als Steuerabzugsbeträge gelten also:

- die Lohnsteuer
- der Solidaritätszuschlag
- die Kirchensteuer

3.2 Arbeitspapiere in der Lohnsteuer

Grundlage für den Lohnsteuerabzug

Um bei → Arbeitnehmern die → Lohnsteuer korrekt vom → Steuer-Brutto abzuziehen und an das Finanzamt abzuführen, benötigt der → Arbeitgeber einige persönliche Daten des Beschäftigten. Diese Daten darf der Arbeitgeber ausschließlich der **Lohnsteuerkarte** des Arbeitnehmers entnehmen. Ab dem Jahr 2013 ruft der Arbeitgeber diese Daten auf elektronischem Wege vom **Bundeszentralamt für Steuern** ab:

- Name, Anschrift und Geburtsdatum des Arbeitnehmers
- Steuerklasse
- Zahl der Kinderfreibeträge
- Religionszugehörigkeit des Arbeitnehmers
- Steuerfreibetrag (§ 39a EStG)
- Hinzurechnungsbetrag (§ 39a Abs. 1 Nr. 7 EStG)

Auch wenn die Daten nicht den Tatsachen entsprechen sollten, sind sie für den Lohnsteuerabzug maßgeblich.

Wer stellt die Lohnsteuerkarte aus?

Regelung bis 2010

Die Lohnsteuerkarte galt bis zum Jahr 2010 für jeweils ein Kalenderjahr. Sie wurde für jeden unbeschränkt einkommenssteuerpflichtigen Arbeitnehmer mit Wohnsitz im Inland von der **Gemeinde**, in dem er mit Hauptwohnsitz gemeldet ist, ausgestellt. Als Datengrundlage dienten der Gemeinde dabei die **melderechtlichen Unterlagen** (z.B. Melderegister oder Einwohnerkartei).

Regelung für 2011 und 2012 und ab 2013

Die Lohnsteuerkarte in Papierform gibt es letztmals für das Jahr 2010. Die Lohnsteuerkarte für das Jahr 2010 ist auch für das Jahr 2011 und 2012 für das Lohnsteuerabzugsverfahren maßgeblich. Ab dem Jahr 2013 sollen die relevanten Daten durch den Arbeitgeber beim **Bundeszentralamt für Steuern** elektronisch abgerufen werden (ELStAM).

Wurde dem Arbeitnehmer keine Lohnsteuerkarte 2010 ausgestellt oder ist diese verloren gegangen, so stellt ab 2011 das Finanzamt auf Antrag eine „Bescheinigung für den Lohnsteuerabzug" aus.

Unrichtige Angaben auf der Lohnsteuerkarte waren bisher von der Gemeinde auf Antrag des Arbeitnehmers zu ändern. Ebenso Steuerklassenwechsel oder Eintragungen zu Kindern. Der Arbeitgeber hat dem Arbeitnehmer die Lohnsteuerkarte zu diesem Zweck auszuhändigen. Dem Arbeitnehmer oder Arbeitgeber ist es gesetzlich verboten, selbstständig Änderungen auf der Lohnsteuerkarte vorzunehmen. Änderungen oder Ergänzungen dürfen ab 2011 nur durch das Finanzamt vorgenommen werden.

Sonderfall: Auszubildender

Arbeitnehmer ohne Lohnsteuerkarte erhalten vom Finanzamt eine Ersatzbescheinigung für den Steuerabzug 2012. Dies betrifft z. B. Berufseinsteiger.
Die Vereinfachungsregelung für ledige, unbeschränkt steuerpflichtige Auszubildende bleibt erhalten: Hier kann der Ausbildungsbetrieb die Lohnsteuer nach Steuerklasse I berechnen. Dazu benötigt er die Identifikationsnummer des Auszubildenden, das Geburtsdatum, eine evtl. Konfessionszugehörigkeit sowie die schriftliche Bestätigung, dass es sich hier um das erste Dienstverhältnis des Auszubildenden handelt. Wurde für einen Auszubildenden bereits im Jahr 2011 die Vereinfachungsregel angewandt, so gilt sie für das Jahr 2012 weiter.

Sind die Eintragungen auf der Steuerkarte zu Unrecht günstiger als die tatsächlichen Gegebenheiten, ist der Arbeitnehmer verpflichtet, dies dem Finanzamt mitzuteilen. Die Mitteilungspflicht betrifft allerdings nur unzutreffende Steuerklasse oder Kinderfreibeträge. Ein zu hoher auf der Steuerkarte eingetragener Freibetrag muss nicht angezeigt werden, kann jedoch bei der Steuererklärung zu einer Steuernachzahlung führen.

Beispiele

- Der 17-jährige Christian Schmidt nimmt zum 01.05.2012 eine Lehrstelle als Mechatroniker an. Da er bisher Schüler war, besitzt er noch keine Lohnsteuerkarte. Unter den o. g. Voraussetzungen kann der Arbeitgeber auf die Lohnsteuerkarte bzw. eine Ersatzbescheinigung verzichten und Christian mit Lohnsteuerklasse I abrechnen.
- Der alleinerziehende Vater Karl Richter möchte mit seiner Lebenspartnerin zusammenziehen. Sobald dies geschieht, ist Herr Richter verpflichtet, beim Finanzamt eine Änderung von Steuerklasse II auf Steuerklasse I zu veranlassen.
- Herr Wendt hat auf der Steuerkarte 2010 einen Freibetrag wegen der hohen Fahrtkosten durch den täglichen Arbeitsweg: jeden Monat zahlt er 149 € für seine Monatskarte mit Bus und Bahn. Im März 2012 wechselt er den Arbeitsplatz; der tägliche Fahrtweg reduziert sich auf 3 km, die Herr Wendt mit dem Fahrrad fährt. Er ist nicht verpflichtet, den Freibetrag auf der Steuerkarte ändern zu lassen. Es wäre jedoch ratsam, um eine spätere Steuernachzahlung zu vermeiden.

Nachweis abweichender Besteuerungsmerkmale

Sollten sich die Besteuerungsmerkmale des Arbeitnehmers gegenüber der Lohnsteuerkarte 2010 oder der ausgestellten Ersatzbescheinigung 2011 geändert haben, kann der Arbeitnehmer das dem Arbeitgeber gegenüber durch eine der folgenden Unterlagen nachweisen:

- **Mitteilungsschreiben des Finanzamts**
  Jeder Arbeitnehmer hat Ende 2011 ein sog. „ELStAM-Infoschreiben" vom Finanzamt erhalten, das ihm die über ihn gespeicherten elektronischen Steuermerkmale mitteilte. Allerdings enthält dieses Schreiben keine Angaben über Freibeträge (ausgenommen nur der Pauschbetrag für Behinderte).
- **Ausdruck seines Finanzamts**
  Ein Arbeitnehmer, der bei seinem Wohnsitzfinanzamt einen Antrag auf Änderung der ELStAM gestellt hat, erhält einen solchen Ausdruck. Das Gleiche gilt für Arbeitnehmer, die erstmals für 2012 einen Freibetrag beantragt haben.

Beispiel

Frau Werner nimmt ab 09.01.2012 eine neue Arbeitsstelle an, die 60 km entfernt von ihrer Wohnung liegt. Sie plant, täglich mit dem PKW zu pendeln und beantragt bei ihrem Finanzamt einen Freibetrag wegen erhöhter Werbungskosten.

Die vom Finanzamt ausgestellte Bescheinigung legt sie ihrem Arbeitgeber vor, der damit den Freibetrag beim Lohnsteuerabzug berücksichtigen kann.

Vorlage und Rückgabe der Lohnsteuerkarte

Bei Beginn und Ablauf eines Kalenderjahres

Bei Beginn eines → Arbeitsverhältnisses muss der Beschäftigte die Lohnsteuerkarte dem Arbeitgeber übergeben. Nach Ablauf des Kalenderjahres verbleibt sie beim Arbeitgeber und kann von diesem nach Abschluss des Lohnkontos vernichtet werden (Näheres zum Lohnkonto finden Sie auf Seite 28 und Seite 223). Die Lohnsteuerkarte 2010 ist jedoch aufzubewahren, da diese bis 2012 maßgeblich ist. Der Arbeitnehmer erhält vom Arbeitgeber ein Datenübermittlungsprotokoll (Lohnsteuerbescheinigung), aus dem die an sein Wohnsitzfinanzamt gemeldeten Steuerabzugsbeträge ersichtlich sind. Nur wenn auf der Lohnsteuerkarte ausnahmsweise manuelle Eintragungen durch einen Vorarbeitgeber vorgenommen wurden, muss der aktuelle Arbeitgeber die Lohnsteuerkarte am Jahresende dem Arbeitnehmer aushändigen.

Bei unterjährigem Austritt

Bei unterjähriger Beendigung des Beschäftigungsverhältnisses erhält der Arbeitnehmer die Lohnsteuerkarte vom Arbeitgeber zurück, um sie ggf. dem neuen Arbeitgeber vorlegen zu können. Dies gilt dann entsprechend für die Lohnsteuerkarte 2010 in 2011 und 2012.

vorübergehende Herausgabe während des Beschäftigungsverhältnisses

Während des laufenden Beschäftigungsverhältnisses darf der Arbeitgeber die Lohnsteuerkarte nur vorübergehend herausgeben, wenn der Arbeitnehmer Änderungen durch das Finanzamt vornehmen lassen muss (z.B. Kinderfreibetrag bei Geburt eines Kindes, Steuerklassenwechsel wegen Heirat, Eintragung eines Freibetrags etc). Der Arbeitnehmer ist verpflichtet, die Lohnsteuerkarte unverzüglich wieder an den Arbeitgeber zurück zu geben.

endgültige Herausgabe während des Beschäftigungsverhältnisses

Wenn der Arbeitnehmer einen Steuerkartenwechsel vornehmen möchte, muss der Arbeitgeber ihm die Lohnsteuerkarte auch während des Beschäftigungsverhältnisses endgültig herausgeben. Dies kann z.B. dann der Fall sein, wenn der Arbeitnehmer in mehreren Beschäftigungsverhältnissen steht und die Steuerkarten unter den Arbeitgebern tauscht. Bei der endgültigen Herausgabe während des Beschäftigungsverhältnisses ist darauf zu achten, dass - anders als bei der vorübergehenden Herausgabe - eine **Lohnsteuerbescheinigung** mit den bis zu diesem Abrechnungszeitraum aufgelaufenen Beträgen zu erstellen ist. Für die neu vorgelegte Lohnsteuerkarte ist dann entweder zum Jahresende oder zum Austritt eine gesonderte Lohnsteuerbescheinigung ab diesem Zeitpunkt auszustellen.

Folgen bei Nichtvorlage der Lohnsteuerkarte

Wie hat sich der Arbeitgeber zu verhalten, wenn der Arbeitnehmer die Lohnsteuerkarte nicht oder nicht rechtzeitig vor Anstellungsbeginn vorlegt? Für diesen Fall wird unterschieden, ob die Nichtvorlage **schuldhaft** oder **ohne Verschulden** des Arbeitnehmers erfolgt.

Schuldhafte Nichtvorlage

Von einer **schuldhaften** Nichtvorlage hat der Arbeitgeber auszugehen, wenn der Arbeitnehmer die Lohnsteuerkarte vorsätzlich oder fahrlässig nicht oder nicht rechtzeitig einreicht.

In einem solchen Fall ist der Arbeitgeber verpflichtet für den Lohnsteuerabzug die **Steuerklasse VI** zugrunde zu legen. Mit diesem erhöhten Steuerabzug soll verhindert werden, dass sich ein Arbeitnehmer, der mehrere Beschäftigungsverhältnisse hat, unrechtmäßig steuerliche Vorteile verschafft.

Nichtvorlage ohne Verschulden

Von einer Nichtvorlage **ohne Verschulden** des Arbeitnehmers ist auszugehen wenn:

- die Lohnsteuerkarte bei Aufnahme eines Arbeitsverhältnisses binnen 6 Wochen nach Beschäftigungsbeginn vorgelegt wird,
- bei einem Arbeitgeberwechsel durch den alten Arbeitgeber bescheinigt wird, dass dieser wegen maschineller Lohnabrechnung noch keine Lohnsteuerbescheinigung erteilen konnte,
- die Lohnsteuerkarte nach der Aushändigung durch den Arbeitgeber binnen 6 Wochen zurückgegeben wird oder
- der Arbeitnehmer bei Überschreitung der Fristen nachweisen kann, dass die Verzögerung nicht durch ihn verschuldet wurde.

Legt der Arbeitnehmer die Lohnsteuerkarte ohne eigenes Verschulden nicht vor, wird der Lohnsteuerabzug zunächst nach den Familienverhältnissen vorgenommen, die dem Arbeitgeber bekannt sind. Die sich aus diesem Vorgehen ergebenden Differenzbeträge werden später korrigiert.

Bei einer nicht verschuldeten verzögerten Rückgabe werden die **bisherigen Merkmale** der Lohnsteuerkarte zugrunde gelegt. Ergibt sich nach der Vorlage bzw. Rückgabe ein Differenzbetrag, weil sich die Merkmale der Lohnsteuerkarte geändert haben, kann dieser mit dem Lohnsteuerabzug des nächsten Monats verrechnet werden.

zu Beispiel Arbeitspapiere

> Herr Lehmann ist ein unbeschränkt einkommenssteuerpflichtiger Arbeitnehmer mit Wohnsitz in Deutschland. Er bekommt daher von seiner Gemeinde eine Lohnsteuerkarte ausgestellt. Diese erhält er nach Beendigung des Arbeitsverhältnisses von seinem alten Arbeitgeber „TV-Film“ zurück und muss sie bei Antritt seiner neuen Stelle bei „Kino-Film“ abgeben.

ELStAM

Ab dem Jahr 2013 ist der Arbeitgeber berechtigt, die „elektronischen Lohnsteuer-Abzugs-Merkmale“ (ELStAM) des bei ihm beschäftigten Arbeitnehmers elektronisch aus der ELStAM-Datenbank abzurufen. Diese Daten sind identisch mit denen, die bisher aus der Lohnsteuerkarte aus Papier zu ersehen sind: Steuerklasse, Kinderfreibeträge, Konfession, Frei- bzw. Hinzurechnungsbeträge sowie ggf. Änderungen dieser Daten.

Erhält der Arbeitgeber keine ELStAM-Daten für seinen Arbeitnehmer, ist er verpflichtet, den Arbeitslohn nach Steuerklasse VI zu versteuern.

Für den Datenabruf benötigt der Arbeitgeber Geburtsdatum und Steuer-Identnummer des Arbeitnehmers. Außerdem ist der Arbeitnehmer zur Mitteilung darüber verpflichtet, ob es sich um das Haupt- oder ein Nebenarbeitsverhältnis handelt.

Sobald das Arbeitsverhältnis beendet wird, entfällt die Datenabruf-Berechtigung für den Arbeitgeber. Damit wird sichergestellt, dass jeweils nur der aktuelle Arbeitgeber die Daten abrufen kann.

Das Finanzamt wird dem Arbeitnehmer die erstmals über ihn elektronisch gespeicherten Lohnsteuer-Abzugsmerkmale bekannt geben (§ 52b (9) EStG). Des Weiteren kann der Arbeitnehmer jederzeit einsehen, welche Daten über ihn in der ELStAM-Datenbank gespeichert sind und welche Arbeitgeber sie abgerufen haben. Dazu ist allerdings eine Authentifizierung im Elster-Online-Portal mit Hilfe seiner Steuer-Identnummer nötig (siehe www.elsteronline.de).

Nach § 42d Abs. 1 EStG haftet der Arbeitgeber für die Einbehaltung und Abführung der Steuerbeträge vom steuerpflichtigen Brutto des Arbeitnehmers. In diesem Zusammenhang ist von Bedeutung, ob ein Mitarbeiter den Status eines Arbeitnehmers trägt, oder aber z.B. (schein-)selbständig ist.

Nach Definition der LStDV sind Arbeitnehmer Personen, die im öffentlichen oder privaten Dienst gegen Entgelt beschäftigt sind. Der Arbeitnehmer schuldet die vereinbarte Arbeitsleistung und der Arbeitgeber schuldet den vereinbarten Lohn. Zur Abgrenzung zu Nicht-Arbeitnehmern muss der Arbeitnehmer außerdem im betrieblichen Organismus des Arbeitgebers eingegliedert sein und unterliegt dessen Weisungen.

Nach der gängigen Rechtssprechung ist weiterhin von der Annahme eines Beschäftigungsverhältnisses aus Sicht der Lohnsteuer auszugehen, wenn der Arbeitnehmer u. a. wirtschaftlich abhängig ist, der Arbeitgeber über Ort, Zeit und Inhalt der Tätigkeit bestimmt, der Arbeitnehmer kein unternehmerisches Risiko (z.B. Kapitaleinsatz) trägt und der Arbeitnehmer in den Betrieb eingegliedert ist.

Die Arbeitnehmereigenschaft ist nach dem Gesamtbild der Verhältnisse zu beurteilen.

3.3 Daten der Lohnsteuerkarte und deren Maßgeblichkeit

Steuerabzug durch den Arbeitgeber

Der Arbeitgeber muss also für jeden Arbeitnehmer die Höhe der **Steuerabzugsbeträge** ermitteln, um den korrekten Betrag abführen zu können. Dazu reicht nicht allein die Höhe des Arbeitsentgeltes als Berechnungsgrundlage. Vor allem die Lohnsteuerklasse aber auch andere persönliche Daten des Beschäftigten entnimmt der Arbeitgeber der → **Lohnsteuerkarte** des Arbeitnehmers (ab 2013 ruft der Arbeitgeber die Daten auf elektronischem Wege vom Bundeszentralamt für Steuern ab). Die auf der Lohnsteuerkarte angegebenen Daten, wie z.B. Lohnsteuerklasse, Konfessionszugehörigkeit, sind maßgeblich für den Einbehalt der Steuerbeträge, selbst dann, wenn die Angaben unzutreffend sein sollten.

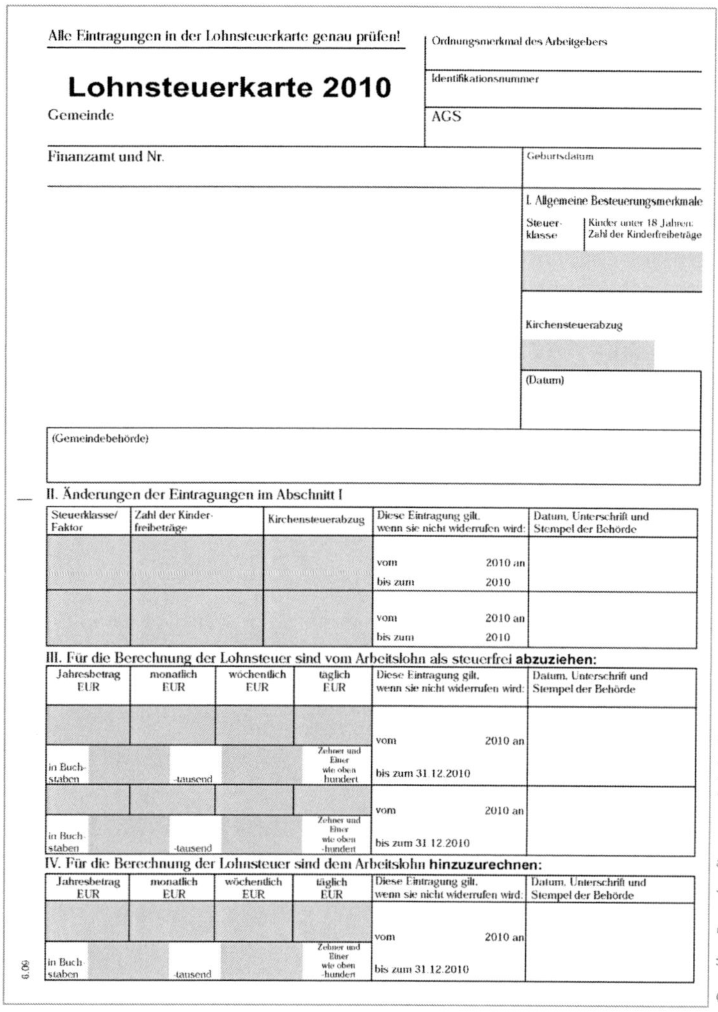
Alle Eintragungen in der Lohnsteuerkarte genau prüfen!

Lohnsteuerkarte 2010

Gemeinde

Ordnungsmerkmal des Arbeitgebers

Identifikationsnummer

AGS

Finanzamt und Nr.

Geburtsdatum

I. Allgemeine Besteuerungsmerkmale

Steuerklasse	Kinder unter 18 Jahren: Zahl der Kinderfreibeträge

Kirchensteuerabzug

(Datum)

(Gemeindebehörde)

II. Änderungen der Eintragungen im Abschnitt I

Steuerklasse/ Faktor	Zahl der Kinderfreibeträge	Kirchensteuerabzug	Diese Eintragung gilt, wenn sie nicht widerrufen wird:	Datum, Unterschrift und Stempel der Behörde
			vom 2010 an bis zum 2010	
			vom 2010 an bis zum 2010	

III. Für die Berechnung der Lohnsteuer sind vom Arbeitslohn als steuerfrei **abzuziehen:**

Jahresbetrag EUR	monatlich EUR	wöchentlich EUR	täglich EUR	Diese Eintragung gilt, wenn sie nicht widerrufen wird:	Datum, Unterschrift und Stempel der Behörde
				vom 2010 an	
in Buchstaben	-tausend		Zehner und Einer wie oben hundert	bis zum 31.12.2010	
				vom 2010 an	
in Buchstaben	-tausend		Zehner und Einer wie oben -hundert	bis zum 31.12.2010	

IV. Für die Berechnung der Lohnsteuer sind dem Arbeitslohn **hinzuzurechnen:**

Jahresbetrag EUR	monatlich EUR	wöchentlich EUR	täglich EUR	Diese Eintragung gilt, wenn sie nicht widerrufen wird:	Datum, Unterschrift und Stempel der Behörde
				vom 2010 an	
in Buchstaben	-tausend		Zehner und Einer wie oben -hundert	bis zum 31.12.2010	

6.09

Quelle: Bundesfinanzministerium

3.3.1 Die Lohnsteuerklassen § 38b EStG

In Deutschland werden → Arbeitnehmer in Abhängigkeit ihrer persönlichen Verhältnisse unterschiedlich besteuert. Dadurch sollen z.B. Familien finanziell begünstigt werden. Arbeitnehmer werden einer von sechs **Lohnsteuerklassen** zugeordnet (§ 38b EStG).

Steuerklassen

Die vom → Arbeitgeber einzubehaltende → Lohnsteuer richtet sich nach der auf der → Lohnsteuerkarte eingetragenen **Lohnsteuerklasse**. Die jeweilige Lohnsteuerklasse beeinflusst also die monatliche Steuerbelastung des Arbeitnehmers und wirkt sich somit auf seinen → **Nettoverdienst** aus. Da die Lohnsteuer aber nur eine Erhebungsform der Einkommensteuer ist, muss der Arbeitnehmer letztlich seine Einkünfte aus nichtselbstständiger Arbeit in seiner **Einkommensteuererklärung** angeben. Bei der Einkommensteuererklärung spielt es keine Rolle mehr welcher Steuerklasse der Arbeitnehmer angehört. Hier gibt es für Ledige die so genannte **Grundtabelle** und für Verheiratete die so genannte **Splittingtabelle**.

Lohnsteuerklasse I

In die Steuerklasse I gehören Arbeitnehmer, die **ledig** sind sowie Arbeitnehmer, die verheiratet und **dauernd getrennt lebend**, **verwitwet** oder **geschieden** sind.

Lohnsteuerklasse II

Alleinerziehende

In die Steuerklasse II werden **alleinerziehende** Arbeitnehmer eingeordnet, die entweder ledig, verheiratet und dauernd getrennt lebend, verwitwet oder geschieden sind und denen der **Entlastungsbetrag für Alleinerziehende** (§ 24b EStG) zusteht. Der Entlastungsfreibetrag steht alleinstehenden Steuerpflichtigen zu, die mit mindestens einem **minderjährigen Kind** eine Haushaltsgemeinschaft in einer gemeinsamen Wohnung bilden. Als alleinstehend gelten Personen, die nicht die Voraussetzungen für die Ehegattenveranlagung erfüllen und keine Haushaltsgemeinschaft mit einer anderen Person bilden, es sei denn, für diese andere Person steht ihnen ein Kinderfreibetrag zu.

Lohnsteuerklasse III

Verheiratete Arbeitnehmer

In die Steuerklasse III gehören **verheiratete** Arbeitnehmer, wenn beide Ehegatten unbeschränkt einkommensteuerpflichtig sind und nicht dauernd getrennt leben. Für den Ehegatten muss darüber hinaus eine der folgenden Bedingungen zutreffen:

- für den Ehegatten wurde keine Lohnsteuerkarte aufgestellt
- für den Ehegatten wurde eine Lohnsteuerkarte mit Steuerklasse V ausgestellt.

Wenn ein Ehepartner stirbt, kann für den **verwitweten** Arbeitnehmer die Steuerklasse III noch für das Jahr gewährt werden, das auf das Todesjahr des Ehegatten folgt. Voraussetzung dafür ist, dass zum Zeitpunkt des Todes beide Ehegatten unbeschränkt einkommensteuerpflichtig waren und nicht dauernd getrennt gelebt haben.

Geschiedene Arbeitnehmer können für das Kalenderjahr in dem die Ehe geschieden wurde die Steuerklasse III behalten wenn im Jahr der Scheidung beide Ehegatten unbeschränkt einkommensteuerpflichtig waren und nicht dauernd getrennt gelebt haben. Steuerklasse III ist für Geschiedene auch möglich, wenn der andere Ehegatte im gleichen Jahr wieder geheiratet hat und die Partner der neuen Ehe beide unbeschränkt einkommenssteuerpflichtig sind und nicht dauerhaft getrennt leben.

Lohnsteuerklasse IV

Der Steuerklasse IV werden **verheiratete** Arbeitnehmer zugeordnet wenn:

- der Ehegatte unbeschränkt einkommensteuerpflichtig ist und
- die Ehepartner nicht dauerhaft getrennt leben und
- die Ehegatten in etwa gleicher Höhe Arbeitslohn beziehen.

Ehegatten, welche die Steuerklassenkombination IV / IV gewählt haben, können einen zusätzlichen Berechnungsfaktor (Faktorverfahren) beim zuständigen Finanzamt eintragen lassen.

Lohnsteuerklasse V

In die Steuerklasse V gehören Arbeitnehmer, die die Bedingungen für Steuerklasse IV erfüllen und bei denen der Ehegatte auf Antrag beider Ehepartner die **Steuerklasse III** erhalten hat.

Anmerkung: Die Entscheidung, ob die Steuerklassen in III/V oder IV/IV eingestuft werden, liegt bei den steuerpflichtigen Ehegatten, sofern die Kriterien erfüllt sind.

Lohnsteuerklasse VI

Die Steuerklasse VI wird auf die **zweite** oder **jede weitere Lohnsteuerkarte** eingetragen, die der Arbeitnehmer für ein zweites und für jedes weitere → Arbeitsverhältnis benötigt, wenn der Arbeitnehmer Arbeitsentgelt von mehreren Arbeitgebern bezieht.

weitere Steuerkarten

Freibetrag auf der Lohnsteuerkarte

Um bestimmte Personengruppen steuerlich zu entlasten, hat der Gesetzgeber eine Reihe von Freibeträgen festgelegt (§ 39a EStG). Auf diese Beträge des Arbeitslohns werden keine Steuern gezahlt. Dabei wird zwischen Freibeträgen, die bereits in der → Lohnsteuertabelle eingearbeitet sind und solchen, die auf der Lohnsteuerkarte eingetragen sind unterschieden. Letztere muss der Arbeitgeber zur Berechnung der → Lohnsteuer von der Bemessungsgrundlage abziehen.

Steuerfreie Lohnanteile durch Freibeträge

in Lohnsteuertabelle eingearbeitete Freibeträge
Grundfreibetrag für Alleinstehende 8.004,00 € (für Verheiratete 16.009,00 €) (stellt das Existenzminimum eines Steuerpflichtigen steuerfrei)
Arbeitnehmerpauschbetrag 1.000,00 €
Sonderausgabenpauschbetrag 36,00 €
Vorsorgepauschale je nach Arbeitslohn (individuell)
Entlastungsbetrag für Alleinerziehende 1.308,00 € (berücksichtigt den Mehrbedarf bei Haushalten von Alleinstehenden mit Kindern)
Kinderfreibeträge (nur für Annexsteuern)

Auf der Lohnsteuerkarte eingetragene Freibeträge
Pauschbeträge für Behinderte
Pauschbeträge für Hinterbliebene
Freibetrag für erhöhte Werbungskosten
Freibetrag für außergewöhnliche Belastungen
Freibetrag für erhöhte Sonderausgaben
Negative Einkünfte aus anderen Einkunftsarten
Freibetrag für zweites Dienstverhältnis

Seit 1996 werden die Kinderfreibeträge nur noch für die Berechnung der Zuschlagssteuern (Kirchensteuer und Solidaritätszuschlag) berücksichtigt. Für die Lohnsteuer können die Kinderfreibeträge erst im Rahmen der jährlichen Einkommensteuererklärung geltend gemacht werden. Bis 2010 wurde für Kinder bis 18 Jahren der Kinderfreibetrag durch die ausstellende Gemeinde eingetragen. Ab 2012 übernimmt

Kinderfreibeträge

dies das Bundeszentralamt für Steuern. Freibeträge für Kinder über 18 Jahre werden auf Antrag durch das Finanzamt auf der Lohnsteuerkarte eingetragen. Die zu berücksichtigenden Kinder werden auf der Steuerkarte wie folgt eingetragen:

Steuerklasse I und II:

- Aufteilung bei den Eltern mit 0,5 pro Kind / voller Eintrag ist möglich

Steuerklasse III und IV:

- keine Aufteilung, immer 1,0 pro Kind bei jedem Elternteil (außer bei Kind/ern aus früherer Ehe)

Steuerklasse V und VI:

- keine Eintragung von Kinderfreibeträgen.

Vorsorgepauschale

Mit dem ab dem Jahr 2010 eingeführten „Bürgerentlastungsgesetz Krankenversicherung" (BürgEntlG) wurde die steuerliche Berücksichtigung von Vorsorgeaufwendungen bezüglich der Kranken- und Pflegeversicherungsbeiträge verbessert.

In der Allgemeinen Lohnsteuertabelle ist der abzugsfähige Teil des Arbeitnehmeranteils zur Rentenversicherung sowie die Mindestvorsorgepauschale für sonstige Vorsorgeaufwendungen zwar bereits enthalten. Sind die tatsächlichen Aufwendungen für Kranken- und Pflegeversicherung jedoch höher, so ist die Vorsorgepauschale individuell anzupassen. Die aktuellen Lohnabrechnungsprogramme der EDV berücksichtigen dies i. d. R. automatisch.

Freibeträge auf der Lohnsteuerkarte

Freibeträge, die auf der Lohnsteuerkarte eingetragen sind, zieht der → Arbeitgeber vom Bruttoarbeitslohn ab, bevor die Lohnsteuertabelle zur Ermittlung des Steuerbetrages angewendet wird. Der → Arbeitnehmer muss die Eintragung eines Freibetrages auf seiner Lohnsteuerkarte beim Finanzamt beantragen.

Außerdem muss der Arbeitgeber u. U. noch Freibeträge selbst ermitteln und beim Lohnsteuerabzug berücksichtigen, wie z.B. beim Altersentlastungsbetrag (näheres hierzu in Kapitel 10.2). Der Altersentlastungsbetrag ist bei Erreichen einer bestimmten Altersgrenze zu berücksichtigen und wird nicht auf der Lohnsteuerkarte eingetragen.

Steuerfreibeträge und Sozialversicherung

Zu beachten ist, dass sich Steuerfreibeträge nicht mindernd auf die Bemessungsgrundlage der Sozialversicherungsbeiträge auswirken.

Hinzurechnungsbetrag

Freibetrag auf zweiter Steuerkarte

Arbeitnehmer, die in einem zweiten → Arbeitsverhältnis beschäftigt sind, das nach → Lohnsteuerklasse VI besteuert wird, erhalten für dieses Dienstverhältnis eine zweite Lohnsteuerkarte. Wird der Grundfreibetrag mit dem → Arbeitslohn aus dem ersten Arbeitsverhältnis nicht ausgeschöpft, kann auf der zweiten Lohnsteuerkarte ein entsprechender Freibetrag eingetragen werden.

Hinzurechnungsbetrag auf erster Steuerkarte

Im Gegenzug wird auf der ersten Lohnsteuerkarte ein so genannter Hinzurechnungsbetrag in derselben Höhe wie der Freibetrag der zweiten Steuerkarte eingetragen. Dieser Hinzurechnungsbetrag wird vor Ermittlung des Lohnsteuerabzuges zur → Bemessungsgrundlage des ersten Arbeitsverhältnisses hinzugerechnet. Sind auf der ersten Steuerkarte keine weiteren Freibeträge eingetragen, sollte daher der Freibetrag der zweiten Steuerkarte maximal so hoch gewählt sein, dass durch den entsprechenden Hinzurechnungsbetrag das steuerpflichtige Arbeitsentgelt des ersten Arbeitsverhältnisses nicht über die Grundfreibetragsgrenze steigt. Andernfalls kommt es im ersten Dienstverhältnis zu unnötigen Steuerzahlungen.

Wenn auf der ersten Steuerkarte Freibeträge eingetragen sind, wird der Hinzurechnungsbetrag um diese Beträge gemindert. Dies bedeutet, dass auf der zweiten Steuerkarte ein Freibetrag eingetragen werden kann, der zur Höhe des nicht ausgeschöpften Grundfreibetrages zusätzlich die Summe der Freibeträge der ersten Steuerkarte enthält.

Verrechnung von Hinzurechnungsbetrag und Freibetrag

Faktorverfahren

Erstmals für das Jahr 2010 wurde mit dem Jahressteuergesetz 2009 der § 39f EStG eingeführt, wonach Ehegatten bei der Steuerklassenkombination IV / IV die Möglichkeit haben, sich einen zusätzlichen Berechnungsfaktor (eine 0 mit drei Nachkommastellen) eintragen zu lassen. Der jeweilige Faktor wird auf Antrag durch das zuständige Finanzamt ermittelt und in Abschnitt II der Lohnsteuerkarten der Ehegatten eingetragen. In diesem Faktor werden dann auch evtl. sonstige einzutragende Freibeträge berücksichtigt, so dass neben dem Faktor kein gesonderter Freibetrag eingetragen wird.

Der durch das im Obergrenzverfahren bei Steuerklasse IV in der entsprechenden Lohnsteuertabelle abgelesene Lohnsteuer, Solidaritätszuschlag und ggf. Kirchensteuer werden mit dem eingetragenen Faktor multipliziert und entsprechend gemindert.

Dadurch soll erreicht werden, dass für beide Ehegatten der für ihn geltende Grundfreibetrag und gleichzeitig das Splittingverfahren Anwendung findet. Ob die Anwendung des Faktorverfahrens tatsächlich günstiger ist, liegt an den gesamten persönlichen Verhältnissen der Eheleute und lässt sich vom Arbeitgeber nicht beurteilen.

3.3.2 Tarifformel und Lohnsteuertabellen §§ 38a, 39b EStG

Im Mittelalter gab es den so genannten Kirchenzehnten. Die Steuerschuld war damals sehr einfach und für alle gleich zu ermitteln: Ein Zehntel der Bemessungsgrundlage waren als Steuern abzuführen.

Progressiver Steuersatz (Tarifformel)

Basierend auf dem **Solidarprinzip** der sozialen Marktwirtschaft gestaltet sich die heutige Einkommenssteuer dagegen **progressiv**. Das heißt, höhere Einkommen werden proportional stärker belastet als kleinere Einkommen. Dies hat zur Folge, dass sich bei unterschiedlich hohen → Bemessungsgrundlagen die Berechnungsformeln für die Steuerschuld ändern. Während ein geringes Einkommen beispielsweise mit 15% besteuert wird, werden auf ein höheres Einkommen 30% Einkommensteuer erhoben.

Lohnsteuertabellen

Um den → Arbeitgebern die korrekte Abführung der → Lohnsteuer zu ermöglichen veröffentlichte das Bundesfinanzministerium früher die **Lohnsteuertabellen**, in denen die stufenhafte Progression der Besteuerung abgelesen werden konnte. Heute stellt das Finanzministerium nur noch die Programmablaufpläne zur Erstellung der aktuellen Lohnsteuer-Berechnungssoftware zur Verfügung. Einschlägige Verlage veröffentlichen aber weiterhin aktuelle Lohnsteuertabellen, die sie anhand des gültigen Programmablaufplanes erstellt haben.

Allgemeine und besondere Tabellen

Berücksichtigung der Vorsorgepauschale

Die Lohnsteuertabellen wurden bisher jeweils in zwei Versionen erstellt. In der **allgemeinen Lohnsteuertabelle A** ist die normale Vorsorgepauschale berücksichtigt. Sie gilt für sozialversicherungspflichtige Arbeitnehmer. Die **besondere Lohnsteuertabelle B** berücksichtigt nur eine gekürzte Vorsorgepauschale und wird daher für

Beschäftigte angewendet, die nicht rentenversicherungspflichtig sind bzw. Pensionsansprüche haben, für die sie zumindest teilweise keine eigenen Beiträge leisten müssen. Zu diesen Arbeitnehmern zählen nach § 10c EStG:

Besondere Lohnsteuertabelle

- Arbeitnehmer, die in der gesetzlichen → Rentenversicherung versicherungsfrei sind und denen nach Beendigung des Beschäftigungsverhältnisses eine lebenslängliche Versorgung zusteht (z.B. Beamte, Richter, Berufssoldaten, Geistliche).
- Arbeitnehmer, die nicht der gesetzlichen Rentenversicherungspflicht unterliegen und im Zusammenhang mit ihrer Berufstätigkeit vertraglich vereinbarte Ansprüche auf eine Altersversorgung haben, auch wenn sie für diese ganz oder teilweise eine eigenen Beitragsleistung erbringen müssen (z.B. Vorstandsmitglieder von Aktiengesellschaften mit Pensionszusage).
- Arbeitnehmer, die Versorgungsbezüge im Sinne des § 19 Abs. 2 Nr. 1 EStG erhalten (z.B. Pensionierte Beamte und Angestellte öffentlich-rechtlicher Körperschaften, Empfänger von Witwen- oder Waisengeld nach beamtenrechtlichen Vorschriften).
- Arbeitnehmer, die Altersrente aus der gesetzlichen Rentenversicherung beziehen.

Wegfall durch maschinelle Lohnsteuerberechnung

Seit dem Jahr 2010 entfällt durch die Einbeziehung der tatsächlichen Vorsorgeaufwendungen die Unterscheidung der Allgemeinen und Besonderen Lohnsteuertabelle und der Ausweis des Großbuchstabens „B" in der Lohnsteuerbescheinigung (vgl. Kapitel 12). Generell wird von einer maschinellen Steuerberechnung ausgegangen. Es wird dennoch weiterhin die Möglichkeit der Steuerermittlung anhand von Lohnsteuertabellen angeboten, so dass es auch weiterhin die Besondere Lohnsteuertabelle zur manuellen Steuerermittlung gibt.

Hinweis: Bei der Ermittlung der Lohnsteuerbeträge wird in den Beispielen, wie auch in den Aufgaben, auf die Ermittlung der tatsächlichen Vorsorgeaufwendungen verzichtet. Es sind die beigefügten Muster-Lohnsteuertabellen (A und B) zu verwenden.

Tages-, Monats- und Jahreslohnsteuertabelle

Die Lohnsteuertabellen werden für die Abrechnungszeiträume **Tag**, **Woche**, **Monat** und **Jahr** herausgegeben. Am gebräuchlichsten ist die Monatslohnsteuertabelle, da sie für → Arbeitnehmer angewendet wird, die regelmäßiges monatliches Arbeitsentgelt erhalten. (Zur Anwendung der einzelnen Lohnsteuertabellen siehe auch Kapitel 7)

- Die **Tageslohnsteuertabelle** ist bei täglicher Lohnzahlung bzw. Lohnabrechnung anzuwenden. Sie ist aber auch anzuwenden, wenn ein Arbeitnehmer innerhalb des monatlichen oder wöchentlichen Lohnabrechnungs- oder Lohnauszahlungszeitraumes aus dem Betrieb ausscheidet oder eintritt. Die Tagelohnsteuertabelle ist mit 1/360 aus der Jahreslohnsteuertabelle herausgerechnet.
- Die **Monatslohnsteuertabelle** ist für das laufende Arbeitsentgelt bei monatlicher Lohnzahlung bzw. Lohnabrechnung anzuwenden Die Beträge der Monatslohnsteuertabelle sind aus der Jahreslohnsteuertabelle mit jeweils einem Zwölftel abgeleitet.
- Die **Jahreslohnsteuertabelle** wird für die Ermittlung der Lohnsteuer für sonstige Bezüge (z.B. Weihnachtsgeld) angewandt.

Aufbau einer Lohnsteuertabelle

Monatstabelle
Allgemeine

			Solidaritätszuschlag und Kirchensteuer für 0 bis 3 Kinderfreibeträge														
			0,0			0,5			1,0			1,5			2,0		
Brutto bis	StKl	LSt	SolZ	KiSt 8%	KiSt 9%	SolZ	KiSt 8%	KiSt 9%	SolZ	KiSt 8%	KiSt 9%	SolZ	KiSt 8%	KiSt 9%	SolZ	KiSt 8%	KiSt
2.021,99	I	267,50	14,71	21,40	24,07	11,08	16,13	18,14	7,64	11,11	12,50		6,36	7,16		2,27	2,
	II	237,41	13,05	18,99	21,37	9,51	13,84	15,57	6,14	8,94	10,06		4,39	4,94		0,75	0,
	III	42,00		3,36	3,78		0,19	0,21									
	IV	267,50	14,71	21,40	24,07	12,87	18,73	21,07	11,08	16,13	18,14	9,34	13,59	15,28	7,64	11,11	12,
	V	560,66	30,83	44,85	50,46	30,83	44,85	50,46	30,83	44,85	50,46	30,83	44,85	50,46	30,83	44,85	50,4
	VI	591,16	32,51	47,29	53,20	32,51	47,29	53,20	32,51	47,29	53,20	32,51	47,29	53,20	32,51	47,29	53,2
2.096,99	I	288,58	15,87	23,09	25,97	12,19	17,73	19,95	8,69	12,64	14,22	3,31	7,81	8,78		3,43	3,8
	II	258,00	14,19	20,64	23,22	10,59	15,41	17,33	7,17	10,43	11,74		5,73	6,44		1,77	1,9
	III	54,83		4,39	4,93		1,05	1,18									
	IV	288,58	15,87	23,09	25,97	14,01	20,38	22,93	12,19	17,73	19,95	10,41	15,15	17,05	8,69	12,64	14,2
	V	590,50	32,47	47,24	53,15	32,47	47,24	53,15	32,47	47,24	53,15	32,47	47,24	53,15	32,47	47,24	53,1
	VI	621,83	34,20	49,75	55,96	34,20	49,75	55,96	34,20	49.75	55,96	34,20	49,75	55,96	34,20	49,75	55,9
2.102,99	I	290,25	15,96	23,22	26,12	12,28	17,87	20,10	8,77	12,77	14,36	3,60	7,92	8,91		3,53	3,9
	II	259,66	14,28	20,77	23,37	10,67	15,53	17,47	7,25	10,55	11,87		5,83	6,56		1,85	2,0
	III	56,00		4,48	5,04		1,13	1,27									
	IV	290,25	15,96	23,22	26,12	14,10	20,51	23,08	12,28	17,87	20,10	10,50	15,28	17,19	8,77	12,77	14,
	V	593,00	32,61	47,44	53,37	32,61	47,44	53,37	32,61	47,44	53,37	32,61	47,44	53,37	32,61	47,44	53
	VI	624,33	34,33	49,95	56,19	34,33	49,95	56,19	34,33	49,95	56,19	34,33	49,95	56,19	34,33	49,95	56
2.105,99	I	291,08	16,00	23,29	26,20	12,32	17,93	20,17	8,81	12,83	14,43	3,75	7,98	8,98		3,57	4,
	II	260,50	14,32	20,84	23,45	10,72	15,60	17,55	7,29	10,61	11,94		5,89	6,62		1,90	2,14
	III	56,50		4,52	5,09		1,17	1,32									
	IV	291,08	16,00	23,29	26,20	14,14	20,58	23,15	12,32	17,93	20,17	10,55	15,35	17,26	8,81	12,83	14,43
	V	[illegible]				[illegible]68	47,55	53,49	32,68	47,55	53,49	32,68	47,55	53,49	32,68	47,55	53,4
	VI						50,05	56,31	34,41	50,05	56,31	34,41	50,05	56,31	34,41	50,05	
	I								8,85	12,89	14,50	3,90	8,04	9,04			
	II									10,67	12,01		5,95	6,69			

In der ersten Spalte einer Lohnsteuertabelle sind die → **Bemessungsgrundlagen** (steuerpflichtiger → Bruttoarbeitslohn) in Schritten aufgeführt. Der Arbeitgeber ordnet den Arbeitnehmer zunächst in eine dieser Lohn- bzw. Gehaltsstufen nach dem so genannten Obergrenzverfahren (falls nicht passend, immer die nächsthöhere) ein. Die dritte Spalte zeigt dann zu jeder Steuerklasse (zweite Spalte) die abzuführende **Lohnsteuer**.

Aufbau einer Lohnsteuertabelle

Der **Kinderfreibetrag** ist seit 1996 im abzuführenden Lohnsteuerbetrag nicht mehr berücksichtigt. Er kann erst im Rahmen der jährlichen **Einkommensteuererklärung** geltend gemacht werden. Beim **Solidaritätszuschlag** und bei der **Kirchensteuer** ist jedoch auch weiterhin der Kinderfreibetrag zu berücksichtigen. Daher sind diese Beträge in weiteren Spalten der Lohnsteuertabelle gesondert aufgeführt und nach Kinderfreibeträgen gestaffelt.

Kinderfreibetrag

Die Lohnsteuer, die Kirchensteuer und der Solidaritätszuschlag bilden zusammen den **Steuerabzugsbetrag**, den der Arbeitgeber vom Bruttoarbeitslohn des Arbeitnehmers in Abzug bringt. Zwischen der Ermittlung des Steuerabzugsbetrages mittels Tabelle und der Berechnung über ein **EDV-Lohnprogramm** kommt es zwangsläufig zu Differenzen, da die Lohnsteuerberechnung per EDV zum einen stufenlos erfolgt und zum Anderen seit dem Jahr 2010 die Vorsorgeaufwendungen in tatsächlicher Höhe berücksichtigt werden.

Berechnung des Steuerabzugsbetrages

Beispiel
Ermittlung der Steuerabzugsbeträge

Das Lohnbüro der ModeFix GmbH muss die Steuerabzugsbeträge für Frau Lehmann ermitteln. Folgende Angaben werden dazu von der Lohnsteuerkarte entnommen:
1. Frau Lehmann ist Mitglied in der römisch-katholischen Kirche,
2. sie hat die Steuerklasse IV,
3. und einen Kinderfreibetrag von 1.

Der steuerpflichtige Bruttoarbeitslohn beträgt monatlich 2.095,00 €. Anhand der Xpert Business Übungs-Lohnsteuertabelle (Monatstabelle) können die folgenden Steuerabzugsbeträge ermittelt werden:

Lohnsteuer	288,58 €
Solidaritätszuschlag	12,19 €
Kirchensteuer 9%	19,95 €
Steuerabzugsbeträge gesamt	**320,72 €**

Beispiel
Faktorverfahren

Die Eheleute Lehmann haben sich für das Faktorverfahren entschieden. Nach dem entsprechenden Antrag hat das Finanzamt die Eintragung vorgenommen, so dass Frau Lehmanns Lohnsteuerkarte nun folgende Eintragungen aufweist: IV / rk / 1,0 / Faktor 0,918. Frau Lehmann erhält monatlich ein Gehalt in Höhe von 2.095,00 €.

Lohnsteuer lt. Lohnsteuertabelle	288,58 € x 0,918 =	264,91 €
Solidaritätszuschlag lt. Lohnsteuertabelle	12,19 € x 0,918 =	11,19 €
Kirchensteuer 9% lt. Lohnsteuertabelle	19,95 € x 0,918 =	18,31 €
Steuerabzugsbeträge gesamt		**294,41 €**

3.4 Annexsteuern - Kirchensteuer und Solidaritätszuschlag §§ 3 ff SolZG

Zuschlagssteuern

Die Kirchensteuer und der Solidaritätszuschlag sind so genannte **Annexsteuern** (Zuschlagssteuern), deren → Bemessungsgrundlage nicht der Bruttoarbeitslohn selbst darstellt, sondern der abzuführende **Lohnsteuerbetrag**, wobei die Kinderfreibeträge berücksichtigt werden. Die Annexsteuern unterliegen keiner Progression, sondern sind für alle steuerpflichtigen → Arbeitnehmer gleich hoch. Allerdings gibt es für den Solidaritätszuschlag eine Pufferzone für Geringverdiener, in der kein oder ein geringerer Betrag aufgrund von eingearbeiteten Freibeträgen in der Tabelle erhoben wird.

3.4.1 Solidaritätszuschlag

Der **Solidaritätszuschlag** wird seit dem 1. Januar 1995 als Zuschlag zur Lohn- bzw. Einkommenssteuer und zur Körperschaftssteuer erhoben, um die Vollendung der deutschen Einheit zu finanzieren. Er beträgt seit 01.01.1998 5,5% von der zu entrichtenden Lohn-, Einkommens- und Körperschaftssteuer.

3.4.2 Kirchensteuer

Die **Kirchensteuer** ist als Zuschlagssteuer auf die Lohn- bzw. Einkommenssteuer zu erheben, sofern der Steuerpflichtige Mitglied einer **Religionsgemeinschaft** ist, die zur Erhebung von Kirchensteuer berechtigt ist. Für steuerpflichtige Arbeitnehmer behält der → Arbeitgeber die Kirchensteuer im Rahmen des Lohnsteuerabzuges ein und führt sie an das Finanzamt ab.

Steuersätze

Das Kirchensteuer-Recht ist **Länderrecht**, daher ist u. a. der Steuersatz in den einzelnen Bundesländern unterschiedlich. Für die Kirchensteuer beträgt der Steuersatz z.Z. überwiegend 9% der Lohn- bzw. Einkommenssteuer (in Bayern und Baden-Württemberg 8%). Bei der → **Pauschalierung** der Lohnsteuer sind Besonderheiten zur Höhe der Kirchensteuer zu berücksichtigen (siehe dazu auch Kapitel 5.3).

Maßgebend für die Höhe des Kirchensteuersatzes ist der Sitz der lohnsteuerlichen Betriebsstätte, nicht der Wohnort des Arbeitnehmers. Bei einem unterschiedlichen Prozentsatz, z.B. Sitz der Betriebsstätte in BaWü (8%), Wohnort des Arbeitnehmers in RP (9%), wird bei der Veranlagung zur Einkommensteuer die Kirchensteuer nach erhoben bzw. im umgekehrten Fall, gutgeschrieben.

Eintragungen auf der Lohnsteuerkarte

Ob der Arbeitnehmer kirchensteuerpflichtig ist, entnimmt der Arbeitgeber der Lohnsteuerkarte. Wenn der Arbeitnehmer einer nicht kirchensteuerberechtigten Konfession bzw. keiner Religionsgemeinschaft angehört, so sind auf der Lohnsteuerkarte in dem Feld Kirchsteuerabzug zwei Striche „- -“ eingetragen. In diesem Fall ist keine Kirchensteuer zu berechnen.

erhebungsberechtigte Religionsgemeinschaften

Zu den erhebungsberechtigten Religionsgemeinschaften gehören:

römisch-katholisch	(rk)
evangelisch (protestantisch)	(ev)
evangelisch-lutherisch	(lt)
evangelisch-reformiert	(rf)
französisch-reformiert	(fr)
altkatholisch	(ak)
israelisch, jüdische Kultussteuer	(ib, is, iw)
freireligiös	(fa, fg, fm, fb)
unitarische Religionsgemeinschaft freie Protestanten	(ur)

Beginn und Ende der Steuerpflicht

Die Kirchensteuerpflicht beginnt mit der Taufe, dem Kircheneintritt oder dem Zuzug. Das Ende der Kirchensteuerpflicht erfolgt bei einem Kirchenaustritt mit Ablauf des Monats, in dem der Austritt erfolgt (BaWü, BY, NS, RP, Saarland), bzw. mit Ablauf des übernächsten Monats, der dem Austritt folgt (alle anderen Bundesländer). Auch hier gilt die Maßgeblichkeit der Eintragung auf der Lohnsteuerkarte.

Behandlung von verheirateten Arbeitnehmern

Bei verheirateten Arbeitnehmern ist zu unterscheiden, ob sie ggf. **konfessionsverschieden** oder **glaubensverschieden** sind.

Gehören die Ehegatten der gleichen Konfession an, ist auf der Lohnsteuerkarte nur eine Konfession angegeben. Wenn die Ehegatten verschiedenen Konfessionen angehören (z.B. ev und rk), so sind auf der Lohnsteuerkarte zwei Konfessionen angegeben und die Kirchensteuer ist auf die Konfessionen gemäß der Regelung in dem jeweiligen Bundesland aufzuteilen. In den meisten Bundesländern ist dies je zur Hälfte, in Bayern, Niedersachsen und Bremen wird jedoch auch bei konfessionsverschiedenen Ehegatten die Kirchensteuer vollständig an die Religionsgemeinschaft des Arbeitnehmers abgeführt.

Bei glaubensverschiedenen Ehegatten, d.h. nur einer der Ehegatten gehört einer kirchensteuerberechtigten Konfession an, wird auf der Lohnsteuerkarte des Ehegatten, welcher einer entsprechenden Religion angehört das Kirchensteuermerkmal angegeben und bei dem Ehegatten, der keiner Religionsgemeinschaft angehört, ist kein Kirchensteuermerkmal auf der Lohnsteuerkarte eingetragen. Es ist dann jedoch nicht nur die Hälfte der Kirchensteuer abzuführen, sondern entweder der volle Prozentsatz an die eingetragene Religionsgemeinschaft oder eben keine Kirchensteuer, je nach Eintragung.

Mindestkirchensteuer

In manchen Bundesländern wird, sofern der Arbeitnehmer kirchensteuerpflichtig ist, eine **Mindestkirchensteuer** erhoben. Dies bedeutet, dass sobald Lohnsteuer anfällt, auch der Mindestkirchensteuerbetrag einzubehalten ist, auch wenn in der Lohnsteuertabelle ggf. „0 €“ angegeben ist.

Aber auch hier sind in den einzelnen Bundesländern unterschiedliche Regelungen vorgesehen. In Thüringen z.B. wird nur bei der evangelischen Kirchensteuer eine Mindestkirchensteuer in Höhe von 3,60 € / Jahr bzw. 0,30 € / Monat erhoben. In Bayern dagegen gibt es keine Mindestkirchensteuer.

Beispiel
Kirchensteuer

Frau Lehmann ist Mitglied der katholischen Kirche und somit kirchensteuerpflichtig. Die entsprechenden Angaben entnimmt der Arbeitgeber der Lohnsteuerkarte.
Auf der Lohnsteuerkarte des konfessionslosen Herrn Lehmann ist keine Zugehörigkeit zu einer erhebungsberechtigten Religionsgemeinschaft eingetragen. Sein Arbeitgeber behält daher bei ihm nur die Lohnsteuer und den Solidaritätszuschlag ein.

Praxisübungen

Die Lösungen finden Sie im Band „**Lohn und Gehalt 1 - Übungen und Musterklausuren**" dieser Fachbuchreihe.

Aufgabe 1: Freibeträge und Hinzurechnungsbetrag

a) Nennen Sie drei Freibeträge die in der Lohnsteuertabelle bereits eingearbeitet sind.

....

....

....

b) Warum wird ein Hinzurechnungsbetrag auf der Lohnsteuerkarte eingetragen?

....

....

....

....

Aufgabe 2: Lohnsteuerkarte

- **Änderungen der Lohnsteuerkarte:**

a) Die Mitarbeiterin Frau Schneidig hat geheiratet und den Namen ihres Mannes angenommen. Außerdem ist sie umgezogen. Muss Frau Schneidig ihre Steuerkarte ändern lassen und wo wird die Steuerkarte geändert?

....

....

....

....

b) Peter Ohnesorge ist Vater geworden. Er möchte, dass sein Sohn auf der Lohnsteuerkarte eingetragen wird. An wen muss er sich für diesen Eintrag wenden?

....

....

....

....

c) Im Juni hat Stefan Seidel eine neue Arbeitsstelle angetreten. Er fährt täglich 170 km zu seiner neuen Arbeitsstelle. Da ihm hierdurch erhöhte Werbungskosten entstehen, möchte er sich einen entsprechenden Freibetrag auf seiner Lohnsteuerkarte eintragen lassen. An wen muss er sich wenden?

....

....

....

....

Aufgabe 3: Lohnsteuerklassen

◆ **Beantworten Sie die folgenden Fragen.**

a) Britta und Harald Wicht haben im Mai geheiratet. Harald Wicht verdient monatlich 3.200,00 € und Britta Wicht verdient monatlich 2.800,00 € brutto. Welche Steuerklassenkombination würden Sie den beiden empfehlen?

....

....

....

b) Der verwitwete Peter Hendrich wohnt mit seinem fünfzehnjährigen Sohn Stefan, für den er einen Kinderfreibetrag erhält, gemeinsam in einer Wohnung. Sohn Stefan bessert sein Taschengeld monatlich mit dem Austragen von Zeitungen auf und verdient durchschnittlich 150,00 €. Welche Steuerklasse würden Sie Peter Hendrich zuordnen?

....

....

....

....

c) Romeo und Julia Weiß wohnen in München und sind seit 25 Jahren verheiratet. Romeo hat seit Jahren die Steuerklasse III und Julia, die nur halbtags arbeitet, die Steuerklasse V. In 2011 ist Romeo verstorben. Welche Steuerklasse erhält Julia für das Jahr 2012?

....

....

....

d) Sie bearbeiten die Lohnbuchführung bei der Firma Sonnenschein GmbH. Aus der Gerüchteküche haben Sie erfahren, dass der Geschäftsführer Herr Trubel sich im August von seiner Ehefrau getrennt hat. Auf der Ihnen vorliegenden Lohnsteuerkarte ist die Steuerklasse III eingetragen. Wie verhalten Sie sich beim Erstellen der Gehaltsabrechnung für den Monat September? Mit welcher Steuerklasse werden Sie das Gehalt des Herrn Trubel abrechnen?

....

....

....

....

Aufgabe 4: Steuerabzugsbeträge

◆ **Ermitteln Sie für die nachstehenden Fälle die Steuerabzugsbeträge anhand der Xpert Business Übungs-Lohnsteuertabelle. Der Arbeitgeber hat seinen Sitz in Hessen.**

Eintragung in der Lohnsteuerkarte			**steuerpflichtiger Bruttoarbeitslohn**	**Steuerabzugsbeträge**		
Stkl.	Kinder	Konfession		Lohnsteuer	Soli-Zuschlag	Kirchensteuer
I	0	ev	2.110,00 €			
II	1	keine	2.103,00 €			
III	3	rk	2.120,00 €			
IV	1,5	ev	2.122,00 €			
V	0	keine	2.107,00 €			
VI	0	rk	2.100,00 €			

4

Grundlagen der Sozialversicherung

In diesem Kapitel erfahren Sie, wie sich die Beiträge zur Sozialversicherung zusammensetzen und lernen die Versicherungsträger und Einzugsstellen der Sozialversicherungsbeiträge kennen.

Inhalt

4.1 Arbeitspapiere in der Sozialversicherung

4.1.1 Sozialversicherungsausweis §§ 95 ff SGB IV

Ausstellende Behörde und Inhalt

Jeder Beschäftigte erhält, wenn er erstmals eine versicherungspflichtige Beschäftigung antritt einen **Sozialversicherungsausweis**. Dieser wird über die Krankenkasse beim zuständigen Rentenversicherungsträger beantragt und bleibt ein Leben lang gültig.

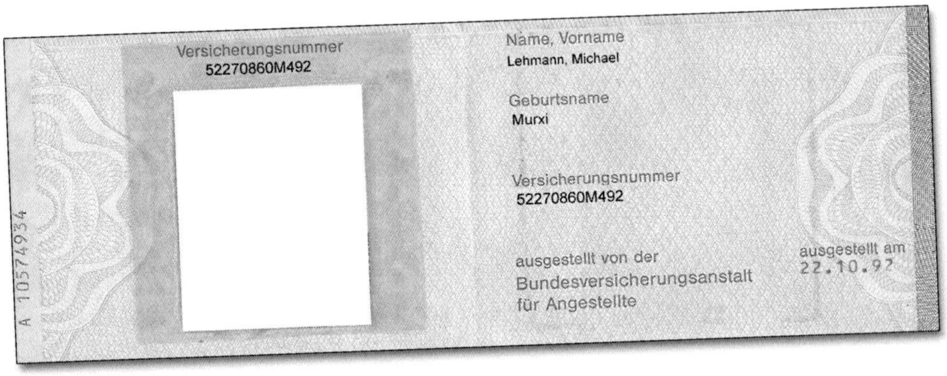

Der Sozialversicherungsausweis enthält:

- den Vor- und Familiennamen,
- ggf. den Geburtsnamen,
- die Sozialversicherungsnummer,
- den ausstellenden Rentenversicherungs-Träger,
- das Ausstellungsdatum,
- die laufende Vordrucksnummer und
- ein Feld für das Passbild.

Aufbau der Sozialversicherungsnummer

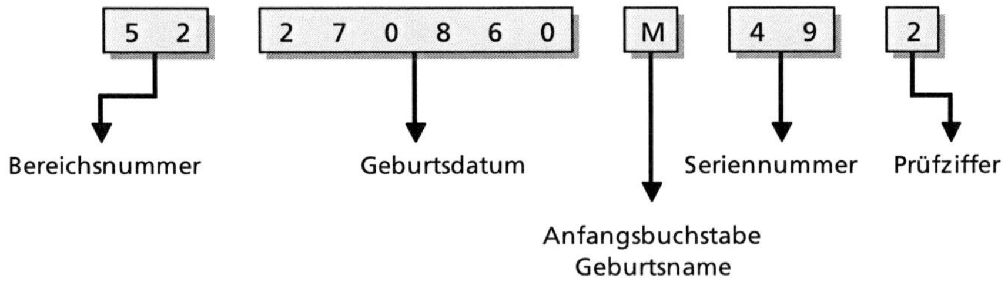

- **Bereichsnummer** (1.-2. Stelle) ist die Nummer des Rentenversicherungsträgers (LVA/BfA bzw. DRV) in dessen Bereich die Versicherungsnummer beantragt wurde.
- **Geburtsdatum** (3.-8. Stelle) des Arbeitnehmers in der Form TTMMJJ.
- **Anfangsbuchstabe des Geburtsnamens** (9. Stelle), Vorsätze wie z.B. „von" werden hierbei ignoriert.

- **Seriennummer** (10.-11. Stelle) bezeichnet in aufsteigender Reihenfolge die Versicherten im Bereich einer Versicherungsanstalt. Männliche Versicherte erhalten die Nummern 00-49, weibliche Versicherte die Nummern 50-99.
- **Prüfziffer** (12. Stelle) errechnet sich aus den Ziffern der Versicherungsnummer nach dem Modulo-10-Verfahren.

Einsicht und Prüfungspflicht des Arbeitgebers

Der → Arbeitgeber sollte sich bei Beginn eines → Arbeitsverhältnisses den Sozialversicherungsausweis des → Arbeitnehmers vorlegen lassen, um die Rentenversicherungsnummer zu entnehmen. Dies geschieht allerdings nur zur Einsichtnahme, der Sozialversicherungsausweis verbleibt ansonsten im Besitz des Arbeitnehmers. Günstigerweise dokumentiert der Arbeitgeber, dass er sich den Ausweis hat vorlegen lassen (z.B. durch Fotokopie) und nimmt den entsprechenden Nachweis zur **Personalakte** des Beschäftigten.

zu Beispiel
Arbeitspapiere

> Herr Lehmann ist verpflichtet dem neuen Arbeitgeber „Kino-Film“ bei Beginn des Anstellungsverhältnisses seinen Sozialversicherungsausweis zur Einsichtnahme vorzulegen.

Mitführungspflicht von Ausweispapieren

Damit die Bundesagentur für Arbeit wirkungsvolle Kontrollen gegen **Schwarzarbeit** durchführen konnte, bestand bis zum 31.12.2008 für Arbeitnehmer in bestimmten Branchen eine **Mitführungspflicht** des Sozialversicherungsausweises. Diese Personengruppe musste in den Sozialversicherungsausweis ein **Lichtbild** einkleben, das die Identifizierung der Person erlaubt. Ab 01.01.2009 ist stattdessen der Arbeitnehmer verpflichtet, geeignete Personaldokumente, wie z.B. Personalausweis oder Reisepass, mit sich zu führen. Für Beschäftigte in den folgenden Branchen trifft dies zu:

- Baugewerbe
- Gaststätten- und Beherbergungsgewerbe
- Personen- und Güterbeförderungsgewerbe
- Schaustellergewerbe
- Gebäudereinigungsgewerbe
- Für Beschäftigte von Unternehmen, die sich am Auf- und Abbau von Messen und Ausstellungen beteiligen
- Land - und Forstwirtschaft
- Garten- und Landschaftsbau
- Nahrungs- und Genussmittelherstellung
- Sicherheitsdienstleistungsunternehmen
- Briefdienstleistungsunternehmen
- Telefondienstleistungsunternehmen
- Pflegedienstleistungsunternehmen
- Entsorgungs- und Recyclinggewerbe

Arbeitgeber der entsprechenden Branchen sind verpflichtet ihre Arbeitnehmer über die Mitführungspflicht der Ausweispapiere zu belehren. Für den Arbeitgeber ist es ratsam, diese Belehrung zu dokumentieren und den entsprechenden Nachweis zur Personalakte zu nehmen. Außerdem ist für einige der o.g. Branchen eine so genannte Sofortmeldung zu erstellen (siehe hierzu Kapitel 12).

4.1.2 Mitgliedsbescheinigung der Krankenkasse

Ausgestellt von der Krankenkasse

Mit der Möglichkeit der freien Krankenkassenwahl wurde eingeführt, dass der → Arbeitnehmer am Beginn eines Arbeitsverhältnisses dem → Arbeitgeber eine **Mitgliedsbescheinigung** seiner Krankenkasse vorlegt. Die Mitgliedsbescheinigung wird durch die Krankenkasse speziell auf den Arbeitgeber ausgestellt.

zu Beispiel Arbeitspapiere

Herr Lehmann muss sich für die Kino-Film AG von seiner Krankenkasse eine Mitgliedsbescheinigung ausstellen lassen.

4.2 Versicherungsträger und Einzugsstellen

Zur Basis der sozialen Marktwirtschaft gehört das **gesetzliche Sozialversicherungswesen**, das sich aus fünf Versicherungszweigen zusammensetzt, im Nachfolgenden werden davon vier näher erläutert:

Versicherungszweig	Träger	Absicherung
Arbeitslosenversicherung	Bundesagentur für Arbeit	Arbeitslosigkeit (unter bestimmten Voraussetzungen)
Krankenversicherung	Allgemeine Ortskrankenkassen, Ersatzkassen, Innungskrankenkassen, Betriebskrankenkassen und Knappschaft u. a.	allgemeine ärztliche und zahnärztliche Versorgung
Pflegeversicherung	Pflegekassen bei den Krankenversicherungsträgern	Versorgung im Pflegefall
Rentenversicherung	Deutsche Rentenversicherung, Knappschaft Bahn-See	Alters- und Erwerbsminderungsvorsorge, Rehabilitationsmaßnahmen
Unfallversicherung	Berufsgenossenschaft	Personenschaden durch Arbeitsunfälle und Berufskrankheiten

4.2.1 Beitragssätze zur Sozialversicherung

Gesetzlich festgelegte Beiträge

Die **Beitragssätze** sind je nach Versicherungszweig gesetzlich festgeschrieben. Die gesetzlich festgeschriebenen Beitragssätze sind für 2012:

- Krankenversicherung:
  15,5% allgemeiner Beitragssatz, 14,9% ermäßigter Beitragssatz
- Pflegeversicherung 1,95 % (bzw. 2,2 % für kinderlose Arbeitnehmer, die das 23. Lebensjahr vollendet haben und nicht vor dem 01.01.1940 geboren wurden)
- Rentenversicherung 19,6%
- Arbeitslosenversicherung 3,0 %

Die Beiträge zur Unfallversicherung werden durch die jeweilige Berufsgenossenschaft festgelegt. Dabei werden die Arbeitnehmer je nach Tätigkeit und damit zusammenhängendes Unfallrisiko in Gefahrenklassen eingestuft, für die unterschiedlich hohe Beiträge erhoben werden. Für einen Beschäftigten in der Produktion sind in der Regel höhere Versicherungsbeiträge abzuführen, als für einen Büroangestellten.

Unfallversicherung

Bemessungsgrundlage

Als Bemessungsgrundlage der Sozialversicherungsbeiträge wird das → sozialversicherungspflichtige **Bruttoentgelt** herangezogen. Für die Kranken-, Pflege-, Renten- und Arbeitslosenversicherung gelten dabei jeweils **Beitragsbemessungsgrenzen**, bis zu denen das Arbeitsentgelt angerechnet wird. Die Teile des Arbeitsentgeltes, die über der Beitragsbemessungsgrenze liegen sind beitragsfrei. Für das Jahr 2012 liegen die Beitragsbemessungsgrenzen:

Bemessungsgrundlage und Beitragsbemessungsgrenzen

- für die Kranken- und Pflegeversicherung
  bundeseinheitlich bei 45.900,00 € jährlich (3.825,00 € monatlich).
- für Renten- und Arbeitslosenversicherung
  in den alten Bundesländern 67.200,00 € jährlich (5.600,00 € monatlich)
  und in den neuen Bundesländern 57.600,00 € jährlich (4.800,00 € monatlich).

Halbteilungsgrundsatz

In den hier behandelten Zweigen der Sozialversicherung gilt für die Beitragszahlungen der **Halbteilungsgrundsatz**, nach dem die Beiträge jeweils zur Hälfte durch den **Arbeitgeber** und den **Arbeitnehmer** getragen werden. Von dieser paritätischen Finanzierung der Sozialversicherung gibt es derzeit u. a. folgende Ausnahmen:

Paritätische Finanzierung

- Seit Juli 2005 wird für Zahnersatz ein zusätzlicher Beitrag zur Krankenversicherung erhoben, der von den Arbeitnehmern allein zu tragen ist. Der Beitragssatz wurde mit dem Sonderbeitrag wegen Ausgliederung des Krankengeldes zu einem einheitlichen Beitragssatz von insgesamt 0,9 % des Bruttoeinkommens bis zur Beitragsbemessungsgrenze in der Krankenversicherung zusammengefasst. Ab 01.01.2009 ist der Zusatzbeitrag im allgemeinen und im ermäßigten Beitragssatz enthalten.
- Für Auszubildende, deren Vergütung die Geringverdienergrenze von 325,00 € monatlich nicht überschreitet, zahlt allein der Arbeitgeber die gesamten Beiträge zur Kranken-, Pflege-, Renten- und Arbeitslosenversicherung.
- Kinderlose Arbeitnehmer, die ab dem 01.01.1940 geboren sind und das 23. Lebensjahr vollendet haben, bezahlen einen Zusatzbeitrag zur Pflegeversicherung i.H.v. 0,25 %.
- Im Bundesland Sachsen zahlt der Arbeitnehmer 1,475 % Beitrag zur Pflegeversicherung, während der Arbeitgeber nur 0,475 % bezahlt. Dies hat seine Ursache darin, dass in Sachsen kein Feiertag zur Finanzierung der Pflegeversicherung gestrichen wurde.
- Arbeitnehmer, die das 65. Lebensjahr vollendet haben zahlen keine Beiträge zur Arbeitslosenversicherung. Der Arbeitgeber zahlt weiterhin die auf ihn entfallende Beitragshälfte.
- Für Arbeitnehmer, die das 55. Lebensjahr vollendet haben und zuvor arbeitslos gemeldet waren, ist der Arbeitgeber von der Zahlung seines hälftigen Beitrags zur Arbeitslosenversicherung befreit sofern das Arbeitsverhältnis vor dem 01.01.2008 begründet wurde.
- Arbeitnehmer, die eine Altersvollrente beziehen zahlen keine Beiträge zur Rentenversicherung. Der Arbeitgeber zahlt weiterhin die auf ihn entfallende Beitragshälfte.
- Außerdem gibt es eigene Regelungen für Studenten, Praktikanten, Rentner etc. Auf diese Personengruppen wird in nachfolgenden Kapiteln näher eingegangen.

Beispiel
Beitragssätze zur Sozialversicherung: Frau Lehmann

Frau Lehmann hat ein Kind, sie verdient im Januar 2.095,00 €. Für sie gilt in der Krankenversicherung der allgemeine Beitragssatz von 15,5 %. Mit den übrigen gesetzlich festgelegten Beitragssätzen und aufgrund des Halbteilungsgrundsatzes ergeben sich für Frau Lehmann und die ModeFix GmbH (Arbeitgeber) folgende monatliche Sozialversicherungsbeiträge.

Sozialversicherungszweig	Arbeitnehmerbeiträge (Frau Lehmann)		Arbeitgeberbeiträge (ModeFix GmbH)	
Krankenversicherung	8,2%	171,79 €	7,3%	152,94 €
Pflegeversicherung	0,975%	20,43 €	0,975%	20,43 €
Rentenversicherung	9,8%	205,31 €	9,8%	205,31 €
Arbeitslosenversicherung	1,5%	31,43 €	1,5%	31,43 €

Beispiel
Beitragssätze zur Sozialversicherung: Oma Lehmann

Oma Lehmann (Mutter von Herrn Lehmann) ist 70 Jahre alt und hat eine sehr geringe Altersrente. Als Schneiderin verdient sie sich in einem Modegeschäft durch Änderungen im Mai 820,00 € dazu. Für sie gilt der ermäßigte Beitragssatz von 14,9 %. Für Oma Lehmann und der ModeFix GmbH ergeben sich daraus folgende monatliche Sozialversicherungsbeiträge.

Sozialversicherungszweig	Arbeitnehmerbeiträge (Oma Lehmann)		Arbeitgeberbeiträge (ModeFix GmbH)	
Krankenversicherung	7,9%	64,78 €	7,0%	57,40 €
Pflegeversicherung	0,975%	8,00 €	0,975%	8,00 €
Rentenversicherung		kein Beitrag	9,8%	80,36 €
Arbeitslosenversicherung		kein Beitrag	1,5%	12,30 €

Beispiel
Beitragssätze zur Sozialversicherung: Herr Maier

Jens Maier ist 35 Jahre, ledig und kinderlos. Er verdient im August 3.000,00 €. Für ihn gilt der allgemeine Beitragssatz von 15,5 %. Für Herrn Maier und seinen Arbeitgeber ergeben sich daraus folgende monatliche Sozialversicherungsbeiträge.

Sozialversicherungszweig	Arbeitnehmerbeiträge (Jens Maier)		Arbeitgeberbeiträge	
Krankenversicherung	8,2%	246,00 €	7,3%	219,00 €
Pflegeversicherung	1,225%	36,75 €	0,975%	29,25 €
Rentenversicherung	9,8%	294,00 €	9,8%	294,00 €
Arbeitslosenversicherung	1,5%	45,00 €	1,5%	45,00 €

Einzugsstelle der Sozialversicherungsbeiträge

Die gesetzlichen Krankenkassen fungieren als Einzugsstelle für die Gesamtsozialversicherungsbeiträge. Das heißt, die Beiträge zur Kranken-, Pflege-, Renten- und Arbeitslosenversicherung - und zwar die Arbeitnehmer- und die Arbeitgeberanteile - werden monatlich an die jeweiligen Krankenkassen der versicherten Arbeitnehmer im so genannten Beitragsnachweis gemeldet und an diese abgeführt. Der Arbeitgeber meldet und zahlt also nicht an jeden Versicherungsträger gesondert. Näheres hierzu wird im Kapitel 12 erläutert.

4.3 Krankenversicherung

In der Bundesrepublik sind 99,8% der Bürger krankenversichert. Dabei wird zwischen **gesetzlich** und **privat** versicherten Personen unterschieden.

In den überwiegenden Fällen kann man davon ausgehen, dass ein Arbeitnehmer bei einer gesetzlichen Krankenkasse versichert ist, entweder pflichtversichert oder freiwillig versichert. In diesem Fall muss der Arbeitnehmer dem Arbeitgeber mitteilen, bei welcher gesetzlichen Krankenkasse er versichert ist, da diese die Einzugsstelle für die Gesamtsozialversicherungsbeiträge darstellt. Die Mitgliedschaft bei einer Krankenkasse weist der Arbeitnehmer durch die Mitgliedsbescheinigung der entsprechenden Krankenkasse nach.

4.3.1 Wahl der Krankenkasse

Wahlrecht

Grundsätzlich hat jeder pflichtversicherte und freiwillig gesetzlich krankenversicherte Arbeitnehmer das Recht zur **freien Wahl** seiner gesetzlichen Krankenkasse.

Gesundheitsfonds und Einheitsbeitrag

Mit der Einführung des Gesundheitsfonds zum 01.01.2009 wurde der Beitragssatz für alle gesetzlichen Krankenkassen **einheitlich** festgelegt. Die Beiträge fließen nun in einen gemeinsamen Gesundheitsfonds, aus welchem die einzelnen Krankenkassen eine Zuweisung für jeden Versicherten, ggf. unter Berücksichtigung von Besonderheiten (Alter, Geschlecht, chronische Erkrankungen etc.) erhält.

Zusatzbeitrag und Prämienzahlung

Sollten diese Zuweisungen nicht ausreichen, **muss** die jeweilige Kasse einen **Zusatzbeitrag** von ihren Mitgliedern einfordern. Unter bestimmten Voraussetzungen **kann** sie auch Prämien an ihre Mitglieder auszahlen. Die Erhebung des Zusatzbeitrags bzw. die Auszahlung der Prämie erfolgt direkt zwischen Krankenkasse und Mitglied. Der Arbeitgeber und die Lohnabrechnung sind davon nicht betroffen.

Wechsel der Krankenkasse

Trotz Einheitsbeitrag gibt es durch den Zusatzbeitrag, Zahlung von Prämien, Hausarztmodelle oder Bonusprogramme für den Versicherten Gründe von seinem **Wahlrecht** gebrauch zu machen und die Krankenkasse zu wechseln. Eine Kündigung ist zum Ablauf des übernächsten Kalendermonats möglich. Dabei ist zu beachten, dass die Kündigung der Mitgliedschaft durch das Mitglied erst nach Ablauf der gesetzlichen **Bindungsfrist** von 18 Monaten möglich ist. Eine Kündigung oder Ablehnung der Mitgliedschaft seitens einer gesetzlichen Krankenkasse ist dagegen unzulässig.

Unter bestimmten Voraussetzungen kann ein Mitglied auch kündigen, wenn die 18-monatige Bindungsfrist noch nicht abgelaufen ist:

- Innerhalb von zwei Monaten nach Erhebung eines Zusatzbeitrages durch die Krankenkasse.
- oder nach Veränderung eines bereits erhobenen Zusatzbeitrages bzw. Verringerung bereits festgelegter Rückerstattungen.

Wenn das Mitglied erstmalig eine sozialversicherungspflichtige Beschäftigung aufnimmt und zuvor nur familienversichert war, bedarf es keiner Kündigung.

Trifft der Arbeitnehmer keine Wahl und legt auch keine Mitgliedsbescheinigung einer Krankenkasse vor, wählt der Arbeitgeber eine Krankenkasse seiner Wahl. Stellt sich jedoch heraus, dass der Arbeitnehmer noch an eine Krankenkasse gebunden war, müssen die Meldungen und die Beiträge berichtigt werden und an diese Krankenkasse übermittelt werden.

4.3.2 Beitragssätze gesetzlicher Krankenkassen

ermäßigter und allgemeiner Beitragssatz

Bei den gesetzlichen Krankenversicherungen wird zwischen dem allgemeinen und dem ermäßigten Beitragssatz unterschieden. Der **allgemeine Beitragssatz** gilt für alle Arbeitnehmer, die bei krankheitsbedingter Arbeitsunfähigkeit einen Anspruch auf → Lohnfortzahlung für mindestens 6 Wochen haben. Nach dieser Frist bekommt der Beschäftigte dann Krankengeld von der Krankenkasse.

Der **ermäßigte Beitragssatz** gilt zum einen für Arbeitnehmer, die von vorneherein kürzer als 10 Wochen beschäftigt sind, da hier kein Anspruch auf volle 6 Wochen Lohnfortzahlung entstehen kann. Zum anderen ist der ermäßigte Beitragssatz für Arbeitnehmer ohne Anspruch auf Krankengeld, wie z.B. Altersvollrentner, anzuwenden.

Zusatzbeitrag

Zusätzlich zum Beitragssatz der Krankenkasse muss jeder in einer gesetzlichen Krankenkasse Versicherte einen Zusatzbeitrag von 0,9% alleine tragen. Dieser Zusatzbeitrag wurde zum 01.07.2005 eingeführt und ist zusammen mit den Gesamtsozialversicherungsbeiträgen an die entsprechenden Krankenkasse abzuführen.

Seit 01.01.2009 wurden die Beitragssätze zur Krankenversicherung für alle Krankenkassen einheitlich festlegt. Der ehemalige Zusatzbeitrag von 0,9%, welcher nach wie vor allein vom Arbeitnehmer zu tragen ist, ist jedoch nun im allgemeinen und im ermäßigten Beitragssatz enthalten.

Dies bedeutet, dass sich die Beitragstragung wie folgt verteilt:

Allgemeiner Beitrag:	Arbeitgeber 7,3 %	Arbeitnehmer 8,2 % (7,3 % + 0,9 %)
Ermäßigter Beitrag	Arbeitgeber 7,0 %	Arbeitnehmer 7,9 % (7,0 % + 0,9 %)

Außerdem können die Kassen unter bestimmten Voraussetzungen einen weiteren Zusatzbeitrag von ihren Versicherten fordern. Dieser Zusatzbeitrag wird jedoch direkt von der Krankenkasse bei dem Versicherten eingefordert. Ebenso sind Beitragsrückerstattungen möglich. Auch diese erfolgen direkt an den Versicherten und betreffen somit nicht die Lohnabrechnung.

4.3.3 Krankenversicherungspflicht und Befreiung

Beispiel
Jahresarbeitsentgeltgrenze

Herr Wichtigmann ist der neue Abteilungsleiter der ModeFix GmbH. Bisher hat er als leitender Angestellter in einem anderen Modehaus 3.450,00 € monatlich verdient. Bei der ModeFix GmbH beträgt sein Monatsgehalt nun 4.500,00 €. Kann oder muss sich Herr Wichtigmann nun aufgrund des höheren Einkommens privat krankenversichern?

Pflichtversicherte Personen

Zur gesetzlichen Krankenversicherung sind alle sozialversicherungspflichtigen → Arbeitnehmer verpflichtet, deren → Arbeitsentgelt die **Jahresarbeitsentgeltgrenze** nicht übersteigt. Der Arbeitgeber hat die gesetzliche Versicherungspflicht zum Jahreswechsel und zum Beginn eines Beschäftigungsverhältnisses zu prüfen.

	Allgemeine Jahresarbeitsentgeltgrenze	Besondere Jahresarbeitsentgeltgrenze*
2012	50.850,00 €	45.900,00 €
2011	49.500,00 €	44.550,00 €

* Gilt für Arbeitnehmer, welche bereits zum 31.12.2002 ausreichend privat krankenversichert waren.

Nicht versicherungspflichtige Personen

Arbeitnehmer, deren Jahresarbeitsentgelt über der Jahresarbeitsentgeltgrenze liegt sind nicht zur Mitgliedschaft in der gesetzlichen Krankenversicherung verpflichtet. (Die Anwendung und die Ermittlung der Jahresarbeitsentgeltgrenze wird in Kapitel 12 näher erläutert.)

Es kann auch sein, dass die Versicherungsfreiheit aus einem anderen Grund besteht:

- Der Arbeitnehmer hat bereits das 55. Lebensjahr vollendet
- und war in den letzten 5 Jahren nicht gesetzlich krankenversichert
- und die Hälfte dieser Zeit versicherungsfrei oder von der Versicherung befreit oder hauptberuflich selbständig tätig gewesen.

Nicht versicherungspflichtige Arbeitnehmer können wählen, ob sie **freiwillig** gesetzlich krankenversichert sein, oder in eine private Krankenversicherung eintreten möchten (Die Pflegeversicherung folgt hier der Krankenversicherung). Eine solche Entscheidung will aber wohlüberlegt sein, denn: ist ein Arbeitnehmer einmal aus der gesetzlichen Krankenkasse ausgetreten, ist es für ihn nur unter bestimmten Voraussetzungen möglich, wieder einzutreten.

4.3.4 Arbeitgeberzuschuss zur Krankenversicherung

Sowohl für privat versicherte als auch für freiwillig gesetzlich versicherte Arbeitnehmer zahlt der → Arbeitgeber einen **Zuschuss** zur Kranken- und Pflegeversicherung, da diese Arbeitnehmer nicht schlechter gestellt werden sollen, als solche, die in der gesetzlichen Krankenversicherung pflichtversichert sind. Wenn der Arbeitnehmer „Selbstzahler" ist, d.h. die Beiträge zur Versicherung selbst abführt, wird ihm der Arbeitgeberanteil zusätzlich zum Gehalt ausgezahlt.

Zuschuss des Arbeitgebers zur freiwilligen Krankenversicherung

Der Arbeitnehmer muss dem Arbeitgeber einen Nachweis über seine freiwillige Versicherung bei einer gesetzlichen Krankenkasse sowie über die Höhe des zu zahlenden Beitrags vorlegen. Der Beitrag für freiwillig Versicherte in einer gesetzlichen Krankenkasse bemisst sich nach dem für den Arbeitnehmer gültigen Beitragssatz, z.B. dem allgemeinen Beitragssatz, und aus der Beitragsbemessungsgrenze.

Der Beitragszuschuss beträgt, wie bei versicherungspflichtigen Arbeitnehmern, 7,3 % bzw. 7,0 % aus dem beitragspflichtigen Entgelt, max. aus der Beitragsbemessungsgrenze.

Von dem Arbeitnehmer ist jedoch auch im Falle, dass das Entgelt eines Lohnzahlungszeitraums unter der Beitragsbemessungsgrenze liegt, aus welchem Grund auch immer, der reguläre volle Beitrag zu entrichten bzw. vom Arbeitgeber einzubehalten und an die Krankenkasse abzuführen.

Auch wenn der freiwillig Versicherte dadurch mehr belastet wird, als ein Arbeitnehmer, der die Beitragsbemessungsgrenze überschreitet, aber nicht die Jahresarbeitsentgeltgrenze, kann der Arbeitnehmer diese Mehrzahlung i. d. R. nicht von der Krankenkasse zurückfordern, wenn er insgesamt mit seinem Jahresarbeitsentgelt über der Jahresbeitragsbemessungsgrenze liegt.

Zuschuss des Arbeitgebers zur privaten Krankenversicherung

Versicherter zahlt die vollen Beiträge

Mitglieder einer privaten Krankenversicherung zahlen grundsätzlich **allein** die durch die Versicherungsgesellschaft festgesetzten Prämien. Diese richten sich anders als bei der gesetzlichen Krankenversicherung nicht nach dem Einkommen, sondern nach dem Alter, dem Gesundheitszustand, der Risikogruppe des Versicherten sowie nach dem Leistungsumfang, den die Krankenversicherung im Versicherungsfall erbringt. Für junge, gesunde und gut verdienende Arbeitnehmer ist daher eine private Krankenversicherung oftmals erheblich günstiger als die gesetzliche. Allerdings müssen oftmals drastische **Beitragssteigerungen** im Alter berücksichtigt werden. Zudem sind Ehegatten oder Kinder nicht kostenlos mit versichert und im Falle von Krankengeldbezug oder Arbeitslosigkeit müssen die Beiträge in voller Höhe weitergeleistet werden.

Arbeitgeberzuschuss

Unter bestimmten Voraussetzungen hat auch ein privat krankenversicherter Arbeitnehmer Anspruch auf einen **Arbeitgeberzuschuss** zum Krankenversicherungsbeitrag. Zu diesen Beschäftigten zählen u. a.:

- Arbeitnehmer die nur wegen der Überschreitung der Jahresarbeitsentgeltgrenze pflichtversicherungsfrei sind,
- Arbeitnehmer, die nach vollendetem 55. Lebensjahr nicht mehr versicherungspflichtig werden (nach § 6 Abs. 3a SGB V) und
- von der Versicherungspflicht befreite Arbeitnehmer.

Voraussetzung ist, dass sie für sich und ihre Angehörigen, die in einer gesetzlichen Krankenkasse familienversichert wären, von der privaten Krankenversicherung **Vertragsleistungen** beanspruchen können, die denen der gesetzlichen Kassen entsprechen. Den entsprechenden Nachweis hat der Arbeitnehmer dem Arbeitgeber vorzulegen, der ihn zu den Lohnunterlagen nehmen muss. Seit 01.01.2009 wird der Zuschuss des Arbeitgebers zur Krankenversicherung für freiwillig Versicherte und für privat Versicherte vereinheitlicht. Das bedeutet, dass auch für privat Krankenversicherte der Zuschuss für 2012 7,3 % bzw. 7,0 % des tatsächlichen Arbeitsentgelts, jedoch maximal aus der Beitragsbemessungsgrenze von 3.825,00 € beträgt. Der Zuschuss zur privaten Krankenversicherung ist jedoch begrenzt auf max. die Hälfte des Beitrags, den der Arbeitnehmer tatsächlich bezahlt.

Der Zuschuss des Arbeitgebers zum Beitrag der freiwilligen Versicherung in einer gesetzlichen Krankenkasse, wie auch zur privaten Krankenversicherung sind, soweit sie die o.g. Grenzen nicht überschreiten, steuer- und sozialversicherungsfrei und werden in der Lohnabrechnung als Nettozuzahlungen dargestellt. Auch der Gesamtbeitrag, der beim Arbeitnehmer einbehalten und an die gesetzliche Krankenkasse abgeführt wird, wird im Nettobereich als Nettoabzug ausgewiesen. Der Zuschuss des Arbeitgebers ist in der Lohnsteuerbescheinigung auszuweisen.

Beispiel
AG-Zuschuss zur Privaten Krankenversicherung (über Maximalzuschuss)

Ein Arbeitnehmer ist in der privaten Krankenversicherung versichert. Er bezahlt für sich und seine Familienangehörigen einen Gesamtbetrag in Höhe von 645,50 €.
Beitragszuschuss des Arbeitgebers:
645,50 € : 2 = 322,75 €, max. 279,23 € (7,3 % der BBG)
Der hälftige Beitrag liegt über dem Maximalzuschuss, so dass der Arbeitnehmer 279,23 € als Zuschuss erhält.

Beispiel
AG-Zuschuss zur Privaten Krankenversicherung (unter Maximalzuschuss)

Ein Arbeitnehmer ist in der privaten Krankenversicherung versichert. Er bezahlt für sich und seine Familienangehörigen einen Gesamtbetrag in Höhe von 445,50 €.
Beitragszuschuss des Arbeitgebers:
445,50 € : 2 = 222,75 €, max. 279,23 € (7,3 % der BBG)
Der hälftige Beitrag liegt unter dem Maximalzuschuss, sodass der Arbeitnehmer 222,75 € als Zuschuss erhält.

4.4 Pflegeversicherung

Arbeitnehmer, die in der Krankenversicherung versicherungspflichtig sind, sind dies auch in der Pflegeversicherung.

Beitragssätze der Pflegeversicherung

Der Beitragssatz zur gesetzlichen Pflegeversicherung beträgt im Jahr 2012 1,95 % zuzüglich 0,25 % Zusatzbeitrag für Kinderlose und ist aus dem sozialversicherungspflichtigen Bruttoentgelt zu ermitteln und an die Einzugsstelle zu melden und zu bezahlen.

Der Beitrag von 1,95 % wird im gesamten Bundesgebiet, außer in Sachsen, jeweils zur Hälfte vom Arbeitgeber und vom Arbeitnehmer getragen.

4.4.1 Zusatzbeitrag für Kinderlose

Der zum 01.01.2005 eingeführte Zusatzbeitrag von 0,25 % ist vom Arbeitnehmer bzw. Mitglied der gesetzlichen Pflegeversicherung **alleine** zu tragen.

Er gilt grundsätzlich für alle in der gesetzlichen Pflegeversicherung Versicherten, ausgenommen sind jedoch:

- Personen bis zum Ablauf des Monats, in dem sie das 23. Lebensjahr vollenden
- Personen, die vor dem 01.01.1940 geboren sind
- Eltern
- Wehr- und Zivildienstleistende

Elterneigenschaft

Zu einer berücksichtigungsfähigen Elternschaft und damit zur Befreiung von dem Zusatzbeitrag führen:

- leibliche Kinder
- haushaltszugehörige Adoptivkinder
- haushaltszugehörige Stiefkinder
- haushaltszugehörige Pflegekinder

Es ist nicht erforderlich, dass das Kind **derzeit noch** im Haushalt des Arbeitnehmers lebt. Bei leiblichen Kindern ist es auch nicht notwendig, dass jemals eine Haushaltsgemeinschaft bestanden hat. Weiterhin wird sowohl ein verstorbenes Kind (Lebendgeburt) berücksichtigt, wie auch ein im Ausland geborenes bzw. lebendes Kind, soweit die übrigen Voraussetzungen vorliegen. Zur Befreiung von dem Zusatzbeitrag genügt **ein** Kind, durch weitere Kinder wird der Pflegeversicherungsbeitrag nicht weiter gemindert.

Nachweis der Elterneigenschaft

Ein Nachweis ist nur dann erforderlich, wenn die Elterneigenschaft nicht bereits aus anderen Gründen bekannt ist (z.B. aus der Eintragung in der Steuerkarte, früher gezahlter Zuschuss zum Mutterschaftsgeld). Es gibt keine gesetzliche Vorschrift über die Erbringung des Nachweises über die Elterneigenschaft. Als Nachweis kann z.B. gelten[1]:

- Geburtsurkunde
- Abstammungsurkunde
- Beglaubigte Abschrift aus dem Geburtenbuch des Standesamts
- Auszug aus dem Familienbuch
- steuerliche Lebensbescheinigung des Einwohnermeldeamtes

Der Nachweis ist zu den Lohnunterlagen zu nehmen.

Zusatzbeitrag auf der SV-Meldung

Für den Zusatzbeitrag gibt es keine eigene Kennzeichnung und auch keinen Beitragsgruppenschlüssel auf dem Meldevordruck bzw. Beitragsnachweis.

Die Beitragsaufteilung stellt sich bei einem angenommenen sozialversicherungspflichtigen Entgelt von 2.500,00 € und nicht nachgewiesener Elterneigenschaft wie folgt dar:

AG: 2.500,00 € x 0,975%		24,38 €
AN: 2.500,00 € x 0,975%	24,38 €	
2.500,00 € x 0,25%	6,25 €	30,63 €
Gesamtbeitrag		55,01 €

4.4.2 Befreiung von der Versicherungspflicht

Jahresarbeitsentgeltgrenze

Die Pflegeverssicherung folgt hinsichtlich der Versicherungspflicht der Krankenversicherung. Wenn ein Arbeitnehmer die Jahresarbeitsentgeltgrenze überschreitet und dadurch von der Krankenversicherungspflicht befreit ist, so besteht auch keine Versicherungspflicht in der Pflegeversicherung mehr.

4.4.3 Freiwillig gesetzliche und private Pflegeversicherung

Auch in der Pflegeversicherung hat der Arbeitgeber einen Zuschuss an freiwillig gesetzlich oder privat versicherte Arbeitnehmer zu leisten; und zwar in der Höhe, wie er auch den Arbeitgeberanteil bei pflichtversicherten Arbeitnehmern leisten müsste.

1 s. auch Rundschreiben der Spitzenverbände vom 13.10.2004 „Gemeinsame Empfehlungen zum Nachweis der Elterneigenschaft“

Das bedeutet, dass der Arbeitgeber einen Zuschuss von 0,975 % aus dem beitragspflichtigen Entgelt des Lohnzahlungszeitraums bzw. maximal aus der Beitragsbemessungsgrenze leisten muss. Bei einer privaten Pflegeversicherung ist der Zuschuss des Arbeitgebers jedoch auf die Hälfte des tatsächlich zu zahlenden Beitrags begrenzt.

Arbeitgeberzuschuss

In die Ermittlung des Pflegeversicherungsbeitrages des Arbeitnehmers ist bei einer privaten Absicherung auch der Beitrag zur privaten Pflegeversicherung für den Ehegatten mit einzubeziehen, sofern dieser in der gesetzlichen Krankenkasse familienversichert sein könnte.

Die Regelungen zur Steuer- und Beitragsfreiheit des Zuschusses sowie die Ausweisung in der Lohnabrechnung und auf der Lohnsteuerbescheinigung entsprechen der bei dem Zuschuss zur freiwilligen oder privaten Krankenversicherung (siehe Kapitel Kapitel 4.3.4).

Praxisübungen

Die Lösungen finden Sie im Band **„Lohn und Gehalt 1 - Übungen und Musterklausuren"** dieser Fachbuchreihe.

Aufgabe: Sozialversicherung

◆ **Beantworten Sie die folgenden Fragen:**

a) Aus welchen Versicherungsarten setzt sich die Sozialversicherung zusammen und wer bezahlt die Beiträge?

....

....

....

....

b) Was bedeutet der Begriff „Beitragsbemessungsgrenze"?

....

....

....

c) Berechnen Sie bei den nachfolgenden Beispielen die monatlichen Sozialversicherungsbeiträge für den Monat Mai. Gehen Sie davon aus, dass alle Arbeitnehmer gesetzlich versichert sind und der allgemeine Beitragssatz anzuwenden ist.

sozialversicherungspflichtiges Arbeitsentgelt (monatl.)	**Anteil**	**Krankenversicherung**	**Pflegeversicherung**	**Rentenversicherung**	**Arbeitslosenversicherung**
AN verdient 2.300,00 € kinderlos	Arbeitnehmer				
	Arbeitgeber				
AN verdient 4.000,00 € 2 Kinder	Arbeitnehmer				
	Arbeitgeber				
AN verdient 5.700,00 € 1 Kind	Arbeitnehmer				
	Arbeitgeber				

5

Pauschalierung der Lohnsteuer

In diesem Kapitel erfahren Sie, wie pauschal versteuerte Lohnbestandteilen in der Lohn- und Gehaltsabrechnung zu berücksichtigen sind.

Inhalt

- Pauschale Lohnsteuer
- Pauschalierung mit festen Steuersätzen
- Behandlung bei Kirchensteuer und Solidaritätszuschlag

5.1 Pauschale Lohnsteuer

Individuelle und pauschale Besteuerung

Für bestimmte **Entgeltbestandteile** kann der → Arbeitgeber anstelle der individuellen Lohnbesteuerung mittels → Lohnsteuerabzug, eine **Pauschalierung der Lohnsteuer** durchführen (§§ 40, 40a und 40b EStG). Die Wahl, ob die pauschale Versteuerung oder die individuelle Versteuerung vorgenommen wird, liegt beim Arbeitgeber.

Formen der Pauschalierung

Grundsätzlich werden zwei Formen der pauschalen Versteuerung unterschieden:

- Pauschalierung mit besonderen Steuersätzen
- Pauschalierung mit festen Steuersätzen

Wozu Pauschalversteuerung?

Beim normalen Lohnsteuerabzug anhand der → Lohnsteuerkarte und der Steuertabelle wirken sich die fraglichen Entgeltbestandteile aufgrund der individuellen Steuermerkmale (Höhe des Bruttoarbeitslohns, Steuerklasse, Freibeträge, usw.) für jeden Mitarbeiter anders aus. Für die manuelle Lohn- und Gehaltsrechnung sind diese Bezüge daher mit erheblichem **Arbeitsaufwand** verbunden. Durch die **Pauschalierung** der → Lohnsteuer auf solche Bezüge, kann daher in erheblichem Maße Arbeitsaufwand vermieden werden. Für Mitarbeiter, die aufgrund eines hohen Einkommens in einer hohen **Progressionsstufe** sind, kann die Pauschalbesteuerung mit einem festen Steuersatz sogar eine Steuerersparnis mit sich bringen.

Sozialversicherungsbeiträge

Ein weitere Vorteil ist, dass Bezüge, die mit **festen Sätzen** pauschal versteuert werden, i. d. R. **beitragsfrei** in der → Sozialversicherung sind. Werden die betreffenden Bezüge jedoch nicht pauschal, sondern individuell besteuert, so sind die vollen → Sozialversicherungsbeiträge fällig - auch dann wenn die Bezüge hätten pauschal versteuert werden können. Wenn nur ein **Teil der Bezüge** pauschal versteuert wird, richtet sich die Sozialversicherung nach der Besteuerung, d.h. der pauschal versteuerte Anteil bleibt beitragsfrei, während der individuell versteuerte Anteil beitragspflichtig ist.

Zusätzlicher Vorteil

Aufgrund der Beitragsfreiheit in der Sozialversicherung kann die Pauschalierung der Lohnsteuer entsprechender Bezüge selbst dann sinnvoll sein, wenn sie zu einer höheren Steuerbelastung als die Individualversteuerung führen würde, weil die eingesparten Beiträge die steuerliche Mehrbelastung i. d. R. ausgleichen.

Pauschalsteuer trägt in der Regel der Arbeitgeber

Das Besondere gegenüber dem individuellen Lohnsteuerabzug ist, dass bei pauschaler Versteuerung, der → **Arbeitgeber** der alleinige Schuldner der Lohnsteuer ist (§ 40 Abs. 3 EStG). Die abgeführten Steuerbeträge kann er als **Betriebsausgaben** geltend machen. Der → Arbeitnehmer verbleibt für die entsprechenden Beträge steuerfrei.

Abwälzung der Pauschalsteuer

Je nach arbeitsrechtlicher Vereinbarung hat der Arbeitgeber die Möglichkeit, die pauschale Steuer auf den Arbeitnehmer **abzuwälzen**. Selbst dann stellt sie für den Arbeitnehmer in der Regel noch einen Vorteil dar, weil in vielen Fällen der pauschale Steuersatz günstiger ist als der individuelle Steuersatz und zudem die Sozialversicherungsbeiträge entfallen.

Im Falle der Abwälzung behält der Arbeitgeber die pauschale Steuer ein. Der pauschal versteuerte Bezug ist mit Ausnahme der pauschal versteuerten Zuschüsse zu den Fahrtkosten nicht in der Lohnsteuerbescheinigung auszuweisen. Auch die pauschale Steuer ist auf der Lohnsteuerbescheinigung nicht auszuweisen und ist auch bei der Einkommenssteuerveranlagung nicht als Vorauszahlung anrechenbar.

Ausweis der abgewälzten Pauschalsteuer in der Lohnabrechnung

Gemäß der Entgeltbescheinigungsverordnung wirkt sich die vom Arbeitnehmer zu tragende Pauschalsteuer mindernd auf das Gesamt-Brutto aus. D.h. die pauschalen Steuerbeträge sind vom Gesamt-Brutto in Abzug zu bringen. Die pauschalen Steuerbeträge mindern jedoch nicht das Steuer- und Sozialversicherungsbrutto.

Bei der Berechnung der pauschalierten Lohnsteuer zzgl. der Annexsteuern ist darauf zu achten, dass keine kaufmännische Rundung vorzunehmen ist. Es ist der Wert bis zur zweiten Nachkommastelle anzunehmen; d.h. der Betrag wird hinter der zweiten Nachkommastelle „abgeschnitten".

Berechnung der Steuerbeträge

5.2 Pauschalierung mit festen Steuersätzen

Bestimmte Lohnbestandteile können mit **festen Steuersätzen** pauschal versteuert werden. Darunter fallen:

Feste Pauschalsteuersätze

Gemäß § 40 Abs. 2 EStG

- Mahlzeiten im Betrieb (25% Pauschalsteuersatz)
- Betriebsveranstaltungen (25% Pauschalsteuersatz)
- Erholungsbeihilfen (25% Pauschalsteuersatz) (Näheres dazu Siehe Band „Lohn und Gehalt 2".)
- Mehraufwendungen für Verpflegung soweit diese die steuerfreien Pauschbeträge um nicht mehr als 100% übersteigen (25% Pauschalsteuersatz) (siehe dazu auch Kapitel 11.2)
- Übereignung von Personal Computern (25% Pauschalsteuersatz) (Näheres dazu Siehe Band „Lohn und Gehalt 2".)
- Sachbezüge in Form der unentgeltlichen oder verbilligten Beförderung, sowie Zuschüsse zu den Aufwendungen der Fahrt zwischen Wohnung und Arbeitsstätte (15% Pauschalsteuersatz).

Gemäß § 40a EStG (siehe auch Kapitel 10.5 und 10.6)

- Arbeitslohn kurzfristig beschäftigter Aushilfskräfte (25% Pauschalsteuersatz)
- Arbeitslohn geringfügig Beschäftigter (Mini-Jobs), wenn auch der pauschale Rentenversicherungsbeitrag gezahlt wird (2% Pauschalsteuersatz)
- Arbeitslohn geringfügig Beschäftigter, wenn kein pauschaler Rentenversicherungsbeitrag gezahlt wird (20% Pauschalsteuersatz)

Gemäß § 40b EStG

- Für Zukunftssicherungen: Direktversicherung (siehe dazu auch Kapitel 9)
- Für Gruppenunfallversicherung

Voraussetzung für die Pauschalierung nach § 40 Abs. 2 EStG und § 40b EStG ist jedoch, dass die Bezüge zusätzlich zum geschuldeten Arbeitslohn geleistet werden.

5.3 Kirchensteuer und Solidaritätszuschlag bei Pauschalierung der Lohnsteuer

Annexsteuern bei Lohnsteuerpauschalierung

Kirchensteuer und → Solidaritätszuschlag sind so genannte **Zuschlagssteuern** (Annexsteuern), d.h. als → Bemessungsgrundlage wird die abzuführende → Lohnsteuer herangezogen. Dies gilt grundsätzlich auch bei **pauschal erhobener Lohnsteuer**. Die → Kirchensteuer kann dabei im vereinfachten Verfahren (Pauschalierung) oder in der Nachweismethode erhoben werden.

Solidaritätszuschlag

Die Berechnung des Solidaritätszuschlags wird auf Grundlage der pauschalierten Lohnsteuer mit dem Satz von 5,5% erhoben.

Kirchensteuer im vereinfachten Verfahren

Bei der **pauschalen** Erhebung der Kirchensteuer im vereinfachten Verfahren wird ein **verminderter Kirchensteuersatz** angesetzt. Damit wird dem Umstand Rechnung getragen, dass möglicherweise nicht alle betroffenen Mitarbeiter einer erhebungsberechtigten Kirchengemeinschaft angehören. Anstelle der 8% bzw. 9% Kirchensteuer werden daher in den Bundesländern folgende geminderte Sätze verwendet:

Verminderte Steuersätze für Kirchensteuer

- 7 % in Bayern, Bremen, Hessen, Nordrhein-Westfalen, Rheinland-Pfalz und dem Saarland
- 6 % in Niedersachsen, Schleswig-Holstein und Baden-Württemberg
- 5 % in Berlin, Brandenburg, Mecklenburg-Vorpommern, Sachsen, Sachsen-Anhalt und Thüringen
- 4 % in Hamburg

Nachweismethode

Der → Arbeitgeber kann anstatt die pauschalen Kirchensteuer zu erheben auch für jeden einzelnen Mitarbeiter **nachweisen**, ob dieser kirchensteuerpflichtig ist oder nicht. Für Mitarbeiter, die keiner erhebungsberechtigten Kirchen angehören entfällt in diesem Fall die Kirchensteuer. Für die übrigen Beschäftigten sind die **normalen Kirchensteuersätze** von 8% bzw. 9% anzusetzen.

Beispiel
Pauschalierung der Lohnsteuer

Herr Lehmann erhält von seinem Arbeitgeber (Betriebssitz Hessen) monatlich einen Fahrtkostenzuschuss in Höhe von 112,50 €, der in voller Höhe pauschal versteuert werden kann. Für Zuschüsse zu den Fahrten zwischen Wohnung und Arbeitsstätte ist der pauschale Steuersatz von 15 % anzuwenden. Die Kirchensteuer wird im vereinfachten Verfahren erhoben.

- Lohnsteuer und Annexsteuern berechnen sich wie folgt:

Lohnsteuer:	15 % aus 112,50 €	16,87 €
Solidaritätszuschlag:	5,5 % aus 16,87 €	0,92 €
Kirchensteuer	7 % aus 16,87 €	1,18 €

Wechsel zwischen den Verfahren

Der Arbeitgeber kann zum einen für jeden Lohnsteuer-Anmeldungszeitraum jeweils neu wählen, nach welchem Verfahren die Kirchensteuer berechnet wird. Zum anderen kann auch innerhalb eines Anmeldezeitraums zwischen den einzelnen Pauschalierungsvorschriften das Verfahren zur Kirchensteuerberechnung gewählt werden.

Praxisübungen

Die Lösungen finden Sie im Band **„Lohn und Gehalt 1 - Übungen und Musterklausuren“** dieser Fachbuchreihe.

Aufgabe: Pauschalversteuerung

Ein Arbeitnehmer erhält von seinem Arbeitgeber (Baden-Württemberg) einen Zuschuss zu den Fahrtkosten mit dem eigenen Pkw in Höhe von 108,00 € monatlich. Der Arbeitnehmer hat eine LSt-Karte mit den Eintragungen I/ev vorgelegt. Die Pauschalversteuerung ist in voller Höhe zulässig und wird angewandt.

a) Die Kirchensteuer wird nach Konfessionszugehörigkeit abgeführt.

Lohnsteuer 15 % %	aus 108,00 €	________ €
Solidaritätszuschlag 5,5 % %	aus ________ €	________ €
Kirchensteuer 8 % %	aus ________ €	________ €

b) Die Kirchensteuer wird mit dem Pauschalsatz (BaWü) berechnet.

Kirchensteuer 6 % %	aus ________ €	________ €

6

Bruttoabrechnung

Die Ermittlung des Gesamt-Bruttos stellt den ersten Schritt der Gehaltsabrechnung dar. In diesem Kapitel lernen Sie die Zeitbegriffe der Lohn- und Gehaltsrechnung kennen und wie Lohnfortzahlungen, bezahlter Urlaub und Mutterschutzzeiten in die Bruttoermittlung einzubeziehen sind.

Inhalt

- Zeitermittlung
- Durchschnittslohnermittlung
- Entgeltzahlung an gesetzlichen Feiertagen
- Entgeltfortzahlung im Krankheitsfall
- Urlaub
- Mutterschutz
- Elternzeit
- Zuschläge und Zulagen

6.1 Zeitermittlung

6.1.1 Arbeitszeit als Basis der Bruttolohnberechnung

Ermittlung des Gesamt-Brutto

Basis der Lohn- und Gehaltsabrechnung ist die korrekte Ermittlung des → Gesamt-Brutto; es dient aber auch als Berechnungs- bzw. → **Bemessungsgrundlage** für den Lohnsteuerabzug und den Abzug der → Sozialversicherungsbeiträge. Bei einigen Lohnarten ist die Ermittlung des Gesamt-Brutto eher unproblematisch, wenn es sich z.B. um vertraglich fest vereinbarte Fixsummen handelt (Monatslohn, Gehalt, Ausbildungsvergütung, Weihnachtsgratifikation usw.). Erfolgt die Entlohnung dagegen in Abhängigkeit von einer flexiblen Größe (Arbeitsstunden oder Stückzahlen), so ist das Gesamt-Brutto erst anhand der relevanten Faktoren zu errechnen. Diese Rechenfaktoren sind:

Berechnungsfaktoren

- Die zu bezahlende Basiseinheit (z.B. Arbeitsstunden, Stückzahlen)
- Der Lohnsatz pro Basiseinheit (Stundenlohn, Stücklohn)
- Der zu zahlende Zuschlagssatz (z.B. 20% Überstundenzuschlag)
- Der von einem Basisbetrag zu zahlende Anteil (z.B. 10% Umsatzprovision)

Lohnsätze, Zuschlagssätze oder die Höhe von Anteilen sind zumeist vertraglich festgelegt. Auch die zu bezahlenden Stückzahlen sind meist durch einfaches „Nachzählen" zu ermitteln.

Ermittlung der Arbeitszeit

Der „kritische" Faktor der Bruttolohnermittlung ist vielmehr in den meisten Fällen die zu bezahlende **Arbeitszeit**. Die korrekte Ermittlung ist nicht zuletzt deshalb schwierig, weil zahlreiche gesetzliche oder tarifvertragliche Regelungen vorsehen, real nicht geleistete Arbeitszeiten (Ausfallzeiten) so anzuerkennen, als wären sie geleistet worden, d.h. als zu bezahlende Basiseinheit in die Bruttoberechnung aufzunehmen. Solche bezahlten Fehlzeiten (auch „**Sozialzeiten**" genannt) sind z.B.:

Sozialzeiten

- Bezahlter Urlaub
- Feiertage
- Entgeltfortzahlung bei Krankheit
- Mutterschutzzeiten
- Sonstige Zeiten mit nicht gesetzlich geregeltem Anspruch auf Entgeltfortzahlung (z.B. bei Heirat, Umzug, Geburt eines Kindes, Tod von Angehörigen)

Solche Sozialzeiten sind auch zu gewähren, wenn die übliche Bezahlung nicht auf Zeitbasis sondern auf Basis geleisteter Stückzahlen erfolgt. In diesem Fall ist für die bezahlte Freizeit eine geleistete Stückzahl als Berechnungsbasis anzunehmen, die der **durchschnittlichen** Stückzahl entspricht, die der Beschäftigte in einem entsprechenden Zeitraum leistet.

6.1.2 Zeitbegriffe der Lohn- und Gehaltsabrechnung

Für die Lohn- und Gehaltsabrechnung ist es von besonderer Bedeutung, die Arbeitszeiten korrekt zu ermitteln, da diese in der Regel als Basis für die Bruttoberechnung dienen. Zur **Zeiterfassung** können mechanische oder elektronische Geräte (Stempeluhren), manuelle Aufzeichnungen (Stundenzettel, Tätigkeitsnachweise usw.) oder Sozialzeitnachweise (Urlaubszettel, Arbeitsunfähigkeitsbescheinigungen usw.) dienen. Dabei wird zwischen verschiedenen Zeitbegriffen unterschieden.

Kalenderzeit

Abrechnungszeitraum

Der **Lohnabrechnungszeitraum** bezeichnet man auch als Kalenderzeit. In der Regel ist dies der Kalendermonat. Aber auch der Tag oder die Kalenderwoche sind als Abrechnungszeiträume denkbar. Ein monatlicher Abrechnungszeitraum setzt sich aus **Arbeitstagen** und auf Arbeitstage fallenden **Sozialzeiten** (Feiertage, Krankheitstage, bezahlter Urlaub usw.) zusammen.

Sollarbeitszeit

Normalzeit

Die Sollarbeitszeit ist die im Arbeits- oder Tarifvertrag festgelegte **Normalzeit**. Sie bezieht sich auf einen definierten Zeitraum (z.B. 8 Stunden täglich montags bis freitags, 35 Stunden wöchentlich montags bis freitags). Um bei einer festgelegten Wochenarbeitszeit die durchschnittliche Normalzeit für den Monat zu ermitteln, wird eine Berechnungsformel verwendet. Dies ist notwendig, weil nicht jeder Monat exakt 4 Wochen hat. In der Regel wird diese Berechnungsweise bei Gehaltsempfängern angewendet, um den entsprechenden Stundensatz zu ermitteln. Zur Ermittlung der in einem Monat geleisteten Überstunden wird jedoch die tatsächliche Normalzeit anhand der tatsächlichen Arbeitstage eines Monats herangezogen.

> „Stunden je Woche“ x „Wochen im Jahr“ : „Monate im Jahr“
> = monatliche Stunden (= tatsächliche Normalzeit)

Auch die Umrechnung der Wochenarbeitszeit auf die Monatsarbeitszeit mit dem Faktor 4,35 ist zulässig.

> „Stunden je Woche“ x 4,35 = monatliche Stunden (= tatsächliche Normalzeit)

Beispiel
Sollarbeitszeit

Frau Lehmann arbeitet 40 Stunden in der Woche. Für sie ergibt sich folgende monatliche Normalzeit.

40 x 52 : 12 = 173,33 Stunden monatlich

Möglich ist auch das quartalsweise Rechnen. Mit 13 Wochen pro Quartal ergibt sich folgende Berechnung:

40 x 13 : 3 = 173,33 Stunden monatlich

Unter Verwendung des Faktors 4,35 ergibt sich folgende Berechnung:

40 x 4,35 = 174 Stunden monatlich

Ist-Arbeitszeit

Erfassung von Arbeitsstunden

Mit Ist-Arbeitszeit werden die tatsächlich geleisteten **Arbeitsstunden** bezeichnet. Neben den Normalzeitstunden gehören auch Überstunden, Nachtarbeitsstunden, oder Arbeitsstunden an Sonn- und Feiertagen dazu. Zumeist werden Normalzeitstunden getrennt von den anderen Arbeitsstunden erfasst, da oftmals ein unterschiedlicher Stundensatz oder prozentuale Zuschläge bei der Berechnung des Gesamt-Brutto berücksichtigt werden müssen.

Sonn- und Feiertagsstunden

Alle Arbeitsstunden, die in der Zeit von 0.00 bis 24.00 Uhr an **gesetzlichen Feiertagen** oder **Sonntagen** sowie bis 4.00 Uhr des Folgetages, wenn die Tätigkeit vor 0.00 Uhr aufgenommen wurde, geleistet werden, sind als Sonn- und Feiertagsstunden anzurechnen.

Nachtarbeitsstunden

Als Nachtarbeitsstunden gelten laut Arbeitszeitgesetz Arbeitsstunden, die zwischen **23.00 und 6.00 Uhr** geleistet werden und mehr als 2 Stunden der Nachtzeit umfassen.

Mehrarbeits- und Überstunden

In vielen Tarifverträgen werden als Überstunden die Stunden bezeichnet, welche über der arbeitsvertraglich vereinbarten Sollarbeitszeit liegen. Als Mehrarbeitsstunden gelten diese Stunden erst dann, wenn die Überstunden auch gleichzeitig über der gewöhnlichen betrieblichen Arbeitszeit liegen.

Beispiel
Mehrarbeits- und Überstunden

> Eine Arbeitnehmerin hat eine arbeitsvertraglich vereinbarte Wochenarbeitszeit von 30 Stunden. Die betriebliche Arbeitszeit liegt bei 35 Stunden pro Woche. In der KW 6 arbeitet sie tatsächlich 37 Stunden. Von den 7 geleisteten Überstunden sind 2 Stunden gleichzeitig Mehrarbeitsstunden.

Sozialzeiten

Als Sozialzeiten bezeichnet man Zeiten, für die eine bezahlte Freistellung (Lohnfortzahlung) durch den Arbeitgeber erfolgt, z.B. bei Krankheit, an gesetzlichen Feiertagen, während des Erholungsurlaubs etc.

6.2 Bruttoermittlung im Teillohnzahlungszeitraum

Ein Teillohnzahlungszeitraum entsteht immer dann, wenn die Vergütungsbestandteile aufgrund unbezahlter Ausfallzeiten nicht für einen vollen Monat gezahlt werden. Dies kann z.B. der Fall sein bei

- Ein- oder Austritt des Arbeitnehmers im laufenden Monat
- Unterbrechung wegen Ablauf der Sechs-Wochen-Frist im Krankheitsfall
- Unterbrechung wegen Beginn oder Ende der Mutterschutzfrist
- Unterbrechung wegen sonstiger unbezahlter Fehlzeiten, wie Freistellung wegen der Erkrankung eines Kindes, unentschuldigtes Fehlen, unbezahlter Urlaub, etc.

Unproblematisch ist es, wenn die Vergütung nach Stundenlohn berechnet wird. Hier werden die tatsächlich zu zahlenden Soll- bzw. Ist-Stunden berechnet.

Problematischer ist es, wenn Vergütungsbestandteile auf Monatsbasis vereinbart wurden, wie z.B. Monatslohn, VWL-Arbeitgeberzuschuss, monatliche Leistungszulagen u. ä. . Zur Ermittlung der anteiligen Bruttobestandteile gibt es mehrere Möglichkeiten. Die nachfolgenden Beispiele basieren auf dem Muster-Kalendarium im Anhang.

6.2.1 Berechnung nach der kalendertäglichen Methode

Der Arbeitslohn wird nach den tatsächlichen Kalendertagen eines Monats gekürzt, d.h. der Monatslohn ist zunächst durch die tatsächliche Anzahl der Kalendertage des Monats zu dividieren (31, 30, 29 oder 28 Tage) und dann mit der Zahl der Kalendertage, welche mit Lohn belegt sind, zu multiplizieren.

Beispiel
kalendertägliche Methode

Herr Sommer wird zum 11.02. eingestellt. Der vereinbarte Monatslohn beträgt 2.500,00 €. Der Arbeitslohn für 18 Kalendertage beträgt:

18/28 von 2.500,00 € = 1.607,14 €

6.2.2 Berechnung nach der Dreißigstel-Methode

Der Arbeitslohn ist - unabhängig der tatsächlichen Tage eines Monats - durch 30 Tage zu dividieren und dann mit der Zahl der Kalendertage, welche mit Lohn belegt sind, zu multiplizieren.

Beispiel
Dreißigstel-Methode

Herr Sommer wird zum 11.02. eingestellt. Der vereinbarte Monatslohn beträgt 2.500,00 €. Der Arbeitslohn für 18 Kalendertage beträgt:

18/30 von 2.500,00 € = 1.500,00 €

6.2.3 Berechnung nach tatsächlichen Arbeitstagen

Der Arbeitslohn ist durch die Zahl der tatsächlichen Arbeitstage eines Monats zu dividieren, einschließlich gesetzlicher Feiertage und bezahlter Freistellungstage (z.B. Rosenmontag) und dann mit der Zahl der Arbeitstage, wiederum einschließlich gesetzlicher Feiertage und bezahlter Freistellungen, welche mit Lohn belegt sind, zu multiplizieren.

Beispiel
tatsächliche Arbeitstage

Herr Sommer wird zum 11.02. eingestellt. Der vereinbarte Monatslohn beträgt 2.500,00 €. Der Februar hat bei einer Fünf-Tage-Woche (Mo-Fr) 20 Arbeitstage. Der Arbeitslohn für 14 Arbeitstage beträgt:

14/20 von 2.500,00 € = 1.750,00 €

6.2.4 Berechnung nach fiktiven Arbeitstagen

Der Arbeitslohn ist durch die Anzahl der Arbeitstage zu dividieren, und zwar

- bei einer Sechs-Tage-Woche durch 25,
- bei einer Fünf-Tage-Woche durch 22,

ohne Rücksicht auf die tatsächlichen Arbeitstage des Monats, und dann mit der Zahl der mit Lohn belegten Arbeitstage zu multiplizieren.

Beispiel
fiktive Arbeitstage

Herr Sommer wird zum 11.02. eingestellt. Der vereinbarte Monatslohn beträgt 2.500,00 €. Der Arbeitslohn für 14 Arbeitstage beträgt bei einer Fünf-Tage-Woche:

14/22 von 2.500,00 € = 1.590,91 €

6.2.5 Berechnung nach tatsächlichen Arbeitsstunden

Der Arbeitslohn ist durch die Anzahl der Sollstunden des Monats zu dividieren und dann mit den Ist-Stunden des Monats zu multiplizieren.

Beispiel
tatsächliche Arbeitsstunden

Herr Sommer wird zum 11.02. eingestellt. Der vereinbarte Monatslohn beträgt 2.500,00 €. Gemäß Arbeitsvertrag wurde eine 37,5-Stunden-Woche vereinbart (Mo-Fr à 7,5 h), so dass die Sollarbeitszeit im Februar 150 Arbeitsstunden beträgt. Er arbeitet in der Zeit vom 11.02. bis 28.02. insgesamt 110 Stunden, und zwar:

1. Woche (11.-15.02.)	36 Stunden
2. Woche (18.-22.02.)	43 Stunden
3. Woche (25.-28.02.)	31 Stunden
Insgesamt	110 Stunden
110/150 von 2.500,00 € =	1.833,33 €

6.2.6 Berechnung nach fiktiven Arbeitsstunden

Der Arbeitslohn ist durch die Anzahl der Arbeitsstunden nach der Formel

Wochenstunden x 4,35

und zwar z.B.

- bei einer 40-Stunden-Woche durch 174,
- bei einer 37,5-Stunden-Woche durch 163,
- bei einer 35-Stunden-Woche durch 152,

ohne Rücksicht auf die tatsächlichen Arbeitsstunden des Monats zu dividieren und dann mit der Zahl der tatsächlich geleisteten Arbeitsstunden des Monats zu multiplizieren.

Beispiel
fiktive Arbeitsstunden

Herr Sommer wird zum 11.02. eingestellt. Der vereinbarte Monatslohn beträgt 2.500,00 €. Gemäß Arbeitsvertrag wurde eine 37,5-Stunden-Woche vereinbart (Mo-Fr à 7,5 h). Er arbeitet in der Zeit vom 11.02. bis 28.02. insgesamt 110 Stunden, und zwar

1. Woche (11.-15.02.)	36 Stunden
2. Woche (18.-22.02.)	43 Stunden
3. Woche (25.-28.02.)	31 Stunden
Insgesamt	110 Stunden
110/163 von 2.500,00 € =	1.687,12 €

6.2.7 Anwendung der Möglichkeiten

Die Bespiele zeigen, dass je nach Berechnungsmethode unterschiedliche Arbeitslöhne zu zahlen sind. Es stellt sich daher die Frage, welches die richtige Berechnungsmethode ist.

Bei der Entgeltfortzahlung im Krankheitsfall ist gesetzlich das so genannte **Lohnausfallprinzip** zwingend vorgeschrieben, d.h. das für die maßgebliche regelmäßige Arbeitszeit zustehende Arbeitsentgelt ist fortzuzahlen, tariflich kann hiervon abgewichen werden. Aus der Anwendung des Lohnausfallprinzips folgt, dass die Berechnung des Arbeitslohns für den Teillohnzahlungszeitraum nach konkreten Monatsarbeitstagen bzw. -stunden durchzuführen ist.
Eine Ausnahme hiervon gibt es bei Auszubildenden - hier ist nach dem BBiG grundsätzlich die Berechnung nach der Dreißigstel-Methode anzuwenden.

In allen anderen Fällen ist eine Berechnungsart gesetzlich nicht vorgeschrieben, so dass der Arbeitgeber grundsätzlich frei wählen kann.

6.3 Lohnzahlung für „Sozialzeiten"

Der Arbeitnehmer erhält für Sozialzeiten eine Lohnfortzahlung. Die Höhe richtet sich in der Regel danach, was der Arbeitnehmer verdient hätte, wenn er im gleichen Zeitraum gearbeitet hätte. Bei Arbeitnehmern mit einem festen Monatsgehalt ohne weitere Zuschläge ist die Ermittlung der Lohnfortzahlung zumeist unproblematisch. Auch bei Arbeitnehmern mit fester Arbeitzeit und einem festen Stundensatz ist die Höhe der Entgeltfortzahlung einfach zu errechnen.

Etwas komplizierter wird die Berechnung bei Arbeitnehmern mit **schwankenden Bezügen**. „Schwankend" deshalb, weil zusätzliche Entgeltzahlungen wie z.B. Überstundengrundvergütungen mit Zuschlägen, Zuschläge zu Nacht-, Sonn- und Feiertagsarbeit, laufende Prämien oder Provisionen und Erschwerniszulagen zu berücksichtigen sind.

Zum einen ergibt sich die Frage mit welchem **Zeitfaktor** die Sozialzeit bewertet wird und zum anderen welches **Entgelt** zu Grunde gelegt wird.

An dieser Stelle sind Vereinbarungen aus dem Tarifvertrag, aus Betriebsvereinbarungen oder dem individuellen Arbeitsvertrag zu berücksichtigen.

6.3.1 Entgeltzahlung an gesetzlichen Feiertagen

Beispiel
Entgeltzahlung an gesetzlichen Feiertagen

> Frau Lehmann erhält ein festes Monatsgehalt von 2.095,00 € und hat eine Wochenarbeitszeit von 40 Stunden. Der Monat April hat zwei gesetzliche Feiertage, an denen Frau Lehmann nicht arbeitet. Wird ihr Monatsgehalt für April dadurch reduziert?

§ 2 Entgeltfortzahlungsgesetz verpflichtet den → Arbeitgeber zur Entgeltzahlung für **gesetzliche Feiertage**, die auf Arbeitstage fallen. Dabei wird für den Feiertag eine Arbeitszeit angenommen, die normalerweise durchschnittlich erbracht worden wäre, wenn der Tag ein normaler Arbeitstag gewesen wäre. Dabei sind auch Nachtarbeitszuschläge, Überstunden usw. zu berücksichtigen.

Gleiches gilt für die auf **Stücklohn** basierende Lohnabrechnung. Hier wird die durchschnittlich in der entsprechenden Zeit geleistete Stückzahl als Berechnungsgrundlage für das → Gesamt-Brutto herangezogen.

Bummelparagraph

Der → Arbeitnehmer verliert seinen Anspruch auf Entgeltfortzahlung für einen gesetzlichen Feiertag, wenn er einen Arbeitstag **vor oder nach** dem Feiertag der Arbeit unentschuldigt fernbleibt (so genannter „Bummelparagraph").

Steuern und Sozialversicherung

Entgeltzahlungen für gesetzliche Feiertage sind als Bestandteil des steuer- und sozialversicherungspflichtigen Bruttoentgelts zu behandeln.

zu Beispiel
Entgeltzahlung an gesetzlichen Feiertagen

Frau Lehmann erhält im April ihr Festgehalt in Höhe von 2.095,00 €. Die Feiertage führen zu keiner Gehaltskorrektur, da sie im Rahmen der Entgeltfortzahlung vom Arbeitgeber so behandelt werden, als wenn Frau Lehmann an diesen Tagen gearbeitet hätte.

Beispiel
Berechnung der Entgeltzahlung an gesetzlichen Feiertagen

Der Taxifahrer Peter Schnell ist bei dem Taxiunternehmen Albatros angestellt. Im Arbeitsvertrag wurde die tägliche Arbeitzeit mit 8 Stunden fixiert. Der Stundenlohn beträgt 10,00 €. Für einen gesetzlichen Feiertag, der auf einen Arbeitstag fällt erhält Herr Schnell eine Entgeltzahlung in Höhe von 80,00 €
(8 Stunden x 10,00 €).

6.3.2 Entgeltfortzahlung im Krankheitsfall

Lohnfortzahlung bei Krankheit und Feiertagen

Durch das Entgeltfortzahlungsgesetz wird die Fortzahlung des → Arbeitsentgeltes im **Krankheitsfall** und an **Feiertagen** geregelt (siehe auch Kapitel 6).

- Lohnfortzahlung erfolgt im Krankheitsfall für 6 Wochen bzw. 42 Kalendertage
- Anspruch auf Entgeltfortzahlung bei Krankheit besteht erst nach 4 Wochen ununterbrochenem Bestehen des Beschäftigungsverhältnisses.
- Nachweispflicht des Arbeitnehmers über Arbeitsunfähigkeit wegen Krankheit und deren voraussichtliche Dauer
- Die Höhe des Fortzahlungsentgeltes richtet sich nach dem Entgelt, das der Arbeitnehmer in der regelmäßigen Arbeitszeit erzielt hätte, wenn er nicht erkrankt wäre.
- Der Anspruch auf sechswöchige Lohnfortzahlung besteht bei jeder neuen Erkrankung erneut.

Wenn ein Arbeitnehmer einen Tag vor oder nach einem Feiertag (oder beide Tage) unentschuldigt der Arbeit fernbleibt, hat er weder für diese Tage noch für den damit zusammenhängenden Feiertag einen Anspruch auf Entgeltfortzahlung.

Dauer und Fristen der Entgeltfortzahlung

6-wöchige Fortzahlung

Wenn ein → Arbeitnehmer aufgrund von **krankheitsbedingter Arbeitsunfähigkeit** ausfällt, ist der → Arbeitgeber nach § 3 EFZG verpflichtet, für einen Zeitraum von bis zu **6 Wochen** bzw. 42 Kalendertagen das → Arbeitsentgelt fortzuzahlen. Voraussetzungen dafür sind:

- Die Arbeitsunfähigkeit ist ohne Verschulden des Arbeitnehmers eingetreten. Der Anspruch auf Entgeltfortzahlung wird jedoch nur durch Vorsatz oder ein grobes Verschulden ausgeschlossen, z.B. bei Trunkenheit am Steuer oder sonstigem grob fahrlässigen Verhalten im Straßenverkehr.

- Das → Arbeitsverhältnis besteht seit mindestens **4 Wochen** ohne Unterbrechung (Wartefrist). Erkrankt der Arbeitnehmer innerhalb der ersten 4 Wochen, erhält er Krankengeld von der Krankenkasse. Ab der 5. Beschäftigungswoche beginnt der Anspruch auf Lohnfortzahlung durch den Arbeitgeber für volle 6 Wochen (42 Kalendertage), d.h. die Zeit, in der der Arbeitnehmer Krankengeld durch die Krankenkasse erhalten hat, mindert nicht den Anspruch auf Lohnfortzahlung durch den Arbeitgeber.
- Bei der Ermittlung des Zeitraums, in dem Lohnfortzahlung durch den Arbeitgeber zu leisten ist, sind Vorerkrankungen aufgrund derselben Krankheit zu berücksichtigen. Hier kommt in der Regel eher die Berechnung nach Kalendertagen (maximal 42) zum Tragen. Vorerkrankungen sind wie folgt zu berücksichtigen:
- Der Arbeitnehmer war in den vorangegangenen 6 Monaten nicht infolge derselben Krankheit arbeitsunfähig oder
- Seit Beginn der ersten Arbeitsunfähigkeit infolge derselben Krankheit ist eine Frist von zwölf Monaten abgelaufen.

Beispiel
Entgeltfortzahlung im Krankheitsfall

Eintritt lt. Vertrag ist der 01.05. Der Arbeitnehmer ist ab 20.05. erkrankt und erst ab 15.07. wieder arbeitsfähig.
Die Vierwochenfrist läuft bis 28.05., d.h., der Arbeitnehmer erhält in der Zeit vom 20.05. bis 28.05. Krankengeld von der Krankenkasse, vom 29.05. bis 09.07. (6 Wochen lang) Entgeltfortzahlung durch den Arbeitgeber und vom 10. bis 14.07. wieder Krankengeld von der Krankenkasse.

Beispiel
Dauer der Entgeltfortzahlung im Krankheitsfall

Frau Lehmann ist im Januar an einem Magengeschwür erkrankt und vom 1. Januar bis 31. März arbeitsunfähig geschrieben. Eine neue Arbeitsunfähigkeit aufgrund einer starken Erkältung tritt vom 1. Mai bis 10. Juni ein. Im November macht sich ihr Magengeschwür wieder bemerkbar und Frau Lehmann ist in der Zeit vom 1. November bis 28. November nochmals krank geschrieben.

- Für welchen Zeitraum erhält Frau Lehmann Entgeltfortzahlung wegen Krankheit?

Für beide Arbeitsunfähigkeiten, die durch das Magengeschwür entstanden sind, besteht jeweils ein Anspruch auf Entgeltfortzahlung, da zwischen dem Ende der erstmaligen Erkrankung (31. März) und dem Beginn der wiederholten Erkrankung (1. November) sechs Monate vergangen sind. Die Erkältung löste ebenfalls einen sechswöchigen Entgeltfortzahlungsanspruch aus, beeinflusste aber nicht die Sechswochenfrist der Erkrankung durch das Magengeschwür.

Hat ein Arbeitnehmer am ersten Krankheitstag noch gearbeitet, so ist dieser Tag in die 6-Wochen-Frist nicht mit einzubeziehen. Dies gilt auch, wenn der Arbeitnehmer zwar am Arbeitsplatz erscheint, noch keine Arbeitsleistung erbracht hat und direkt erkrankt oder einen Arbeitsunfall hat.

Umlageverfahren

Um die Risiken einer Entgeltfortzahlung im Krankheitsfall für kleine Unternehmen kalkulierbar zu halten, wurde die Lohnfortzahlungsversicherung eingerichtet. Der Arbeitgeber zahlt dabei eine monatliche Umlage (U1) in eine Umlagekasse ein und erhält dafür die Entgeltfortzahlungen teilweise erstattet (Näheres zum Umlageverfahren finden Sie in Kapitel 12.10).

Steuer- und Sozialversicherungspflicht

Entgeltfortzahlungen im Krankheitsfall sind als Bestandteil des steuer- und sozialversicherungspflichtigen Bruttoentgelts zu behandeln.

Pflichten des arbeitsunfähigen Beschäftigten

Melde- und Nachweispflicht

Der Arbeitnehmer ist verpflichtet, dem Arbeitgeber die Arbeitsunfähigkeit und deren voraussichtliche Dauer **unverzüglich** mitzuteilen. Bei Arbeitsunfähigkeit, die länger als drei Kalendertage dauert, hat der Beschäftigte spätestens am darauf folgenden Arbeitstag eine **ärztliche Bescheinigung** vorzulegen. Der Arbeitgeber kann die Vorlage der ärztlichen Bescheinigung aber auch früher verlangen.

Dauert die Arbeitsunfähigkeit länger als in der Bescheinigung angegeben, muss der Beschäftigte eine neue ärztliche Bescheinigung vorlegen.

Schadensersatzanspruch bei Dritten

Sofern der Krankheit ein Unfall mit einem Dritten zu Grunde liegt und dieser Dritte der Unfallverursacher ist, hat der Arbeitgeber Anspruch auf Schadensersatzleistungen. Der entstandene Schaden besteht z.B. aus nicht durch die Ausgleichskasse (vgl. hierzu Kapitel 12) erstattete Aufwendungen für Entgeltfortzahlung. Der Arbeitnehmer ist daher verpflichtet, dem Arbeitgeber den Unfallverursacher zu nennen.

Lohnfortzahlung bei Organspende

Auch bei Fehlzeiten aufgrund einer Organspende ist der Arbeitgeber verpflichtet, für maximal 42 Kalendertage Lohnfortzahlung zu leisten. Hier erfolgt die Erstattung der Aufwendungen durch die Versicherung des Organempfängers.

Bemessung des Entgeltes

Höhe der Lohnfortzahlung

Die Höhe der Entgeltfortzahlung richtet sich nach dem **durchschnittlichen Arbeitsentgelt**, das dem Beschäftigten für den entsprechenden Zeitraum bei einer für ihn maßgeblichen regelmäßigen Arbeitszeit zustehen würde.

Beispiel
Bemessung des Entgeltes

Die ModeFix GmbH bezahlt einer Aushilfe neben dem Aushilfsgehalt die Fahrkarte für die Fahrten zwischen Wohnung und Arbeitsstätte. Die Aushilfe ist im Mai für drei Wochen erkrankt. Muss die ModeFix GmbH gegenüber der Aushilfe eine Entgeltfortzahlung leisten? Wenn ja, fallen darunter auch die Fahrtkosten?

Für die Entgeltfortzahlung im Krankheitsfall ist entscheidend, welche Arten von Arbeitsentgelt berücksichtigt werden. Der Gesetzgeber schließt u. a. folgende Entgeltbestandteile vom anzurechnenden Arbeitsentgelt aus:

- Zusätzlich für Überstunden gezahlte Entgelte
- Fahrtkostenzuschüsse
- Schmutzzulagen
- Essenszuschüsse

zu Beispiel
Bemessung des Entgeltes

Die ModeFix GmbH muss an die Aushilfe anteilig das Gehalt während der Arbeitsunfähigkeit bezahlen, allerdings nicht die Fahrtkosten.

6.3.3 Freistellung wegen Erkrankung eines Kindes

Bei der Erkrankung eines Kindes hat der Arbeitnehmer bei Vorliegen folgender Voraussetzungen Anspruch auf Freistellung:

- Vorlage einer ärztlichen Bescheinigung über die Erkrankung des Kindes mit Angabe über Beginn und (voraussichtlicher) Dauer.
- Keine andere im Haushalt lebende Person kann das Kind versorgen.
- Das Kind darf das 12. Lebensjahr noch nicht vollendet haben.

Ein nicht alleinerziehendes Elternteil hat jeweils Anspruch auf Freistellung von 10 Arbeitstagen im Kalenderjahr pro Kind; insgesamt aber nicht mehr als 25 Arbeitstage im Jahr. Der Anspruch eines Elternteils kann auf den anderen übertragen werden.

Alleinerziehende haben Anspruch auf Freistellung von 20 Arbeitstagen im Kalenderjahr pro Kind; insgesamt aber nicht mehr als 50 Arbeitstage im Jahr.

bezahlte vs. unbezahlte Freistellung

Sind die obigen Voraussetzungen erfüllt und die Zeitgrenzen nicht überschritten, hat der Elternteil Anspruch auf bezahlte Freistellung durch den Arbeitgeber. Eine Lohnfortzahlung durch den Arbeitgeber ist nur dann nicht gegeben, wenn dies zuvor arbeitsvertraglich vereinbart wurde. Ist dies der Fall, hat der Elternteil bei Vorliegen derselben Kriterien Anspruch auf Zahlung von Krankengeld durch die Krankenkasse, bei welcher das Kind (familien-)versichert ist. Bei Überschreiten der maximal zustehenden Arbeitstage wegen weiterer Erkrankung/en des/der Kinder kann der Arbeitgeber auf freiwilliger Basis den Lohn fortzahlen, oder aber es ist unbezahlter Urlaub zu gewähren.

6.3.4 Urlaub BurlG

Urlaubsansprüche und Entgeltfortzahlung

Die Regelungen des Bundesurlaubsgesetzes, die den Urlaubsanspruch, die Urlaubsdauer und das Urlaubsentgelt betreffen, sind für die Lohn- und Gehaltsabrechnung von besonderer Bedeutung (siehe auch Kapitel 6).

- Der Arbeitnehmer hat pro Kalenderjahr einen Mindestanspruch auf 24 **Werktage** bezahlten Erholungsurlaub.
- Nachgewiesene Krankheitstage während eines Urlaubs gelten nicht als Urlaubstage.
- Anspruch auf vollen Urlaub entsteht erstmals nach 6 Monaten Beschäftigung.
- Für jeden Monat Elternzeit verringert sich der Urlaubsanspruch um 1/12 des Jahresurlaubes.
- Das Urlaubsentgelt ergibt sich aus dem durchschnittlichen Arbeitsentgelt der letzten 13 Wochen vor Urlaubsbeginn. Dabei sind auch Vergütungsanteile wie Zuschläge, Provisionen, regelmäßige Leistungsprämien, Sachbezüge u. ä. zu berücksichtigen.
- Eine Abgeltung des Erholungsurlaubs durch Geldzahlung ist nur bei Beendigung des Arbeitsverhältnisses zulässig.

Streiktage werden auf den Urlaub nicht angerechnet.

Arbeitnehmer haben einen Anspruch auf mindestens **24 Werktage** bezahlten Erholungsurlaub im Jahr. Als Werktage gelten dabei alle Kalendertage, die nicht Sonn- oder gesetzliche Feiertage sind (also auch Samstage). Darüber hinaus können tarifvertraglich oder einzelvertraglich zusätzliche Urlaubstage vereinbart sein.

Zweck von Erholungsurlaub

Um sicherzustellen, dass der **Erholungsurlaub** auch tatsächlich seinem Zweck gemäß genutzt werden kann (zur Erholung), hat der Gesetzgeber grundsätzlich untersagt, dass Erholungsurlaub durch Geldzahlung seitens des → Arbeitgebers abgegolten werden kann und dass der → Arbeitnehmer während des Urlaubs einer dem Urlaubszweck widersprechenden **Erwerbstätigkeit** nachgeht.

Wartezeit und Teilurlaub

Sechsmonatige Wartezeit

Den vollen Anspruch auf Urlaub erwirbt ein Beschäftigter erstmals, wenn er mindestens **6 Monate** in einem Betrieb beschäftigt ist. Hat ein Arbeitnehmer diese Wartezeit noch nicht erfüllt, so steht ihm für jeden vollen Monat ein Teilurlaub in Höhe von einem Zwölftel des Jahresurlaubs zu. Diesen kann er in folgenden Fällen in Anspruch nehmen:

- für Zeiten eines Kalenderjahres, für die er wegen Nichterfüllung der Wartezeit in diesem Kalenderjahr keinen vollen Urlaubsanspruch erwirbt
- wenn er vor erfüllter Wartezeit aus dem → Arbeitsverhältnis ausscheidet
- wenn er nach erfüllter Wartezeit in der ersten Hälfte eines Kalenderjahres aus dem Arbeitsverhältnis ausscheidet

Aufrundung von halben Urlaubstagen

Ergibt sich bei der Berechnung von Teilurlaub ein Bruchteil von einem Urlaubstag, der mehr als einen halben Tag entspricht, so ist dieser auf einen vollen Urlaubstag aufzurunden.

Urlaubsanspruch beim Wechseln des Arbeitgebers

Der Anspruch auf vollen Urlaub besteht nicht, wenn dem Arbeitnehmer für das laufende Kalenderjahr bereits von einem früheren Arbeitgeber Urlaub gewährt oder in Geld ausgezahlt worden ist. Als entsprechenden Nachweis hat der Arbeitgeber bei Beendigung des Arbeitsverhältnisses eine **Urlaubsbescheinigung** auszustellen und dem Beschäftigten auszuhändigen.

Zeitpunkt, Übertragbarkeit und Abgeltung von Urlaub

Urlaubswünsche von Beschäftigten

Bei der zeitlichen Festlegung des Urlaubs hat der Arbeitgeber grundsätzlich die Wünsche des Arbeitnehmers zu berücksichtigen. Allerdings kann der Arbeitgeber die Urlaubswünsche des Beschäftigten ablehnen, wenn **dringende betriebliche Belange** diese nicht zulassen oder Urlaubswünsche anderer Arbeitnehmer entgegenstehen, die unter sozialen Gesichtspunkten vorrangig zu behandeln sind. So muss beispielsweise einem allein stehenden Arbeitnehmer kein Urlaub während der Ferienzeit gewährt werden, wenn andere Beschäftigte mit Familie Urlaub für diese Zeit beantragt haben.

Teilung von Urlaub

Grundsätzlich ist der Urlaub **zusammenhängend** zu gewähren. Ausnahmen sind auch hier wieder dringende betriebliche oder in der Person des Arbeitnehmers liegende Gründe, die eine Teilung des Urlaubs erforderlich machen. In jedem Fall muss einer der Urlaubsteile aber mindestens **12 aufeinander folgende Werktage (2 Wochen)** umfassen.

Übertragung ins nächste Jahr

Urlaubsansprüche für das laufende Kalenderjahr müssen grundsätzlich auch in **diesem** Jahr gewährt und genommen werden. Eine Übertragung des Urlaubs auf das nächste Kalenderjahr ist nur dann möglich, wenn dringende betriebliche oder in der Person des Arbeitnehmers liegende Gründe dies rechtfertigen. Aber auch dann muss der übertragene Urlaub in den **ersten drei Monaten** des folgenden Kalenderjahres gewährt und genommen werden. Geschieht dies nicht, so verfällt der entsprechende Urlaubsanspruch.

Wenn der Urlaub oder Urlaubsteile wegen Beendigung des Arbeitsverhältnisses nicht mehr gewährt werden, so ist der entsprechende Urlaubsanspruch finanziell abzugelten.

Hierbei ist zu beachten, dass Urlaubsbruchteile, die mindestens einen halben Tag ergeben, auf einen vollen Urlaubstag aufzurunden sind. Bei kleineren Bruchteilen darf nicht abgerundet werden, sondern der Bruchteil ist entsprechend zu vergüten.

Anrechnung anderer Ausfallzeiten

Überschneidet sich der Urlaub mit anderen Ausfallzeiten, so ist dies wie folgt mit dem Urlaubsanspruch zu verrechnen:

- Nachgewiesene Krankheitstage während eines Urlaubs gelten nicht als Urlaubstage.
- Für jeden vollen Monat Elternzeit verringert sich der Urlaubsanspruch um 1/12 des Jahresurlaubes.
- Streiktage werden auf den Urlaub nicht angerechnet.

Urlaubsentgelt

Urlaubsentgelt und Urlaubsgeld

Das Urlaubsentgelt ist die jedem Arbeitnehmer zustehende → **Entgeltfortzahlung** während des Erholungsurlaubes. Es ist vom **Urlaubsgeld** zu unterscheiden, das eine freiwillige (oder tarif- bzw. arbeitsvertraglich festgelegte) zusätzliche Sonderzahlung des Arbeitgebers ist.

Steuer- und sozialversicherungsrechtliche Behandlung

Urlaubsentgelt und Urlaubsgeld sind steuerlich und sozialversicherungsrechtlich unterschiedlich zu behandeln und in der Lohn- und Gehaltsabrechnung entsprechend aufzuführen. Steuer- und sozialversicherungsrechtlich ist **Urlaubsentgelt** → laufendes Arbeitsentgelt, **Urlaubsgeld** wird dagegen steuerlich als → „sonstiger Bezug" und in der → Sozialversicherung als → „Einmalzahlung" behandelt.

Berechnung des Urlaubsentgeltes

Die Höhe des **Urlaubsentgelts** ergibt sich aus dem durchschnittlichen Arbeitsentgelt der letzten 13 Wochen vor Urlaubsbeginn. Dabei sind auch Vergütungsanteile wie Zuschläge, Provisionen, regelmäßige Leistungsprämien u. ä. zu berücksichtigen. Sachbezüge, die während des Urlaubs nicht weitergewährt werden, sind in angemessener Weise in bar abzugelten. Überstunden sind bei der Durchschnittslohnberechnung nicht einzubeziehen.

Bei dauerhaften **Verdiensterhöhungen**, die während des 13-wöchigen Berechnungszeitraums oder während des Urlaubs eintreten, ist das Urlaubsentgelt auf Basis dieses erhöhten Verdienstes zu berechnen. Dagegen sind entsprechende **Verdienstkürzungen**, die im Berechnungszeitraum infolge von Kurzarbeit, Arbeitsausfällen oder unverschuldeter Arbeitsversäumnis eintreten, bei der Berechnung des Urlaubsentgelts außer Acht zu lassen.

Auszahlungstermin

Das Urlaubsentgelt ist dem Arbeitnehmer grundsätzlich vor **Urlaubsbeginn** auszuzahlen.

Unbezahlter Urlaub

Es kann auch sein, dass der Arbeitgeber und der Arbeitnehmer einvernehmlich eine unbezahlte Freistellung, also unbezahlte Urlaubstage, vereinbaren. Das Bestehen des Beschäftigungsverhältnisses wird hiervon nicht berührt. Bis zu einer Dauer von einem Monat bleiben auch sämtliche Ansprüche gegenüber der Krankenkasse (z.B. ärztliche Versorgung) bestehen, obwohl für diesen Zeitraum keine Beiträge gezahlt werden. Wenn der Arbeitnehmer während des unbezahlten Urlaubs erkrankt, hat er keinen Anspruch auf Lohnfortzahlung durch den Arbeitgeber, jedoch innerhalb dieses einen Monats Anspruch auf Zahlung von Krankengeld gegenüber der Krankenkasse.

Dauert der unbezahlte Urlaub länger als einen Monat, ist nach Ablauf desselben der Arbeitnehmer bei der Krankenkasse abzumelden (siehe dazu auch Kapitel 12).

Bildungsurlaub

In einigen Bundesländern gibt es auch Regelungen über zusätzlich zu gewährenden bezahlten Bildungsurlaub (Ländergesetz). Arbeitgeber in solchen Bundesländern müssen ihren Arbeitnehmern in der Regel fünf Arbeitstage pro Jahr zusätzlich zum bezahlten Erholungsurlaub zum Zwecke der beruflichen Weiterbildung freistellen.

Urlaubsbescheinigung

Übertragung von Urlaubsansprüchen

Bei einem Arbeitgeberwechsel gehen dem Beschäftigten noch **offene Urlaubsansprüche** nicht verloren, denn der gesetzliche Mindesturlaub von 24 Werktagen im Jahr steht ihm in jeden Fall zu. Damit der neue → Arbeitgeber weiß, wie viel Urlaub der → Arbeitnehmer in diesem Jahr schon genommen hat (bzw. durch Zahlung abgegolten wurde) und wie viel ihm dementsprechend noch zusteht, stellt der alte Arbeitgeber eine **Urlaubsbescheinigung** aus und händigt diese dem Beschäftigten zum Ende des → Arbeitsverhältnisses aus. Auf der Urlaubsbescheinigung müssen folgende Angaben enthalten sein:

- Personendaten des Arbeitnehmers (Name usw.)
- Kalenderjahr, für das die Urlaubsbescheinigung ausgestellt ist
- Zeitraum, in dem das Arbeitsverhältnis bestanden hat
- Höhe des Urlaubsanspruchs in diesem Kalenderjahr
- Zeiträume, in denen Urlaub gewährt und genommen wurde
- Anzahl der Tage, für die eine Urlaubsabgeltung gezahlt wurde

zu Beispiel Arbeitspapiere

Die TV-Film GmbH ist verpflichtet Herrn Lehmann eine Urlaubsbescheinigung auszustellen. Diese reicht Herr Lehmann dann beim neuen Arbeitgeber der Kino-Film AG, ein.

6.3.5 Mutterschutz MuSchG, § 15 BerzGG

Schutz von Schwangeren und jungen Müttern

Das Mutterschutzgesetz trifft Regelungen zum Schutz von **schwangeren → Arbeitnehmerinnen** und von **Müttern** nach der Entbindung. Es legt u. a. Beschäftigungsverbote, einen besonderen Kündigungsschutz und die → Entgeltfortzahlung während der Ausfallzeiten fest.

Beschäftigungsverbote:

- Für Schwangere bei Gefährdung der Gesundheit von Mutter oder Kind
- Für Schwangere 6 Wochen vor dem Geburtstermin
- Keine schwere körperliche Arbeit
- 8 Wochen nach der Entbindung (bei Früh- oder Mehrlingsgeburten 12 Wochen)

Schutzrechte z.B.:

- Gewährung von Stillzeiten (ohne Lohn- oder Gehaltsabzug und ohne Mehrarbeit)
- Verbot von Mehrarbeit, Nachtarbeit und Sonn- und Feiertagsarbeit
- Kündigungsschutz während der Schwangerschaft und für 4 Monate nach der Entbindung
- Entgeltfortzahlung für Ausfallzeiten wegen eines Beschäftigungsverbotes
- Arbeitgeber zahlt Differenz zwischen Mutterschaftsgeld und letztem Nettolohn
- bezahlte Freistellung für notwendige Untersuchungen

Beschäftigungsverbote

Für werdende Mütter besteht in den letzten 6 Wochen vor der Entbindung ein generelles **Beschäftigungsverbot**, es sei denn, dass sie sich zur Arbeitsleistung ausdrücklich bereit erklären. Eine solche Erklärung kann jederzeit ohne Angabe von Gründen widerrufen werden.

Außerhalb der Sechs-Wochen-Frist dürfen schwangere Arbeitnehmerinnen nicht beschäftigt werden, wenn Leben oder Gesundheit von Mutter oder Kind bei Fortdauer der Beschäftigung gefährdet sind.

Für die Berechnung der Schutzfristen vor der Entbindung ist die Angabe des **mutmaßlichen Geburtstermins** durch einen Arzt oder eine Hebamme maßgebend. Irrt sich der Arzt oder die Hebamme über den Zeitpunkt der Entbindung, so verkürzt oder verlängert sich diese Frist entsprechend.

Nach der Entbindung dürfen Mütter für eine Frist von **8 Wochen** nicht beschäftigt werden (bei Früh- oder Mehrlingsgeburten bis 12 Wochen). Wird das Kind vor dem mutmaßlichen Entbindungstermin geboren, verlängert sich diese Frist um den Zeitraum, der von der sechswöchigen Schutzfrist vor der Entbindung nicht in Anspruch genommen werden konnte, sodass insgesamt eine Schutzfrist von mindestens 14 Wochen gewährleistet ist. Wird das Kind nach dem mutmaßlichen Entbindungstermin geboren, wird jedoch die Schutzfrist nach der Entbindung nicht um diese Tage gekürzt. Eine Ausnahme von der achtwöchigen Schutzfrist nach der Entbindung ist nur in Ausnahmefällen möglich, wenn eine Mutter nach dem Tod ihres Kindes ausdrücklich die Wiederaufnahme der Beschäftigung verlangt. Auch dann ist eine Beschäftigung erst nach Ablauf von mindestens **2 Wochen** seit der Entbindung gestattet und nur, wenn durch ein ärztliches Zeugnis belegt ist, dass keine gesundheitlichen Gefährdungen bestehen. Die freiwillige Erklärung der Mutter kann jederzeit und ohne Angabe von Gründen widerrufen werden.

Es ist zu beachten, dass bei der Ermittlung der Schutzfristen *vor und nach* der Geburt, der Tag der Geburt nicht mitgezählt wird.

Beispiel
Beschäftigungsverbot

Der Arzt hat Frau Wiesmüller den Entbindungstermin auf den 30. September bescheinigt. Sechs Wochen vor dem wahrscheinlichen Entbindungstermin setzt die Mutterschutzfrist ein. Frau Wiesmüller muss daher ab dem 19. August nicht mehr arbeiten.
Am 5. Oktober bringt Frau Wiesmüller eine Tochter zur Welt. Die Mutterschutzfrist endet acht Wochen nach der Entbindung; hier am 30. November.

Über die Schutzfristen vor und nach der Entbindung bestehen nach dem Mutterschutzgesetz weitere **Beschäftigungsverbote** für werdende Mütter. Dazu gehören u. a.:

- Keine schwere körperliche Arbeit
- Keine Belastung durch gesundheitsgefährdende Stoffe oder Strahlen, Staub, Gase oder Dämpfe, Hitze, Kälte oder Nässe, Erschütterungen oder Lärm
- Kein regelmäßiges Heben von Gewichten über 5 kg oder gelegentliches Heben von Gewichten über 10 kg
- Ab dem sechsten Schwangerschaftsmonat kein ständiges Stehen
- Kein häufiges Strecken, Beugen, Hocken oder Bücken
- Keine Arbeiten mit erhöhter Unfallgefahr (z.B. Ausgleiten, Fallen oder Abstürzen)
- Keine Akkordarbeit und keine Fließarbeit

Rechte und Pflichten von Mutter und Arbeitgeber

Neben den Beschäftigungsverboten genießen werdende und stillende Mütter weitere **Schutzrechte**, durch die u. a. Ausfallzeiten entstehen können:

- Gewährung von Stillzeiten (ohne Lohn- oder Gehaltsabzug und ohne Mehrarbeit)
- Verbot von Mehrarbeit, Nachtarbeit und Sonn- und Feiertagsarbeit
- Kündigungsschutz während der Schwangerschaft und für 4 Monate nach der Entbindung
- bezahlte Freistellung für notwendige Untersuchungen

Meldepflicht der Mutter

Zu den Pflichten von werdenden Müttern zählt insbesondere die **Meldepflicht**. Schwangere sollen dem → Arbeitgeber ihre Schwangerschaft und den mutmaßlichen Tag der Entbindung mitteilen, sobald ihnen ihr Zustand bekannt ist. Der Arbeitgeber kann dabei auf seine Kosten ein Zeugnis eines Arztes oder einer Hebamme verlangen.

Meldepflicht des Arbeitgebers

Der Arbeitgeber hat die **Aufsichtsbehörde** (Gewerbeaufsichtsamt) unverzüglich von der Mitteilung der werdenden Mutter zu benachrichtigen. An Dritte darf er die Mitteilung über die Schwangerschaft der Arbeitnehmerin nicht unbefugt weitergeben.

Mutterschaftsgeld, Arbeitgeberzuschuss und Mutterschutzlohn

Mutterschaftsgeld von der Krankenkasse

Für die Zeiten, in denen eine Mutter aufgrund der Schutzfristen (Beschäftigungsverbote vor und nach der Entbindung) nicht arbeitet sowie für den Tag der Geburt erhält sie von der gesetzlichen Krankenkasse **Mutterschaftsgeld**. Mütter, die nicht Mitglied einer gesetzlichen Krankenkasse sind, erhalten das Mutterschaftsgeld auf Antrag vom Bundesversicherungsamt in Berlin.

Für die Zeit in der die werdende Mutter auf eigenes Verlangen hin innerhalb der Schutzfrist arbeitet und infolgedessen sozialversicherungspflichtiges Arbeitsentgelt bezieht ruht der Anspruch auf Mutterschaftsgeld.

Höhe des Mutterschaftsgeldes, Steuer- und Beitragspflicht

Die Höhe des Mutterschaftsgeldes richtet sich nach dem **durchschnittlichen kalendertäglichen Nettoeinkommen** der Mutter in den letzten drei vollen Monaten vor Beginn der Schutzfrist. Dabei bleiben sowohl einmalig gezahltes → Arbeitsentgelt als auch infolge von Kurzarbeit, Arbeitsausfällen oder unverschuldeter Arbeitsversäumnis vermindertes Arbeitsentgelt außer Betracht. Maximal beträgt das von der Krankenkasse zu zahlende Mutterschaftsgeld 13,00 € pro Kalendertag. Es ist als **Lohnersatzleistung** steuer- und sozialversicherungsfrei, unterliegt jedoch dem steuerlichen → Progressionsvorbehalt und ist daher auf der Lohnsteuerbescheinigung gesondert auszuweisen (siehe dazu auch Kapitel 12).

Zuschuss des Arbeitsgebers, Steuer- und Beitragspflicht

In vielen Fällen übersteigt der durchschnittliche regelmäßige Nettoverdienst den maximal von der Krankenkasse gewährten Tagessatz von 13,00 €. Den Differenzbetrag hat der Arbeitgeber als **Zuschuss** zum Mutterschaftsgeld zu zahlen. Ebenso wie das Mutterschaftsgeld selbst, ist auch dieser Arbeitgeberzuschuss steuer- und sozialversicherungsfrei, unterliegt jedoch dem Progressionsvorbehalt.

Mutterschutzlohn, Steuer- und Beitragspflicht

Fällt die Mutter aufgrund von anderen Beschäftigungsverboten außerhalb der Schutzfristen aus, so muss der Arbeitgeber für die Ausfallzeiten eine **Lohnfortzahlung** leisten. Diese muss dem durchschnittlichen Bruttoverdienst der letzten drei Monate vor Beginn der Schwangerschaft entsprechen. Diese Entgeltfortzahlung ist sowohl steuer- als auch sozialversicherungspflichtig.

Beispiel
Berechnung Mutterschaftsgeld

Frau Sauer hat ihrem Arbeitgeber eine Bescheinigung über den mutmaßlichen Entbindungstermin zum 18.07. vorgelegt. Die Mutterschutzfrist vor der Geburt muss ermittelt werden:

- Mutmaßlicher Entbindungstermin 18.07.
- Beginn der Schutzfrist 06.06.
- letzter Arbeitstag 05.06.

Der tatsächliche Entbindungstermin ist der 11.07., wodurch sich die Schutzfrist vor der Geburt um 7 Tage (11.07. bis 17.07.) verkürzt. Dadurch verlängert sich die Schutzfrist nach der Geburt und dauert bis 12.09.

Sie erhielt im Monat Mai eine Nettoentgelt in Höhe von 1.264,77 €, im April 1.187,65 € und im März 1.358,12 €. Der Zuschuss des Arbeitgebers zum Mutterschaftsgeld ermittelt sich daher wie folgt:

Mai	1.264,77 €		
April	1.187,65 €		
März	1.358,12 €		
	3.810,54 € : 90 Kalendertage =	42,34 €	kalendertägl. Nettoentgelt
		./. 13,00 €	Mutterschaftsgeld Krankenk.
		29,34 €	Zuschuss des Arbeitgebers

Erstattung durch Umlageverfahren U2

Auch hier wurde zum Schutz des Arbeitgebers die Lohnfortzahlungsversicherung eingerichtet. Der Arbeitgeber entrichtet an die Umlagekassen eine monatliche Abgabe → Umlage (U2) und bekommt dafür die Aufwendungen, die durch den Zuschuss zum Mutterschaftsgeld oder durch Mutterschutzlohn entstehen, in voller Höhe erstattet (Näheres zum Umlageverfahren finden Sie in Kapitel 12).

6.3.6 Elternzeit

Inanspruchnahme, Dauer und Fristen

Eltern haben gegenüber ihrem → Arbeitgeber einen Anspruch auf Gewährung von Elternzeit. Darunter wird eine **unbezahlte Freistellung** zum Zweck der Betreuung eines Kindes in den ersten Lebensjahren verstanden. Der Anspruch auf Elternzeit ist unabhängig von der Gewährung staatlichen Erziehungsgeldes und gilt für Mütter gleichermaßen wie für Väter. Zur Inanspruchnahme sind folgende Voraussetzungen zu erfüllen:

- Die Berechtigten müssen in einem → Arbeitsverhältnis stehen
- Die Berechtigten müssen mit einem Kind in einem Haushalt leben und dieses Kind selbst betreuen und erziehen.
- Den Berechtigten muss das Personensorgerecht für das Kind zustehen oder es muss ein sonstiges, personenrechtlich enges Verhältnis zum Kind bestehen.
- Der Berechtigte arbeitet während der Elternzeit nicht mehr als 30 Stunden/ Woche.

Dauer der Elternzeit

Die Elternzeit beträgt im Höchstfall **36 Monate** und kann bis zur Vollendung des dritten Lebensjahres des Kindes in Anspruch genommen werden (Die nachgeburtliche Schutzfrist der Mutter wird auf die Elternzeit angerechnet). Dabei können die Eltern gemeinsam, im Wechsel oder einzeln die Betreuung des Kindes übernehmen. Es besteht die Möglichkeit, einen Teil der Elternzeit (maximal zwölf Monate) auf die Zeit bis zur Vollendung des achten Lebensjahres zu übertragen, wenn der Arbeitgeber dem zustimmt.

Schriftliche Erklärung

Um die Elternzeit rechtswirksam anzutreten, muss diese gegenüber dem Arbeitgeber unter Einhaltung bestimmter Fristen **schriftlich** erklärt worden sein. Soll die Freistellung sofort nach der Entbindung in Kraft treten, so ist die Erklärung spätestens sechs Wochen vorher beim Arbeitgeber einzureichen. Soll die Elternzeit zu einem späteren Zeitpunkt beginnen, ist eine Frist von acht Wochen zu wahren. Väter können unmittelbar nach der Entbindung Elternzeit in Anspruch nehmen, für Mütter beginnt diese in der Regel acht (bzw. zwölf) Wochen nach der Entbindung, da zunächst die nachgeburtliche Schutzfrist Vorrang hat.

Auswirkungen auf das Arbeitsverhältnis

Ruhendes Arbeitsverhältnis

Das → Arbeitsverhältnis **ruht** während der Elternzeit. Das bedeutet, dass die Pflicht des → Arbeitnehmers zur Erbringung von Arbeitsleistung und die Pflicht des Arbeitgebers zur Zahlung von Vergütung entfällt. Andere vertragliche Pflichten, wie beispielsweise, die Treuepflicht, die Fürsorgepflicht, das Wettbewerbsverbot oder die Pflicht zum Schutz der Persönlichkeit **bleiben bestehen**. Die Elternzeit verändert das Arbeitsverhältnis in seiner rechtlichen Ausgestaltung und seiner Grundform nicht. So läuft etwa die Frist von befristeten Arbeitsverträgen auch während der Elternzeit weiter und kann auch das Ende des Arbeitsverhältnisses bewirken. Für den Beschäftigten zählt die Elternzeit als Zeit der Betriebszugehörigkeit.

Teilzeitbeschäftigung

Seit 2001 ist auch während der Elternzeit eine Erwerbstätigkeit als **Teilzeitbeschäftigung** möglich. Diese darf jedoch eine Wochenarbeitszeit von **30 Stunden nicht überschreiten** und bedarf der Zustimmung des freistellenden Arbeitgebers, wenn sie bei einem anderen Arbeitgeber geleistet wird.

Urlaubsanspruch

Für jeden Monat, in dem ein Arbeitnehmer im Rahmen der Elternzeit freigestellt ist, kann der Arbeitgeber den Anspruch auf **Erholungsurlaub** um ein Zwölftel des Jahresurlaubes kürzen. Dies ist jedoch nur möglich, wenn der Arbeitnehmer während der Elternzeit keine Teilzeit bei dem Arbeitgeber leistet. Wenn der Beschäftigte im laufenden Kalenderjahr bereits vor Antritt der Elternzeit mehr Urlaub in Anspruch genommen hat, als ihm nach den entsprechenden Kürzungen zustünde, kann **nach Beendigung** der Elternzeit der Erholungsurlaub entsprechend gekürzt werden.

Kündigungsschutz

Der Arbeitgeber darf das Arbeitsverhältnis ab dem Zeitpunkt, von dem an Elternzeit verlangt worden ist und während der Elternzeit **nicht kündigen**. Der Kündigungsschutz besteht auch, wenn der Arbeitnehmer während der Elternzeit bei seinem Arbeitgeber Teilzeitarbeit leistet oder wenn er

- Anspruch auf Elternzeit hat, diese aber nicht wahrnimmt und
- in Teilzeit bei seinem Arbeitgeber beschäftigt ist und
- Anspruch auf Erziehungsgeld hat (oder nur wegen Überschreitung der Einkommensgrenzen nicht hat).

Kündigung zum Ende der Elternzeit

Arbeitnehmer genießen ein **Sonderkündigungsrecht** zum Ende der Elternzeit. Danach können sie mit einer Frist von drei Monaten das Arbeitsverhältnis mit dem Ablauf der Elternzeit kündigen.

Auswirkungen der Elternzeit auf die Sozialversicherung

Krankenversicherung

Die Mitgliedschaft in einer gesetzlichen → Kranken- und → Pflegeversicherung bleibt auch während der Elternzeit bestehen. Sofern kein → Arbeitsentgelt erzielt wird, ist die Mitgliedschaft für die Dauer der Elternzeit für Pflichtversicherte **beitragsfrei**. Durch Teilzeitbeschäftigung während der Elternzeit erzieltes Arbeitsentgelt ist jedoch **beitragspflichtig**.

Wenn ein privat krankenversicherter Arbeitnehmer deshalb gesetzlich krankenversicherungspflichtig wird, weil er während der Elternzeit nur noch in Teilzeit arbeitet, kann er auf Antrag von der Versicherungspflicht befreit werden. Diese Befreiung gilt nur für die Dauer der Elternzeit.

Sollte der Betrieb jedoch schließen, z.B. aufgrund von Insolvenz, entfällt das Beschäftigungsverhältnis und somit die beitragsfreie Versicherung in der Kranken- und Pflegeversicherung.

Arbeitslosenversicherung

Im Gegensatz zur Kranken- und Pflegeversicherung **endet** das Versicherungsverhältnis der → **Arbeitslosenversicherung** mit Beginn der Elternzeit. Sofern keine versicherungspflichtige Teilzeitbeschäftigung ausgeübt wird, zahlt der Arbeitnehmer folglich keine Beiträge zur Arbeitslosenversicherung mehr. Für die Bezugsberechtigung von Arbeitslosengeld müssen innerhalb der letzten drei Jahre mindestens 12 Monate Beiträge gezahlt worden sein. Dabei bleibt die Elternzeit jedoch außer Betracht. Für die Bezugsberechtigung nach einer Elternzeit sind also die letzten drei Jahre vor Beginn der Elternzeit maßgebend.

Rentenversicherung

Wenn während der Elternzeit keine sozialversicherungspflichtigen Arbeitsentgelte erzielt werden sind **keine Rentenversicherungsbeiträge** zu entrichten. Das Erziehungsgeld ist beitragsfrei. Für Arbeitsentgelte, die im Rahmen einer Teilzeitbeschäftigung erzielt wurden, sind jedoch die normalen Rentenversicherungsbeiträge zu zahlen. Beitragsfreie Kindererziehungszeiten werden bei der späteren Rentenberechnung einer rentenversicherungspflichtigen Beschäftigung gleichgestellt.

6.3.7 Sonstige bezahlte Freistellungen

Es ist auch möglich, dass der Arbeitnehmer aus anderen Gründen einen Anspruch auf bezahlte Freistellung hat, wie z.B. bei Heirat, Geburt eines Kindes, Tod von nahen Angehörigen, Umzug etc. Es gibt hierzu jedoch keine eindeutigen gesetzlichen Regelungen, sodass im Regelfall die arbeitsvertraglichen Regelungen (Tarifvertrag, Betriebsvereinbarung etc.) gelten.

6.4 Zuschläge und Zulagen

Am Anfang des Kapitels wurde darauf eingegangen, dass u. a. die Ermittlung der Arbeitszeit Grundlage der Bruttolohnermittlung ist. Dabei werden verschiedene Arbeitszeiten unterschieden (z.B. Normalzeit, Überstunden, Sonn- und Feiertagsarbeit).

Zuschläge und Zulagen

Diese Unterscheidung ist im Wesentlichen notwendig, weil die verschiedenen Arbeitszeiten unterschiedlich vergütet werden können, d.h. in der Regel werden Sonderarbeitszeiten mit Zuschlägen entlohnt. **Zuschläge** können aber nicht nur für besondere Arbeitszeiten gewährt werden sondern auch für besondere Leistungen, besondere Tätigkeiten oder Belastungen des → Arbeitnehmers. Der Zuschlagssatz kann sich dabei anteilig an der Basisvergütung orientieren (z.B. 25% Nachtarbeitszuschlag) oder mit pauschalen Beträgen festgesetzt sein (z.B. 1,50 € Zuschlag für Außendienststunden).

Rechtsgrundlagen

Einen gesetzlichen Anspruch auf die Zahlung von Zuschlägen gibt es grundsätzlich nicht. In der Regel werden Art und Höhe von Zuschlägen in Tarifverträgen, Betriebsvereinbarungen oder Einzelarbeitsverträgen festgelegt. Von steuerrechtlicher Seite wird geregelt, in welchem Rahmen und in welcher Höhe die Zuschläge **steuerfrei** (und damit auch sozialversicherungsfrei) ausgezahlt werden können (§ 3b EStG).

6.4.1 Zulagearten

Erschwerniszulage

Für zusätzliche körperliche Belastungen

Mit Erschwerniszulagen werden Arbeiten vergütet, die für den → Arbeitnehmer zusätzliche **körperliche Belastungen** mit sich bringen. Dabei werden in der Regel Kataloge herangezogen, in denen physikalisch messbare Faktoren erfasst sind, die bei entsprechender Ausprägung als Erschwernis definiert sind (z.B. Hitze, Kälte, Lärm, Staub, Nässe, Tragen von besonderer Schutzkleidung, Unfallgefahr usw.).

Für **branchenspezifische** Erschwernisse sind oftmals bereits in Tarifverträgen Zulagen festgelegt. Bei betriebs- oder arbeitsplatzspezifischen Erschwernissen können entsprechende Zulagen in Betriebsvereinbarungen oder Einzelarbeitsverträgen vereinbart sein.

In der Regel sind Ansprüche auf Zulagen in der Art geregelt, dass der Arbeitnehmer für die Zeit, in der er einer bestimmten Erschwernis ausgesetzt ist, die entsprechende Zulage erhält (z.B. ein Betrag pro Stunde). Dabei können durchaus mehrere Zulagen nebeneinander gewährt werden.

Gefahrenzulage

In einigen Fällen wird die **Gefahrenzulage** von der Erschwerniszulage unterschieden. Mit der Gefahrenzulage werden besonders gefährliche Tätigkeiten abgegolten, die aber im Sinne der Erschwerniszulage nicht unbedingt auch körperlich belastend sein müssen.

Funktionszulage

Für zusätzliche Aufgaben

Funktionszulagen sind Vergütungen, die für die Ausübung einer besonderen **Funktion** oder **Verantwortung** gezahlt werden. In der Regel handelt es sich dabei um monatliche oder jährliche Festbeträge. Üblich sind solche Funktionszulagen z.B. für **Führungskräfte** im öffentlichen Dienst oder für Mitarbeiter, die zusätzlich zu ihrer normalen Tätigkeit besondere Aufgaben wahrnehmen (z.B. Ausbilder).

Leistungszulagen

für überdurchschnittliche Leistungen

Leistungszulagen werden als Prämien für **überdurchschnittliche Leistungen** des Arbeitnehmers gezahlt. In Kombination mit dem Grundlohn wird diese Entgeltart auch als **Prämienlohn** bezeichnet. Dabei sind nicht immer wie beim Akkordlohn die erbrachte Stückzahl, sondern vielmehr andere Kriterien ausschlaggebend (z.B. Arbeitsqualität, Sparsamkeit, Termineinhaltung, Produktivität). Leistungszulagen sind somit ein vom Mitarbeiter selbst beeinflussbarer flexibler Lohnbestandteil. Sie werden zumeist in Form von festen Beträgen pro Stückzahl, pro eingesparter Materialeinheit usw. gezahlt.

Zuschläge für ungünstige Arbeitszeiten §§ 2, 3, 11 Arbeitszeitgesetz

Häufig werden für ungünstige Arbeitszeiten Zuschläge gezahlt. Dies können z.B. **Sonn- und Feiertagsarbeit, Überstunden** oder **Nachtarbeit** sein. Die entsprechenden Zuschläge sind zumeist branchenspezifisch in Tarifverträgen oder für einzelne Unternehmen in Betriebsvereinbarungen geregelt. Sie werden entweder als Anteil auf Grundlage des Basisstundensatzes ermittelt (z.B. 25% Nachtarbeitszuschlag, 10% Überstundenzuschlag) oder als feste Beträge pro Arbeitsstunde festgelegt (z.B. 1,50 € pro Nachtarbeitsstunde).

Korrekte Zeiterfassung

Voraussetzung für eine korrekte Bruttolohnabrechnung ist bei diesen Zuschlägen die genaue **Erfassung der Arbeitszeit** nach getrennten Zeitarten (z.B. über Stundenzettel, Tätigkeitsberichte, mechanische oder elektronische Zeiterfassungsgeräte).

Zuschlag für Mehrarbeit

Mehrarbeit und Überstunden

Nach § 3 des Arbeitszeitgesetzes darf die werktägliche Arbeitszeit der Arbeitnehmer im Durchschnitt acht Stunden nicht überschreiten. Tarifvertraglich sind oftmals weit geringere Wochenarbeitszeiten festgelegt. Im Gegensatz zu früheren gesetzlichen Regelungen ist die Überschreitung der zulässigen Höchstarbeitszeit nur noch mit behördlicher Genehmigung zulässig. Die gesetzliche Festlegung von Mehrarbeitszuschlägen entfällt somit.

Überstundenvergütung

Auch die **Vergütung von Überstunden** ist nicht gesetzlich geregelt. Sie ist allerdings zumeist in Tarifverträgen oder Betriebsvereinbarungen detailliert geregelt. Ist dies nicht der Fall sollte in Einzelarbeitsverträgen eine entsprechende Vereinbarung getroffen werden, um spätere Streitigkeiten auszuschließen. Üblich sind dabei die folgenden Vergütungsmethoden:

- Abgeltung der Überstunden durch das Grundgehalt (Dies bedeutet praktisch, dass Überstunden unbezahlt erbracht werden müssen. Zulässig ist eine solche Regelung z.B. bei leitenden Angestellten.)
- Abgeltung der Überstunden mit dem Stundensatz der Normalarbeitszeit (keine Zuschläge)
- Abgeltung der Überstunden mit dem Basisstundensatz zuzüglich eines Zuschlags (zumeist als prozentualer Anteil vom Basisstundensatz berechnet)
- Ausgleich von Überstunden durch Gewährung von bezahlter Freizeit („abbummeln")

Zuschläge für Sonntags- und Feiertags- und Nachtarbeit

Sonn- und Feiertagsarbeit

§ 11 des Arbeitszeitgesetzes verpflichtet Arbeitgeber für an Sonn- oder Feiertagen geleistete Arbeit einen entsprechenden **Ersatzruhetag** zu gewähren. Ob und wie darüber hinaus eine zusätzliche Vergütung von Sonn- und Feiertagsarbeit zu zahlen ist, regelt der Gesetzgeber nicht (Ausnahme: Seefahrt). Entsprechende Vereinbarungen sind den Vertragsparteien von Tarifverträgen, Betriebsvereinbarungen und Einzelarbeitsverträgen überlassen.

Nachtarbeit

Neben Sonn- und Feiertagsarbeit gilt auch die **Nachtarbeit** als Arbeit zu ungünstiger Zeit. Der Gesetzgeber sieht für Nachtarbeit einen entsprechenden bezahlten Freizeitausgleich vor. Auch hier sind wiederum in Tarifverträgen und Betriebsvereinbarungen oftmals detaillierte Regelungen über zusätzliche Vergütungen mit Zuschlägen getroffen. Üblich sind Nachtarbeitszuschläge als prozentualer Anteil am Basisstundensatz.

6.4.2 Lohnabrechnung mit Zuschlägen

Beispiel
Lohnabrechnung mit Zuschlägen

Bei der Firma ModeFix GmbH steht eine Lohnsteuerprüfung an und auch die DRV hat sich zur Prüfung angemeldet. Frau Lehmann, die die Buchführung betreut, soll die Unterlagen für die Prüfung zusammenstellen. Dabei stellt sie fest, dass der Mitarbeiter, der bisher die Lohnbuchführung betreute, ein großes Chaos hinterlassen hat. Frau Lehmann wird beauftragt, dieses Chaos zu beseitigen. Dies bedeutet, dass sie Überstunden im erheblichen Ausmaß absolvieren muss. Nach Vereinbarung mit ihrem Chef bekommt sie die Arbeit an Feiertagen mit 150% Feiertagszuschlag, an Sonntagen mit 50% Sonntagszuschlag und in der Nacht mit 25% Nachtzuschlag bezahlt. Als Berechnungsbasis für die Überstunden und Zuschläge wurde der Durchschnittslohnsatz auf Grundlage ihres monatlichen Gehalts vereinbart. Zuschläge für sonstige Überstunden werden nicht gewährt.
Sind diese Zuschläge steuer- und sozialversicherungspflichtig?

Steuern und SV-Beiträge

Für die Lohn- und Gehaltsrechnung unter Berücksichtigung von Zuschlägen ist besonders deren steuer- und sozialversicherungsrechtliche Behandlung von Bedeutung. Grundsätzlich gehören Zulagen und Zuschläge zum **steuer- und sozialversicherungspflichtigen → Bruttoentgelt**. Wäre dies nicht der Fall würden wohl zahlreiche Löhne und Gehälter durch fantasievolle Leistungszulagen oder sonstige Zuschlägen gemindert werden. Dennoch hat der Gesetzgeber bestimmte Zuschläge von der Steuer- und Sozialversicherungspflicht befreit, um → Arbeitnehmer zu begünstigen, die zu ungünstigen Zeiten arbeiten müssen.

Steuerliche Behandlung von Zuschlägen § 3b EStG

Grundsätzlich sind alle Zuschläge, die **zusätzlich** zum → laufenden Arbeitslohn gezahlt werden, dem steuerpflichtigen Bruttoarbeitslohn hinzuzurechnen.

Steuerfreiheit von Sonn-, Feiertags- und Nachtarbeit

§ 3b des Einkommensteuergesetztes legt dazu jedoch Ausnahmen fest. Steuerfrei sind Zuschläge, die für **tatsächlich geleistete** Sonn-, Feiertags- und Nachtarbeit neben dem Grundlohn gezahlt werden, sofern sie bestimmte Grenzen nicht übersteigen. Da die Steuerfreiheit u. a. an die tatsächlich geleistete Arbeit anknüpft, ist es zwingend erforderlich, dass detaillierte **Einzelaufzeichnungen** geführt werden.

Sonntagsarbeit (0 - 24 Uhr*)	Feiertagsarbeit (0 - 24 Uhr*)	Nachtarbeit (20 - 6 Uhr)
bis 50% vom Grundlohn	- für gesetzliche Feiertage und für Silvester (14 Uhr - 0 Uhr) bis 125 % vom Grundlohn	- bis 25% vom Grundlohn
	- für Heiligabend (ab 14 Uhr), Weihnachten (25.12. und 26.12.) und 1.Mai bis 150% vom Grundlohn	- bis 40% vom Grundlohn für Arbeit von 0.00 Uhr bis 4.00 Uhr, bei Arbeitsbeginn vor 0.00 Uhr

***Beachten Sie:** Abweichend vom Arbeitszeitgesetz definiert das Einkommensteuergesetz bereits Arbeitsstunden ab 20 Uhr als Nachtarbeit. Als Sonn- bzw. Feiertagsarbeit gilt auch die Zeit von 0.00 Uhr bis 4.00 Uhr des Folgetages, wenn der Arbeitsbeginn vor 24.00 Uhr liegt.

Ist Sonntagsarbeit zugleich Feiertagsarbeit, gelten die jeweils **höheren** Zuschlagssätze für Feiertagsarbeit. Wenn Sonntagsarbeit zugleich auch Nachtarbeit ist, können beide Zuschläge **nebeneinander gewährt** werden.

Voraussetzung für die Steuerfreiheit ist, dass der Arbeitnehmer zur jeweiligen Zeit auch tatsächlich gearbeitet hat. Dies führt dazu, dass Zuschläge die aufgrund der Berechnung von → Lohnfortzahlungen anhand des durchschnittlichen Arbeitsentgeltes gezahlt werden, **steuerpflichtig** sind. Dies kann z.B. der Fall sein bei Lohnfortzahlungen:

Steuerpflicht bei Lohnfortzahlung

- Für Erholungsurlaub
- Im Krankheitsfall
- An freigestellte Betriebsratsmitglieder

Seit 2004 ist neben den Zuschlagssätzen auch der Basis-Stundenlohn auf den die Zuschläge gewährt werden begrenzt. Steuerfrei sind nur noch Zuschläge, die auf einem Basis-Stundensatz von höchstens 50,00 € beruhen.

Maximaler Stundenlohn

Sozialversicherungsrechtliche Behandlung von Zuschlägen
§ 14 Abs. 1 SGB IV

Zum **sozialversicherungspflichtigen** → **Arbeitsentgelt** gehören nach § 14 Abs. 1 SGB IV alle laufenden und einmaligen Einnahmen aus einer Beschäftigung. Dazu zählen auch alle Zuschläge. Ausnahme: Zuschläge die **zusätzlich** zum Entgelt gezahlt werden und **lohnsteuerfrei** sind. Diese Zuschläge stellen beitragsfreies Arbeitsentgelt dar. Der sozialversicherungsrechtliche Begriff des Arbeitsentgelts richtet sich nach der Steuergesetzgebung. Seit 01.07.2006 gilt dies jedoch nur für Zuschläge, deren Basisstundensatz 25,00 € nicht übersteigt.

Orientierung am Steuerrecht

zu Beispiel
Lohnabrechnung mit Zuschlägen

Frau Lehmann, die ein monatliches Brutto von 2.095,00 € plus Zuschuss zur Vermögensbildung in Höhe von 20,00 € verdient, reicht einen Stundennachweis zur Berechnung ihres Gehalts ein.

Stundennachweis für den Monat Mai:

Tag	Datum	Zeit	Datum	Zeit	Datum	Zeit	Datum	Zeit	Datum	Zeit
Mo			5	8.00-21.00	12	8.00-17.00	19	8.00-17.00	26	8.00-17.00
Di			6	8.00-23.00	13	8.00-17.00	20	8.00-17.00	27	krank
Mi			7	6.00-17.00	14	8.00-17.00	21	8.00-17.00	28	krank
Do	1	8.00-12.00	8	8.00-23.00	15	8.00-17.00	22	8.00-17.00	29	
Fr	2	8.00-21.00	9	8.00-17.00	16	8.00-17.00	23	8.00-17.00	30	8.00-17.00
Sa	3	8.00-12.00	10		17		24		31	
So	4	8.00-12.00	11		18		25			
Sonn- und Feiertage sind grau unterlegt. Mittagspause: 1 Std.										

Zur Berechnung des Gehaltes im Monat Mai wird zunächst der Durchschnittsstundensatz ermittelt (Normalzeit 40 Std./Woche).

monatl. Normalzeit = 40 Std. x 4,35 = 174 Stunden
Durchschnittsstundensatz = 2.095,00 € : 174 Std. = **12,04** €/Std.

Der Durchschnittsstundensatz dient als Berechnungsfaktor für die Zuschläge.

Es ergibt sich folgende Berechnung des Gehalts:

Grundgehalt		2.095,00 €
Zuschuss zur Vermögensbildung		20,00 €
Überstunden insgesamt	34 Std. x 12,04 € =	409,36 €
Zuschläge:		
Feiertagsarbeit 1. Mai	4 Std. x 12,04 € x 150% =	72,24 €
Sonntagsarbeit	4 Std. x 12,04 € x 50% =	24,08 €
Nachtarbeit	8 Std. x 12,04 € x 25% =	24,08 €
Gesamt- Brutto		2.644,76 €
Davon steuer- und sozialversicherungspflichtig		**2.524,36 €**
Davon steuer- und sozialversicherungsfrei		120,40 €

Die Krankheitstage sowie der Feiertag am 29. Mai sind nicht separat zu berücksichtigen, da Frau Lehmann ein monatliches Gehalt bezieht.

6.5 Vermögenswirksame Leistungen 5.VermBG

Vermögenswirksame Leistungen sind **Geldleistungen**, die der → Arbeitgeber für den → Arbeitnehmer anlegt. Dabei behält der Arbeitgeber einen vereinbarten Betrag vom Arbeitslohn des Beschäftigten ein und verwendet diesen als vermögenswirksamen Beitrag (z.B. für einen entsprechenden Bausparvertrag).

Zuschüsse vom Arbeitgeber und vom Staat

Der Arbeitgeber kann den regelmäßigen **Sparbetrag** durch eigene Zuschüsse erhöhen. In vielen Tarifverträgen sind solche Arbeitgeberzuschüsse zu den vermögenswirksamen Leistungen festgelegt. Die Zuschüsse sind als **steuer- und sozialversicherungspflichtiges** → **Arbeitsentgelt** zu behandeln und beim → Lohnsteuerabzug und bei der Berechnung der Sozialversicherungsbeiträge entsprechend zu berücksichtigen.

Voraussetzungen für den Erhalt der vermögenswirksamen Leistung sind zum einen die Einkommensgrenzen des → Arbeitnehmers und zum anderen die Wahl einer geförderten Anlageform. Weitere Voraussetzung für die Förderung ist, dass die Sparbeiträge nicht in den Verfügungsbereich des Arbeitnehmers gelangen, sondern direkt vom → Arbeitgeber überwiesen werden.

Unterlagen für vermögenswirksame Leistungen

Möchte der Arbeitnehmer vermögensbildende Maßnahmen bei einem Arbeitgeber aufnehmen, so muss er diesem die entsprechenden **Unterlagen** (Bescheinigung des Anlageunternehmens z.B. Bausparkasse) vorlegen. Sofern die Bescheinigung nicht extra für den Arbeitgeber erstellt ist wird er eine **Fotokopie** anfertigen, um die entsprechenden Zahlungen buchungstechnisch begründen zu können.

zu Beispiel
Arbeitspapiere

Herr Lehmann hat einen Bausparvertrag mittels vermögenswirksamer Leistungen abgeschlossen. Diesen möchte er beim neuen Arbeitgeber weiterführen. Auch wenn sich die Kino-Film AG nicht an den vermögenswirksamen Leistungen beteiligen sollte, dürfen die monatlichen Beiträge zum Bausparen nur durch den Arbeitgeber überwiesen werden. Dieser zieht den entsprechenden Betrag dann jeweils vom Nettoverdienst des Beschäftigten ab. Herr Lehmann muss also in jedem Fall die Bausparpolice seinem neuen Arbeitgeber zur Einsichtnahme vorlegen, damit dieser eine buchungstechnische Legitimation für die Zahlungen hat.

Praxisübungen

Die Lösungen finden Sie im Band **„Lohn und Gehalt 1 - Übungen und Musterklausuren"** dieser Fachbuchreihe.

Aufgabe 1: Zeitermittlung

- **Berechnen Sie die folgenden Zeiten:**

a) Ermitteln Sie die monatliche Normalzeit bei folgenden Wochenstunden:

35,0 Wochenstunden = 152 Stunden im Monat. 35 * 4,35

37,0 Wochenstunden = 161 Stunden im Monat.

38,0 Wochenstunden = 165 Stunden im Monat.

b) Ermitteln Sie aus dem Kalendarium* die möglichen Arbeitstage, die zu bezahlenden Feiertage sowie die jeweiligen Stunden. Gehen Sie von einer 38 Stunden-Woche aus, wobei Montag bis Donnerstag jeweils 8 und am Freitag 6 Stunden gearbeitet werden. Der 24. Dezember und der 31. Dezember sollen als ½ Feiertag berücksichtigt werden. Tragen Sie Ihr Ergebnis in die nachstehende Tabelle ein.

	Jan	Feb	Mrz	Apr	Mai	Jun	Jul	Aug	Sep	Okt	Nov	Dez
Arbeitstage	22	20	21	20	20	19	23	21	22	22	20	20
Arbeitsstunden	166	152	160	154	150	144	176	158	168	168	152	154
Feiertage	1			2	2	2				1		3
Feiertagsstunden	8			14	16	16				6		22

*Verwenden Sie bitte das Kalendarium im Anhang; es handelt sich hierbei um ein Musterjahr.

c) Herr Schneider rechnet mit seinem Arbeitgeber auf Stundenbasis ab; vereinbart ist eine 38-Stunden-Woche (Mo. bis Do. je 8 Std. und Fr. 6 Std.)). Ermitteln Sie die abzurechnenden Stunden für die Monate August, September und Oktober unter Zuhilfenahme des Kalendariums (Anhang).

- zu berücksichtigende Besonderheiten im August:
  8 Stunden am 01.08.
  Urlaub 04.08.-15.08.
  9 Stunden am 18.08 und am 19.08.

- zu berücksichtigende Besonderheiten im September:
  Krank 10.09.-16.09.
  9 Stunden am 23.09. und am 25.09.
  9,5 Stunden am 29.09. und am 30.09.

- zu berücksichtigende Besonderheiten im Oktober:
  Urlaub 06.10.-10.10.
  9 Stunden am 23.10. und am 24.10.
  Krank 30.10 - 31.10.

	Aug	Sep	Okt
Normalstunden	82	130	116
Überstunden	4	5	4
Feiertagsstunden			6
Urlaubsstunden	76		38
Entgeltfortzahlungsstunden		38	14
Summe	162	173	178

Aufgabe 2: Entgeltfortzahlung

- **Beantworten Sie die folgenden Fragen.**

a) Was bedeutet Lohnfortzahlung an gesetzlichen Feiertagen? In welchem Zusammenhang kann Ihnen diese Regelung in der Lohnbuchführung begegnen?

Recht auf Entgeltfortzahlung
ggf. muss der Ø Lohn pro Tag ausgerechnet werden
(bei variablem Entgelt)

b) Kurt Schmittchen leidet im Frühjahr stets unter sehr starkem Heuschnupfen mit Asthmaanfällen. Darauf hin wurde er im Februar für zwei Wochen, im März für eine Woche und im April für drei Wochen krank geschrieben. Im Mai hatte er sich auf einem Ausflug mit seinem Kegelverein eine Virusinfektion eingefangen und wurde daraufhin zwei Wochen krankgeschrieben. Für welche Zeiträume hat sein Arbeitgeber ihm den Lohn fortzuzahlen und ab wann erhält er Krankengeld über die Krankenkasse?

AG muss alle Zeiträume bezahlen
Zahlungen aus der Krankenversicherung sind nicht
zu leisten

c) Nennen Sie den Unterschied zwischen Urlaubsentgelt und Urlaubsgeld.

Urlaubsentgelt: gem. Entgeltfortzahlungsgesetz
Urlaubsgeld: Sonderzahlung des AG

d) Timmi Schleicher hat sich während seines Urlaubs sehr stark erkältet. Er geht zum Arzt und wird für 5 Tage arbeitsunfähig geschrieben. Werden die Krankheitstage als Urlaubstage angerechnet?

Krankheitstage werden vom Urlaub abgezogen und
können später genommen werden

e) Cornelia Zimmer arbeitet 40 Stunden in der Woche (Montag bis Freitag) für einen Stundenlohn in Höhe von 12,00 €. Zusätzlich erhält sie einen Fahrtkostenzuschuss in Höhe von 5,00 € täglich. Wie hoch ist die Lohnfortzahlung, wenn sie wegen Krankheit 10 Arbeitstage arbeitsunfähig geschrieben wird?

960 € (10 Tage x 8h x 12 €)

Aufgabe 3: Berechnung von Zuschlägen

◆ **Berechnen Sie die Zuschläge für Herrn Winzig.**

Willi Winzig arbeitet bei der Firma Winter GmbH im Schichtdienst. Gemäß Betriebsvereinbarung arbeitet er 40 Stunden in der Woche bei einem Stundenlohn von 15,00 €, die Pausen werden mit bezahlt. Außerdem erhält er je Anwesenheitsstunde eine Schichtzulage in Höhe von 0,50 €. Für Überstunden erhält er einen Zuschlag von 25%. Für die Nachtarbeit werden 25% (für die Zeit von 20.00 Uhr bis 24.00 Uhr und von 4.00 Uhr bis 6.00 Uhr) bzw. 40% von 0.00 Uhr bis 4.00 Uhr bezahlt.

Herr Winzig legt die Stundenaufzeichnungen mit folgenden Daten vor:

01.-05. Frühschicht 06.00 Uhr bis 14.00 Uhr (am 02. und am 03. je zwei Überstunden)
08.-12. Spätschicht 14.00 Uhr bis 22.00 Uhr
15.-19. Nachtschicht 22.00 Uhr bis 06.00 Uhr
22.-26. Frühschicht 06.00 Uhr bis 14.00 Uhr (vom 24.-26. je zwei Überstunden)

Lohnart	Stunden	Lohnsatz	Zuschlagsatz	Betrag
Zeitlohn	160	15	0 %	2400
Überstunden + 25% Zuschlag	10	15	25 %	187,50
Nachtarbeitszuschlag 25%	30	15	25 %	112,50
Nachtarbeitszuschlag 40%	20	15	40 %	
Schichtzulage	170	0,50 €	0 %	
			Summe:	

160 = 40h/Woche x 4 im Monat

7

Ermittlung der gesetzlichen Abzugsbeträge

In diesem Kapitel erfahren Sie, wie für laufende und einmalig gezahlte Bezüge die Steuerabzugsbeträge und Sozialversicherungsbeiträge ermittelt werden. Zudem lernen Sie Besonderheiten für Jubiläumszuwendungen und Teillohnzahlungszeiträume kennen.

Inhalt

7.1 Gesetzliche Abzugsbeträge

Steuer- und Sozialversicherungspflicht

Jeder → Arbeitnehmer ist verpflichtet → **Lohnsteuer**, → **Solidaritätszuschlag** und → **Kirchensteuer** an den Staat zu zahlen. Ist er als sozialversicherungspflichtiger Arbeitnehmer in der Kranken-, Pflege-, Renten- oder Arbeitslosenversicherung beitragspflichtig, so sind entsprechende → **Sozialversicherungsbeiträge** zu entrichten.

Brutto und Netto

Sowohl die Lohnsteuer als auch die Sozialversicherungsbeiträge richten sich in ihrer Höhe nach dem Arbeitseinkommen des Beschäftigten. Der → Arbeitgeber berechnet die abzuführenden Beträge, zieht sie vom → Gesamt-Brutto des Arbeitnehmers ab und entrichtet sie an das Finanzamt bzw. die Krankenkasse. Lohnsteuern, Solidaritätszuschlag, Kirchensteuer und Sozialabgaben werden deshalb auch als **gesetzliche Abzugsbeträge** bezeichnet. Der Arbeitnehmer bekommt vom Arbeitgeber dann nur noch den → Auszahlungsbetrag.

Berechnungsgrößen für die Lohn- und Gehaltsrechnung

Um die gesetzlichen Abzugsbeträge korrekt berechnen zu können müssen zwei Ausgangsgrößen bekannt sein. Zum einen der **Berechnungssatz**, d.h. die Steuersätze und die Beitragssätze zur Sozialversicherung (siehe dazu auch Kapitel 3 und 4). Zum anderen muss die → **Bemessungsgrundlage** festgestellt werden, d.h. die genaue Höhe des steuer- und sozialversicherungspflichtigen Brutto. Dieser setzt sich aus → laufendem Arbeitslohn und → Einmalzahlungen zusammen.

7.2 Laufender Arbeitslohn

Was ist laufender Arbeitslohn?

Der zumeist wesentliche Bestandteil des → Gesamt-Brutto ist der laufende Arbeitslohn. Darunter werden alle Leistungen (Geldleistungen und → Sachbezüge) verstanden, die dem → Arbeitnehmer **regelmäßig** und **fortlaufend** aus einem → Arbeitsverhältnis zufließen. R 39b 2 Abs. 1 LStR zählt insbesondere die folgenden Formen von laufendem Arbeitslohn auf:

- Monatsgehälter
- Wochen- und Tagelöhne
- Mehrarbeitsvergütungen
- Zuschläge und Zulagen (siehe auch Kapitel 6.4)
- Geldwerte Vorteile aus der ständigen Überlassung von Dienstwagen zur privaten Nutzung (siehe auch Kapitel 8.4.10)
- Nachzahlungen und Vorauszahlungen, wenn sich diese ausschließlich auf Lohnzahlungszeiträume beziehen, die im Kalenderjahr der Zahlung enden.
- Arbeitslohn für Lohnzahlungszeiträume des abgelaufenen Kalenderjahrs, der innerhalb der ersten drei Wochen des nachfolgenden Kalenderjahrs zufließt.

7.2.1 Lohnsteuerrechtlicher Arbeitslohn und sozialversicherungsrechtliches Arbeitsentgelt

Steuer- und Sozialversicherungsrecht

Die Begriffe des laufenden Arbeitslohns bzw. des laufenden Arbeitsentgeltes sind im Steuer- und Sozialversicherungsrecht zwar unterschiedlich definiert, inhaltlich sind die Festlegungen jedoch weitgehend identisch. Grundsätzlich ist der **regelmäßige Lohn** zuzüglich aller Zuschüsse und Zuschläge sowie **laufend gewährte Sachbezüge** steuer- und sozialversicherungspflichtig. Bei der Festlegung beitragsfreier Entgelte richtet sich das Sozialversicherungsrecht im Wesentlichen nach dem Steuerrecht und stellt z.B. steuerfreie Zuschläge auf Sonntags-, Nacht- und Feiertagsarbeit beitragsfrei.

Steuerliche Freibeträge bleiben bei der Beitragsberechnung zur Sozialversicherung **außer Betracht**. → Bemessungsgrundlage ist hier immer das Bruttoentgelt vor Abzug oder Aufschlag eines Freibetrages oder Hinzurechnungsbetrages (vgl. hierzu auch Kapitel 3 und Kapitel 4).

Freibeträge

7.3 Teillohnzahlungszeiträume

Lohn kann grundsätzlich für unterschiedliche Zahlungszeiträume gezahlt werden (für den Monat, die Woche, den Tag). Dabei kommt es häufig vor, dass nur für einen Teil des Zahlungszeitraumes Anspruch auf Lohnzahlung besteht, wenn etwa ein Beschäftigungsverhältnis zur Mitte eines Monats beginnt oder endet, unbezahlte Freistellungen erfolgen oder Mutterschutzzeiten beginnen oder enden.

Teilzahlungszeiträume

7.3.1 Teillohnzahlungszeiträume beim Lohnsteuerabzug

Bei der Lohnsteuerermittlung für **Teillohnzahlungszeiträume** wird zwischen zwei Sachverhalten unterschieden:

- Das → Arbeitsverhältnis besteht auch während der Zeit weiter, in der kein Entgelt bezahlt wird.
- Der Teillohnzahlungszeitraum entsteht, weil ein Beschäftigungsverhältnis während eines Zahlungszeitraumes beginnt oder endet.

Im ersten Fall wird die → Lohnsteuer anhand der Steuertabelle ermittelt, die sich auf den **gesamten Zahlungszeitraum** bezieht. Werden beispielsweise in einem Kalendermonat fünf unbezahlte Urlaubstage gewährt, wird für diesen Monat dennoch die Monatslohnsteuertabelle angewendet. Für Lohnzahlungszeiträume ohne Anspruch auf Arbeitslohn von mindestens fünf aufeinanderfolgenden Arbeitstagen wird im Lohnkonto ein „U“ (für Unterbrechung) eingetragen.

Bei weiter bestehendem Arbeitsverhältnis

Anders verhält es sich bei Beginn oder Ende eines Beschäftigungsverhältnisses während eines Zahlungszeitraumes. In diesen Fällen wird zur Ermittlung der Lohnsteuer die **Tagestabelle** herangezogen.

Beginn oder Ende eines Arbeitsverhältnisses

Es ist der tatsächlich zu zahlende Lohn des Teilmonats auf einen Kalendertag zu ermitteln. Anhand des Lohns, der auf einen Kalender- bzw. Steuertag entfällt, werden in der Tagestabelle die Lohnsteuer sowie die Zuschlagsteuern für einen Kalendertag abgelesen. Diese Steuerbeträge sind dann wiederum mit den Kalendertagen des Teilmonats zu multiplizieren.

Zu beachten ist, dass ein evtl. auf der Lohnsteuerkarte eingetragene monatliche Frei- oder Hinzurechnungsbetrag für 30 Steuertage, also für einen vollen Monat gilt und daher ebenfalls auf den Teilmonat angepasst werden muss.

7.3.2 Teillohnzahlungszeiträume in der Sozialversicherung

Beitragsberechnung für Teillohnzahlungszeiträume

Wie bei der → Lohnsteuer gestaltet sich auch die Berechnung der → **Sozialversicherungsbeiträge** am einfachsten für volle Abrechnungszeiträume, die mit einem Kalendermonat zusammenfallen und bei denen die entsprechenden monatlichen → Beitragsbemessungsgrenzen angesetzt werden können. Für Teillohnzahlungszeiträume oder zur Ermittlung der anteiligen Jahresbeitragsbemessungsgrenze (z.B. für → Einmalzahlungen) sind die Bemessungsgrenzen für den **einzelnen Kalendertag** zu verwenden. Entscheidend dafür ist, wie viele Tage im betreffenden Teillohnzahlungszeitraum als **Sozialversicherungstage** (SV-Tage) anzurechnen sind. Ein voller Kalendermonat hat stets 30 SV-Tage; für Teilmonate sind die tatsächlichen Kalendertage zu ermitteln.

SV-Tage

Um zu entscheiden, ob ein Tag als SV-Tag anzurechnen ist, wird zunächst überprüft, ob es sich um eine Zeit mit **Bezug von beitragspflichtigem → Arbeitsentgelt** handelt. Diese Zeiten sind immer als SV-Tage anzurechnen.

Beitragslos und beitragsfrei

Dagegen werden Zeiten, in denen **kein Arbeitsentgelt** bezogen wurde (und daher auch keine Beiträge entrichtet wurden) in beitragslose und beitragsfreie Zeiten unterschieden.

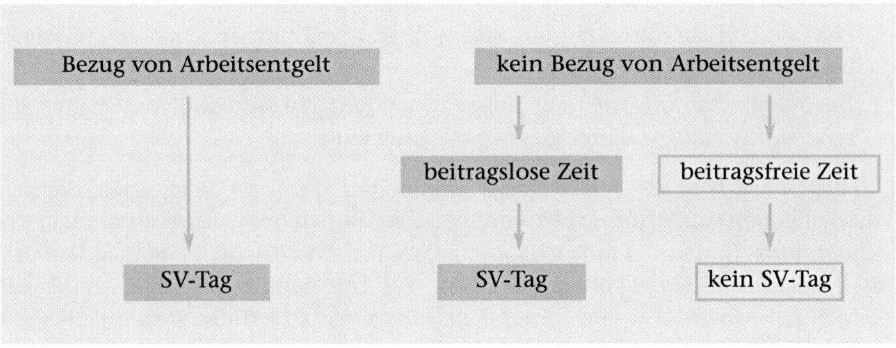

Beitragslose Zeiten

Beitragslos sind Zeiten, in denen kein Arbeitsentgelt gezahlt wird, jedoch weiterhin Versicherungs- und Beitragspflicht besteht. Diese Zeiten werden als SV-Tage angerechnet. Solche beitragslosen Zeiten sind u. a.:

- Unbezahlter Urlaub bis zu einem Monat
- Unentschuldigtes Fehlen bis zu einem Monat
- Legaler Arbeitskampf bis zu einem Monat
- Bezugszeiten von Kurzarbeitergeld

Beitragsfreie Zeiten

Dagegen sind Zeiten, in denen Sozialleistungen bezogen werden und keine weiteren Arbeitsentgelte gezahlt werden **beitragsfrei**. Sie werden nicht als SV-Tage angerechnet. Solche beitragsfreien Zeiten liegen u. a. während des Bezuges folgender Sozialleistungen vor:

- Mutterschaftsgeld
- Krankengeld
- Elterngeld

Von einem Teillohnzahlungszeitraum in der Sozialversicherung ist immer dann auszugehen, wenn während des laufenden Monats ...

- Beitragsfreiheit wegen des Bezuges von Entgeltersatzleistungen besteht,
- Wehr-/Zivildienst beginnt oder endet,
- Mutterschutzfristen bzw. Elternzeit beginnt oder endet,
- der Arbeitnehmer an einer Wehrübung von mehr als 3 Tagen teilnimmt,
- der Arbeitnehmer verstirbt,
- oder das Beschäftigungsverhältnis beginnt oder endet.

Es ist zu überprüfen, ob der tatsächlich zu zahlende Lohn des Teilmonats die anteilige Beitragsbemessungsgrenzen überschreitet. Hierfür werden die Beitragsmessungsgrenzen durch 30 Kalendertage dividiert und dann mit den tatsächlichen SV-Tagen zu multiplizieren. Bis zu diesen **anteiligen Beitragsbemessungsgrenzen** muss der tatsächlich gezahlte Lohn beitragspflichtig gestellt werden.

anteilige Beitragsbemessungsgrenze

Beispiele	**Anwendung der Tageslohnsteuertabelle**	**Berücksichtigung der Beitragsbemessungsgrenze nach Kalendertagen**
Petra Rose hat zum 10. Januar eine neue Stelle als Bauzeichnerin angefangen.	Ja	Ja
Stefan Flieder hat seinen Wehrdienst beendet und nimmt seine Stelle in der Tischlerei Holz zum 20. Juli wieder auf	Ja	Ja
Edeltraud Nelke arbeitet als Floristin in einem Blumengeschäft. Bedingt durch einen Autounfall war sie insgesamt 8 Wochen arbeitsunfähig. Ab dem 9. November hat sie ihre Arbeit im Blumengeschäft wieder aufgenommen	Nein	Ja
Lisa Busch tritt am 11. November ihren Mutterschaftsurlaub an.	Nein	Ja
Susi Gras hat zum 22. Mai ihren Mutterschaftsurlaub beendet und ihre Arbeit wieder aufgenommen	Nein	Ja
Andreas Welt unternimmt gerne Fernreisen. Aufgrund ungünstiger Flugzeiten nimmt er fünf Tage unbezahlten Urlaub.	Nein	Nein

Beispiel
Teillohnzahlungszeiträume

Die ModeFix GmbH stellt zum 23. September einen neuen Lohnbuchhalter (Stkl. I / keine Kinderfreibeträge / evangelische Konfession, die Elterneigenschaft wurde nicht nachgewiesen) ein. Er erhält ein monatliches Gehalt von 3.950,00 €. Für den Monat September entsteht vom 23. bis zum 30. ein Teillohnzahlungszeitraum. Das Gesamt-Brutto, die Steuerabzugsbeträge und Sozialversicherungsbeiträge für September berechnen sich (basierend auf der Xpert Business Übungs-Lohnsteuertabelle) wie folgt:

Tageslohnsatz	3.950,00 € : 22 Arbeitstage =	**179,55 €**
Gehalt für September	179,55 € x 6 Arbeitstage =	**1.077,30 €**
Lohnsteuer	für 1.077,30 € : 8 Kalendertage = 134,66 € nach Tagestabelle 32,04 €	
Lohnsteuer für September	32,04 € x 8 Tage =	256,32 €
Solidaritätszuschlag	1,76 € x 8 Tage =	14,08 €
Kirchensteuer 9%	2,88 € x 8 Tage =	23,04 €
Steuerabzugsbeträge für Sept.		**293,44€**

Krankenversicherung	8,2 % aus 1.020,00 € *	=	83,64€
Pflegeversicherung	1,225 % aus 1.020,00 € *	=	12,50€
Rentenversicherung	9,8 % aus 1.077,30 €	=	105,58€
Arbeitslosenversicherung	1,5 % aus 1.077,30 €	=	16,16€
Arbeitnehmerbeiträge zur SV			217,87€
Nettolohn			565,99€

* Anteilige BBG für 8 Sozialversicherungstage:

$\frac{3.825,00\,€}{30\ \text{Tage}} \times 8\ \text{Tage} = 1.020,00\,€$

$\frac{5.600,00\,€}{30\ \text{Tage}} \times 8\ \text{Tage} = 1.493,34\,€$

7.4 Einmalzahlungen / sonstige Bezüge

§§ 38a Abs. 1 und 3, 39b Abs. 3 EStG, §§ 22 Abs. 1, 23a SGB IV

Neben dem → laufenden Arbeitslohn sind auch **Einmalzahlungen** steuer- und sozialversicherungspflichtig. Im Steuerrecht werden solche Einmalzahlungen als **„sonstige Bezüge"**, im Sozialversicherungsrecht als **„einmalig gezahlte Arbeitsentgelte"** bezeichnet.

7.4.1 Steuerliche Behandlung von sonstigen Bezügen

Beispiel
Steuerliche Behandlung von sonstigen Bezügen

> Frau Lehmann erhält im November eine Weihnachtsgratifikation in Form eines zusätzlichen Monatsgehaltes. Herr Wichtigmann erhält im Juli ein Urlaubsgeld von 2.250,00 €. Wie sind diese zusätzlich zum laufenden Gehalt gezahlten Bezüge zu versteuern?

Was sind steuerpflichtige sonstige Bezüge?

Im Steuerrecht werden sonstige Bezüge vom → laufenden Arbeitslohn unterschieden. R 39b 2 Abs. 2 LStR nennt als steuerpflichtige sonstige Bezüge insbesondere:

Steuerpflichtige sonstige Bezüge

- Dreizehnte und vierzehnte Monatsgehälter
- Einmalige Abfindungen und Entschädigungen
- Gratifikationen und Tantiemen, die nicht fortlaufend gezahlt werden
- Jubiläumszuwendungen
- Urlaubsgelder, die nicht fortlaufend gezahlt werden, und Entschädigungen zur Abgeltung nicht genommenen Urlaubs
- Weihnachtszuwendungen

Lohnsteuerabzug bei sonstigen Bezügen

Ermittlung des Abzugsbetrags

Wie bei laufendem Arbeitslohn erfolgt auch bei sonstigen Bezügen der Lohnsteuerabzug durch den → Arbeitgeber. Dazu muss dieser den abzuführenden **Lohnsteuerbetrag** ermitteln. Voraussetzung dazu ist bei Geldzahlungen die Feststellung, dass es sich bei der betreffenden Zahlung um einen lohnsteuerpflichtigen sonstigen Bezug handelt (siehe vorigen Abschnitt) bzw. bei Sachbezügen die Ermittlung des anzurechnenden geldwerten Vorteils (Sachbezugswert) (siehe dazu auch Kapitel 8). Die Berechnung des Lohnsteuerbetrages für einen sonstigen Bezug (§ 39b Abs. 3 EStG) erfolgt dann in drei Schritten:

Jahreslohn ohne sonstige Bezüge

1. Schritt: Zunächst wird der voraussichtliche steuerpflichtige Jahresarbeitslohn **ohne** sonstige Bezüge des laufenden Monats ermittelt. Hierzu gehören die bisherigen und zukünftigen laufenden Bezüge sowie die bisherigen sonstigen Bezüge. Zukünftige sonstige Bezüge sind nicht zu berücksichtigen. Ist der Arbeitnehmer während des laufenden Kalenderjahres eingetreten, wird der Arbeitslohn des Vorarbeitgebers, wenn nicht bekannt, anhand der aktuellen Lohnzahlungen geschätzt (in diesem Fall ist der Großbuchstabe „S" auf der Lohnsteuerbescheinigung einzutragen). Von diesem voraussichtlichen Jahresarbeitslohn sind noch die Freibeträge (lt. Lohnsteuerkarte, Altersentlastungsbetrag etc.) abzuziehen bzw. der Hinzurechnungsbetrag aufzuaddieren.

Jahreslohn mit sonstigem Bezug

2. Schritt: Zu dem voraussichtlichen Jahresarbeitslohn wird nun der sonstige Bezug des laufenden Abrechnungsmonats hinzugerechnet. Es ergibt sich daraus der Jahresarbeitslohn mit sonstigem Bezug.

Ermittlung der Lohnsteuerbeträge

3. Schritt: Für die bereinigten Jahresarbeitslöhne, die in Schritt 1 und Schritt 2 berechnet wurden, wird nun getrennt voneinander jeweils die Jahreslohnsteuer anhand der Jahrestabelle ermittelt. Anschließend wird von der Jahreslohnsteuer **mit** sonstigem Bezug die Jahreslohnsteuer **ohne** sonstige Bezüge abgezogen. Es ergibt sich der Lohnsteuerbetrag für den sonstigen Bezug.

	bisheriges individuell versteuertes lfd. Arbeitsentgelt		
+	zukünftiges individuell versteuertes lfd. Arbeitsentgelt		
+	bisherige sonstige Bezüge		
+	Vorarbeitgeberwerte lt. LSt-Bescheinigung bzw. Schätzung auf Grundlage des aktuellen Entgelts		
-	Jahresfreibetrag lt. LSt-Karte		
-	Altersentlastungsbetrag		
+	Hinzurechnungsbetrag lt. LSt-Karte		
=	**voraussichtlicher JAL ohne sonstigen Bezug**	→	daraus LSt lt. Jahrestabelle
+	sonstiger Bezug des lfd. Monats		
=	**voraussichtlicher JAL mit sonstigen Bezug**	→	daraus LSt lt. Jahrestabelle
			Differenz = LSt auf sonstigen Bezug des lfd. Monats

4. Schritt: Die auf die Lohnsteuer entfallenden Zuschlagsteuern sind rechnerisch zu ermitteln und nicht aus der Jahreslohnsteuertabelle abzulesen.

zu Beispiel
Steuerliche Behandlung von sonstigen Bezügen

Im November erhält Frau Lehmann ein 13. Monatsgehalt als Weihnachtsgratifikation. Die folgende Übersicht zeigt die Berechnung der Steuerabzugsbeträge auf diesen sonstigen Bezug (basierend auf der Xpert Business Übungs-Lohnsteuertabelle).
Frau Lehmann bezieht ein monatliches Gehalt von 2.095,00 €. Hinzugerechnet wird der geldwerte Vorteil für den privat genutzten Firmenwagen mit 428,00 € und der private Nutzwert für die Fahrten zwischen Wohnung und Arbeitsstätte mit 112,14 €. Zusammen ergibt dies einen steuerpflichtigen laufenden Bezug von 2.635,14 €. Abgerechnet wird mit der Steuerklasse IV / 0,5 Kinderfeibetrag / Konfession katholisch (9 % Kirchensteuer). Auf der Steuerkarte ist ein Jahresfreibetrag von 1.200,00 € eingetragen.

Voraussichtlicher Jahresarbeitslohn ohne sonstigen Bezug (bereinigt)	12 x 2.635,14 € = 31.621,68 € ./. Jahresfreibetrag (1.200,00 €) = 30.421,68 €
Sonstiger Bezug	2.095,00 €
Voraussichtlicher Jahresarbeitslohn mit sonstigem Bezug	**32.516,68 €**

Ermittlung der Steuerabzugsbeträge:

	mit sonst. Bezug	ohne sonst. Bezug	für sonst. Bezug
Lohnsteuer	5.634,00 €	4.996,00 €	**638,00 €**
SoliZuschlag 5,5 % der LSt.			*** 35,09 €**
Kirchensteuer 9 % der LSt.			*** 57,42 €**

* Der Solidaritätszuschlag und die Kirchensteuer darf hier nicht aus der Lohnsteuertabelle abgelesen, sondern muss zwingend rechnerisch ermittelt werden.

zu Beispiel
Steuerliche Behandlung von sonstigen Bezügen

Herr Wichtigmann hat in der Zeit von Januar bis Juli ein steuerpflichtiges Brutto von 31.500,00 € (schwankende Bezüge). Im Juli erhält er ein Urlaubsgeld in Höhe von 2.250,00 €. Die folgende Übersicht zeigt die Berechnung der → Steuerabzugsbeträge auf diesen sonstigen Bezug (basierend auf der Xpert Business Übungs-Lohnsteuertabelle). Herr Wichtigmann hat keine Kinder, ist in der Steuerklasse III und gehört der evangelischen Konfession an (9 % Kirchensteuer).

Voraussichtlicher Jahresarbeitslohn ohne sonstigen Bezug (bereinigt)	31.500,00 € : 7 x 12 = 54.000,00 €
Sonstiger Bezug	2.250,00 €
Voraussichtlicher Jahresarbeitslohn mit sonstigem Bezug	**56.250,00 €**

Ermittlung der Steuerabzugsbeträge:

	mit sonst. Bezug	ohne sonst. Bezug	für sonst. Bezug
Lohnsteuer	8.892,00 €	8.244,00 €	**648,00 €**
SoliZuschlag 5,5% der LSt.			**35,64 €**
Kirchensteuer 9% der LSt.			**58,32 €**

Fünftel-Regelung

Für Einmalzahlungen, die für mehrere Kalenderjahre gezahlt werden (z.B. Jubiläumszahlungen) wird durch die Anwendung der **Fünftel-Regelung** (§ 39b Abs.3 Satz 9 EStG) der steuerliche **Progressionsnachteil** ausgeglichen. Dabei wird der sonstige Bezug zunächst durch fünf geteilt, die Steuern für ein Fünftel berechnet, und dieser Steuerbetrag dann wiederum mit fünf multipliziert. Die Einmalzahlung wird damit so besteuert, als wäre sie über einen Zeitraum von fünf Jahren verteilt gezahlt worden. Der Arbeitgeber hat im Rahmen einer **Günstigkeitsprüfung** eine Vergleichsrechnung ohne Anwendung der Fünftelregelung durchzuführen, um zu ermitteln, ob unter Anwendung der Fünftel-Regelung eine Steuerentlastung erzielt wird. Es ist die jeweils günstigere Berechnungsmethode anzuwenden. Bezüge, die nach der Fünftelregelung versteuert werden, sind in der Lohnsteuerbescheinigung in einer separaten Zeile als ermäßigt besteuerter Arbeitslohn für mehrere Kalenderjahre zu bescheinigen.

	bisheriges individuell versteuertes lfd. Arbeitsentgelt	
+	zukünftiges individuell versteuertes lfd. Arbeitsentgelt	
+	bisherige sonstige Bezüge	
+	Vorarbeitgeberwerte lt. LSt-Bescheinigung bzw. Schätzung auf Grundlage des aktuellen Entgelts	
-	Jahresfreibetrag lt. LSt-Karte	
-	Altersentlastungsbetrag	
+	Hinzurechnungsbetrag lt. LSt-Karte	
=	**voraussichtlicher JAL ohne sonstigen Bezug** →	daraus LSt lt. Jahrestabelle
+	sonstiger Bezug des lfd. Monats zu **1/5**	
=	**voraussichtlicher JAL mit sonstigem Bezug** →	daraus LSt lt. Jahrestabelle
		Differenz **x 5** = LSt auf sonstigen Bezug des lfd. Monats

Treffen in einem Abrechnungsmonat ein sonstiger Bezug, welcher nicht mit der Fünftel-Regelung abzurechnen ist (z.B. Urlaubsgeld) und ein sonstiger Bezug, welcher mit der Fünftel-Regelung abzurechnen ist, aufeinander, so ist zuerst die Lohnsteuer auf den regulär abzurechnenden sonstigen Bezug zu ermitteln. Bei der Ermittlung der Lohnsteuer auf den sonstigen Bezug nach Fünftel-Regelung ist dann bei der Ermittlung des voraussichtlichen Jahresarbeitslohns ohne sonstigen Bezug des laufenden Monats der regulär abzurechnende sonstige Bezug als „früherer sonstiger Bezug" mit einzubeziehen.

Wurde im laufenden Jahr bereits ein sonstiger Bezug nach Fünftel-Regelung abgerechnet und war die Lohnsteuer nach der Fünftel-Regelung günstiger, so ist bei der Ermittlung des voraussichtlichen Jahresarbeitslohns der frühere sonstige Bezug nur zu 1/5 anzusetzen.

Beispiel
Lohnsteuerabzug bei sonstigen Bezügen Anwendung der Fünftel-Regelung

Herr Schneider hat monatlich einen Anspruch auf Gehalt in Höhe von 3.500,00 €. Im Monat Juni erhält er ein Urlaubsgeld in Höhe von 2.000,00 € sowie eine Jubiläumszuwendung in Höhe von 6.000,00 €. Im November erhält er ein Weihnachtsgeld in Höhe von 2.000,00 €.

Juni:

1. Urlaubsgeld

Voraussichtlicher Jahresarbeitslohn ohne sonstigen Bezug (bereinigt)	3.500,00 € x 12 = 42.000,00 €
Sonstiger Bezug	2.000,00 €
Voraussichtlicher Jahresarbeitslohn mit sonstigem Bezug	**44.000,00 €**

Aus diesen Werten ist die Lohnsteuer auf das Urlaubsgeld zu ermitteln und einzubehalten.

2. Jubiläumszahlung

Voraussichtlicher Jahresarbeitslohn ohne sonstigen Bezug (bereinigt)	3.500,00 € x 12 zzgl. Urlaubsgeld = 44.000,00 €
Sonstiger Bezug	1/5 von 6.000,00 € = 1.200,00 €
Voraussichtlicher Jahresarbeitslohn mit sonstigem Bezug	**45.200,00 €**

Günstigerprüfung

Voraussichtlicher Jahresarbeitslohn ohne sonstigen Bezug (bereinigt)	3.500,00 € x 12 zzgl. Urlaubsgeld = 44.000,00 €
Sonstiger Bezug	6.000,00 €
Voraussichtlicher Jahresarbeitslohn mit sonstigem Bezug	**50.000,00 €**

Aus diesen Werten ist jeweils die Lohnsteuer zu ermitteln und die geringere Lohnsteuer ist anzusetzen.

November:
davon ausgehend, dass auf die Jubiläumszuwendung die Fünftel-Regelung angewandt wurde:

Voraussichtlicher Jahresarbeitslohn ohne sonstigen Bezug (bereinigt)	3.500,00 € x 12 zzgl. Urlaubsgeld zzgl. 1/5 der Jubiläumszuwendung = 45.200,00 €
Sonstiger Bezug	2.000,00 €
Voraussichtlicher Jahresarbeitslohn mit sonstigem Bezug	**47.200,00 €**

Aus diesen Werten ist die Lohnsteuer zu ermitteln und einzubehalten.

7.4.2 Sozialversicherungsrechtliche Behandlung von einmalig gezahlten Arbeitsentgelten

Was sind Einmalzahlungen?

Obwohl Einmalentgelte im Sozialversicherungsrecht und sonstige Bezüge im Steuerrecht definiert sind, können sie inhaltlich weitgehend gleichgesetzt werden. Einmalentgelte im Sinne der Sozialversicherung sind demnach aus einem **besonderen Anlass** gewährte Leistungen des → Arbeitgebers, die nicht für die Arbeit in einem einzelnen Entgeltabrechnungszeitraum gezahlt werden. Dazu zählen insbesondere:

- Weihnachtsgelder bzw. zusätzliche Gehälter
- Gratifikationen
- Gewinnbeteiligungen
- Urlaubsgelder
- Urlaubsabgeltungen für nicht gewährten Erholungsurlaub
- Überstundenvergütung für mehrere Monate

Anteilige Jahresbeitragsbemessungsgrenze

Handelt es sich bei einer Einmalzahlung um sozialversicherungspflichtiges → Arbeitsentgelt, gilt es für den Betrag der Einmalzahlung die → Sozialversicherungsbeiträge zu berechnen. Dabei müssen die jeweiligen → **Beitragsbemessungsgrenzen** der → Kranken- und → Pflegeversicherung bzw. der → Renten- und → Arbeitslosenversicherung berücksichtigt werden (zu Beitragsbemessungsgrenzen siehe auch Kapitel 4.2). Einmalzahlungen sind demnach nur in dem Maße beitragspflichtig, wie die Jahresbeitragsbemessungsgrenze noch nicht ausgeschöpft ist. Um dies festzustellen, wird die Jahresgrenze anteilig bis zum Auszahlungszeitpunkt angerechnet. Für die Berechnung der **anteiligen Jahresbeitragsbemessungsgrenze** werden nur die Zeiten berücksichtigt, die der → Arbeitnehmer bei dem aktuellen → Arbeitgeber beschäftigt war. Beitragsfreie Zeiten werden nicht berücksichtigt. Es ergibt sich daraus eine Berechnung der Sozialversicherungsbeiträge in vier Schritten.

Beitragsberechnung

- Schritt 1: Zuordnung der Einmalzahlung zu einem Entgeltabrechnungszeitraum
- Schritt 2: Ermittlung der anteiligen Jahresbeitragsbemessungsgrenze
- Schritt 3: Ermittlung des bisherigen beitragspflichtigen Arbeitsentgeltes einschl. bisheriger Einmalzahlungen, soweit beitragspflichtig
- Schritt 4: Ermittlung des beitragspflichtigen Anteils der Einmalzahlung und Berechnung der Beiträge

Zuordnung zu einem Abrechnungszeitraum

1. Schritt: Um die Jahresbeitragsbemessungsgrenze anteilig berücksichtigen zu können, muss die Einmalzahlung zunächst einem **Entgeltabrechnungszeitraum** zugeordnet werden. In der Regel wird dies der Monat sein, in dem sie ausgezahlt wurde. Einmalzahlungen, die nach Beendigung eines Arbeitsverhältnisses ausgezahlt werden, sind dem letzten Abrechnungszeitraum des Kalenderjahres zuzuordnen.

Beispiel
Einmalig gezahlte Arbeitsentgelte im laufenden Arbeitsverhältnis

> Frau Lehmann erhält im November ein 13. Monatsgehalt als Weihnachtsgratifikation. Diese Einmalzahlung wird in der Gehaltsabrechnung für November berücksichtigt.

Beispiel
Einmalig gezahlten Arbeitsentgelten nach Beendigung des Arbeitsverhältnisses

> Herr Wichtigmann hat zum 1. August zur ModeFix GmbH gewechselt. Im September erhält er von seinem vorhergehenden Arbeitgeber noch eine Tantieme ausgezahlt. Die Tantieme ist beim Vorarbeitgeber im Abrechnungszeitraum Juli zu berücksichtigen, da dies der letzte Abrechnungszeitraum vor dem Arbeitgeberwechsel war.

Anteilige Jahresbeitragsbemessungsgrenze

2. Schritt: Um feststellen zu können, ob und in welchem Umfang die Einmalzahlung beitragspflichtig ist, muss nun der Anteil der Jahresbeitragsbemessungsgrenze ermittelt werden, der auf die Zeit von Beginn des Kalenderjahres (bzw. bei unterjährigem Eintritt in das Beschäftigungsverhältnis ab dem Monat des Eintritts) bis zum Ende des Entgeltabrechnungszeitraumes entfällt, dem die Einmalzahlung in Schritt 1 zugeordnet wurde. Dazu wird die Jahresgrenze auf einen **Berechnungszeitraum** heruntergerechnet (z.B. einen Monat oder einen Tag) und mit der Anzahl der zu berücksichtigenden beitragspflichtigen Zeiträume multipliziert (dabei sind volle Kalendermonate mit 30 Tagen, angebrochene Monate mit den tatsächlichen Kalendertagen zu berücksichtigen). Im einfachsten Fall wird die Monatsgrenze mit den Kalendermonaten bis einschließlich des Abrechnungszeitraumes multipliziert. Folgende Tabelle bietet einen beispielhaften Überblick zur Anrechnung beitragspflichtiger Zeiten.

Anrechung als beitragspflichtige Zeit z.B.	**keine Anrechnung (beitragsfreie Zeit) z.B.**
Kurzarbeit	Erziehungsgeld
unbezahlter Urlaub	Krankengeld
Arbeitskampf (Streiktage)	Verletztengeld oder Übergangsgeld
Fortbestehen des Arbeitsverhältnisses ohne Arbeitsentgelt für längstens einen Monat	Mutterschaftsgeld Versorgungskrankengeld

Bisheriges Jahresarbeitsentgelt

3. Schritt: Nach der Feststellung der anteiligen Jahresbeitragsbemessungsgrenze wird das **bisherige Jahresarbeitsentgelt** ermittelt, um zu überprüfen, ob die Grenze überschritten wird. Dazu werden alle beitragspflichtigen laufenden und einmaligen Entgelte zusammengerechnet, die im laufenden Kalenderjahr bis zum Ende des in Schritt 1 bestimmten Abrechnungszeitraumes verbeitragt wurden. Beträge, die bisher gezahlt wurden, wegen Überschreitung der Beitragsbemessungsgrenze aber beitragsfrei waren, bleiben dabei unberücksichtigt.

Beitragspflichtiger Anteil der Einmalzahlung

4. Schritt: Als letzter Berechnungsschritt wird der **beitragspflichtige Anteil der Einmalzahlung** ermittelt. Dazu wird die Differenz zwischen der anteiligen Jahresbeitragsbemessungsgrenze und dem bisherigen Jahresarbeitsentgelt berechnet. Ist das bisherige Arbeitsentgelt niedriger als die anteilige Bemessungsgrenze, so ist die Einmalzahlung beitragspflichtig, soweit die restliche Beitragsbemessungsgrenze noch nicht ausgeschöpft wurde.

	anteilige Jahresbeitragsbemessungsgrenze
-	bisheriges beitragspfl. Jahresarbeitsentgelt
=	Differenzbetrag/ SV-Luft (= maximal beitragspflichtiger Anteil der Einmalzahlung)

Abführung der Beiträge

Vom beitragspflichtigen Anteil der Einmalzahlung werden nun die gesetzlichen Sozialabgaben entsprechend der Beitragssätze abgezogen und an die zuständige Krankenkasse abgeführt.

Beispiel
Berechnung der Beitragspflicht von einmalig gezahlten Arbeitsentgelten

Frau Lehmann, deren monatliches Bruttoentgelt 2.635,14 € beträgt, erhält im November ein 13. Monatsgehalt als Weihnachtsgratifikation in Höhe von 2.095,00 €. Die Beitragspflicht für das Einmalentgelt berechnet sich wie folgt:

Berechnung beitragspfl. Einmalentgelt	KV / PV	RV / AV
Anteilige JahresBBG einschl. Abrechnungsmonat		
11 x 3.825,00 € bzw. 11 x 5.600,00 €	42.075,00 €	61.600,00 €
abzügl. bisherige beitragspfl. Arbeitsentgelte (einschl. bisheriger Sonderzahlungen)		
11 x 2.635,14 €	- 28.986,54 €	- 28.986,54 €
Differenz / SV-Luft	13.088,46 €	32.613,46 €
beitragspflichtige Einmalzahlung	**2.095,00 €**	**2.095,00 €**

Somit ist das Weihnachtsgeld von 2.095,00 € in allen Zweigen der Sozialversicherung in voller Höhe beitragspflichtig.

Es ist weiterhin darauf zu achten, dass jeder Sozialversicherungszweig auf seine beitragspflichtigen Zeiten überprüft wird (z.B. Statuswechsel).

Beispiel
Berechnungsbeispiel bei Statuswechsel

Herr Grübel ist seit zwei Jahren bei der ModeFix GmbH während seines Studiums als Werkstudent (20 Stunden pro Woche) beschäftigt und erhält ein monatliches Arbeitsentgelt in Höhe von 800,00 €. Ab Mai diesen Jahres wurde jedoch seine Arbeitszeit auf 30 Stunden pro Woche und sein Entgelt auf 1.200,00 € erhöht. Im November erhält er eine Sondergratifikation wegen guter Leistung in Höhe von 3.000,00 €.

Prüfung der Beitragspflicht für das Einmalentgelt

			KV / PV	RV / AlV	
anteilige BBG	7 x	3.825,00 €	26.775,00 €		
	7 x	5.600,00 €		39.200,00 €	AV
	11 x	5.600,00 €		61.600,00 €	RV
bisher beitragspfl. lfd. Entgelt					
KV, PV, AV	7 x	1.200,00 €	- 8.400,00 €	- 8.400,00 €	AV
RV	7 x	1.200,00 €			
	+ 4 x	800,00 €		-11.600,00 €	RV
verbleiben			18.375,00 €	30.800,00 €	AV
				50.000,00 €	RV
somit beitragspflichtig			**3.000,00 €**	**3.000,00 €**	

Des Weiteren ist immer **der im Abrechnungszeitraum gültige Beitragssatz** zu verwenden. Wenn z.B. ein Arbeitnehmer ab Mai den Status auf Altersvollrentner wechselt und im Abrechnungsjahr bis April der allgemeine Beitragssatz und ab Mai der ermäßigte Beitragssatz der Krankenkasse zu verwenden war, so ist bei einer evtl. Sonderzahlung im November der aktuell gültige ermäßigte Beitragssatz zu verwenden.

Anwendung der Märzklausel

Märzklausel in mindestens einem der SV-Zweige

Einmalzahlungen, die bis zum 31.3. eines Kalenderjahres erfolgen und durch die die anteilige Jahresbeitragsbemessungsgrenze überschritten würde, sind nach § 23a SGB IV Abs. 4 dem **letzten Entgeltabrechnungszeitraum** des vorangegangenen Kalenderjahres zuzuordnen (sofern zu diesem Zeitpunkt das → Arbeitsverhältnis bereits bestanden hat). Durch diese so genannte **Märzklausel** soll verhindert werden, dass die zu einem frühen Zeitpunkt im Jahr entsprechend niedrige anteilige Jahresbeitragsbemessungsgrenze durch Einmalzahlungen relativ schnell überschritten wird und entsprechende Entgelte beitragsfrei bleiben.

Wenn die Einmalzahlung aufgrund der Anwendung der Märzklausel dem Vorjahr zugerechnet werden muss, muss auch im Vorjahr der beitragspflichtige Teil dieser Einmalzahlung in gleicher Weise überprüft werden. Es werden dann jedoch die Beitragsbemessungsgrenzen des Vorjahres herangezogen. Außerdem wird der beitragspflichtige Teil der Einmalzahlung mit den Beitragssätzen des Vorjahres verbeitragt.

Die Märzklausel ist zwingend anzuwenden, auch dann wenn im Vorjahr weniger oder die Einmalzahlung aufgrund der im Vorjahr schon ausgeschöpften Beitragsbemessungsgrenze gar nicht zu verbeitragen ist. Es ist also keine „Mehrbeitrags-Prüfung“ durchzuführen.

Die Sonderzahlung sowie die Beiträge, welche dem Vorjahr zuzuordnen sind, werden in der Lohnabrechnung des laufenden Abrechnungsmonats ausgewiesen. Es ist also nicht die Lohnabrechnung für Dezember des Vorjahres zu korrigieren. Ist jedoch bereits eine Jahresmeldung an die Krankenkasse übermittelt worden, muss diese um den beitragspflichtigen Teil der Einmalzahlung berichtigt werden.

Beispiel
Berechnungsbeispiel zur Anwendung der Märzklausel

Frau Lehmann erhält im neuen Jahr eine Gehaltserhöhung und bezieht nun ein steuer- und sozialversicherungspflichtiges Brutto von insgesamt 2.750,00 €. Im März erhält sie eine Provision in Höhe von 3.500,00 €. Im Vorjahr lag ihr beitragspflichtiges Entgelt bei 31.500,00 €. Für die Frage, ob diese Provision im März der Sozialversicherung zu unterwerfen ist oder aufgrund der Anwendung der Märzklausel im vorangegangenen Kalenderjahr, muss die anteilige Jahresbeitragsbemessungsgrenze wie folgt ermittelt werden:

Prüfung der Märzklausel und Beitragspflicht für das Einmalentgelt

			KV / PV	RV / AlV
anteilige BBG für 3 Monate	3 x	3.825,00 €	11.475,00 €	
	3 x	5.600,00 €		16.800,00 €
bisher beitragspfl. lfd. Entgelt	3 x	2.750,00 €	- 8.250,00 €	- 8.250,00 €
verbleiben			3.225,00 €	8.550,00 €
somit beitragspflichtig in 03/2012			0,00 €	0,00 €

Die Provision von 3.500,00 € ist somit in voller Höhe dem Vorjahr zuzuordnen. Hätte Frau Lehmann eine Provision bis zu einer Höhe von 3.225,00 € erhalten, wäre die anteilige Jahresbeitragsbemessungsgrenze in der Kranken- und Pflegeversicherung nicht überschritten worden und die Provision würde dem laufenden Jahr zugerechnet werden.

Rückrechnung nach 2011

			KV / PV	RV / AlV
BBG	12 x	3.712,50 €	44.550,00 €	
	12 x	5.500,00 €		66.000,00 €
bisher beitragspfl. lfd. Entgelt			-31.500,00 €	-31.500,00 €
verbleiben			13.050,00 €	34.500,00 €
somit beitragspflichtig in 2011			**3.500,00 €**	**3.500,00 €**

Es sind die Beitragssätze des Vorjahres anzuwenden.

Beispiel
Berechnungsbeispiel zur Nicht-Anwendung der Märzklausel

Herr Lehmann (pflichtversichert) hat zum 1. Januar die Stelle bei seinem neuen Arbeitgeber angetreten. Sein monatliches steuer- und sozialversicherungspflichtiges Brutto beträgt 3.900,00 €. Im Februar erhält Herr Lehmann eine Sonderzahlung in Höhe von 750,00 €. Das beitragspflichtige Arbeitsentgelt für den Monat Februar errechnet sich wie folgt:

Prüfung der Märzklausel und Beitragspflicht für das Einmalentgelt

			KV / PV	RV / AlV
anteilige BBG für 2 Monate	2 x	3.825,00 €	7.650,00 €	
	2 x	5.600,00 €		11.200,00 €
bisher beitragspfl. lfd. Entgelt	2 x	3.900,00 €		- 7.800,00 €
bzw. maximal	2 x	3.825,00 €	- 7.650,00 €	
verbleiben			0,00 €	3.400,00 €
somit beitragspflichtig in 02/2012			**0,00 €**	**750,00 €**

Da die anteilige Jahresbeitragsbemessungsgrenze der KV und PV überschritten wurde, ist die Einmalzahlung in diesen Zweigen der Sozialversicherung beitragsfrei. In der RV und AV ist sie hingegen teilweise beitragspflichtig.
Da das Beschäftigungsverhältnis erst seit dem 1. Januar besteht, kommt die Anwendung der Märzklausel nicht in Betracht.

Praxisübungen

Die Lösungen finden Sie im Band **„Lohn und Gehalt 1 - Übungen und Musterklausuren“** dieser Fachbuchreihe.

Aufgabe 1: Laufende Bezüge/ Einmalzahlungen

- **Kreuzen Sie für folgende Entgeltarten an, ob es sich um einen laufenden Bezug oder um eine Einmalzahlung handelt.**

Entgelt	Laufender Bezug	Einmalzahlung
Monatslohn	X	
Fahrtkosten-zuschuss	X	
Weihnachts-gratifikation		X
Urlaubsentgelt	X	
Urlaubsgeld		X

Aufgabe 2: Steuerabzugsbeträge/ Beiträge zur Sozialversicherung

- **Berechnen Sie die Steuerabzugsbeträge sowie die Arbeitnehmeranteile zur Sozialversicherung für den Monat Januar. Gehen Sie bei der Krankenversicherung vom allgemeinen Beitragssatz aus. Der Betriebssitz ist Rheinland-Pfalz.**

a)	Gehalt vom 01.-31.	2.100,00 €	Steuerklasse I
	Überstunden	129,20 €	keine Kinder
	Zuschuss AG zur Vermögensbildung	20,00 €	rk.
b)	Gehalt vom 01.-31.	1.500,00 €	Steuerklasse II
	laufende Provision	300,00 €	2 Kinder (FB 1,0)
	Geldwerter Vorteil PKW	320,00 €	ev.
c)	Gehalt vom 01.-31.	3.200,00 €	Steuerklasse III
	Geldwerter Vorteil PKW	420,00 €	2 Kinder (FB 2,0)
	Überstundenvergütung	370,00 €	ev./rk.
d)	Lohn vom 01.-17.	2.500,00 €	Steuerklasse IV
	Urlaubsentgelt vom 18.-31.	1.154,00 €	keine Kinder
	monatlicher Freibetrag lt. LSt-Karte	250,00 €	ohne

		Steuerabzugsbeträge				SV-Beiträge (AN-Anteil)			
	Steuer-Brutto	Lohnsteuer	Soli-Zuschlag	Kirchensteuer	SV-Brutto	Krankenversichg.	Pflegeversichg.	Rentenversichg.	Arbeitslosenvers.
a									
b									
c									
d									

Aufgabe 3: Steuern und Sozialversicherungsbeiträge auf sonstige Bezüge

◆ **Erstellen Sie die Lohnabrechnung für den Monat Oktober.**

Theo Schneider ist seit dem 1. Mai in der Schlosserei Matell (Betriebssitz Bayern) angestellt. In der Schlosserei Matell verdient er monatlich ein Fixum von 2.343,30 € und erhält ab Juli monatlich eine Leistungszulage von 160,00 €. Im Oktober erhält Theo Schneider 150 € für geleistete Überstunden und eine einmalige Provision in Höhe von 1.700,00 €. Beschäftigungstage beim Vorarbeitgeber: 120 Tage. Herr Schneider ist bei der AOK gesetzlich versichert. Merkmale zum Lohnsteuerabzug: IV / 2 / ev, Freibetrag mtl. 65,50 €, jährlich 786,00 €.

	Steuerbeträge aus Tabelle				SV-Beiträge (AN-Anteil)				
	Steuerbrutto	Lohnsteuer	Soli	Kirchensteuer	SV-Brutto	KV	PV	RV	AV
a	2249,20	331,91	18,25	29,87	2249,20	184,43	28,68	212,55	33,74
b	2120,00	264,66	7,50	12,28	2120,00	173,84	21,73	200,34	31,80
c	3950	542,16	15,63	25,59	3937,50	322,88	40,36		
d					3990,00				
d	3404,00	697,00	38,33	/	3654,00	299,63	46,59	377,00 345,30	59,85 54,81

8

Besondere Lohnbestandteile

In diesem Kapitel lernen Sie Lohnbestandteile kennen, für die besondere Regelungen bei der Lohnabrechnung zu berücksichtigen sind. Dazu gehören insbesondere Sachbezüge, die als geldwerte Vorteile zu beurteilen und ggf. zu versteuern sind.

Inhalt

- Fahrten zwischen Wohnung und Arbeitsstätte
- geldwerte Vorteile
- Mahlzeiten im Betrieb
- Betriebsveranstaltungen
- Firmenwagen

8.1 Steuer- und sozialversicherungsrechtliche Beurteilung besonderer Lohnbestandteile

Eine wesentliche Aufgabe der Lohn- und Gehaltsbuchführung ist die Ermittlung des steuer- bzw. sozialversicherungspflichtigen Arbeitsentgeltes, das als Bemessungsgrundlage für den Lohnsteuerabzug und zur Berechnung der Sozialversicherungsbeiträge herangezogen wird. Dabei gilt es zu beachten, dass nicht jede Geldzahlung des Arbeitsgebers an den Arbeitnehmer steuerpflichtigen Lohn darstellt, umgekehrt aber auch Sachleistungen einen geldwerter Vorteil für den Arbeitnehmer mit sich bringen und somit steuerpflichtig sein können. Hinzu kommt die Beachtung von Freibeträgen oder Pauschalierungsmöglichkeiten. Die Prüfung der einzelnen Lohnbestandteile hinsichtlich ihrer steuer- und sozialversicherungsrechtlichen Behandlung ist daher grundlegende Voraussetzung für eine korrekte Lohnabrechnung.

8.2 Fahrten zwischen Wohnung und Arbeitsstätte

§ 40 Abs. 2 EStG

Beispiel
Fahrten zwischen Wohnung und Arbeitsstätte

> Frau Lehmann fährt jeden Morgen mit dem eigenen Pkw zur Arbeit. Die ModeFix GmbH gewährt ihr einen Zuschuss für die Fahrten zwischen Wohnung und Arbeitsstätte von 0,30 € pro Kilometer. Die Verkäuferin der ModeFix GmbH fährt dagegen lieber mit der Bahn. Ihr wird vom Arbeitgeber ein Job-Ticket zur Verfügung gestellt. Wie sind Fahrtkostenzuschuss und Job-Ticket steuerlich zu behandeln?

Beförderung als Sachbezug

Ermöglicht der → Arbeitgeber eine unentgeltliche oder verbilligte **Beförderung** von Mitarbeitern **zwischen der Wohnung und der Arbeitsstätte** oder gewährt er zu diesem Zweck finanzielle Zuschüsse an die → Arbeitnehmer, so sind diese Zuwendungen steuer- und beitragspflichtig und beim → Lohnsteuerabzug und bei der Ermittlung der Sozialversicherungsbeiträge entsprechend zu berücksichtigen.

Der Gesetzgeber hat jedoch die Möglichkeit geschaffen, die **Fahrtkosten** zwischen Wohnung und Arbeitsplatz steuerlich (und damit zum Teil auch beitragsmäßig) zu begünstigen:

Steuerliche Begünstigungen

- Werden vom Arbeitgeber **Sammelbeförderungen** bereitgestellt, so gilt dieser → Sachbezug als steuerfrei.
- Arbeitnehmer können Fahrtkosten zwischen Wohnung und Arbeitsstätte ab dem 1. Entfernungskilometer mit der Entfernungspauschale wie **Werbungskosten** absetzen.
- Der Arbeitgeber kann die Zuwendungen für Fahrten von der Wohnung zum Arbeitsplatz in Höhe der Entfernungspauschale mit einer **pauschalen → Lohnsteuer** von 15% besteuern.

Lohnsteuerpauschalierung

Für die Verwendung der pauschalierten Lohnsteuer mit 15% müssen jedoch folgende Voraussetzungen erfüllt sein:

- Finanzielle Zuschüsse werden zusätzlich zum ohnehin geschuldeten Arbeitslohn gewährt.
- Die pauschal besteuerten Bezüge dürfen den Betrag nicht übersteigen, den der Arbeitnehmer wie Werbungskosten absetzen könnte.

Pauschalierung und Werbungskosten

Erhält der Arbeitnehmer entsprechende Bezüge, die pauschal versteuert werden, mindern diese seine Werbungskosten, welche er in seiner Einkommensteuererklärung geltend machen kann, daher müssen die pauschal versteuerten Zuwendungen für Fahrten zwischen Wohnung und Arbeitsstätte auf der → **Lohnsteuerbescheinigung** in Zeile 18 gesondert ausgewiesen werden.

Da für pauschal versteuerte Bezüge keine → **Sozialversicherungsbeiträge** anfallen, ist die Pauschalversteuerung von Fahrtkostenzuschüssen für den Arbeitnehmer in der Regel günstiger als der Werbungskostenabzug; selbst dann, wenn der Arbeitgeber die Pauschalsteuer auf den Arbeitnehmer abwälzt.

Pauschalierbarer Betrag bei Fahrten zwischen Wohnung und Arbeitsstätte

Entscheidend für den maximal zulässigen Betrag, der pauschal versteuert werden darf, ist die Höhe der **Werbungskosten**, die der Arbeitnehmer geltend machen könnte, wenn die Zuwendungen nicht pauschal besteuert würden. Diese ergibt sich aus der **Entfernungspauschale** von derzeit 0,30 € pro Kilometer ab dem 1. Entfernungskilometer zwischen Wohnung und Arbeitsplatz. Als Entfernung wird dabei die kürzeste Straßenverbindung angenommen, soweit nicht längere Verbindungen offensichtlich verkehrsgünstiger sind. Als Wohnung gilt diejenige Wohnung, in der der Beschäftigte seinen tatsächlichen Lebensmittelpunkt hat. Es sind stets nur die vollen Kilometer anzusetzen, ein Aufrunden ist nicht erlaubt.

Maßgebend für die Berechnung sind weiterhin die Arbeitstage, an denen der Arbeitnehmer tatsächlich den Weg zwischen Wohnung und Arbeit zurückgelegt hat, wobei jeweils nur **eine** Fahrt geltend gemacht werden kann. Fahrten von einer Zweitwohnung oder anderen Übernachtungsorten aus werden nicht berücksichtigt. Um aufwändige Aufzeichnungen bezüglich der tatsächlichen Arbeitstage zu vermeiden, kann monatlich von 15 Arbeitstagen pauschal ausgegangen werden.

Öffentliche Verkehrsmittel

Außerdem kann der Arbeitgeber **Job-Tickets** kostenlos oder verbilligt zur Verfügung stellen. Diese Vergünstigung stellte ebenfalls einen Zuschuss zu den Fahrten zwischen Wohnung und Arbeitsstätte in Form eines Sachbezugs dar, für den die Lohnsteuer mit 15% pauschaliert werden kann. Ist der Wert des Sachbezugs „Job-Ticket" nicht höher als 44,00 € monatlich, ist dieser u. U. steuerfrei zu belassen (siehe hierzu auch Kapitel 8.4.1). Diese Form der Fahrtkostenerstattung ist dann in der Lohnsteuerbescheinigung in Zeile 17 einzutragen.

zu Beispiel
Fahrten zwischen Wohnung und Arbeitsstätte

Frau Lehmann fährt jeden Morgen mit dem eigenen Pkw zur Arbeit; die einfache Entfernung beträgt 17,0 km. Der Arbeitgeber gewährt ihr zusätzlich zum Gehalt einen Fahrtkostenzuschuss von 0,50 € pro Kilometer. Die folgende Berechnung zeigt die pauschalen Steuerbeträge für den Monat September mit 20 Arbeitstagen.

Fahrtkostenzuschuss	0,50 € x 17 km x 20 Tage =	170,00 €
davon pauschalierungsfähig:	17 km x 0,30 € x 20 Tage =	102,00€
Pauschale Lohnsteuer	102,00 € x 15% =	15,30 €
Solidaritätszuschlag	15,30 € x 5,5% =	0,84 €
Pauschale Kirchensteuer (z.B. für Hessen 7%) (siehe dazu Kapitel 5.2)	15,30 € x 7% =	1,07 €
Steuerbetrag gesamt		**17,21 €**

Für das Job-Ticket, das der Verkäuferin zur Verfügung gestellt wird zahlt die ModeFix GmbH monatlich 75,00 € an die städtischen Verkehrsbetriebe. Die Verkäuferin wohnt 18 km von ihrer Arbeitsstätte entfernt. Die Entfernung spielt hier keine Rolle, das Job-Ticket ist voll pauschalierbar:

Sachbezugswert		75,00 €
Pauschale Lohnsteuer	75,00 € x 15% =	11,25 €
Solidaritätszuschlag	11,25 € x 5,5% =	0,61 €
Pauschale Kirchensteuer	11,25 € x 7% =	0,78 €
Steuerbetrag gesamt		**12,64 €**

8.3 Lohnsteuer- und sozialversicherungsfreier Arbeitslohn nach § 3 EStG

In § 3 EStG sind sämtliche Einnahmearten festgelegt, die steuerfrei sind. Aus den einzelnen Regelungen dieses Paragraphen lassen sich daher die Kriterien zur Prüfung der steuerlichen Behandlung verschiedener Lohnbestandteile ableiten. Das Sozialversicherungsrecht wiederum lehnt sich eng an das Steuerrecht an, sodass in der Regel steuerfreie Lohnbestandteile auch in der Sozialversicherung beitragsfrei bleiben.

8.3.1 Auslagenersatz

durchlaufende Gelder

Wenn der Arbeitgeber einem Arbeitnehmer Geld überlässt, damit dieser für ihn Käufe tätigt, werden die überlassenen Beträge als durchlaufende Gelder bezeichnet.

Auslagenersatz

Beträge, die ein Arbeitnehmer vom Arbeitgeber erstattet bekommt, weil er für diesen Auslagen getätigt hatte, nennt man Auslagenersatz.

Durchlaufende Gelder sowie Auslagenersatz stellen keine Vergütung für Arbeitsleistung dar und gehören somit nicht zum steuer- und beitragspflichtigen Arbeitsentgelt.

Zu beachten ist, dass die Ausgaben des Arbeitnehmers im Auftrag und auf Rechnung des Arbeitgebers gemacht werden - der durch die Ausgabe tatsächlich Belastete also der Arbeitgeber sein muss. Anders gesagt: das Risiko der Aufwendung darf nicht beim Arbeitnehmer liegen; dabei ist unerheblich, ob die Rechnung auf den Namen des Arbeitgebers oder des Arbeitnehmers ausgestellt wurde. Für die Steuerfreiheit unerlässlich ist dagegen, die jeweiligen Ausgaben einzeln abzurechnen und entsprechend zu belegen.

Pauschalierung

Um das Abrechnungsverfahren zu vereinfachen, ist es möglich, den Auslagenersatz zu pauschalieren. Voraussetzung dafür ist, dass der Auslagenersatz regelmäßig wiederkehrt und der Arbeitnehmer die entstandenen Aufwendungen für einen repräsentativen Zeitraum von drei Monaten im Einzelnen nachweist.

8.3.2 Berufsbekleidung § 3 Nr. 31 EStG

Der Arbeitgeber kann dem Arbeitnehmer steuer- und beitragsfrei Berufskleidung überlassen, wenn diese

- für diesen Beruf typisch ist und eine private Nutzung so gut wie ausschließt und /oder
- dem Arbeitsschutz dient.

Der Arbeitgeber kann dem Arbeitnehmer auch die Kosten für eine solche Berufskleidung steuer- und beitragsfrei ersetzen, wenn

- der Arbeitnehmer auf Gestellung der Berufskleidung Anspruch hat (Unfallverhütungsvorschriften, Tarifvertrag, etc. jedoch nicht Einzelarbeitsvertrag)
- und der Arbeitgeber die Barablösung aus betrieblichen Gründen bevorzugt

Daraus ist zu schließen, dass die Gestellung von z.B. einfacher weißer Oberbekleidung ohne Firmenaufdruck oder schwarzen Schuhen (Kellner) keine steuer- und beitragsfreie Überlassung bzw. Erstattung der angefallenen Kosten möglich ist.

8.3.3 Kinderbetreuungskosten § 3 Nr. 33 EStG

Der Arbeitgeber kann dem Arbeitnehmer die Kosten für die Betreuung und Verpflegung einschließlich Unterkunft seiner nicht schulpflichtigen Kinder unter bestimmten Voraussetzungen steuer- und beitragsfrei erstatten.

Grundvoraussetzung ist, dass die Betreuungskosten zusätzlich zum geschuldeten Arbeitslohn erstattet werden. Eine Gehaltsumwandlung ist nicht begünstigt.

Zu den Voraussetzungen gehört nicht, dass der Arbeitnehmer selbst die Kosten der Kinderbetreuung trägt. Auch dann, wenn der andere Elternteil die Kosten trägt und der Arbeitnehmer mit dem anderen Elternteil nicht verheiratet ist, ist eine steuer- und beitragsfreie Erstattung möglich. Die Verpflichtung zur Zahlung und die Höhe der Beiträge (Rechnung, Vertrag) sowie die tatsächliche Bezahlung des Beitrages (Kontoauszug) müssen jedoch nachgewiesen werden.

Zu den nicht schulpflichtigen Kindern zählen Kinder, die noch nicht eingeschult sind und

- das 6. Lebensjahr noch nicht vollendet haben,
- das 6. Lebensjahr im lfd. Kalenderjahr nach dem 30.06. vollenden werden (Erstattung bis 31.07. möglich),
- das 6. Lebensjahr vollendet haben und nicht schulpflichtig sind, weil sie mangels Schulreife vom Schulbesuch zurückgestellt wurden.

Steuerfrei und damit beitragsfrei bleibt die Zuwendung außerdem nur, wenn es sich um eine auswärtige Betreuung handelt (Betriebskindergarten, Kindertagesstätte, Tagesmutter etc.). Eine Kostenerstattung zur Kinderbetreuung in der Wohnung des Arbeitnehmers ist immer steuer- und beitragspflichtig.

Auch eine Kostenübernahme von Zusatzkosten zur Betreuung wie z.B. Fahrtkosten zur Kindertagesstätte oder gesonderte Beiträge zur musikalischen oder sonstigen Förderung des Kindes während der Betreuung, stellt steuer- und beitragspflichtigen Arbeitslohn dar.

8.4 Sachbezüge / geldwerte Vorteile

§§ 8 Abs. 2 und 3, 19a EStG, SachBezV

Sachbezüge sind eine besondere Form der Vergütung von Arbeitsleistung, die anstelle von Geldzahlungen gewährt werden. Für die Besteuerung und Abführung von → Sozialversicherungsbeiträgen ergibt sich daraus die Schwierigkeit, den Sachbezug in seinen Geldwert umrechnen zu müssen, denn Steuern und Sozialabgaben können schließlich nur in Form von Geld geleistet werden. Man spricht beim wertmäßigen Ansatz eines Sachbezuges auch vom **geldwerten Vorteil**, der das → Brutto erhöht. Beispiele hierfür sind etwa Verpflegung, Wohnraum, private Nutzung von Firmenfahrzeugen oder auch Personalrabatte, Arbeitgeberdarlehen u. a.

Rechtsgrundlagen

Die Qualifizierung einer Zuwendung als Sachbezug hat also erhebliche steuerliche und beitragsrechtliche Konsequenzen. Aus diesem Grund hat der Gesetzgeber neben den allgemeinen **Steuergesetzen** (§ 8 Abs. 2, 3 sowie § 19 a EStG) weitere Verwaltungsvorschriften in den **Lohnsteuerrichtlinien** erlassen, in denen detaillierte Regelungen zum Arbeitslohn (Abschn. 19.3 LStR), zur Bewertung von geldwerten Vorteilen und zum Bezug von Waren und Dienstleistungen getroffen sind. Die Sozialversicherung richtet sich in der Beurteilung und Bewertung von Sachbezügen nach dem Steuerrecht. Darüber hinaus erstellen die Sozialversicherungsträger jährlich eine **Sachbezugsverordnung**, in der Festlegungen zur Bewertung einzelner Sachbezüge wie Verpflegung und Unterkunft getroffen werden. Die Regelungen der Sachbezugsverordnung werden wiederum vom Steuerrecht übernommen.

Aufzeichnungs- und Bescheinigungspflicht

Um nachvollziehbar zu belegen, in welcher Höhe Sachbezüge bei der Lohn- und Gehaltabrechnung berücksichtigt wurden, hat der → Arbeitgeber entsprechende Rechnungen und Zahlungsbelege nachzuweisen. Zur Überprüfung durch das Finanzamt sind diese Belege zehn Jahre aufzubewahren. Zur Prüfung durch die Sozialversicherungsträger sind zur Beitragsberechnung relevante Belege bis zum Ablauf des auf die letzte Prüfung folgenden Kalenderjahres aufzubewahren.

8.4.1 Steuerliche Behandlung von Sachbezügen

Sachbezüge sind steuerpflichtiges Arbeitseinkommen

Sachbezüge/geldwerte Vorteile sind regelmäßig Bestandteil des steuerpflichtigen → Arbeitsentgeltes. Die Schwierigkeit für die Lohn- und Gehaltsrechnung besteht zum einen in der Bewertung von Sachbezügen mit einem Geldwert, zum anderen darin festzustellen, wann es sich überhaupt um einen steuerpflichtigen Sachbezug handelt.

Steuerfreie Zuwendungen

So werden in Abgrenzung von geldwerten Vorteilen so genannte **Zuwendungen** oder **Sachzuwendungen** unterschieden, bei denen es sich um Leistungen des → Arbeitgebers handelt, die dieser aus ganz überwiegendem eigenen betrieblichem Interesse erbringt. Dies können z.B. bis zu zwei Betriebsveranstaltungen (Ausflüge, Weihnachtsfeiern usw.) im Jahr sein, soweit die Aufwendungen je Veranstaltung 110,00 € pro → Arbeitnehmer nicht übersteigen. Ebenso sind Sachzuwendungen (Blumen, Bücher, Geschenke) für einzelne Mitarbeiter, die aufgrund eines persönlichen Anlasses (Jubiläum, Geburtstag, Abschied) übergeben werden und einen Wert von 40,00 € (Bruttowert) nicht überschreiten oder auch für den Verzehr im Betrieb kostenfrei zur Verfügung gestellte Getränke und Genussmittel nicht als steuerpflichtiger Bruttoarbeitslohn anzurechnen.

Bagatellgrenze

Für Sachbezüge gilt grundsätzlich eine **Freigrenze** von 44,00 € monatlich. Betragen **alle geldwerten Vorteile in einem Monat** nicht mehr als 44,00 €, bleiben sie steuerfrei. Wird der Grenzbetrag überschritten ist der gesamte Wert steuerpflichtig (also auch die ersten 44,00 €). Die monatliche Freigrenze kann nicht zu einer Jahresgrenze aufsummiert werden.

Der Sachbezug „Aufmerksamkeiten" und der allgemeine Sachbezug bis zur 44,00 €-Freigrenze können auch nebeneinander in einem Monat gewährt werden, da es sich um unterschiedliche Sachverhalte handelt.

Beispiel Sachbezüge

Herr Lehmann erhält im Juli außerdem eine CD im Wert von 25,00 €. Das Buch und auch die CD sind steuer- und beitragsfrei zu behandeln.

Hätte Herr Lehmann zum Geburtstag ein Buch im Wert 43,00 € (nach Preisabschlag) erhalten, hätte anstelle der Freigrenze für Aufmerksamkeiten auch die 44,00 €-Freigrenze angewandt werden können.

8.4.2 Sozialversicherungsrechtliche Behandlung von Sachbezügen

Die Höhe des → Bruttoentgeltes dient als Grundlage zur Berechnung der gesetzlichen → **Sozialversicherungsbeiträge**. Daher ist die Entscheidung, ob eine Zuwendung als Bestandteil des → Arbeitsentgeltes gilt auch hier von Bedeutung.

Sozialversicherungsbeiträge auf steuerpflichtiges Brutto

Das Sozialversicherungsrecht richtet sich in der Qualifizierung und Bewertung von Sachbezügen nach dem Steuerrecht. Die in Kapitel 8.4 erläuterten Beispiele sind daher uneingeschränkt auf die Ermittlung des sozialversicherungspflichtigen Bruttoentgeltes anzuwenden. Als Orientierung kann auch die Regel herangezogen werden, dass Beiträge zur gesetzlichen Sozialversicherung weitgehend nur auf steuerpflichtiges Arbeitsentgelt erhoben werden.

Einen Sonderfall bilden die mit einem festen Satz pauschal versteuerten Sachbezüge. Sie sind in vollem Umfang beitragsfrei in der Sozialversicherung (Siehe Kapitel 5).

Beitragsfreiheit auf pauschal versteuerte Sachbezüge

Zuzahlungen durch den Arbeitnehmer

Zuzahlungen des Arbeitnehmers zu einem Sachbezug mindern dessen steuerpflichtigen geldwerten Vorteil.

Beispiel
Sozialversicherungsrechtliche Behandlung von Sachbezügen

Frau Lehmann erhält von ihrem Arbeitgeber zusätzlich zu ihrem monatlichen Gehalt in Höhe von 2.000,00 € einen Firmenwagen zur privaten Nutzung zur Verfügung gestellt. Die Gesamtbewertung des privaten Nutzwertes ergibt einen privaten Nutzwert in Höhe von 550,00 € monatlich.

Frau Lehmann muss jedoch für die private Nutzung monatlich eine Zahlung in Höhe von 100,00 € leisten. Dieser Betrag wird in der Lohnabrechnung vom Nettoentgelt einbehalten.

Der geldwerte Vorteil und die Zuzahlung werden in der Lohnabrechnung wie folgt dargestellt:.

Bruttolohn			
Gehalt		2.000,00 €	
geldwerter Vorteil		450,00 €	
			2.450,00 €
Gesetzliche Abzüge			
Steuern			
LSt lfd.	aus 2.450,00 €	390,33 €	
SolZ		21,46 €	
SV-Beiträge Arbeitnehmer			
KV	8,2 % aus 2.450,00 €	200,90 €	
RV	9,6 % aus 2.450,00 €	235,20 €	
AV	1,5 % aus 2.450,00 €	36,75 €	
PV	1,225 % aus 2.450,00 €	30,01 €	
			-914,65 €
Nettolohn			1.535,35 €
Sonstige Zahlungen oder Abzüge			
geldwerter Vorteil		-450,00 €	
Zuzahlung		-100,00 €	
			-550,00 €
Auszahlungsbetrag			**985,35 €**

Müsste Frau Lehmann eine Zuzahlung in Höhe von 550,00 € monatlich leisten, wäre kein geldwerter Vorteil zu berücksichtigen. Dennoch müssten die Unterlagen zur Ermittlung des geldwerten Vorteils und der tatsächlichen Zuzahlung aufbewahrt und dokumentiert werden.

8.4.3 Bewertung und Abrechnung der einzelnen Sachbezüge

Für die Bewertung des einzelnen Sachbezugs ist nach § 8 Abs. 2 EStG in der Regel der Endpreis am Abgabeort anzusetzen, also der Preis, den auch ein Endverbraucher für die Ware einschl. Umsatzsteuer bezahlen müsste. 96 % dieses Wertes sind als steuer- und beitragspflichtiger geldwerter Vorteil in der Lohnabrechnung zu versteuern und zu verbeitragen. Der Gesetzgeber lässt also noch einen Abschlag für übliche Preisnachlässe in Höhe von 4% zu. Diese Art der Bewertung ist jedoch nur zulässig, wenn es sich tatsächlich um einen Gegenstand bzw. eine Dienstleistung handelt (siehe dazu auch Kapitel 8.4.7) und dieser Sachbezug nicht überwiegend für die eigenen Mitarbeiter hergestellt, vertrieben oder erbracht wird.

Für einige geldwerte Vorteile sind jedoch zusätzliche Regelungen zur Bestimmung des Geldwertes zu beachten (Fahrzeugnutzung, Mahlzeiten etc.). Die Bewertung der Nutzung eines Firmenwagens zu privaten Zwecken ist in § 8 Abs. 1 EStG geregelt, die Behandlung von Personalrabatten in § 8 Abs. 3 EStG.

Sachbezugsverordnung

Die Sozialversicherungsträger geben für die Bewertung von Mahlzeiten und Unterkunft eine **Sachbezugsverordnung** heraus, in der jährlich aktualisierte Geldwerte für diese Sachbezüge aufgelistet sind. Diese sind auch für das Steuerrecht maßgebend.

8.4.4 Verpflegung und Unterkunft §§ 1 ff SachBezV

Beispiel
Verpflegung und Unterkunft als Sachbezug

Der 17jährige Benedict, Sohn des Geschäftsführers der ModeFix GmbH, tritt eine Lehre als Hotelfachmann an. Die Ausbildung erfolgt in einer Pension mit angeschlossener Gastronomie. Der Ausbildungsort Eisenach ist 250 km vom elterlichen Wohnort entfernt. Der Wirt gewährt dem Auszubildenden während der Lehrzeit freie Kost sowie Unterkunft in einem Zimmer der Pension. Wie ist dieser Sachverhalt steuerlich zu bewerten?

Bewertung nach der Sachbezugsverordnung

In einigen Branchen ist es durchaus noch üblich, dass der → Arbeitgeber dem → Arbeitnehmer freie Kost und Wohnung oder eine verbilligte Unterkunft zur Verfügung stellt (z.B. im Hotel- und Gastgewerbe). Diese Sachbezüge sind als **geldwerte Vorteile** und somit als Bestandteil des steuer- und beitragspflichtigen → Gesamt-Brutto anzusehen.

Auch hier ergibt sich wiederum die Schwierigkeit, den Geldwert der Verpflegung und des Wohnraumes zu ermitteln.

Sachbezug freier oder verbilligter Wohnraum

Unterkunft vs. Wohnung

In der Sachbezugsverordnung wird zwischen den Sachbezügen einer Unterkunft und einer Wohnung unterschieden. Als **Unterkunft** wird dabei eine Unterbringung im Haushalt des Arbeitgebers, in einer Gemeinschaftsunterkunft oder in einem Zimmer bezeichnet. Im Gegensatz dazu steht die Unterbringung in einer eigenen in sich geschlossenen **Wohnung**, in der die Führung eines selbständigen Haushaltes möglich ist, d.h. insbesondere eine Wasserversorgung und -entsorgung, eine angemessene Kochgelegenheit und eine Toilette vorhanden sind.

Sachbezugswerte für Unterkunft

Der anzurechnende Sachbezugswert für eine freie **Unterkunft** beträgt in 2012 bundeseinheitlich monatlich 212,00 € (kalendertäglich 7,07 €). Dieser Betrag kann bei bestimmten Sachverhalten gemindert werden:

Minderungssachverhalt	Minderung um
Unterbringung im Haushalt des Arbeitgebers oder in einer Gemeinschaftsunterkunft	15%
Unterbringung von Auszubildenden oder Jugendlichen bis 18 Jahre	15%
Mehrfachbelegung mit 2 Personen	40%
Mehrfachbelegung mit 3 Personen	50%
Mehrfachbelegung mit mehr als 3 Personen	60%

Für eine vollwertige **Wohnung** ist der ortsübliche kalte Mietpreis zuzüglich der Betriebskosten für Energie, Wasser und sonstige Nebenkosten als Sachbezugswert anzunehmen.

Sachbezugswerte für Wohnung

Wird Wohnraum **verbilligt** zur Verfügung gestellt, so ist auch dies als Sachbezug zu werten. Als geldwerter Vorteil wird der Differenzbetrag zwischen dem verbilligten Mietpreis und dem Wert angenommen, der für eine kostenlose Überlassung der Wohnräume angerechnet werden müsste.

Verbilligter Wohnraum

Sachbezug freie Verpflegung

Auch die unentgeltliche Verpflegung von Arbeitnehmern durch den Arbeitgeber ist als **geldwerte Leistung** dem steuerpflichtigen → Arbeitsentgelt hinzuzurechnen. Die Sachbezugsverordnung legt hier folgende Bewertungssätze für freie Verpflegung in 2012 fest:

- 219,00 € monatlich (kalendertäglich 7,30 €) für Vollverpflegung,
- 47,00 € monatlich (kalendertäglich 1,57 €) für Frühstück,
- jeweils 86,10 € monatlich (kalendertäglich 2,87 €) für Mittagessen bzw. Abendessen

Sachbezugswerte für Verpflegung

Kalendertäglich ist jeweils 1/30 des monatlichen Wertes anzusetzen.

Werden neben dem Arbeitnehmer selbst auch deren **Familienangehörige** mitverpflegt, so erhöht sich der Sachbezugswert für jedes Familienmitglied basierend auf dem Wert für nur eine Person wie folgt:

Verpflegung von Familienmitgliedern

Familienmitglied	Erhöhung um
ab 18 Jahre	100%
zwischen 14 und 18 Jahre	80%
zwischen 7 und 14 Jahre	40%
jünger als 7 Jahre	30%

Erfolgt die Verpflegung nur für einzelte Tage im Monat, so wird als **Tagessatz** 1/30 des zutreffenden Monatssatzes verwendet.

Tagessätze

Wird die Verpflegung **verbilligt** gewährt, so ist der Differenzbetrag als Sachbezugswert anzurechnen, der sich zwischen dem verbilligten Preis und dem Sachbezugswert ergibt, wie er laut Sachbezugsverordnung bei kostenfreier Verpflegung anzunehmen wäre.

Verbilligte Verpflegung

zu Beispiel
Verpflegung und Unterkunft als Sachbezug

Benedict kann während seiner Lehre kostenfrei in einem Zimmer der Pension wohnen. Dies muss er sich allerdings mit einem weiteren Auszubildenden teilen. Des Weiteren erhält er eine kostenfreie Vollverpflegung. Der steuer- und sozialversicherungspflichtigen Ausbildungsvergütung werden monatlich folgende Sachbezugswerte hinzugerechnet:

Sachbezugswert freie Unterkunft:					212,00 €
Minderung wegen Azubi	212,00 €	x	15%	=	- 31,80 €
Minderung wegen Mehrfachbelegung	212,00 €	x	40%	=	- 84,80 €
geminderter Sachbezugswert					95,40 €
Sachbezugswert Vollverpflegung					219,00 €
Insgesamt als geldwerter Vorteil der Ausbildungsvergütung für freie Verpflegung und Unterkunft hinzu zu rechnen:					314,40 €

Die Anwendung der 44,00 € Freigrenze ist nicht zulässig.

8.4.5 Arbeitgeberdarlehen

Beispiel
Arbeitgeberdarlehen

Familie Lehmann benötigt dringend ein neues Auto. Da ihnen aber ein Bankdarlehen mit banküblichen Zinssätzen oder der Finanzierungskauf zu teuer ist, bittet Frau Lehmann ihren Arbeitgeber um ein Darlehen über 25.000,00 €. Die ModeFix GmbH gewährt das Arbeitgeberdarlehen zum 01.10.2010 und legt schriftlich die Tilgungs- und Zinskonditionen fest. Demnach wird auf das Darlehen ein Zins von 3 % erhoben. Wie ist ein solches Arbeitgeberdarlehen steuerrechtlich in Bezug auf das Arbeitsentgelt von Frau Lehmann zu werten?

Wann ist ein Arbeitgeberdarlehen steuerpflichtig?

Grundsätzlich handelt es sich bei Arbeitgeberdarlehen nicht um steuerpflichtigen → Arbeitslohn. Schließlich ist das Geld nur geliehen und wird, wie bei einem normalen Bankkredit auch, zurückgezahlt. Allerdings werden in der Praxis Arbeitgeberdarlehen oft zu besonders günstigen Zinskonditionen vergeben oder es wird auf einen Teil der Rückzahlung verzichtet.
Ein nicht zurückzuzahlender Darlehensbetrag ist stets eine Geldleistung des Arbeitgebers und mithin steuer- und beitragspflichtig.
Eine Zinsersparnis gegenüber banküblichen Konditionen stellt hingegen einen **geldwerten Vorteil** dar und ist als Sachbezug dem steuerpflichtigen Arbeitslohn hinzuzurechnen. Dabei kann die 44-Euro-Freigrenze angewendet werden.

Freigrenze

Beträgt die gesamte Darlehenssumme bzw. die Resttilgungssumme nicht mehr als 2.600,00 €, ist kein geldwerter Vorteil für die ersparten Zinsen zu ermitteln.

Beträge aus Zinsersparnis

Als **Zinsersparnis** werden die Beträge angerechnet, die sich aus der Differenz der tatsächlich zu zahlenden Zinsen und dem Zinsbetrag ergeben, der bei einem marktüblichen Zinssatz zu zahlen wäre, wobei dieser um 4 % gemindert werden darf. Der marktübliche Zinssatz ist entweder durch Vergleiche bei Kreditinstituten zu ermitteln, oder es ist der bei Vertragsabschluss von der Deutschen Bundesbank zuletzt veröffentlichte Effektivzinssatz (Neugeschäft) heranzuziehen. Es ist zwischen den einzelnen Kreditarten (Wohnungsbau, Konsumentenkredit etc.) zu unterscheiden.

zu Beispiel
Arbeitgeberdarlehen

Die Restdarlehenssumme von Frau Lehmann beläuft sich zum 01.01.2012 auf 19.398,50 €. Zum Zeitpunkt der Kreditvergabe lag der Effektivzinssatz lt. Europäischer Zentralbank bei 9,01 %. Hiervon kann ein Abschlag von 4 % vorgenommen werden, so dass der zum Vergleich heranzuziehende marktübliche Zinssatz bei 8,65 % liegt

Restdarlehensbetrag:		19.398,00 €
zu zahlende Zinsen:	19.398,50 € x 3 % : 12 =	48,50 €
marktübliche Zinsen:	19.398,50 € x 8,65 % : 12 =	139,83 €
Zinsersparnis:		91,33 €

Da mit einer Zinsersparnis von 91,33 € die 44-Euro-Freigrenze überschritten ist, muss dem Arbeitsentgelt von Frau Lehmann ein steuer- und sozialversicherungspflichtiger geldwerter Vorteil in Höhe von 91,33 € hinzu gerechnet werden. Die Tilgung und die Zinsen in Höhe von 48,50 € werden vom Nettolohn einbehalten.

8.4.6 Personalrabatte § 8 Abs. 3 EStG

Beispiel
Personalrabatt

Frau Lehmann erhält als Angestellte der ModeFix GmbH einen Mitarbeiterrabatt von 50% auf alle Artikel des Modehauses.
Herr Fuhr ist Angestellter einer Spedition und darf, wie alle Mitarbeiter, seinen privaten PKW an der betriebsinternen Tankstelle betanken.
Wie sind die geldwerten Vorteile aus diesen Rabatten steuerlich zu behandeln?

Steuerliche Begünstigung von Mitarbeiterrabatten

Mitarbeiter- oder Belegschaftsrabatte sind in vielen Firmen üblich. Grundsätzlich stellen Waren oder Dienstleistungen, die vom → Arbeitgeber **unentgeltlich oder verbilligt** den → Arbeitnehmern überlassen werden, geldwerte Vorteile dar und sind somit dem steuerpflichtigen → Arbeitslohn hinzuzurechnen. Durch die Bewertungsregeln des § 8 EStG ergeben sich jedoch **steuerliche Vorteile**, die Mitarbeiterrabatte zu einer beliebten, weil steuerlich subventionierten Form des Arbeitslohns werden lassen, mit dem ein Arbeitgeber zudem seine Mitarbeiter an das Unternehmen binden, sie als eigene Kunden gewinnen und somit den Umsatz steigern kann.

Wertermittlung und Freibetrag

§ 8 des EStG sieht im Einzelnen folgende Regelungen zur Besteuerung von Mitarbeiterrabatten vor:

- Als Wert einer Ware oder Dienstleistung werden 96 % des ortsüblichen Endpreises angenommen.
- Die Differenz des Rabattpreises zu diesem Wert ist als Sachbezug (geldwerter Vorteil) steuerpflichtig.
- Dabei gilt ein Freibetrag von 1.080,00 € im Kalenderjahr pro Beschäftigungsverhältnis, d.h. erst wenn der geldwerte Vorteil durch Mitarbeiterrabatte 1.080,00 € im Jahr übersteigen, sind sie auf den steuerpflichtigen Arbeitslohn anzurechnen.

Voraussetzungen

Voraussetzung für den steuerlichen Freibetrag ist, dass der Rabatt vom Arbeitgeber (nicht von einem Dritten oder einem Konzernunternehmen) gewährt wird, und dass der Arbeitgeber mit den verbilligt überlassenen Waren oder Dienstleistungen üblicherweise handelt oder sie für Kunden herstellt oder erbringt. Sie dürfen nicht ausschließlich für den eigenen Bedarf produziert werden.

zu Beispiel
Personalrabatt

Frau Lehmann erhält auf den Kauf von Textilwaren bei ihrem Arbeitgeber, der Mode Fix GmbH, einen Rabatt von 50%. Im Monat Mai hat sie bei ihrem Arbeitgeber Sommerkleidung für die ganze Familie im Wert von 1.567,20 € (Ladenpreis) gekauft. Im laufenden Kalenderjahr hat sie noch keine Waren bei ihrem Arbeitgeber erworben. Hierauf hat sie einen Rabatt von 50% erhalten.

Warenwert::	1.567,20 €
hiervon 96%:	1.504,51 €
Zahlung mit Personalrabatt zu 50%:	783,60 €
geldwerter Vorteil	720,91 €

Für den Monat Mai ist kein geldwerter Vorteil in der Lohnabrechnung zu berücksichtigen, da der Rabattfreibetrag in Höhe von 1.080,00 € für das Kalenderjahr noch nicht überschritten ist.

Der geldwerte Vorteil, den Herr Fuhr durch das private Tanken an der Betriebstankstelle erhält, fällt nicht unter die Freibetragregelung des § 8 (3) EStG, weil die Tankstelle ausschließlich für den betriebseigenen Bedarf genutzt wird. Der Arbeitgeber handelt also nicht üblicherweise mit dem Kraftstoff. Der geldwerte Vorteil ist daher in voller Höhe auf das steuerpflichtige Brutto von Herrn Fuhr anzurechnen.

8.4.7 Warengutscheine

Warengutscheine als Sachbezüge

Erhält der → Arbeitnehmer vom → Arbeitgeber Warengutscheine, die beim **Arbeitgeber** oder einem Dritten einzulösen sind, so gelten diese als Sachbezüge. Bei Warengutscheinen, die beim Arbeitgeber eingelöst werden können, ist der Rabattfreibetrag in Höhe von 1.080,00 € anzuwenden.

Nach bisheriger Rechtsauffassung galt, dass auf einem Gutschein die genaue Sache, Anzahl und der zu leistende Dritte genannt sein musste. Eine betragsmäßige Begrenzung – z.B. bis zu/über 20,00 € - galt als Zahlungsmittel und damit als beitrags- und steuerpflichtiger Lohn.

Mit Urteil des BFH vom 11.11.2010 erfährt die bisherige Rechtsauffassung eine grundlegende Änderung. Nach der Rechtsprechung des BFH ist nun die Vereinbarung zwischen Arbeitgeber und Arbeitnehmer über den Zufluss einer Sachleistung maßgeblich. Eine Entgeltumwandlung von geschuldetem Lohn ist weiterhin nicht möglich. Liegt eine Vereinbarung über eine Sachleistung vor, ist es möglich, Gutscheine mit betragsmäßiger Begrenzung von einem zu leistenden Dritten, auch ohne Angabe der genauen Sache zu überlassen. Konkret bedeutet dies, dass dem Arbeitnehmer z.B. eine Tankkarte einer bestimmten Tankstelle über 30,00 € zu überlassen.
Voraussetzung ist, dass der Arbeitnehmer weder den Gutschein bei dem zu leistenden Dritten in Geld wandeln kann, noch, dass der Arbeitnehmer z.B. den „nicht verbrauchten" Anteil der Tankkarte als Barlohn vom Arbeitgeber fordern kann.

Weiterhin ist es nun möglich, dem Arbeitnehmer Geld zweckgebunden zu überlassen, welches dieser jedoch unmittelbar im Anschluss für den vereinbarten Zweck verwenden muss. Auch hier kommt es auf die Vereinbarung zwischen Arbeitgeber und Arbeitnehmer an, welche Vorrang hat vor der Art und Weise der Erfüllung.

Durch das Urteil des BFH ist die Zuwendung von Sachleistungen an Arbeitnehmer bzw. auch an Dritte erheblich vereinfacht worden. Es sollte jedoch immer eine entsprechende Dokumentation über die Vereinbarung vorliegen.

Für solche als Sachbezug geltende Warengutscheine gilt die **Freigrenze** von 44,00 € monatlich. Wenn die über Warengutscheine bezogenen geldwerten Vorteile zusammen mit evtl. anderen Sachbezügen, für die die 44,00 €-Freigrenze anwendbar ist, also 44,00 € im Monat nicht überschreiten, sind sie steuerfrei. Sobald die Freigrenze überschritten wird, muss der **gesamte** Warenwert (also auch die ersten 44,00 €) als geldwerter Vorteil versteuert werden.

Bagatellgrenze

Beispiel
Warengutschein

Herr Lehmann erhält von seinem Arbeitgeber – zusätzlich zum geschuldeten Lohn – einen Benzingutschein einer nahe gelegenen Tankstelle mit der Wertangabe „35,00 €". Weitere Sachbezüge erhält Herr Lehmann nicht.

Es handelt sich hier um einen Sachbezug. Die Freigrenze ist eingehalten, sodass der Benzingutschein steuer- und beitragsfrei zu behandeln ist.

8.4.8 Bewirtung von Arbeitnehmern - Unentgeltliche und verbilligte Mahlzeiten R 8.1 Abs. 7, 8 LStR

Beispiel
Bewirtung von Arbeitnehmern

Die ModeFix GmbH möchte ihren Mitarbeitern ein verbilligtes Mittagessen zur Verfügung stellen. Da sie keine eigene Betriebskantine betreiben kann, hat sie eine Vereinbarung mit einem benachbarten Wirtshaus getroffen. Die ModeFix GmbH zahlt nun einen Geldbetrag an das Wirtshaus und erhält dafür Essensmarken, mit denen die Mitarbeiter einmal täglich ein Mittagessen im Wirtshaus erhalten können. Die ModeFix GmbH gibt jedem Arbeitnehmer 15 Essenmarken á 5,50 € im Monat. Auch Frau Lehmann nimmt dieses Angebot gerne an. Wie müssen diese Bezüge versteuert werden?

Erhält der Arbeitnehmer unentgeltlich oder verbilligt **Mahlzeiten** im Betrieb, so gilt dies als **geldwerter Vorteil** und ist als → Sachbezug dem steuerpflichtigen → Arbeitslohn zuzurechnen. Gleiches gilt, wenn der → Arbeitgeber Barzuschüsse an betriebsfremde Kantinen, Gaststätten oder ähnliche Verpflegungseinrichtungen zahlt, in denen seine Mitarbeiter dann z.B. gegen Vorlage von Essenmarken unentgeltlich oder verbilligt Mahlzeiten erhalten. Als geldwerter Vorteil sind die Beträge entsprechend der **Sachbezugsverordnung** anzusetzen, d.h. in 2012 für ein Mittag- oder Abendessen 2,87 € und für ein Frühstück 1,57 €.

Mahlzeiten sind Sachbezüge

Sofern die Mahlzeiten als zusätzliche Leistung charakterisiert werden können, d.h. nicht als Entgeltbestandteil vereinbart wurden, kann der Arbeitgeber diese Zuwendung mit **25% pauschal** versteuern.

Pauschalierung mit 25%

Essenmarken

Auch wenn das Unternehmen keine eigene Kantine hat und stattdessen **Essenmarken** zur Einlösung in einem externen Verpflegungsbetrieb an die → Arbeitnehmer ausgibt, ist eine **Pauschalierung** der Lohnsteuer möglich. Um dabei den geringeren Sachbezugswert anstelle des tatsächlichen Verrechnungspreises der Essenmarke ansetzen zu können, müssen gem. R8.1(7) LStR folgende Bedingungen erfüllt sein:

- Der Arbeitgeber muss mit der Institution, die die Speisen abgibt (Gaststätte, Verpflegungseinrichtung), vereinbart haben, dass täglich nur eine Essenmarke in Zahlung genommen wird.
- Der Verrechnungswert der Essenmarke darf maximal 3,10 € höher sein als der aktuelle Sachbezugswert (für 2012: 2,87 € + 3,10 € = maximal 5,97 €).
- Die Essenmarken dürfen nicht an Arbeitnehmer ausgegeben werden, die eine Fahr- oder Einsatzwechseltätigkeit ausüben oder auf Dienstreise sind.

- Der Arbeitnehmer darf die Essensmarken nur für die Tage erhalten an denen er anwesend ist; Essenmarken von Krankheitstagen, Urlaubstagen, Dienstreisen usw. müssen zurückgegeben oder können auf den nächsten Monat übertragen werden. Dies erfordert seitens des Arbeitgebers eine genaue Dokumentation. Bei Arbeitnehmern, die im Jahresdurchschnitt nicht mehr als 3 Arbeitstage im Kalendermonat auf Dienstreisen sind, ist keine Dokumentation notwendig, wenn je Kalendermonat nicht mehr als 15 Essenmarken ausgegeben werden.

zu Beispiel
Bewirtung von Arbeitnehmern

Die ModeFix GmbH gewährt ihren Mitarbeitern monatlich 15 Essenmarken mit einem Wert von je 5,50 €. Der Verrechnungspreis der Essenmarken hat den Grenzwert von 5,97 € nicht überschritten, somit kann auf den Sachbezugswert von 2,87 € zurückgegriffen werden. Bei 20 Angestellten sieht die Berechnung wie folgt aus:

Sachbezugswert	2,87 €	x	15 Essenmarken	x	20 AN	=	861,00 €
Pauschale Lohnsteuer			861,00 €	x	25 %	=	215,25 €
Solidaritätszuschlag			215,25 €	x	5,5 %	=	11,83 €
Pauschale Kirchensteuer			215,25 €	x	7 %	=	15,06 €
Steuerbetrag gesamt							242,14 €

zu Beispiel
Bewirtung von Arbeitnehmern

Folgende Berechnung zeigt die pauschale Besteuerung der Essensmarken auf die Person von Frau Lehmann bezogen:

Sachbezugswert	2,87 €	x	15 Essenmarken	x	1 AN	=	43,05 €
Pauschale Lohnsteuer			43,05 €	x	25 %	=	10,76 €
Solidaritätszuschlag			10,76 €	x	5,5 %	=	0,59 €
Pauschale Kirchensteuer			10,76 €	x	7 %	=	0,75 €
Steuerbetrag gesamt							12,11 €

zu Beispiel
Bewirtung von Arbeitnehmern

Im August hat das Wirtshaus die Preise erhöht, sodass die Essensmarken, die die ModeFix GmbH ihren Mitarbeitern zur Verfügung stellt nun einen Wert von je 6,00 € haben. Der Verrechnungspreis der Essenmarken hat damit den Grenzwert von 5,97 € überschritten, somit kann nicht auf den Sachbezugswert von 2,87 € zurückgegriffen werden. Bei 20 Angestellten sieht die Berechnung wie folgt aus:

Sachbezugswert	6,00 €	x	15 Essensmarken	x	20 AN	=	1.800,00 €
Pauschale Lohnsteuer			1.800,00 €	x	25 %	=	450,00 €
Solidaritätszuschlag			450,00 €	x	5,5 %	=	24,75 €
Pauschale Kirchensteuer			450,00 €	x	7 %	=	31,50 €
Steuerbetrag gesamt							506,25 €

Kantinenessen

Werden an die Arbeitnehmer durch eine betriebseigene Kantine unterschiedliche Mahlzeiten zu unterschiedlich verbilligten Preisen angeboten, so kann der Sachbezugswert mit einem **Durchschnittssatz** angesetzt werden. Voraussetzung ist, dass das Angebot der Mahlzeiten allen Arbeitnehmern zur Verfügung steht.

Beispiel
Kantinenessen

Im Monat September wurden in der Betriebskantine folgende Mahlzeiten ausgegeben:

Menü	Ausgegebene Essen	Preis des Essenslieferanten (Großküche)	Kantinenpreis (Zuzahlung des Arbeitnehmers)
1	700	3,00 €	2,00 €
2	600	3,20 €	2,60 €

Sachbezugswert	1.300 eingenommene Essen	x	2,87 €	=	3.731,00 €
abzgl. Der Zuzahlungen	700	x	2,00 €		- 1.400,00 €
der Arbeitnehmer	600	x	2,60 €		1.560,00 €
verbleiben zu versteuern					**771,00 €**
Pauschale Lohnsteuer	771,00 €	x	25 %	=	192,75 €
Solidaritätszuschlag	192,75 €	x	5,5 %	=	10,60 €
Pauschale Kirchensteuer	192,75 €	x	7 %	=	13,49 €
Steuerbetrag gesamt					**216,84 €**

Arbeitsessen

Bewirtung im betrieblichen Interesse

Das so genannte Arbeitsessen stellt eine typische Bewirtung von Arbeitnehmern durch den Arbeitgeber im überwiegend betrieblichen Interesse dar. Es ist somit steuer- und beitragsfrei (R 8.1(8), R 19.6(2) LStR), wenn folgende Bedingungen erfüllt sind:

- Die Bewirtung erfolgt anlässlich und während eines außergewöhnlichen Arbeitseinsatzes (z.B. während einer kurzfristig anberaumten betrieblichen Besprechung oder Sitzung),
- Die Bewirtung dient dem überwiegend betrieblichen Interesse an einer günstigen Gestaltung des Arbeitsablaufes.
- Der Wert der Bewirtung übersteigt nicht 40,00 € pro Arbeitnehmer

Beispiel
Arbeitsessen

Die Zuschneidemaschine der ModeFix GmbH ist defekt. Die Reparatur der Maschine ist auch zum Schichtwechsel um 19 Uhr noch nicht abgeschlossen, es ist jedoch dringend erforderlich, dass die Maschine bis spätestens 23 Uhr wieder zur Verfügung steht. Der mit der Reparatur beauftragte Mitarbeiter erhält daher im Auftrag der ModeFix GmbH eine Mahlzeit im Wert von 8,50 € vom nahegelegenen Pizzaservice geliefert. Im Anschluss an das Essen setzt dieser die Reparatur fort.

Die Voraussetzungen zur steuerfreien Gewährung des Arbeitsessens liegen in diesem Fall vor. Das überwiegende Interesse des Arbeitgebers ist gegeben, indem durch die Bewirtung ein reibungsloser Ablauf der Reparatur unterstützt wird. Die Reparatur stellt zudem einen außergewöhnlichen Arbeitseinsatz dar und der Wert der Mahlzeit liegt innerhalb der 40-Euro-Grenze.

Teilnahme an geschäftlich veranlassten Bewirtungen

Bewirtung durch Dritte

Ein anderer typischer Fall, bei dem die Bewirtung von Arbeitnehmern im überwiegend betrieblichen Interesse erfolgt, ist die Teilnahme eines Arbeitnehmers an einer geschäftlich veranlassten Bewirtung von Dritten. Im Gegensatz zum Arbeitsessen dient hier die Bewirtung noch nicht einmal in erster Linie der Nahrungsaufnahme des Arbeitnehmers, sondern stellt lediglich den gesellschaftlichen Rahmen für eine ansonsten geschäftliche Zusammenkunft mit einem Kunden, Geschäftspartner, Lieferanten etc. dar. Der Arbeitnehmer nimmt also nur aufgrund seiner betrieblichen Funktion an der Bewirtung teil.

Der durch die Teilnahme an einer solchen geschäftlich veranlassten Bewirtung entstehende Vorteil der kostenlosen Verpflegung, stellt keinen steuer- und beitragspflichtigen Sachbezug dar.

Beispiel
Geschäftlich veranlasste Bewirtung

> Der Einkäufer der ModeFix GmbH lädt während der Messe in Düsseldorf den Vertriebsleiter des Hauptlieferanten Wollenweber AG zum Mittagessen ein und reicht den Bewirtungsbeleg mit der Reisekostenabrechnung ein.
> Die Bewirtungskosten werden dem Einkäufer steuerfrei erstattet, da es sich um einen Auslagenersatz handelt. Die damit verbundene Gewährung einer Mahlzeit durch den Arbeitgeber bleibt steuerfrei, da es sich um die Teilnahme an der geschäftlich veranlassten Bewirtung handelt, die im überwiegend betrieblichen Interesse liegt.

8.4.9 Betriebsveranstaltungen R 19.5 LStR

Beispiel
Betriebsveranstaltung

> Die ModeFix GmbH veranstaltet jedes Jahr eine Weihnachtsfeier, zu der alle Betriebsangehörigen eingeladen sind. Die Feier besteht traditionell aus einem Opernbesuch und einem anschließenden geselligen Beisammensein in einem nahegelegenen Wirtshaus, wobei für ausreichend Speisen und Getränke gesorgt ist. Schließlich erhält jeder Mitarbeiter noch eine kleine Aufmerksamkeit in Form eines Weihnachtsgeschenkes, z.B. ein Buch oder eine Musik-CD.
> Wie sind die geldwerten Vorteile, die Frau Lehmann durch die Betriebsveranstaltung zukommen steuerlich zu behandeln?

Freigrenze bei Betriebsveranstaltungen

Aufwendungen, die ein → Arbeitgeber im Rahmen von **Betriebsveranstaltungen** hat, sind für zwei Veranstaltungen im Jahr bis zu einer Höhe von je 110,00 € (einschl. USt) pro Mitarbeiter nicht als geldwerte Vorteile für den Beschäftigten zu betrachten. Wird diese **Freigrenze** überschritten, gilt jedoch die gesamte Aufwendung (also auch die ersten 110,00 €) als → Sachbezug und ist somit dem steuerpflichtigen Arbeitslohn hinzuzurechnen. Ist dies der Fall, können die Zuwendungen jedoch mit einer **pauschalen Lohnsteuer** von **25%** abgegolten werden.

Übliche Zuwendungen

Entscheidend bei Betriebsveranstaltungen ist demnach, ob die Freigrenze von 110,00 € erreicht wurde. Die Aufwendungen sind dabei auf den einzelnen → Arbeitnehmer zu beziehen, wobei insbesondere die folgenden im Rahmen einer Betriebsveranstaltung üblichen **Zuwendungen** zu berücksichtigen sind:

- Bewirtung mit Speisen, Getränken, Tabakwaren und Süßwaren
- Übernahme der Fahrtkosten
- kostenlose oder verbilligte Überlassung von Eintrittskarten (z.B. für Museen, Sehenswürdigkeiten, Sport- oder Kulturveranstaltungen usw.)
- Geschenke von geringem Wert, die anlässlich der Feier gewährt werden (z.B. so genannte Aufmerksamkeiten, Weihnachtspäckchen usw. bis 40,00 € einschl. USt.)

Aufwendungen für äußeren Rahmen

Geschenke von einem Wert von mehr als 40,00 € sind gesondert zu beurteilen. Zu beachten ist, dass auch die Aufwendungen für den **äußeren Rahmen** der Betriebsveranstaltung bei der Prüfung der Freigrenze einzubeziehen sind. Dazu gehören etwa die Miete für Räumlichkeiten, Gagen für Musiker, Künstler oder sonstige Aufwendungen für das Unterhaltungsprogramm.

Teilnahme von Angehörigen

Nimmt ein **Familienangehöriger** eines Arbeitnehmers an der Betriebsveranstaltung teil, so ist zur Prüfung der 110,00 €-Grenze, der auf ihn entfallende Anteil dem Arbeitnehmer zuzurechnen.

Was ist eine Betriebsveranstaltung?

Voraussetzung für die Pauschalbesteuerung ist, dass es sich um eine übliche (ein- oder mehrtägige) Betriebsveranstaltung handelt. Dazu müssen im Wesentlichen folgende Kriterien erfüllt sein:

- Die Leistung der Betriebsveranstaltung erfolgt im ganz überwiegend eigenbetrieblichen Interesse.
- Die Veranstaltung steht allen Arbeitnehmern des Betriebes offen.
- Die Zuwendungen sind nach Art und Höhe für eine Betriebsveranstaltung üblich.

Typische Betriebsveranstaltungen sind demnach Betriebsausflüge, Weihnachtsfeiern oder Jubiläumsfeiern.

Mehrere Betriebsveranstaltungen

Werden **mehr als zwei** Veranstaltungen im Jahr durchgeführt ist die dritte und jede weitere Veranstaltung **steuerpflichtig**, kann jedoch mit **25% pauschaliert** werden. Der Arbeitgeber hat ein Wahlrecht, welche beiden Veranstaltungen, er steuerfrei belassen möchte; vorausgesetzt die Freigrenze von 110,00 € je Veranstaltung und Arbeitnehmer wurde nicht überschritten.

Jubilar- und Pensionärstreffen werden gesondert gezählt. Die Teilnahme eines Arbeitnehmers an mehr als zwei unterschiedlichen Veranstaltungen ist unerheblich.

zu Beispiel Betriebsveranstaltung

Für die Weihnachtsfeier hatte die ModeFix GmbH folgende Aufwendungen:

Fahrtkosten	7,00 €/ Person
Opernbesuch	43,00 €/ Person
Saalmiete	25,00 €/ Person
Speisen und Getränke	30,00 €/ Person
Gage für Live-Musiker	20,00 €/ Person
Geschenk	15,00 €/ Person
Gesamtaufwendungen	**140,00** €/ Person

Da die Freigrenze von 110,00 € pro Person überschritten wurde, handelt es ich bei dieser Betriebsveranstaltung um einen steuer- und sozialversicherungspflichtigen → Sachbezug. Die ModeFix GmbH hat zwei Möglichkeiten:

- Sie kann die 140,00 € als Sachbezug in der Gehaltsabrechnung von Frau Lehmann berücksichtigen und löst somit Steuer- und Sozialversicherungsbeträge aus; einschließlich dem Arbeitgeberanteil zur Sozialversicherung.
- Sie kann die 140,00 € wie folgt pauschal versteuern:

Sachbezugswert		140,00 €
Lohnsteuerpauschale	140,00 € x 25% =	35,00 €
Solidaritätszuschlag	35,00 € x 5,5% =	1,92 €
Pauschale Kirchensteuer (siehe dazu Kapitel 5.2)	35,00 € x 7% =	2,45 €
Steuerbetrag gesamt		**39,37 €**

Aufgrund der Pauschalierung der Lohnsteuer wird die → Sozialversicherung beitragsfrei gesetzt.

Beispiel
Berechnung zur Zuwendung Betriebsveranstaltung

Das Reisebüro Guckinsland veranstaltet ein Sommerfest zu dem alle Mitarbeiter mit Ehepartner eingeladen sind. Das Sommerfest wird von einem externen Veranstalter durchgeführt und kostet einschließlich aller Nebenkosten 5.200,00 €. An der Veranstaltung haben 65 Personen teilgenommen, davon 15 Arbeitnehmer als „Single" und 25 Arbeitnehmer mit Partner. Es ergibt sich folgende Berechnung:

Sachbezugswert für Singles	5.200,00 € : 65 Personen =	80,00 €
Sachbezugswert für Mitarbeiter in Begleitung	2 x 80,00 € =	160,00 €

Für die Singles bleibt die Veranstaltung steuerfrei. Für die Arbeitnehmer, die mit Partner gekommen sind, wird die Freigrenze von 110,00 € überschritten. Für sie gehört die Zuwendung daher zum Arbeitslohn. Das Reisebüro kann diese Zuwendung wie folgt pauschal versteuern:

zu versteuernde Zuwendungen	25 x 160,00 € =	4.000,00 €
Lohnsteuerpauschale	4.000,00 € x 25% =	1.000,00 €
Solidaritätszuschlag	1.000,00 € x 5,5% =	55,00 €
Pauschale Kirchensteuer (siehe dazu Kapitel 5.2)	1.000,00 € x 7% =	70,00 €
Steuerbetrag gesamt		**1.125,00 €**

Aufgrund der Pauschalierung der Lohnsteuer wird die Sozialversicherung beitragsfrei gesetzt.

Feiern aus Anlässen, die in der Person des Arbeitnehmers liegen

Richtet ein Arbeitgeber eine **Betriebsveranstaltung** aus, stellt sich hinsichtlich der Lohn- und Gehaltsabrechnung die Frage, inwiefern Arbeitnehmer durch die Veranstaltung einen geldwerten Vorteil erlangt haben könnten.
Aufwendungen, die einem Arbeitgeber im Rahmen einer Betriebsveranstaltung in einer Weise entstehen, dass sie seinen Arbeitnehmern zu Gute kommen, gelten für diese nicht als steuerpflichtiger Arbeitslohn, solange sie **110,00 €** (einschl. USt) pro Arbeitnehmer nicht übersteigen.
Diese Regelung gilt auch für betriebliche Feiern, deren **Anlass in der Person des Arbeitnehmers** liegen, wie z.B.:

- Diensteinführung
- Amts- oder Funktionswechsel
- „rundes" Arbeitnehmerjubiläum (Firmenzugehörigkeitsjubiläum)
- Verabschiedung eines Arbeitnehmers
- „runder" Geburtstag eines Arbeitnehmers

betriebliche Veranstaltung

Voraussetzung für die Steuerfreiheit bis zur 110,00 €-Freigrenze ist die Anerkennung der Feier als **betriebliche Veranstaltung**. Eine Veranstaltung ist regelmäßig dann als Fest des **Arbeitgebers** anzusehen, wenn dieser die **Feier ausrichtet**, als Gastgeber auftritt, die Gästeliste bestimmt oder die Feier in den Räumen des Arbeitgebers stattfindet.

Pauschalversteuerung

Diese Art von Betriebsfeiern können regelmäßig **nicht** bei Überschreitung der 110,00 €-Freigrenze mit 25 % pauschal versteuert werden, da sie i.d.R. nicht allen Arbeitnehmern des Betriebes offen stehen.

Geschenke

Im Zusammenhang mit der Feier überreichte Geschenke bis zu einem Gesamtwert von **40,00 €** sind in die 110,00 €-Freigrenze **einzubeziehen**. Geschenke von höherem Wert sind gesondert als **sonstiger Bezug** (Einmalzahlung) abzurechnen.

Geldleistungen

Zuwendungen anlässlich eines Arbeitnehmerjubiläums, die im Rahmen einer betrieblichen Veranstaltung nicht als Sachleistungen sondern als **Geldprämie** getätigt werden, genießen seit 01.01.1999 keine steuerliche Vergünstigung mehr; sie sind in voller Höhe dem steuer- und beitragspflichtigen Arbeitsentgelt hinzuzurechnen. Damit wird dem Gebot der steuerlichen Gleichbehandlung entsprochen, wonach Steuerpflichtige, die hier keine entsprechende Zuwendung erhielten oder keine Arbeitnehmer waren, ja auch keine Steuerbegünstigung auf Einkommensbestandteile anlässlich eines Berufs- oder Geschäftsjubiläums in Anspruch nehmen können.

Beispiel
Jubiläumsfeier

Die BestTool AG veranstaltet eine Jubiläumsfeier für Mitarbeiter, die in diesem Jahr ihre zehnjährige Firmenzugehörigkeit begehen. Neben der Bewirtung und Unterhaltung durch eine Live-Band erhält jeder Jubilar eine Uhr im Wert von 200,00 € überreicht. Es nehmen insgesamt 90 Personen teil - 35 Mitarbeiter, von denen 30 je einen Angehörigen mitbringen und 25 andere Gäste (z.B. Kunden, Lieferanten). Folgende Kosten sind der BestTool AG entstanden:

Bewirtung mit Speisen und Getränken	1.600,00 €
Saalmiete	200,00 €
Künstlerhonorar	900,00 €

Die Jubiläumsfeier kann als Betriebsfeier anerkannt werden, da der Arbeitgeber sie ausgerichtet und die Gästeliste festgelegt hat.

Gesamtaufwendungen		2.700,00 €
Aufwendungen pro Teilnehmer	2.700,00 € : 90 =	30,00 €

Da das Geschenk über 40,00 € Wert ist, wird es nicht in die Aufwendungen für die Betriebsfeier eingerechnet. Für die Single-Arbeitnehmer betragen die Aufwendungen somit 30,00 €, für die Arbeitnehmer mit Begleitung 60,00 €.
In beiden Fällen liegt die Aufwendung unter der Freigrenze von 110,00 € und ist somit steuer- und beitragsfrei.
Die den Jubilaren überreichte Uhr gehört dagegen aufgrund ihres Wertes (200,00 €) zum steuerpflichtigen Arbeitslohn. Der Geldwert der Uhr ist als sonstiger Bezug bzw. Einmahlzahlung steuer- und beitragspflichtig.

8.4.10 Firmenwagen R 8.1 Abs. 9 LStR

Beispiel
Firmenwagen

> Frau Lehmann hat von der ModeFix GmbH einen PKW zur Verfügung gestellt bekommen, den sie sowohl für dienstliche, als auch für private Fahrten nutzt; u. a. nutzt sie das Fahrzeug für die tägliche Fahrt zur Arbeit. In welchem Maße wird die private Nutzung als steuerpflichtiges Arbeitsentgelt angerechnet?

Private Nutzung betrieblicher Fahrzeuge

Die **private Nutzung** betrieblicher Fahrzeuge ist als Sachbezug zu werten und somit Bestandteil des steuerpflichtigen → Arbeitslohns. Zur Berechnung des Lohnsteuerabzugs muss daher der Geldwert der Privatnutzung ermittelt werden.

1. Möglichkeit: Fahrtenbuch

Der private Nutzwert eines Fahrzeugs kann ermittelt werden, indem ein **Fahrtenbuch** geführt wird. Darin sind dienstliche und private Fahrten getrennt zu erfassen. Anhand des Fahrtenbuchs wird dann das Verhältnis von dienstlichen zu privaten Fahrten ermittelt und daraus der private Nutzwert abgeleitet, indem die insgesamt anfallenden Aufwendungen für das Fahrzeug zugrunde gelegt werden. Voraussetzung dafür ist der korrekte Nachweis dieser tatsächlichen Kosten durch Belege. (Näheres zum Fahrtenbuch finden Sie im Band „Lohn und Gehalt 2".)

2. Möglichkeit: 1% Regel

Eine weitere Möglichkeit den privaten Nutzwert zu ermitteln, ist die **1%-Regel**. Dazu wird monatlich 1% vom Brutto-Neupreis des Fahrzeugs als steuerpflichtiger Arbeitslohn angerechnet. Als Neupreis wird der auf volle Hundert abgerundete **inländische Brutto-Listenpreis** zum Zeitpunkt der Erstzulassung einschließlich Umsatzsteuer und zuzüglich Sonderausstattung/Zubehör herangezogen, soweit diese am Tag der Erstzulassung bereits werkseitig eingebaut wurden. Nachträgliche Ein- oder Umbauten sind nicht zu berücksichtigen. Überführungskosten und eventuelle Nachlässe bleiben unberücksichtigt. Die Ausstattung mit einem Telefon ist nicht zum Listenpreis hinzuzurechnen; ein eingebautes Navigationssystem ist jedoch als Sonderausstattung anzurechnen.

Auch bei **EU-Importen**, **Gebrauchtwagen** und **Leasingfahrzeugen** wird der Inlandsneupreis zum Zeitpunkt der Erstzulassung als Berechnungsbasis herangezogen. Zudem ist bereits die Möglichkeit der privaten Nutzung ausreichend, um den vollen 1%-Anteil anrechnen zu müssen. Der tatsächliche Umfang der Nutzung ist unerheblich.

Folgende zusätzliche Anschaffungskosten, Sonderausstattung bzw. Zubehör sind dem Listenpreis generell nicht zuzurechnen:

- Überführungs- und Zulassungskosten,
- erste Tankfüllung,
- Freisprecheinrichtung, soweit nicht im Bordcomputer enthalten,
- zusätzlicher Satz Winterreifen inkl. Felgen,
- portables Navigationsgerät (ggf. gesonderter gwV).

Fahrten zwischen Wohnung und Arbeitsstätte

Zusätzlicher Nutzwert

Wenn ein betriebliches Fahrzeug auch für Fahrten zwischen der Wohnung und dem Betrieb genutzt wird, ist unabhängig von anderen Privatfahrten auch dafür ein **Nutzwert** anzurechnen. Bei Anwendung der 1%-Regel entsteht durch Fahrten zwischen Wohnung und Betrieb ein zusätzlicher Nutzwert, der dem durch die 1% Regel ermittelten Nutzwert hinzugerechnet werden muss. Dabei werden monatlich für jeden Entfernungskilometer von Wohnung zum Betrieb 0,03% des Brutto-Listenpreises veranschlagt. Auch hier ist der tatsächliche Umfang der privaten Nutzung nicht von Belang; allein die Möglichkeit der Nutzung genügt, um den zusätzlichen Nutzwert anrechnen zu müssen.

Wird das Fahrzeug jedoch nachweislich an weniger als 180 Tagen im Jahr für Fahrten zwischen Wohnung und Arbeitsstätte genutzt, so kann pro Tag von einem Nutzwert von 0,002 % x einfache Entfernung ausgegangen werden (vgl. hierzu auch „Lohn und Gehalt 2").

Pauschalversteuerung

Die Nutzung eines betrieblichen Fahrzeugs für Fahrten zwischen Wohnung und Arbeitsstätte kann auch mit einer → **pauschalen Lohnsteuer** abgegolten werden. Der durch Prozentregel ermittelte private Nutzwert wird dann nicht dem steuerpflichtigen Arbeitslohn hinzugerechnet, sondern vom → Arbeitgeber mit einem pauschalen Satz von 15% versteuert. Dies ist allerdings nur bis zu der Höhe zulässig, die der Gesetzgeber im Rahmen des Werbungskostenabzuges zulässt: nämlich 0,30 € je Entfernungskilometer. Der übersteigende Betrag muss dem laufenden Arbeitslohn hinzugerechnet werden. (Näheres zur Pauschalversteuerung von Fahrten zwischen Wohnung und Arbeitsstätte finden Sie im Kapitel 8.2)

Aus Vereinfachungsgründen kann unterstellt werden, dass der Arbeitnehmer das Fahrzeug für 15 Fahrten im Monat genutzt hat (R 40.2 Abs. 6 LStR). Der pauschal versteuerte Teil ist jedoch in der LSt-Bescheinigung gesondert einzutragen.

Vorteile in der Sozialversicherung

In der Sozialversicherung werden pauschal versteuerte Sachbezüge nicht zum beitragspflichtigen Bruttoentgelt gezählt. Die Lohnsteuerpauschalierung zieht für die betreffenden Lohnbestandteile daher vollständige Beitragsfreiheit nach sich. Da auf diese Weise der Arbeitgeber seinen Sozialversicherungsanteil einspart (ca. 21%), wird die pauschale Lohnsteuer häufig vom Arbeitgeber übernommen. Möglich ist aber auch die Abwälzung der Pauschsteuer auf den Arbeitnehmer.

zu Beispiel Firmenwagen

Frau Lehmann fährt einen Firmenwagen dessen Bruttolistenpreis einschließlich Sonderausstattung 32.892,00 € betragen hat. Die einfache Entfernung zwischen Wohnung und Arbeitsstätte beträgt 31 km. Sie führt kein Fahrtenbuch. Für die private Nutzung des Firmenwagens ist in der monatlichen Gehaltsabrechnung ein geldwerter Vorteil in Höhe von 1% von 32.800,00 € = 328,00 € zu berücksichtigen. Des Weiteren erfolgt eine Hinzurechnung für die Fahrten zwischen Wohnung und Arbeitsstätte:

Hinzurechnungsbetrag **ohne Pauschalierung** der Lohnsteuer
(volle Steuer- und Sozialversicherungspflicht):

32.800,00 € x 0,03% x 31 km = **305,04 €**

Hinzurechnungsbetrag **mit Pauschalierung** der Lohnsteuer:

privater Nutzwert		305,04 €
davon pauschalierbar:	31 km x 0,30 € x 15 Arbeitstage =	139,50 €
Übersteigender Betrag		**165,54 €**

- für 328,00 € + 165,54 € volle Steuer- und Sozialversicherungspflicht
- für 139,50 € pauschale Lohnsteuer von 15% zzgl. Solidaritätszuschlag und Kirchensteuer (sozialversicherungsfrei)

Besonderheiten

Bei → Arbeitnehmern, die keine feste regelmäßige Arbeitsstätte im Betrieb haben (z.B. Außendienstmitarbeiter), werden keine Fahrten zwischen Wohnung und Arbeitsstätte angesetzt. Fährt ein solcher Arbeitnehmer zum Betrieb, werden auch diese Fahrten als auswärtiges Dienstgeschäft behandelt.

Steht dem Arbeitnehmer ein so genannter Werkstattwagen zur Verfügung, mit der er im Bereitschaftsdienst Einsätze fährt, kann unter Umständen von einem steuer- und sozialversicherungspflichtigen Ansatz bei der Gehaltsabrechnung Abstand genommen werden.

Laufende Zuzahlungen durch den Arbeitnehmer

Muss der Arbeitnehmer Zuzahlungen zu den Fahrzeugkosten leisten, wirken diese sich mindernd auf den steuer- und beitragspflichtigen Sachbezug aus. Es ist jedoch zu unterscheiden, ob der Arbeitnehmer tatsächlich Zuzahlungen an den Arbeitgeber leistet, oder ob er lediglich das Fahrzeug auf eigene Kosten betankt.

Im Falle von tatsächlichen Zuzahlungen, entweder durch direkte Zahlung an den Arbeitgeber oder durch Einbehaltung eines bestimmten Betrages von der Lohnabrechnung (Nettoeinbehalt) mindert sich der geldwerte Vorteil. Das Nutzungsentgelt kann monatlich gleich hoch, aber auch schwankend sein. Dies hängt davon ab, ob der Arbeitnehmern eine pauschale Zuzahlung leisten soll oder, ob die Zuzahlung evtl. anhand gefahrener Kilometer o.ä. ermittelt wird.

Wenn der Arbeitnehmer jedoch auf eigene Kosten tankt oder Reparaturen durchführen lässt, also selbständig ein Rechtsgeschäft mit einem Dritten abschließt, hat dies keine Auswirkung auf den geldwerten Vorteil, auch wenn der Arbeitgeber hierdurch eine Kostenersparnis hat.

Erstattung der Kosten für eine Garage durch den Arbeitgeber

Erstattet der Arbeitgeber die Kosten für die Unterstellung des Firmenfahrzeugs in der Garage des Arbeitnehmers, ist diese Zahlung nicht dem steuer- und beitragspflichtigen Arbeitslohn zuzurechnen.

Praxisübungen

Die Lösungen finden Sie im Band „**Lohn und Gehalt 1 - Übungen und Musterklausuren**" dieser Fachbuchreihe.

Aufgabe 1: Aufmerksamkeiten und freie Verpflegung

◆ **Beantworten Sie die folgenden Fragen.**

a) Der Arbeitgeber stellt seinen Mitarbeitern alkoholfreie Getränke und Kaffee kostenlos zur Verfügung. Sind diese Aufmerksamkeiten dem lohnsteuer- und sozialversicherungspflichtigen Arbeitsentgelt der Mitarbeiter hinzu zurechnen? Begründen Sie Ihre Entscheidung.

gem. §8(2) EStG steuer- u. sozialversicherungsfrei

b) Claudia Zöller arbeitet nachmittags als Kellnerin in einem Restaurant. Im Arbeitsvertrag wurde geregelt, dass ihr täglich ein Abendessen zur Verfügung steht. Mit welchem Wert wird dieses Abendessen in der Gehaltsabrechnung berücksichtigt?

als Sachbezug werden 2,93 € angesetzt

Aufgabe 2: Firmenwagen

◆ **Wie ist in den Folgenden Fällen die Nutzung des Firmenwagens in der Gehaltsabrechnung zu berücksichtigen?**

a) Stefan Kleinschmidt arbeitet als kaufmännischer Angestellter bei der Treufonds GmbH. Der Chef möchte sein Gehalt erhöhen und bietet ihm hierfür die Nutzung eines Firmenwagens an. Der Firmenwagen hat einen inländischen Listenpreis von 31.228,00 € (Neuwert). Allerdings ist der Wagen inzwischen vier Jahre alt und hat einen geschätzten Wert von 20.000,00 €. Für die Entfernung zwischen Wohnung und Arbeitsstätte sind 3 km zu berücksichtigen. Stefan Kleinschmidt möchte von Ihnen wissen, wie dieses Fahrzeug in seiner Gehaltsabrechnung berücksichtigt wird.

1% von 31.200 € = 312 € monatl. zum Bruttolohn hinzu
(auf volle 100er abrunden)
Fahrten: 31.200 × 0,03% × 3 km = 28,08 €

b) Dem Kundendienstmonteur Fritz Mendel der Maschinenfabrik Wüstenei steht ein Firmenwagen zur Verfügung. Der Firmenwagen hat lt. Liste 36.500,00 € gekostet und ist als Werkstattwagen eingerichtet. Fritz Mendel fährt zu seinen Kunden von zu Hause aus und ist nur selten im Betrieb. Mit welchem Wert ist der Firmenwagen in der Gehaltsabrechnung zu berücksichtigen?

Werkstattwagen nicht zur privaten Nutzung geeignet
keine feste Arbeitsstätte führt zu keinem Ansatz
der Fahrtkosten zw. Wohn- u. Arbeitsstätte

c) Die Firma Süder stellt dem leitenden Angestellten Mahler ein Firmenfahrzeug zur Verfügung, das vom Arbeitnehmer auch privat und für Fahrten zwischen Wohnung und Arbeitsstätte genutzt werden darf. Ein Fahrtenbuch wird nicht geführt. Bruttoliste des Autos

Für den PKW liegt folgende Eingangsrechnung vor: ↳ brauchen Bruttolistenpreis

BMW Touring Sport	41.347,83 €	
Sonderausstattung Arktissilber	1.191,30 €	
Klimaautomatik	3.217,39 €	
Geschwindigkeitsregulierung	608,70 €	
Bordcomputer	1.086,96 €	
Radio „Alpha“	652,17 €	
Sonnenschutzrollo Heckscheibe	391,30 €	
Leichtmetallräder	695,65 €	
Armauflage vorn	260,87 €	
Fernbedienung mit Zentralverriegelung	391,30 €	
Edelholzausführung	652,17 €	
CD-Halterung	86,96 €	
Nachlass	- 7.058,26 €	
Überführungskosten	605,22 €	
Gesamtfahrzeugpreis	44.129,56 €	→ Gesamtkosten lt. ER
Zzgl. 19% USt	8.384,62 €	zzgl. Nachlass
Gesamtpreis brutto	**52.514,18 €**	+ 7058,26

– Überführungskosten 605,22 €
= 50.582,60

- Berechnen Sie den vom Arbeitnehmer monatlich zu versteuernden geldwerten Vorteil. Die Entfernung der Wohnung zur Arbeitsstätte beträgt 30 km. Der Arbeitgeber möchte soweit möglich, von der Pauschalversteuerung der Fahrten Wohnung- Arbeitsstätte Gebrauch machen. Die Pauschalversteuerung erfolgt zu Lasten des Arbeitgebers. Die Kirchensteuer wird nicht individuell ermittelt.

1% von 60.100 = 601 €

- Berechnen Sie die Pauschalen Steuern.

zzgl. USt 19% 9610,69
Bruttolistenpreis 60193,29

0,03% von 60.100 = 18,03 € x 30 km = 540,90 €
abzgl. Pauschalierung 15 Tage x 0,30 x 30 km = 135,00 €
Fahrt zw. Wohnung – Arbeit nicht pauschaliert = 405,90 €
insg. gw. Vorteil: 601 € + 405,90 € = 1006,90 €

Aufgabe 3: Betriebsveranstaltungen

- **Entscheiden Sie sich im folgenden Fall für die günstigste Variante und berechnen Sie für diese die pauschalen Steuerbeträge.**

Rechtsanwalt Frisch hat 12 Angestellte. Um die Arbeitsmotivation hoch zu halten veranstaltet er gerne Betriebsfeiern oder unternimmt mit seiner Belegschaft Ausflüge. In diesem Jahr wurden folgende Betriebsveranstaltungen durchgeführt:

	Teilnehmer	Gesamter Aufwand	Aufwand je Arbeitnehmer
zu Ostern: Osterei suchen in den Bergen	12	2.400,00 €	200,00 €
zu Pfingsten: gemeinsames Bowling	12	600,00 €	50,00 €
im August: gemeinsames Grillfest mit Partner	12 x 2	960,00 €	80,00 €
im September: Jubilarfeier 10-jährige Betriebszugehörigkeit	9	810,00 €	90,00 €
zu Weihnachten: Varietébesuch mit Essen	12	1.260,00 €	105,00 €

- Rechtsanwalt Frisch möchte seine Mitarbeiter nicht mit Steuern und Sozialversicherungsbeiträgen aus den Betriebsveranstaltungen belasten. Welche steuer- und sozialversicherungsrechtliche Lösung würden Sie empfehlen?

Aufgabe 4: Mahlzeiten im Betrieb

- **Wie ist der folgende Fall in der Lohn- und Gehaltsrechnung zu behandeln, damit die Mitarbeiter nicht belastet werden?**

Die Mitarbeiter im Stadtkrankenhaus können in der Kantine verbilligt zu Mittag essen. Für den Monat März legt die Kantine der Personalabteilung folgende Abrechnung vor:

Menü	Ausgegebene Essen	Preis des Essenslieferanten (Großküche)	Kantinenpreis (Zuzahlung des Arbeitnehmers)
1	500	2,80 €	2,00 €
2	300	3,20 €	2,50 €
3	200	3,80 €	3,00 €

AN, Firmenfahrzeug, Steuerkl. 1/0,0/ ev (Bayern)

Grundgehalt 3500
\+ geldw. Vorteil kfz 1006,90
Gesamtbrutto 4506,90

gesamte Abzüge = 2212,01
Nettolohn = 2294,89

gesetzl. Abzüge
LSt. aus 4506,90 = 1185,41
Soli -"- = 65,19
KiSt -"- 94,83

Soz. V.
KV aus 3937,50 = 322,88 €
PV aus 3937,50 = 50,20 €
RV 4506,90 = 425,90 €
AL 4506,90 = 67,60 €

Aufgabe 5: Fahrten zwischen Wohnung und Arbeitsstätte

- **Erstellen Sie die Lohnabrechnung für Juli.**

Die Steuerfachangestellte Brigitte Kaufig arbeitet in Wiesbaden und erhält ein monatliches Gehalt von 3.140,00 €. Sie hat einen Bausparvertrag abgeschlossen in den monatlich als vermögenswirksame Leistungen 40,00 € einbezahlt werden. Ihre Arbeitgeber zahlt ihr hierzu einen Zuschuss in Höhe von 20,00 €.
Ihr steht ein Firmenwagen zur Verfügung dessen Bruttolistenpreis zum Zeitpunkt der Erstzulassung 27.395,00 € betragen hat. Die Entfernung zwischen Wohnung und Arbeitsstätte beträgt 27 km; diese Fahrten sollen soweit wie möglich pauschal versteuert werden. Die Pauschalsteuer wird auf Frau Kaufig abgewälzt. Die Kirchensteuer wird im Falle der Pauschalversteuerung von der Firma pauschaliert. Frau Kaufig hat die Steuerklasse IV / 2 / rk.

9

Betriebliche Altersvorsorge

In diesem Kapitel lernen Sie die Formen der betrieblichen Altersvorsorge kennen und erfahren, wie sie steuer- und sozialversicherungsrechtlich behandelt werden.

Inhalt

- Formen der betrieblichen Altersvorsorge
- Anspruch des Arbeitnehmers auf betriebliche Altersvorsorge
- Besteuerung von Beiträgen und Leistungen
- Sozialversicherungsrechtliche Behandlung von Beiträgen und Leistungen

9.1 Formen der betrieblichen Altersvorsorge

9.1.1 Prinzip der betrieblichen Altersvorsorge

Ergänzend zur gesetzlichen → Rentenversicherung und der privaten Vorsorge hat sich in Deutschland die **betriebliche Altersvorsorge** etabliert. Dabei werden durch den Arbeitgeber Beiträge abgeführt, die in unterschiedlichen Vorsorgeformen angelegt werden können. Der Beschäftigte erwirbt dadurch einen Anspruch auf entsprechende **Versorgungsleistungen** im Alter (laufende Renten oder Einmalzahlung).

Finanziert werden die Beiträge entweder durch freiwillige (oder arbeits- bzw. tarifvertraglich festgelegte) **zusätzliche Leistungen des → Arbeitgebers**, oder durch **Entgeltumwandlung** des → Arbeitnehmers. Möglich ist auch eine Mischfinanzierung.

Beispiel
Prinzip der betrieblichen Altersvorsorge

Herr und Frau Lehmann haben erkannt, dass neben der gesetzlichen Rente eine zusätzliche Vorsorge nötig ist, wenn sie auch im Alter ihren Lebensstandard sichern wollen. Sie möchten zukünftig etwa 130,00 € im Monat für das Alter anlegen.
Ihr Versicherungsberater hat eine private Rentenversicherung empfohlen, die als betriebliche Altersvorsorge eingerichtet werden soll. Die KinoFilm AG ist jedoch nicht bereit, einen arbeitgeberfinanzierten Beitrag zur betrieblichen Altersvorsorge zu leisten. Ist eine durch Entgeltumwandlung arbeitnehmerfinanzierte Kapitallebensversicherung als betriebliche Vorsorge möglich?

9.1.2 Vorsorgeformen

Pensionszusagen

Die **Pensionszusage** ist die direkteste Form der betrieblichen Altersvorsorge, da hier die Versorgungsleistungen aus eigenen Mitteln des Arbeitgebers erbracht werden. Der Arbeitgeber macht steuerlich begünstigte **Pensionsrückstellungen** und finanziert die direkte Auszahlung von Altersrenten an pensionierte ehemalige Arbeitnehmer durch Rückdeckungsversicherungen oder aus dem laufenden Geschäftsergebnis.

Pensionskassen

Möchte der Arbeitgeber keine eigenen Versorgungsleistungen zusagen, kann er stattdessen Beiträge in eine **Pensionskasse** abführen. Dadurch erwirbt der betroffene Arbeitnehmer einen Anspruch auf Pensionszahlungen durch die Pensionskasse.

Die Versorgungsleistung kann entweder als monatliche **Leibrente** gewährt oder kapitalisiert, d.h. als → **Einmalzahlung** ausgezahlt werden.

Pensionsfonds

Eine seit 2002 zugelassene Form der betrieblichen Altersvorsorge sind **Pensionsfonds**. Dabei werden die Vorsorgebeiträge nicht nur zinsbringend angelegt (wie bei Pensionskassen) sondern verwendet, um durch verschiedene **Anlageformen** wie Wertpapiere, Immobilien usw. zusätzliche **Kapitalerträge** zu erzielen. Die Anlageformen können dabei durchaus risikoreicher sein (z.B. Aktien), müssen aber eine ausreichende Sicherheit und Liquidität des Pensionsfonds gewährleisten.

Die Auszahlung der Versorgungsleistung durch den Pensionsfond erfolgt ausschließlich als lebenslange **Leibrente** (nicht als Einmalzahlung) an den begünstigten Pensionsempfänger.

Unterstützungskassen

Ähnlich wie bei Pensionskassen leistet der Arbeitgeber zur betrieblichen Vorsorge Beiträge an eine **Unterstützungskasse**. Unterstützungskassen werden oftmals von einzelnen oder in einer Kooperation mehrere Unternehmen als GmbH oder gemeinnützige Vereine zum Zweck der betrieblichen Altersvorsorge gegründet. Anders als Pensionskassen gewähren Unterstützungskassen jedoch keinen unmittelbaren Rechtsanspruch auf Leistungen.

Eine weitere Form der betrieblichen Altersvorsorge ist die **Direktversicherung**. Dabei schließt der Arbeitgeber als Versicherungsnehmer eine **private Rentenversicherung** auf den begünstigten Arbeitnehmer ab. Die Versicherungsleistung steht im Versicherungsfall (z.B. bei Erreichen der vereinbarten Altersgrenze) dem Arbeitnehmer (Versicherter) zu. Als betriebliche Altersvorsorge werden folgende Vertragsarten mit Versicherungsgesellschaften anerkannt:

Direktversicherung

- Kapitallebensversicherungen mit mindestens 5-jähriger Laufzeit (Versicherungsleistung nach vereinbarter Laufzeit) (Altverträge)
- kombinierte Risiko- und Kapitalversicherungen mit mindestens 5-jähriger Laufzeit (Versicherungsleistung bei Tod oder nach vereinbarter Laufzeit) (Altverträge)
- Rentenversicherungen (Rentenzahlung nach vereinbarter Laufzeit)
- Rentenversicherungen mit Kapitalwahlrecht, das noch nicht ausgeübt wurde

Herr Lehmann kann eine Direktversicherung in Form einer Rentenversicherung als betriebliche Altersvorsorge abschließen. Die Beiträge kann er aus einer Entgeltumwandlung selbst finanzieren, ohne dass der Arbeitgeber eigene Beiträge leistet.

zu Beispiel
Prinzip der betrieblichen Altersvorsorge

9.2 Anspruch des Arbeitnehmers auf betriebliche Altersvorsorge §§ 1. 1a BetrAVG

Prinzipiell sind Leistungen des → Arbeitgebers zur betrieblichen Altersvorsorge **freiwillig**, soweit sie nicht tarifvertraglich oder in einer Betriebsvereinbarung festgelegt sind. Um neben der gesetzlichen → Rentenversicherung auch die Säulen der privaten und betrieblichen Vorsorge zu stärken, hat der Gesetzgeber aber jedem → Arbeitnehmer einen **Anspruch** auf betriebliche Altervorsorge durch Entgeltumwandlung zugebilligt. Dabei werden **Entgeltansprüche** in einer bestimmten Höhe für die Beitragszahlung in eine Pensionskasse, einen Pensionsfonds oder eine Direktversicherung verwendet.

Freiwillige Leistung und gesetzlicher Anspruch

Die Wahl der Anlageform obliegt bevorrechtigt dem Arbeitgeber. Nur wenn der Arbeitgeber keinen anderen Vorschlag erbringt, kann der Arbeitnehmer seinen Anspruch auf Abschluss z.B. einer Direktversicherung geltend machen.

Wahl der Anlageform

Der Arbeitgeber ist zur **Entgeltumwandlung** nur bis zu einer Höhe von 4% der aktuellen → Beitragsbemessungsgrenze der gesetzlichen → Rentenversicherung West verpflichtet. Für 2012 entspricht dies einem jährlichen Betrag von 2.688,00 €. Der Arbeitnehmer wiederum ist bei Inanspruchnahme der Entgeltumwandlung verpflichtet einen **Mindestbetrag** von **jährlich** 1/160 der Bezugsgröße der Sozialversicherung (§ 18 Abs. 1 des SGB IV) als Altersvorsorge aufzuwenden. Die Bezugsgröße entspricht dem Durchschnittsentgelt aller in der gesetzlichen Rentenversicherung versicherten Arbeitnehmer im vorvergangenen Kalenderjahr, aufgerundet auf den nächst höheren, durch 420 teilbaren Betrag. Für das Jahr 2012 sind dies 196,88 €.

Entgeltumwandlung

9.3 Steuerliche und sozialversicherungsrechtliche Behandlung von Beiträgen

§§ 3 Nr. 63, 40b, 10a, 79 ff EStG, §§ 14, 115 SGB IV

Grundsätzlich lassen sich die verschiedenen Formen der betrieblichen Altersvorsorge in zwei Kategorien einteilen, die sich im Wesentlichen durch den **Zeitpunkt der Besteuerung** unterscheiden:

- Die Finanzierung der Beiträge aus versteuertem Einkommen führt zur Steuerfreistellung der Leistungen bzw. zur Besteuerung der Leistungen mit dem Ertragsanteil (Direktversicherungen nach altem Recht, gesetzliche Sozialversicherung bis 2004).
- Die Steuerfreistellung von Beiträgen führt zur Besteuerung der Leistungen in der Auszahlungsphase und wird als nachgelagerte Besteuerung bezeichnet (Pensionskassen, Pensionsfonds, Pensionszusagen, Unterstützungskassen, Direktversicherung nach neuem Recht).

Besteuerung der Einzahlungen in die betriebliche Altersversorgung	
Direktversicherungen	**Pensionskassen**
bis 2004	
Pauschale LSt. bis 1.752,00 €	Aufwand bis 4% der BBMG steuerfrei; darüber hinaus Pauschalierung bis 1.752,00 €
ab 2005	
Für Neuverträge Rentenversicherung ohne ausgeübtes Kapitalwahlrecht: Aufwand bis 4% der BBMG zzgl. 1.800,00 € steuerfrei	Aufwand bis 4% der BBMG zzgl. 1.800,00 € für Neuverträge steuerfrei

Die steuerliche und sozialversicherungsrechtliche Behandlung der Beiträge hängt im Wesentlichen davon ab, ob es sich um eine Alt- oder Neuzusage handelt.

Von einer Altzusage spricht man, wenn die Vereinbarung zur betrieblichen Altersversorgung vor dem 01.01.2005 getroffen wurde. Demnach liegt eine Neuzusage vor, wenn die betriebliche Altersversorgung ab dem 01.01.2005 vereinbart wurde. Es ist nicht erforderlich, dass bereits im Jahr 2004 Beiträge geflossen sind.

Dagegen kann auch bei einem Arbeitgeberwechsel und der Mitnahme der Ansprüche einer Altzusage zum neuen Arbeitgeber weiterhin als Altzusage behandelt werden, wenn die wesentlichen Vertragsgrundlagen beibehalten werden.

Ab 01.01.2005 wird in § 3 Nr. 63 EStG die Steuerfreistellung der Beiträge zu einer betrieblichen Altersvorsorge geregelt. Die Beiträge sind steuerfrei zu behandeln, wenn

- die Versorgungszusage im ersten Dienstverhältnis gewährt wird,
- die Beiträge in kapitalgedeckter Form (Zahlung von Beiträgen) erhoben werden,
- die spätere Versicherungsleistung in Form einer lebenslangen Rente oder eines Auszahlungsplans mit Restverrentung festgelegt ist (Option zur Kapitalauszahlung ist unschädlich, so lange nicht ausgeübt)

- die Hinterbliebenenregelung entsprechend der gesetzlichen Rentenversicherung ausgelegt ist (keine Vererblichkeit der Ansprüche; Lebensgefährte wird als Hinterbliebener gewertet)
- der Arbeitnehmer bei einer Altzusage nicht auf die Steuerfreistellung der Beiträge verzichtet hat.

Die im Nachfolgenden genannten steuerfrei möglichen Beträge gelten jeweils im ersten Dienstverhältnis. Dies bedeutet, dass bei einem Arbeitgeberwechsel innerhalb eines Kalenderjahres die Beträge vollständig nochmals zur Verfügung stehen.

9.3.1 Pensionskassen Lohnsteuer

Beiträge zu Pensionskassen und Pensionsfonds sind grundsätzlich als Bestandteil des **steuerpflichtigen** Arbeitslohns zu behandeln und beim Lohnsteuerabzug entsprechend zu berücksichtigen.

4%-Grenze

Steuerfrei verbleibt gemäß § 3 Nr.63 EStG dabei jedoch ein Betrag von höchstens **4% der Beitragsbemessungsgrenze der gesetzlichen → Rentenversicherung** (West). Für 2012 entspricht dies einem jährlichen Betrag von 2.688,00 €.

Pauschalierung

Werden bei einer Altzusage höhere Beiträge geleistet, als durch die 4%-Grenze steuerfrei verbleiben können, kann der übersteigende Betrag bis zu weiteren 1.752,00 € jährlich mit 20% pauschal versteuert werden.

Zusätzlicher Festbetrag

Ab 2005 kann für Neuverträge ein zusätzlicher Festbetrag von 1.800,00 € steuermindernd in die Altervorsorge eingebracht werden.

Altverträge können nur insoweit weiterhin pauschal versteuert werden, als die Beiträge die 4%-Grenze überschreiten.

Daneben ist jedoch eine zusätzliche Anlage einer Neuzusage mit dem Höherbetrag von 1.800,00 € nicht möglich.

9.3.2 Pensionskassen Sozialversicherung

Sozialversicherungspflichtige Beiträge

Grundsätzlich sind Beiträge zu Pensionskassen und Pensionsfonds **beitragspflichtiges** → Arbeitsentgelt im Sinne der → Sozialversicherung. Unter bestimmten Bedingungen können jedoch Teile der Vorsorgebeiträge sozialversicherungsfrei bleiben.

- Vorsorgebeiträge, die durch zusätzliche Leistungen des Arbeitgebers oder durch Entgeltumwandlung vom Arbeitnehmer finanziert werden sind bis zu einer Grenze von 4% der Beitragsbemessungsgrenze der gesetzlichen Rentenversicherung beitragsfrei.
- Vorsorgebeiträge, die pauschal versteuert werden sind beitragsfrei, wenn sie aus zusätzlichen Leistungen des Arbeitgebers oder aus Barlohnumwandlung von Einmalzahlungen finanziert wurden.

9.3.3 Direktversicherungen Lohnsteuer

Direktinvestitionen als Kapitallebensversicherung

Für Direktversicherungsverträge in Form von Kapitallebensversicherungen sowie für Rentenversicherungsverträge, bei denen das Kapitalwahlrecht ausgeübt wurde, die vor dem 01.01.2005 abgeschlossen wurden, sind weiterhin die folgenden Regeln zur Pauschalierung und zur Ertragsbesteuerung anzuwenden.

Pauschalierung

Die Beiträge an eine Direktversicherung (Altvertrag) sind als **steuerpflichtiger Arbeitslohn** beim Lohnsteuerabzug zu berücksichtigen. Eine Steuerbefreiung nach § 3 Nr.63 EStG (4%-Grenze) ist zwar nicht möglich, die Lohnsteuer kann aber bis zu einem Betrag von 1.752,00 € im Jahr mit 20 % **pauschaliert** werden. Voraussetzung für die Pauschalierung der Lohnsteuer ist, dass die Direktversicherung dem Arbeitnehmer im Erlebensfall nicht vor seinem **59. Geburtstag** ausgezahlt wird und eine vorzeitige Kündigung ausgeschlossen ist. Arbeitnehmern, auf deren Steuerkarte die Steuerklasse VI eingetragen ist, sind von der Pauschalierungsmöglichkeit ausgenommen.

Direktversicherungen als Rentenversicherungen

Für Altverträge, die vor dem 1.01.2005 und als Rentenversicherungen mit Kapitalwahlrecht abgeschlossen wurden, jedoch die Voraussetzung von § 3 Nr. 63 EStG erfüllen, wurden zum 01.01.2005 automatisch steuerfrei. Der Arbeitnehmer konnte allerdings auf die Steuerfreiheit verzichten, um weiterhin die Pauschalversteuerung in Anspruch nehmen zu können. Neuverträge ab dem 01.01.2005 können nicht mehr pauschal versteuert werden, sind jedoch bis zu 4% der BBG zzgl. 1.800,00 € steuerfrei zu behandeln, sofern die Voraussetzungen von § 3 Nr. 63 EStG erfüllt sind.

9.3.4 Direktversicherungen Sozialversicherung

Für Beiträge zu Direktversicherungen wird hinsichtlich der Sozialversicherungspflicht nach Art der Finanzierung unterschieden. Beiträge zu Direktversicherungen sind:

sozialversicherungspflichtig

- soweit sie aus individuell (nach Lohnsteuerkarte) versteuertem Entgelt geleistet werden;

sozialversicherungsfrei

- soweit sie aus steuerfreien Beiträgen (Neuverträge oder Altverträge ohne ausgeübtes Kapitalwahlrecht) geleistet werden

oder

- soweit sie aus pauschal versteuerten Zusatzleistungen des Arbeitgebers (Altverträge mit Kapitalwahlrecht bzw. Kapitallebensversicherungen) stammen

oder

- soweit sie aus pauschal versteuerten Beiträgen, die durch Gehaltsumwandlung von Einmalbezügen finanziert werden, stammen.

Bezüglich der → Sozialversicherungsbeiträge gibt es bei der Pauschalierung von Direktversicherungsprämien einige Besonderheiten zu beachten. Dazu werden drei Arten der Prämienfinanzierung unterschieden. Sie werden im Folgenden anhand von Beispielen dargestellt.

Arbeitgeberleistungen zusätzlich zum Gehalt (Altverträge)

Beispiel
Jährliche Arbeitgeberleistungen zusätzlich zum Gehalt

Die KinoFilm AG hat im Mai 2004 zu Gunsten von Herrn Lehmann eine Direktversicherung (nach altem Recht) abgeschlossen. Der Beitrag in Höhe von 1.752,00 € wird zusätzlich zum normalen Gehalt gewährt und einmal jährlich an die Versicherungsgesellschaft überwiesen.

Beiträge zur betrieblichen Altersvorsorge, die der Arbeitgeber **zusätzlich zum laufenden Lohn/Gehalt** an eine Direktversicherung leistet und die pauschal versteuert werden sind **beitragsfrei** in der → Sozialversicherung.

zu Beispiel
Jährliche Arbeitgeberleistungen zusätzlich zum Gehalt

Mit der jährlichen Versicherungsprämie von 1.752,00 € hat die KinoFilm AG den maximal pauschal zu versteuernden Betrag voll ausgeschöpft. Die gesamte Prämie kann mit 20% pauschal versteuert werden und bleibt beitragsfrei in der Sozialversicherung.

pauschal versteuerbar		1.752,00 €
Lohnsteuerpauschale	1.752,00 € x 20% =	350,40 €
Solidaritätszuschlag	350,40 € x 5,5% =	19,27 €
Pauschale Kirchensteuer (siehe dazu Kapitel 5.2)	350,40 € x 7% =	24,52 €
pauschaler Steuerbetrag gesamt		**394,19 €**

Beispiel
monatliche Arbeitgeberleistungen zusätzlich zum Gehalt

Die ModeFix GmbH zahlt seit Oktober 2004 für Frau Lehmann zusätzlich zum Gehalt monatlich eine Prämie in Höhe von 200,00 € in eine Direktversicherung (Kapitallebensversicherung, Option zur Steuerfreiheit nicht möglich) ein. Im Jahr ergibt dies eine Beitragssumme von 2.400,00 € (12 x 200,00 €). Wie ist mit diesen Beiträgen, die die Pauschalierungsgrenze von 1.752,00 € im Jahr übersteigen steuer- und sozialversicherungsrechtlich umzugehen?

Beiträge über der Pauschalierungsgrenze

Grundsätzlich können Prämien unabhängig ihrer Höhe bis zur Pauschalierungsgrenze pauschal versteuert werden. Nur der Mehrbetrag unterliegt der Individualbesteuerung und somit auch der Beitragspflicht in der Sozialversicherung. Bei **monatlich gezahlten Versicherungsprämien**, die eine zusätzliche Leistung des Arbeitgebers darstellen, kann dies in der Lohn- und Gehaltsabrechnung auf unterschiedliche Weise verwirklicht werden:

- Die monatlichen Beiträge werden solange pauschal versteuert und bleiben sozialversicherungsfrei, bis die Jahresgrenze erreicht ist. In den dann folgenden Monaten sind die Prämien jeweils dem individuell versteuerten Arbeitsentgelt hinzuzurechnen und entsprechende Sozialversicherungsbeiträge abzuführen.
- Die Pauschalierungsgrenze wird auf eine Monatsgrenze heruntergerechnet (1.752,00 € : 12 = 146,00 €). Die monatlichen Beiträge zur Direktversicherung werden bis zur Höhe von 146,00 € pauschal versteuert und sozialversicherungsfrei gestellt. Der die Monatsgrenze überschreitende Prämienanteil wird dem individuell versteuerten → Arbeitsentgelt hinzugerechnet und ist beitragspflichtig in der Sozialversicherung.

zu Beispiel
monatliche Arbeitgeberleistungen zusätzlich zum Gehalt

Für Frau Lehmann sehen die beiden Varianten der Gehaltsabrechnung folgendermaßen aus:

Variante 1 - ausschöpfen der Pauschalierungsgrenze zu Beginn des Jahres

Von **Januar bis August** (8 x 200,00 € = 1.600,00 €) kann der Beitrag zur Direktversicherung pauschaliert werden und ist somit auch sozialversicherungsfrei.

Im **September** können nur noch 152.00 € pauschaliert werden (1.752,00 € - 1.600,00 € = 152,00 €). Der übersteigende Betrag von 48,00 € wird dem Gehalt zugerechnet, unterliegt somit der allgemeinen Lohnsteuer und ist sozialversicherungspflichtig.

Von **Oktober bis Dezember** werden monatlich 200,00 € dem Gehalt hinzugerechnet und unterliegen der allgemeinen Lohnsteuer und Sozialversicherung.

Variante 2 - verteilen der Pauschalierungsgrenze aufs Jahr

Von den 200,00 € werden monatlich 146,00 € pauschaliert und sind sozialversicherungsfrei. Der übersteigende Betrag von 54,00 € wird dem monatlichen laufenden Entgelt hinzugerechnet und unterliegt somit der allgemeinen Lohnsteuer- und Sozialversicherungspflicht.

Umwandlung von laufendem Gehalt (Altverträge)

Beispiel
Umwandlung von laufendem Gehalt

Herr Wichtigmann hat im Jahr 2004 über die ModeFix GmbH einen Vertrag zur Direktversicherung abgeschlossen. Der Arbeitgeber ist allerdings nicht bereit, die vorgesehen jährliche Versicherungsprämie zusätzlich zum Gehalt zu bezahlen. Herr Wichtigmann schloss daher den Vertrag über eine Jahressumme von 1.752,00 € ab und bezahlt die Beiträge monatlich durch Abzug von seinem laufendem Gehalt.

Werden die Beiträge zur Direktversicherung nicht zusätzlich zum Lohn/Gehalt gewährt, sondern aus einer **Barlohnumwandlung** finanziert, indem der Arbeitnehmer auf → **laufendes Gehalt/Lohn** verzichtet, so kann die Lohnsteuer zwar pauschaliert werden, die Versicherungsprämie ist jedoch in voller Höhe sozialversicherungspflichtig - unabhängig von einer möglichen Pauschalierung.

Umwandlung von Einmalzahlungen (Altverträge)

Beispiel
Umwandlung von Einmalzahlungen

Herr Wichtigmann hätte sich auch für eine andere Variante entscheiden können: Er vereinbart die Beitragszahlung in Höhe von 1.800,00 € im November zu leisten und das Weihnachtsgeld entsprechend umzuwandeln.

Werden die Beiträge zur Direktversicherung nicht zusätzlich zum Lohn/Gehalt gewährt, sondern aus einer **Barlohnumwandlung** finanziert, indem der Arbeitnehmer auf Lohn/Gehalt im Rahmen einer → **Einmalzahlung** verzichtet, so ist die Versicherungsprämie bis zur Höhe der Pauschalierungsgrenze sozialversicherungsfrei.

Die ModeFix GmbH kann die Lohnsteuer für den Versicherungsbeitrag bis zur Pauschalierungsgrenze von 1.752,00 € pauschalieren. Der übersteigende Betrag von 48,00 € muss entsprechend versteuert und verbeitragt werden.

zu Beispiel
Umwandlung von Einmalzahlungen

Reicht die Einmalzahlung nicht aus um die Versicherungsprämie abzudecken, handelt es sich bei den übersteigenden Betrag um Umwandlung vom laufenden Gehalt.

Herr Wichtigmann erhält ein Weihnachtsgeld in Höhe von 1.500,00 €. Es können daher nur 1.500,00 € als Umwandlung von Einmalzahlungen behandelt werden.
Die restlichen 300,00 € müssen als Umwandlung von laufendem Gehalt behandelt werden.

zu Beispiel
Umwandlung von Einmalzahlungen

9.3.5 Gruppendirektversicherung

Bei Direktversicherungen (Altvertrag) gibt es außerdem noch die Möglichkeit der Pauschalierung der Lohnsteuer mit 20% bei Gruppenverträgen.

Die Voraussetzungen sind:

- Mehrere Arbeitnehmer sind gemeinsam in einer Versicherung versichert
- Der durchschnittliche Jahresbeitrag je Arbeitnehmer übersteigt nicht 1.752,00 €

Bei der Ermittlung des durchschnittlichen Jahresbeitrags sind Arbeitnehmer, deren Jahresbeitrag 2.148,00 € übersteigt, nicht zu berücksichtigen.

Beispiel
Gruppendirektversicherung

Ein Arbeitgeber hat im Jahr 2003 für 8 Arbeitnehmer eine Gruppen-Direktversicherung abgeschlossen. Die Beiträge für die einzelnen Arbeitnehmer betragen:

3 Arbeitnehmer	à	1.200,00 €
4 Arbeitnehmer	à	2.000,00 €
1 Arbeitnehmer	à	2.500,00 €

Der Jahresbeitrag in Höhe von 2.500,00 € wird in die Durchschnittsberechnung nicht mit einbezogen. Von dem Beitrag können u. U. für diesen Arbeitnehmer 1.752,00 € pauschal versteuert werden, der restliche Beitrag ist mit den entsprechenden Merkmalen der Lohnsteuerkarte des Arbeitnehmers zu versteuern (vgl. hierzu 9.3.3).

Die Beiträge der anderen Arbeitnehmer sind in die Prüfung mit einzubeziehen:

3 Arbeitnehmer x 1.200,00 €	3.600,00 €	
4 Arbeitnehmer x 2.000,00 €	8.000,00 €	
Gesamtbeitrag	11.600,00 €	/ 7 Arbeitnehmer = 1.657,14 €

Der durchschnittliche Jahresbeitrag pro Arbeitnehmer übersteigt die Grenze von 1.752,00 € nicht, so dass hier die Pauschalversteuerung vorgenommen werden kann.

Praxisübungen

Die Lösungen finden Sie im Band „**Lohn und Gehalt 1 - Übungen und Musterklausuren**" dieser Fachbuchreihe.

Aufgabe 1: Formen der betrieblichen Altersvorsorge

◆ **Beantworten Sie die folgenden Fragen.**

a) Welche Vorsorgeformen gibt es bei der betrieblichen Altersversorgung?

....

....

....

b) Wie werden bei den Anlageformen Pensionskasse und Direktversicherung steuerrechtlich behandelt

....

....

....

Aufgabe 2: Finanzierung der betrieblichen Altersvorsorge

◆ **Beantworten Sie folgende Fragen.**

a) Welche Finanzierungsmöglichkeiten gibt es für eine betriebliche Altersvorsorge?

....

....

....

b) Wie muss eine Direktversicherung (Altvertrag) finanziert werden, damit ihre Beiträge sozialversicherungsfrei sind?

....

....

....

c) Eine Arbeitnehmerin zahlt monatlich 360,00 € in eine Pensionskasse ein. Die Finanzierung erfolgt über laufenden Gehaltverzicht. Die Arbeitnehmerin erzielt ein laufendes monatliches Bruttogehalt von 3.900,00 €. Ermitteln Sie das Steuer- und das Sozialversicherungsbrutto.

Aufgabe 3: Pauschalierung bei Direktversicherung

- **Erstellen Sie die Lohnabrechnung für November.**

Harald Müller arbeitet in München. Er hat Anspruch auf ein monatliches Gehalt in Höhe von 4.400,00 €. Darüber hinaus erhält er vermögenswirksame Leistungen in Höhe von 40,00 € monatlich, die er auch zweckentsprechend verwendet. Im Abrechnungsmonat November erhält er ein arbeitsvertraglich vereinbartes Weihnachtsgeld in Höhe von 3.000,00 €. Einen Teil des Weihnachtsgeldes verwendet er für eine Direktversicherung, die vor dem 1.01.2005 abgeschlossen wurde. Die Prämie in Höhe von 1.752,00 € sowie die darauf entfallenden pauschalen Steuern muss Herr Müller selbst tragen. Im Juni hatte Herr Müller ein zusätzliches freiwilliges Urlaubsgeld in Höhe von 2.000,00 € erhalten.

Herr Müller hat die Steuerklasse III / 1,0 / ev. Auf seiner Lohnsteuerkarte ist ab 01.07. des Jahres ein Freibetrag in Höhe von monatlich 1.000,00 € / jährlich 6.000,00 € eingetragen. Die Kirchensteuer im Fall der Pauschalversteuerung ermittelt die Firma pauschal. Er ist bei der AOK gesetzlich versichert.

10

Besondere Abrechnungsgruppen

In diesem Kapitel erfahren Sie, welche Besonderheiten bei der Lohn- und Gehaltsabrechnung für Abrechnungsgruppen wie ältere Arbeitnehmer, Auszubildende oder Studenten steuer- und sozialversicherungsrechtlich beachtet werden müssen.

Inhalt

- Mehrfach beschäftigte Arbeitnehmer
- Ältere Arbeitnehmer
- Auszubildende
- Geringfügig entlohnte Beschäftigte
- Kurzfristig Beschäftigte
- Beschäftigte in der Gleitzone
- Beschäftigung von Schülern und Studenten
- Duale Studiengänge (Exkurs)

10.1 Mehrfach beschäftigte Arbeitnehmer

Ist ein Arbeitnehmer gleichzeitig bei mehreren Arbeitgebern beschäftigt, spricht man von einer Mehrfachbeschäftigung. Eine echte Mehrfachbeschäftigung liegt vor, wenn

- der Arbeitnehmer tatsächlich bei verschiedenen Arbeitgebern beschäftigt ist
- und diese Beschäftigungsverhältnisse sozialversicherungsrechtlich in den einzelnen Zweigen zusammengerechnet werden müssen.

Übt der Arbeitnehmer beim selben Arbeitgeber mehrere Tätigkeiten aus, so liegt nur eine Beschäftigung vor, auch wenn z.B. für die unterschiedlichen Tätigkeiten verschiedene Arbeitsverträge bestehen.

10.1.1 Steuerliche Besonderheiten bei Mehrfachbeschäftigten

Soweit der Arbeitslohn nicht pauschal versteuert werden kann, muss der Arbeitnehmer eine Lohnsteuerkarte vorlegen. Da jedoch nur einem Arbeitgeber die erste Lohnsteuerkarte vorgelegt werden kann, ist jede weitere Beschäftigung nach Lohnsteuerklasse VI abzurechnen. Der Arbeitnehmer kann wählen, welchem Arbeitgeber er welche Lohnsteuerkarte vorlegt. Auch die Möglichkeit zur Eintragung eines Freibetrages i.V.m. der Eintragung eines Hinzurechnungsbetrages auf der ersten Lohnsteuerkarte ist gegeben. Vergleiche hierzu Kapitel 3Kapitel 3.

10.1.2 Sozialversicherungsrechtliche Besonderheiten bei Mehrfachbeschäftigten

Es ist zu prüfen, in welchem der Zweige der Arbeitnehmer in der jeweiligen Beschäftigung versicherungspflichtig ist (vgl. hierzu auch die nachfolgenden besonderen Personengruppen sowie Kapitel 3).

Liegt eine Mehrfachbeschäftigung vor, so hat das u. U. Auswirkungen auf die Anwendung der Gleitzone, der Geringfügigkeitsrichtlinien, die Anwendung der Beitragsbemessungs- und Jahresarbeitsentgeltgrenze. Zur Anwendung in der Gleitzone und den Geringfügigkeitsrichtlinien vgl. nachfolgende Ausführungen in Kapitel 10.5 und Kapitel 10.7.

Der Arbeitnehmer ist über eine Krankenkasse zu führen. Jeder Arbeitgeber muss die entsprechenden Meldungen und die Beiträge an diese Kasse melden und abführen; die Wahl verschiedener Krankenkassen ist nicht möglich.

Beitragsberechnung

Die Beiträge zur Sozialversicherung werden bei jedem Arbeitgeber anhand des beitragspflichtigen Entgelts ermittelt.

Beitragsbemessungsgrenze

Liegt das Arbeitsentgelt jedoch in Summe über der Beitragsbemessungsgrenze, so sind die Beiträge insgesamt maximal aus dieser zu berechnen. Jeder Arbeitgeber vermindert das Arbeitsentgelt im Verhältnis zum Gesamtarbeitsentgelt.

Beispiel

Herr Kunze ist bei der ModeFix GmbH und bei der Stoffgroßhandel OHG jeweils als Außendienstmitarbeiter beschäftigt. Bei der ModeFix GmbH erhält er monatlich brutto 2.000,00 € und bei der Stoffgroßhandel OHG monatlich brutto 2.100,00 €. Herr Kunze ist versicherungspflichtig in allen Zweigen der Sozialversicherung und das Gesamtarbeitsentgelt übersteigt mit 4.100,00 € die Beitragsbemessungsgrenze in der Kranken- und Pflegeversicherung.

Die Bemessungsgrundlage für die Beitragsberechnung in der Kranken- und Pflegeversicherung ermittelt sich wie folgt:

ModeFix GmbH: $\frac{3.825{,}00\ € \times 2.000{,}00\ €}{4.100{,}00\ €} = 1.865{,}85\ €$

Stoffgroßhandel OHG: $\frac{3.825{,}00\ € \times 2.100{,}00\ €}{4.100{,}00\ €} = 1.959{,}15\ €$

3.825,00 €

Für diese Berechnung muss dem Arbeitgeber das Entgelt aus der anderen Beschäftigung bekannt sein. Grundsätzlich ist der Arbeitnehmer hier zur Auskunft verpflichtet. Ab dem Jahr 2012 wird dies durch eine entsprechende elektronische monatliche Meldung an die Krankenkasse und eine Rückmeldung durch die Krankenkasse ersetzt (vgl. hierzu Kapitel 12.1).

Jahresarbeitsentgeltgrenze

Übersteigt das Gesamtarbeitsentgelt die Jahresarbeitsentgeltgrenze, ist der Arbeitnehmer in der Kranken- und Pflegeversicherung nicht versicherungspflichtig. Jeder Arbeitgeber ist jedoch zur Zuschusszahlung verpflichtet (vgl. hierzu Kapitel 4). Der Zuschuss ist auch hier anteilig im Verhältnis zum Gesamtarbeitsentgelt zu leisten.

10.2 Ältere Arbeitnehmer

10.2.1 Steuerliche Besonderheiten bei Älteren Arbeitnehmern § 24a EStG

Beispiel
Besonderheiten bei Älteren Arbeitnehmern

Die ModeFix GmbH beschäftigt die Herren Sauber (Jahrgang 1940/ Altersvollrentner) und Müller (Jahrgang 1941). Sie erhalten beide eine monatliche Vergütung von 1.000,00 €. Was ist bei der Lohnabrechnung zu beachten?

Altersentlastungsbetrag

Bei der Beschäftigung von älteren Arbeitnehmern sind für die Lohn- und Gehaltsrechnung einige Besonderheiten zu beachten. Wenn der Steuerzahler am 1. Januar des Jahres das **64. Lebensjahr** vollendet hat, kommt der **Altersentlastungsbetrag** zum tragen. Dabei handelt es sich um einen steuerlichen Freibetrag auf die Einkommensteuer, der für das gesamte Kalenderjahr gewährt wird. Der Altersentlastungsbetrag ist nicht als Freibetrag auf der Lohnsteuerkarte eingetragen.

Höhe des Altersentlastungsbetrages

Die Höhe des Altersentlastungsbetrages wird als Prozentsatz des → **Bruttoarbeitslohns** zuzüglich der positiven Summe der übrigen Einkünfte (z.B. Kapitaleinkünfte, Einkünfte aus Vermietung und Verpachtung usw.) angesetzt, ist jedoch auf einen Maximalbetrag im Jahr begrenzt. Der Altersentlastungsbetrag sinkt seit 2005 in Folge des Alterseinkünftegesetzes sowohl hinsichtlich des Prozentsatzes als auch hinsichtlich des Höchstbetrages kontinuierlich ab. Maßgebliches Jahr ist das auf die Vollendung des 64. Lebensjahres folgende Kalenderjahr. Der bei Erreichen der Altersgrenze maßgebliche (persönliche) Prozentsatz wird jeweils auch in den Folgejahren beibehalten.

Maßgebl.	Altersentlastungsbetrag	
Jahr	in % der Einkünfte	jährlicher Höchstbetrag
2005	40,0	1.900,00 € (aufgerundet mtl. 159,00 €)
2006	38,4	1.824,00 €
2007	36,8	1.748,00 €
2010	32,0	1.520,00 €
2011	30,4	1.444,00 €
2012	28,8	1.368,00 €
...		
2039	0,8	38,00 €
2040	0,0	0,00 €

Bemessungsgrundlage

Bei → Arbeitnehmern wird zunächst nur der steuerpflichtige Bruttolohn als → Bemessungsgrundlage herangezogen. Weitere Einkünfte können erst bei einer **Einkommensteuererklärung** geltend gemacht werden. Zu beachten ist, dass folgende Einkünfte nicht als Bemessungsgrundlage herangezogen werden können, da sie bereits anderweitig steuerbegünstigt sind:

- Pauschal besteuerter Arbeitslohn
- Steuerfreie Einkünfte
- Versorgungsbezüge (z.B. Pensionen)

Lohnzahlungszeiträume

Die Höchstgrenze des Altersentlastungsbetrages wird für die unterschiedlichen **Lohnzahlungszeiträume** entsprechend der Jahresgrenze ermittelt. Dabei wird ein Monat mit 1/12 der Jahresgrenze, ein Tag mit 1/30 der Monatsgrenze und eine Woche mit 7/30 der Monatsgrenze gewertet. Wird der Höchstbetrag in einem Lohnzahlungszeitraum nicht ausgeschöpft, kann der Restbetrag nicht auf den nächsten Zahlungszeitraum übertragen werden. Ein entsprechender Ausgleich ist nur am Ende eines Jahres durch einen **Lohnsteuerjahresausgleich** durch den Arbeitgeber oder im Rahmen einer privaten **Einkommensteuererklärung** des Arbeitnehmers möglich.

Berücksichtigung beim Lohnsteuerabzug

Der anhand des Bruttolohns ermittelte Altersentlastungsbetrag wird bei der Lohn- und Gehaltsrechnung wie ein Freibetrag auf der → Lohnsteuerkarte behandelt, d.h. er wird **vor Anwendung der → Lohnsteuertabelle** vom Bruttolohn abgezogen.

zu Beispiel
Besonderheiten bei Älteren Arbeitnehmern

Herr Müller, ist am 10.01.1942 geboren. Somit ist das erste Jahr, in dem er zum Stichtag (01.01. eines jeden Jahres) das 64. Lebensjahr vollendet hat, das Jahr 2006. Sein Altersentlastungsbetrag beträgt ab 2006 (und alle Folgejahre) 38,4%, höchstens jedoch 152,00 € im Monat.

Herr Sauber ist am 27.12.1940 geboren. Somit ist das erste Jahr, in dem er zum Stichtag (01.01. eines jeden Jahres) das 64. Lebensjahr vollendet hat, das Jahr 2005. Sein Altersentlastungsbetrag beträgt ab 2005 (und alle Folgejahre) 40%, höchstens jedoch 159,00 € im Monat.

10.2.2 Sozialversicherung bei älteren Arbeitnehmern

In der Sozialversicherung, genauer in der Arbeitslosenversicherung, gibt es für ältere Arbeitnehmer verschiedene Sonderregelungen.

Bei Arbeitnehmern, die das 55. Lebensjahr vollendet haben und zuvor arbeitslos waren, ist der Arbeitgeber von seiner Beitragspflicht in die Arbeitslosenversicherung befreit. Nur der Beitrag des Arbeitnehmers ist zu berechnen und an die Krankenkasse abzuführen. Diese Regelung gilt jedoch zum einen nur für Beschäftigungsverhältnisse, die bis zum 31.12.2007 begründet wurden und zum anderen darf dieser Arbeitnehmer zuvor noch nicht bei diesem Arbeitgeber beschäftigt gewesen sein.

Ab 01.05.2007 wurde eine neue, jedoch befristete, Möglichkeit für den Arbeitnehmer geschaffen. Arbeitnehmer, die das 50. Lebensjahr vollendet haben und zuvor arbeitslos waren oder die Arbeitslosigkeit durch die Aufnahme einer sozialversicherungspflichtigen Beschäftigung vermieden werden kann, haben Anspruch auf Bezuschussung in bestimmten Grenzen durch die Arbeitsagentur. Diese Neuerung ist jedoch vorläufig auf Beschäftigungsverhältnisse beschränkt, die bis zum 31.12.2009 aufgenommen werden. Daraus ergeben sich für die Lohnabrechnung beim Arbeitgeber jedoch keine eigenen Regelungen. Dieser Arbeitnehmer ist in allen Zweigen voll sozialversicherungspflichtig.

Bei Arbeitnehmern, die das 65. Lebensjahr vollendet haben, ist der Arbeitnehmer von seiner Beitragspflicht in die Arbeitslosenversicherung befreit. Nur der Beitrag des Arbeitgebers ist zu berechnen und an die Krankenkasse abzuführen.

10.3 Beschäftigung von Altersrentnern

10.3.1 Steuerliche Besonderheiten bei Altersrentnern

Rentenausweis

Beschäftigte Rentner müssen dem Arbeitgeber bei Beginn der Beschäftigung sowie bei Änderung der Rentenart den Rentenausweis vorlegen bzw. bei Wegfall der Rente, dies dem Arbeitgeber mitteilen.

Der Rentenausweis wird dem Rentner mit dem Rentenbescheid durch den Rentenversicherungsträger ausgestellt. Der Rentenausweis enthält folgende Angaben:

- Vor- und Zuname
- Geburtsdatum
- Sozialversicherungsnummer
- Beginn der Gültigkeit

Auf dem Rentenausweis ist allerdings nicht ersichtlich, welche Art von Rente der Beschäftigte bezieht, z.B. Altersvollrente, Erwerbsunfähigkeitsrente, etc. Hierzu benötigt der Arbeitgeber vom Arbeitnehmer gesonderte Informationen.

Wie auch bei sonstigen älteren Arbeitnehmern ist der Altersentlastungsbetrag anzuwenden.

Außerdem ist die Besondere Lohnsteuertabelle anzuwenden, da Altersrentner (s. Sozialversicherung) nicht mehr rentenversicherungspflichtig in ihrer Beschäftigung sind.

10.3.2 Sozialversicherung von Altersrentnern

Die Beitragspflicht von beschäftigten Altersrentnern ist in den einzelnen Zweigen der → Sozialversicherung unterschiedlich geregelt.

Rentenversicherung

Das → Arbeitsentgelt beschäftigter Altersvollrentner ist in der → **Rentenversicherung** beitragsfrei. Wird lediglich eine Teilrente bezogen, so ist das zusätzliche Arbeitsentgelt in der Rentenversicherung beitragspflichtig.

Die Beitragsbefreiung gilt in jedem Fall jedoch nur für den Arbeitnehmer. Der → **Arbeitgeber** hat den entsprechenden Arbeitgeberanteil zur Rentenversicherung abzuführen, unabhängig davon, ob der beschäftigte Altersrentner beitragsfrei ist oder nicht.

Kranken- und Pflegeversicherung

Wenn ein Altersrentner Arbeitsentgelt bezieht, das die Geringfügigkeitsgrenze von 400,00 € monatlich übersteigt, so ist dieses grundsätzlich **kranken- und pflegeversicherungspflichtig**. Unerheblich ist dabei, ob der Rentner das 65. Lebensjahr vollendet hat und ob er eine Voll- oder Teilrente bezieht. In der Krankenversicherung wird für Altersrentner der **ermäßigte Beitragssatz** angewendet.

Wird durch Altersrente und zusätzliches Arbeitsentgelt die → **Beitragsbemessungsgrenze** in der → Krankenversicherung überschritten, so werden die Beiträge dennoch vom vollen Arbeitsentgelt berechnet. Eine **Erstattung** der zuviel gezahlten Beiträge kann erst im Nachhinein auf Antrag erfolgen.

Arbeitslosenversicherung

Wenn ein Altersrentner Arbeitsentgelt bezieht, das die Geringfügigkeitsgrenze von 400,00 € monatlich übersteigt, so ist dieses grundsätzlich beitragspflichtig zur → **Arbeitslosenversicherung**. Erst mit der Vollendung des **65. Lebensjahres** sind zusätzliche Arbeitseinkommen nicht mehr arbeitslosenversicherungspflichtig. Die Beitragsfreiheit tritt dann mit dem Monat in Kraft, der auf den 65. Geburtstag des Beschäftigten fällt.

Wenn das Arbeitsentgelt beitragsfrei ist, muss der **Arbeitgeber** dennoch den Arbeitgeberanteil der Arbeitslosenversicherungsbeiträge zahlen, als würde es sich um beitragspflichtiges Arbeitsentgelt handeln.

Unabhängig der Besteuerung und Beitragserhebung für die → Sozialversicherung ist bei Einkünften, die neben einer vorgezogenen Altersrente bezogen werden zu beachten, dass die Höhe des Entgeltes Auswirkungen auf die **Rentenansprüche**, d.h. auf die Gewährung bzw. die Höhe der Rente haben kann. Der Gesetzgeber hat dazu bestimmte **Hinzuverdienstgrenzen** festgelegt, bis zu denen Arbeitsentgelt ohne Anrechnung auf die Rente bezogen werden kann. Auf die Lohn- und Gehaltsabrechnung haben diese Hinzuverdienstgrenzen jedoch keinen Einfluss.

zu Beispiel
Besonderheiten bei Älteren Arbeitnehmern

Folgende Übersicht zeigt die Sozialversicherungsbeiträge für Herrn Sauber (Altersvollrentner, 69 Jahre, 2 erwachsene Kinder).

	Kranken-versicherung	Pflege-versicherung	Renten-versicherung	Arbeitslosen-versicherung
beitragspfl. Brutto	1.000,00 €	1.000,00 €	1.000,00 €	1.000,00 €
x Beitragssatz	ermäßigter Satz 14,90%	1,95%	19,60%	3,00%
Arbeitnehmeranteil	79,00 €	9,75 €	- €	- €
Arbeitgeberanteil	70,00 €	9,75 €	98,00 €	15,00 €

10.4 Auszubildende BBiG

Die ModeFix GmbH beschäftigt die 20jährige Auszubildende Melanie Mollig, die vor zwei Monaten ihre Berufsausbildung begonnen hat. Da Melanie Abitur hat, wird sie ihre Ausbildungszeit verkürzen. Die ModeFix GmbH zahlt ihren Auszubilden im ersten Lehrjahr 300,00 €, im zweiten Lehrjahr 400,00 € und im dritten Lehrjahr 500,00 € monatliches Entgelt.
Welches Entgelt erhält Melanie Mollig am Beginn ihrer Ausbildung und wie wird die Vergütung steuerlich und sozialversicherungsrechtlich behandelt?

Beispiel
Besonderheiten bei Auszubildenden

10.4.1 Arbeitsrechtliche Grundlagen und Ausbildungsvergütung

Rechtliche Grundlagen

Auszubildende sind nicht in einem normalen → Arbeitsverhältnis angestellt, sondern in einem so genannten **Berufsausbildungsverhältnis**. Die Regelungen des Arbeitsrechts werden daher durch besondere Bestimmungen des Berufsausbildungsgesetztes ergänzt und zum Teil verschärft. So gilt für Auszubildende etwa ein **besonderer Kündigungsschutz** oder die Verpflichtung zur Durchführung von Untersuchungen der **gesundheitlichen Eignung** für einen Beruf. Des Weiteren sind viele Auszubildende noch minderjährig, d.h. auch das **Jugendarbeitsschutzgesetz** muss berücksichtigt werden.

Angemessene Ausbildungsvergütung

Auch für die Lohn- und Gehaltsabrechnung stellen Auszubildende eine besondere Gruppe von → Arbeitnehmern dar. Nach § 10 Abs. 1 Satz 1 BBiG hat der → Arbeitgeber einem Auszubildenden eine angemessene **Vergütung** zu zahlen. Sind die Ausbildungsvergütungen nicht tarifvertraglich festgelegt, so gilt im Allgemeinen eine Vergütung als angemessen, die nicht mehr als 20 % unter der Empfehlung der entsprechenden Kammern und Innungen liegt.

Teilzahlungsmonate

In § 18 BBiG ist außerdem geregelt, dass sich die Ausbildungsvergütung nach Monaten bemisst und die Vergütung für einzelne Tage zu 1/30 zu rechnen ist. Es ist also bei Teilzahlungsmonaten nicht mit den tatsächlichen Arbeitstagen bzw. -stunden, sondern mit fiktiven Kalendertagen zu rechnen.

Verkürzte Ausbildung

Eine besondere Schwierigkeit ergibt sich mit der Möglichkeit, die Ausbildungszeit zu verkürzen. Das Bundesarbeitsgericht hat hierzu entschieden, dass die Ausbildung stets im **ersten** Lehrjahr beginnt und entsprechend zu vergüten ist. Die Annahme, dass Lehrlinge mit verkürzter Ausbildung sofort mit dem zweiten Lehrjahr beginnen und eine entsprechend höhere Vergütung erhalten müssten, ist daher falsch. Anders sieht es aus, wenn nicht nur die Ausbildungszeit verkürzt wird, sondern dem Lehrling bestimmte **qualifizierte Vorbildung** auf die Ausbildungszeit angerechnet wird. In diesem Fall kann es sein, dass der Auszubildende tatsächlich unmittelbar mit dem **zweiten** Lehrjahr beginnt und er das dementsprechend höhere Entgelt erhält.

10.4.2 Gesundheitsbescheinigung

Gesundheitliche Eignung Jugendlicher

Jugendliche Auszubildende genießen durch das Jugendarbeitsschutzgesetz einen besonderen Schutz. Dieser sieht auch eine **ärztliche Untersuchung** vor Ausbildungsbeginn vor. Dabei soll festgestellt werden, ob der Jugendliche die angestrebte Berufsausbildung absolvieren kann, ohne dass **gesundheitliche Schäden** zu befürchten sind. Eine weitere Pflichtuntersuchung ist im 4. Quartal des ersten Ausbildungsjahres durchzuführen. Darüber hinaus kann der Arzt weitere Nachuntersuchungen anordnen.

Gesundheitsbescheinigung/ Gesundheitszeugnis

Das Ergebnis der jeweiligen Untersuchung wird in einer formellen **Gesundheitsbescheinigung** dokumentiert, die vom untersuchenden Arzt ausgestellt wird. Die Gesundheitsbescheinigung wird auch als **Gesundheitszeugnis** bezeichnet, ist aber nicht mit dem Gesundheitszeugnis nach dem Infektionsschutzgesetz (siehe folgender Abschnitt) zu verwechseln. Sie wird vom Arbeitgeber für die Zeit der Berufsausbildung, längstens aber bis zum vollendeten 18. Lebensjahr des Jugendlichen aufbewahrt. Bei Beendigung des Ausbildungsverhältnisses hat der Arbeitgeber dem jugendlichen Auszubildenden die Gesundheitsbescheinigung auszuhändigen.

10.4.3 Steuern und Sozialversicherung

Lohnsteuerabzug für Auszubildende

Im steuerlichen Sinne sind Auszubildende normale Arbeitnehmer, für die ein **individueller → Lohnsteuerabzug** anhand der → Lohnsteuerkarte und den → Lohnsteuertabellen vorgenommen wird. Der → Arbeitgeber berechnet dabei die gesetzlichen → Steuerabzüge vom → Bruttoarbeitslohn und führt diese an das Finanzamt ab.

Eine Besonderheit ist, dass die Pauschalierungsmöglichkeiten für geringfügig entlohnte Beschäftigungsverhältnisse **nicht** für Ausbildungsbeschäftigungen gelten, deren Entgelt die Geringfügigkeitsgrenze von 400,00 € im Monat nicht übersteigt. Ausbildungsvergütungen unterliegen somit stets dem individuellen Lohnsteuerabzug, selbst wenn sie die Geringfügigkeitskriterien erfüllen.

Sozialversicherung für Auszubildende

Mit dem Beginn der Berufsausbildung erhalten Auszubildende ein eigenes Einkommen. Sie können somit nicht mehr in der Familienversicherung der Eltern mitversichert sein, sondern werden selbst **versicherungspflichtig** in der → Kranken-, → Pflege-, → Renten- und → Arbeitslosenversicherung. Zudem besteht auch für Auszubildende die Versicherungspflicht in der gesetzlichen Unfallversicherung.

Auch wenn die Eltern bisher eine private Krankenversicherung auf das Kind abgeschlossen hatten, tritt mit Beginn der Ausbildung die Versicherungspflicht in der gesetzlichen → Sozialversicherung ein, soweit der Auszubildende mit seinen Einkünften nicht die gültigen Jahresarbeitsentgeltgrenzen überschreitet.

Beiträge

Die Beiträge zur Sozialversicherung werden für Auszubildende wie für normale Arbeitnehmer anhand des beitragspflichtigen Arbeitsentgeltes berechnet. Dabei werden die vollen Beitragssätze zugrunde gelegt. Eine Pauschalierung der Beiträge für Entgelte bis 400,00 € im Monat ist für Auszubildende **nicht** möglich. Auch die Anwendung der Gleitzonenregelung ist **nicht** möglich.

In der Regel werden die Beiträge zur Kranken-, Pflege-, Renten- und Arbeitslosenversicherung jeweils zur Hälfte vom Arbeitgeber und vom Auszubildenden getragen; es sei denn das monatliche Entgelt beträgt nicht mehr als 325,00 € (so genannte **Geringverdiener**). In diesem Fall trägt allein der Arbeitgeber die vollen Beiträge zur Sozialversicherung, auch die Zusatzbeiträge zur Krankenversicherung und gegebenenfalls Pflegeversicherung.

zu Beispiel
Besonderheiten bei Auszubildenden

Die Auszubildende Melanie Mollig (20 Jahre alt) beginnt ihre Ausbildung bei der ModeFix GmbH trotz Verkürzung im ersten Lehrjahr. Sie erhält damit eine Vergütung von 300,00 € im Monat.

Auszubildendenvergütung		300,00 €
Steuerabzugsbeträge	Steuerklasse I	0,00 €
Nettovergütung		300,00 €

Die Arbeitgeberbelastung an Sozialversicherungsbeiträge beläuft sich auf:

Krankenversicherung	300,00 €	x	15,5%	46,50 €
Rentenversicherung	300,00 €	x	19,6%	58,80 €
Arbeitslosenversicherung	300,00 €	x	3,0%	9,00 €
Pflegeversicherung	300,00 €	x	1,95%	5,85 €

Bei Überschreiten der Geringverdienergrenze aufgrund von Sonderzahlungen (z.B. Weihnachtsgeld) trägt der Arbeitgeber die Beiträge bis zur Bemessungsgrundlage von 325,00 € alleine. Für den darüber hinausgehenden Betrag werden die Beiträge nach den allgemeinen Regelungen aufgeteilt.

Beispiel
Besonderheiten von Sonderzahlungen bei Auszubildenden

Melanie Mollig erhält im Monat November ein Weihnachtsgeld in Höhe von 300,00 €.

In der Lohnabrechnung wird Frau Mollig an den Sozialversicherungsbeiträgen wie folgt beteiligt:

Auszubildendenvergütung	300,00 €
Weihnachtsgeld	300,00 €
Gesamtbrutto	600,00 €
Steuerabzugsbeträge lfd. Arbeitslohn Steuerklasse I	0,00 €
Steuerabzugsbeträge sonstiger Bezug	0,00 €

Krankenversicherung	275,00 €	x	8,2%	22,55 €
Rentenversicherung	275,00 €	x	9,8%	26,95 €
Arbeitslosenversicherung	275,00 €	x	1,5%	4,13 €
Pflegeversicherung	275,00 €	x	0,975%	2,68 €
Nettovergütung				543,69 €

Die ModeFix trägt alleine die vollen Beiträge aus 325,00 € sowie den Arbeitgeberanteil für 275,00 €.

10.5 Geringfügig entlohnte Beschäftigte

Normalerweise unterliegt jede abhängige Beschäftigung der Steuer- und Sozialversicherungspflicht. Im Unterschied zu Voll- oder Teilzeitarbeitsverhältnissen sind **geringfügige** Beschäftigungsverhältnisse jedoch besonderen Regelungen in der Lohnbesteuerung und Sozialversicherungspflicht unterworfen, mit denen → Arbeitnehmer entlastet werden sollen. Damit trägt der Gesetzgeber dem Umstand Rechnung, dass z.B. Aushilfstätigkeiten oder Nebenjobs keine berufsmäßigen Tätigkeiten darstellen, die dauerhaft auf den Erwerb des Lebensunterhalts ausgerichtet sind.

10.5.1 Geringfügigkeitsgrenze für Mini-Jobs §§ 8, 8a SGB IV

Regelmäßiges monatliches Arbeitsentgelt

Beispiel
Regelmäßiges monatliches Arbeitsentgelt für Mini-Jobs

> Die ModeFix beschäftigt seit einem halben Jahr eine Schneiderin. Sie arbeitet jeweils montags bis freitags 2 Stunden und erhält einen Stundenlohn in Höhe von 8,50 €. Zum 17.03. scheidet die Schneiderin auf eigenen Wunsch aus dem Unternehmen aus.
> Handelt es sich bei der Beschäftigung um eine geringfügige Beschäftigung?

Geringfügig entlohnte Beschäftigung

Eine Begriffsbestimmung der auch als **Mini-Jobs** bezeichneten geringfügig entlohnten Beschäftigungsverhältnisse findet sich in §8 Abs. 1 Nr. 1 SGB IV. Danach liegt eine geringfügige Beschäftigung vor, wenn das → Arbeitsentgelt aus dieser Beschäftigung regelmäßig im Monat 400,00 € nicht übersteigt. Dabei werden Bezüge, die vom Arbeitgeber nach § 40 Abs. 2 EStG pauschal versteuert werden, nicht dem Arbeitsentgelt zugerechnet (z.B. Mahlzeiten im Betrieb, Zuschüsse für Fahrten zwischen Wohnung und Arbeitsstätte u. a. (siehe dazu auch Kapitel 5)).

Bei schwankenden Arbeitsentgelten, z.B. aufgrund von Stundenlohn oder saisonbedingten unterschiedlichen Arbeitszeiten, ist darauf zu achten, dass bei Beginn des Beschäftigungsverhältnisses der Jahresarbeitslohn geschätzt werden muss. Auch während des Beschäftigungsverhältnisses muss geprüft werden, ob die 400-Euro-Grenze im Durchschnitt weiter eingehalten wird.

Wird die Grenze im Laufe des Jahres überschritten und ist absehbar, dass auch die Jahresgrenze überschritten wird, ist der Arbeitnehmer ab diesem Zeitpunkt nicht mehr geringfügig beschäftigt. Das Beschäftigungsverhältnis wird dann, sofern der Arbeitgeber seinen Prüfpflichten nachgekommen ist, nicht rückwirkend sozialversicherungspflichtig gestellt.

Bei Beschäftigungen, die kürzer als einen Monat ausgeübt werden, ist die Geringfügigkeitsgrenze mit einem Tagessatz von 400/30 anzusetzen. Gezählt werden dabei nicht nur die tatsächlichen Arbeitstage, sondern alle **Kalendertage** des Beschäftigungsverhältnisses.

Beginnt oder endet eine regelmäßige Beschäftigung im Laufe eines Kalendermonats, so gilt für diesen Kalendermonat die Arbeitsentgeltgrenze von 400,00 €. Hier ist also nicht nach dem Kalendertage-Prinzip vorzugehen - Voraussetzung ist jedoch, dass das Beschäftigungsverhältnis auf Dauer angelegt ist.

Das Beschäftigungsverhältnis ist auch dann noch geringfügig, wenn die Entgeltgrenze nur **gelegentlich** (d.h. für bis zu zwei Monate im Jahr) und **unvorhergesehen** überschritten wird.

Nach dem Sozialversicherungsrecht sind folgende Personengruppen von der Geringfügigkeit ausgenommen, auch wenn ihr monatliches Entgelt nicht über 400,00 € liegt:

Ausgeschlossener Personenkreis

- Auszubildende und Praktikanten
- Personen, die ein freiwilliges soziales oder ökologisches Jahr leisten
- Behinderte Personen in geschützten Einrichtungen, Berufsbildungswerken oder ähnlichen Einrichtungen
- Jugendliche in Einrichtungen der Jugendhilfe
- Personen die stufenweise wieder in das Erwerbsleben eingegliedert werden
- Personen, deren Entgelt aufgrund von Kurzarbeit oder witterungsbedingtem Arbeitsausfall nicht über 400,00 € liegt

zu Beispiel
Regelmäßiges monatliches Arbeitsentgelt für Mini-Jobs

> Für die Monate, in denen die Schneiderin voll beschäftigt war, hat sie je nach Anzahl der Arbeitstage zwischen **340,00 €** (= 20 Arbeitstage x 2 Stunden x 8,50 €) und **391,00 €** (= 23 Arbeitstage x 2 Stunden x 8,50 €) erhalten. Das monatliche Entgelt lag somit unter der Geringfügigkeitsgrenze von 400,00 €.

Erfüllt ein Arbeitsverhältnis gleichzeitig die Bedingungen einer geringfügig entlohnten Beschäftigung (400,00 €-Grenze) und einer → kurzfristigen Beschäftigung (siehe Kapitel 10), kann dieses sowohl geringfügig als auch kurzfristig behandelt werden, es empfiehlt sich aufgrund der Kosten jedoch die kurzfristige Beschäftigung.

Wahl geringfügige oder kurzfristige Beschäftigung

Zusammenrechnung mehrerer Beschäftigungen

Werden mehrere geringfügig entlohnte Beschäftigungen nebeneinander ausgeübt, so werden alle daraus bezogenen Entgelte **zusammengerechnet**. Wird dann die Geringfügigkeitsgrenze überschritten, so ist **keine** der Beschäftigungen mehr als geringfügig im Sinne des Sozialversicherungsrechtes anzusehen.

Mehrere geringfügige Beschäftigungen

Neben einer hauptberuflichen sozialversicherungspflichtigen Tätigkeit darf **ein** geringfügig entlohntes Beschäftigungsverhältnis eingegangen werden. Dieses wird nicht mit der Hauptbeschäftigung zusammengerechnet. Jedes weitere geringfügig entlohnte Beschäftigungsverhältnis ist dann jedoch beitragspflichtig in der Kranken-, Pflege- und Rentenversicherung (nicht in der Arbeitslosenversicherung), auch wenn es zusammen mit der ersten geringfügigen Beschäftigung die 400 €-Grenze nicht überschreiten würde. Als „erster" wird dabei derjenige Mini-Job angesehen, der in **zeitlicher** Reihenfolge als erstes angetreten wurde.

Haupt- und Nebenbeschäftigung

Der → Arbeitgeber muss sich bei der Einstellung eines geringfügig Beschäftigten darüber Auskunft geben lassen, ob und welche weiteren geringfügigen Beschäftigungen der → Arbeitnehmer ausübt. Geeignet ist dafür beispielsweise ein **Personalfragebogen**, der in der Personalakte hinterlegt wird. Sinnvoll ist zudem eine arbeitsvertragliche Verpflichtung des Arbeitnehmers etwaige Änderungen bezüglich weiterer geringfügiger Beschäftigungsverhältnisse dem Arbeitgeber sofort zu melden. Nur so kann der Arbeitgeber sicher gehen, dass die Geringfügigkeit für das Arbeitsverhältnis überhaupt zutrifft.

Auskunft über weitere Beschäftigungen

Beispiel
Zusammenrechnung mehrerer Beschäftigungen

Frau Sabine Meyer ist halbtags im Steuerbüro als Bilanzbuchhalterin angestellt. In dieser voll steuer- und sozialversicherungspflichtigen Haupttätigkeit verdient sie 1.120,00 € im Monat. Seit Januar arbeitet sie zusätzlich montags für 3 Stunden bei der ModeFix GmbH und übernimmt dort Buchführungsarbeiten. Sie bekommt dafür 130,00 € im Monat. Im März nimmt sie noch eine weitere Nebentätigkeit auf und arbeitet 6 Stunden in der Woche als Schreibkraft in einem Ingenieurbüro. Dabei verdient sie 250,00 € im Monat.
Bei der sozialversicherungsrechtlichen Geringfügigkeitsprüfung werden die Arbeitsverhältnisse wie folgt angerechnet.

Arbeitsverhältnis	monatl. Entgelt	Status
Steuerbüro	1.120,00 €	Haupttätigkeit (steuer- und SV-pflichtig)
ModeFix GmbH	130,00 €	erste geringfügig entlohnte Nebentätigkeit; wird als **Mini-Job** anerkannt
Ingenieurbüro	250,00 €	zweite geringfügig entlohnte Nebentätigkeit; keine Anerkennung als Mini-Job; somit SV-pflichtig in KV, PV und RV

Die zweite Nebentätigkeit wird nicht als geringfügige Beschäftigung angerechnet, auch wenn das Entgelt zusammen mit der ersten Nebentätigkeit die 400 €-Grenze nicht überschreitet. Frau Meyer kann nicht anstelle der Nebentätigkeit bei der ModeFix GmbH die Beschäftigung im Ingenieurbüro als geringfügig auslegen, um den höheren Verdienst abgabenfrei zu stellen. Als Mini-Job kann nur die Beschäftigung bei ModeFix gelten, da sie zeitlich vor der Anstellung im Ingenieurbüro angetreten wurde.

Prüfung durch Sozialversicherungsträger

Die Zusammenrechnung der Arbeitsentgelte aus mehreren geringfügigen Beschäftigungsverhältnissen wird von Amts wegen überprüft. Wird festgestellt, dass die maßgebende Entgeltsgrenze **überschritten** ist und somit Versicherungspflicht vorliegt, tritt diese gemäß § 8 Abs. 2 Satz 3 SGB IV erst mit dem **Tage der Bekanntgabe** der Feststellung durch die Einzugsstelle oder einem Sozialversicherungsträger ein. Der Arbeitgeber ist damit vor Beitragsnachforderungen, die sich aus der Zusammenrechnung ergeben, geschützt, sofern ihm eine schriftliche Bestätigung des Arbeitnehmers vorliegt, wonach die geringfügige Beschäftigung angenommen werden konnte.

Zu diesem Zweck sollte sich der Arbeitgeber einen entsprechenden Personalfragebogen mit den notwendigen Angaben ausfüllen und unterzeichnen lassen.
Liegt ein solcher Fragebogen nicht vor, können die Sozialversicherungsbeiträge rückwirkend vom Arbeitgeber eingefordert werden (Fahrlässigkeit). Gleiches gilt, wenn dem Arbeitgeber bekannt ist, dass der Arbeitnehmer entweder falsche Angaben macht, oder sich die Verhältnisse geändert haben (Vorsatz).

10.5.2 Sozialversicherungsbeiträge für Mini-Jobs

§ 249b SGB V, § 172 SGB VI

Beispiel
Sozialversicherungsbeiträge für Mini-Jobs

> Frau Wischmob, Reinigungskraft der Firma ModeFix GmbH, erhält als geringfügig entlohnte Beschäftigte ein monatliches Brutto von 400,00 €. Welche Sozialversicherungsbeiträge sind abzuführen?

Pauschale Abgaben durch Arbeitgeber

Der **Arbeitnehmer** ist für eine geringfügig entlohnte Beschäftigung von den → Sozialversicherungsbeiträgen **befreit**. Der **Arbeitgeber** zahlt jedoch **pauschale Beiträge** zur → Krankenversicherung (13%) und zur → Rentenversicherung (15%). Beiträge zur → Pflege- und → Arbeitslosenversicherung fallen nicht an. Der pauschale Krankenversicherungsbeitrag entfällt, wenn der Arbeitnehmer nicht in einer gesetzlichen Krankenkasse (familien-) versichert ist.

Die pauschalen Arbeitgeberbeiträge zur Krankenversicherung begründen **keine Leistungsansprüche** des Arbeitnehmers aus der Krankenkasse. Die pauschalen Rentenbeiträge aus einem geringfügig entlohnten Arbeitsverhältnis wirken sich zwar rentensteigernd auf eine spätere Altersrente aus, Ansprüche wegen Rehabilitation oder Erwerbsminderung entstehen aber nicht.

zu Beispiel
Sozialversicherungsbeiträge für Mini-Jobs

Für Frau Wischmob sind folgende Sozialversicherungsbeiträge abzuführen:

Sozialversicherungszweig	**Arbeitnehmer (Frau Wischmob)**	**Arbeitgeber (ModeFix GmbH)**
Krankenversicherung	keine	400,00 € x 13 % = **52,00 €**
Rentenversicherung	keine	400,00 € x 15 % = **60,00 €**
Pflegeversicherung	keine	keine
Arbeitslosenversicherung	keine	keine

Verzicht auf Rentenversicherungsfreiheit

Arbeitnehmer in einer geringfügig entlohnten Beschäftigung können freiwillig auf die Rentenversicherungsfreiheit **verzichten** und Arbeitnehmerbeiträge zur Rentenversicherung zahlen. Durch den Verzicht erwerben sie **volle Leistungsansprüche** in der Rentenversicherung. Der Arbeitgeber hat die Pflicht, den Beschäftigten auf diese Möglichkeit hinzuweisen. Eine Verzichtserklärung des Arbeitnehmers auf die Rentenversicherungsfreiheit muss schriftlich abgefasst, unterschrieben und zu den Lohnunterlagen genommen werden.

Verzichtet ein Arbeitnehmer auf die Rentenversicherungsfreiheit in einer geringfügig entlohnten Beschäftigung, so sind die **normalen Beiträge** zur Rentenversicherung (zurzeit 19,6%) abzuführen. Der Arbeitgeberanteil bleibt bei 15%, die restlichen 4,6% trägt der **Arbeitnehmer.** Bei Verzicht auf Rentenversicherungsfreiheit ist als Mindestbemessungsgrenze ein Entgelt von 155,00 € anzusetzen, wobei der Arbeitgeber den pauschalen Beitrag nur aus dem tatsächlichen Entgelt leisten muss.

zu Beispiel
Sozialversicherungsbeiträge für Mini-Jobs

Die ModeFix GmbH hat Frau Wischmob darüber aufgeklärt, dass sie im Rahmen ihres Minijobs auf die Rentenversicherungsfreiheit verzichten kann. Bei einem solchen Verzicht wären folgende Sozialversicherungsbeiträge abzuführen:

Sozialversicherungszweig	Arbeitnehmer (Frau Wischmob)	Arbeitgeber (ModeFix GmbH)
Krankenversicherung	keine	400,00 € x 13% = **52,00 €**
Rentenversicherung	400,00 € x 4,6% = **18,40 €**	400,00 € x 15% = **60,00 €**
Arbeitslosenversicherung	keine	keine
Pflegeversicherung	keine	keine

Der Arbeitnehmerbeitrag von 18,40 € zur Rentenversicherung bekäme Frau Wischmob von ihrem Entgelt abgezogen, so dass ein Auszahlungsbetrag 381,60 € von verbliebe.

Würde Frau Wischmob nur 100,00 € monatlich verdienen und auf die Rentenversicherungsfreiheit verzichten, wären die Beiträge wie folgt zu entrichten:

Sozialversicherungszweig	Arbeitnehmer (Frau Wischmob)	Arbeitgeber (ModeFix GmbH)
Krankenversicherung	keine	100,00 € x 13% = **13,00 €**
Rentenversicherung	155,00 € x 19,6% - 15,00 € AG Beitrag **15,38 €**	100,00 € x 15% = **15,00 €**
Arbeitslosenversicherung	keine	keine
Pflegeversicherung	keine	keine

Der Arbeitnehmerbeitrag von 15,38 € zur Rentenversicherung bekäme Frau Wischmob von ihrem Entgelt abgezogen, so dass ein Auszahlungsbetrag von 84,62 € verbliebe.

10.5.3 Lohnsteuern für geringfügig entlohnte Beschäftigungen

§§ 40a Abs. 2, Abs. 2a, Abs. 3; 39b Abs. 2 EStG

Lohnsteuerpflicht

Geringfügig entlohnte Beschäftigungsverhältnisse sind nicht von der → Lohnsteuer befreit. Jedoch gibt es verschiedene Möglichkeiten, die Lohnsteuer zu → **pauschalieren**. Der Arbeitgeber hat jeweils unter bestimmten Voraussetzungen folgende Möglichkeiten, den → Lohnsteuerabzug durchzuführen:

Möglichkeiten der Lohnsteuererhebung

- Lohnsteuerabzug anhand der → Lohnsteuerkarte und der → Lohnsteuertabelle
- Pauschalierung mit 2%
- Pauschalierung mit 20%

Lohnsteuerabzug mit der Steuerkarte

Die Möglichkeit den Lohnsteuerabzug anhand der Steuermerkmale durchzuführen, die auf der Lohnsteuerkarte eines Beschäftigten eingetragen sind, steht dem Arbeitgeber in jedem Fall auch bei geringfügig entlohnten Beschäftigungen offen. Für die → Lohnsteuerklassen I bis IV fallen beim individuellen Lohnsteuerabzug für eine geringfügig entlohnte Beschäftigung keine Lohnsteuern an. Anders sieht dies in den Steuerklassen V und VI aus. Arbeitnehmer mit der **Steuerklasse V** und **VI** werden durch einen Lohnsteuerabzug belastet. Dies hat zur Folge, dass ein geringfügig entlohntes Beschäftigungsverhältnis unter Umständen **unattraktiv** wird.

Pauschalierung mit 2%

Der wohl am häufigsten verwendete und auch steuergünstigste Weg ist die **Pauschalierung** der Lohnsteuer mit **2%**. In diesem Pauschbetrag sind → Kirchensteuer und → Solidaritätszuschlag bereits enthalten. Voraussetzung ist, dass der Arbeitgeber **Rentenversicherungsbeiträge** in Höhe von 15% des Arbeitsentgeltes abführt also das Beschäftigungsverhältnis in der Sozialversicherung geringfügig ist. Die Pauschalsteuer von 2% wird mit dem Beitragsnachweis für geringfügig Beschäftigte an die Knappschaft Bahn-See „Minijob-Zentrale" gemeldet und abgeführt und nicht an das Finanzamt.

Pauschalierung mit 20%

Hat der Arbeitgeber für ein Beschäftigungsverhältnis, das für sich betrachtet geringfügig entlohnt ist (höchstens 400,00 € monatlich) normale Rentenversicherungsbeiträge zu entrichten (weil es sich bspw. um ein zweites oder weiteres geringfügiges Beschäftigungsverhältnis neben einer Hauptbeschäftigung handelt), so kann er dennoch eine **Pauschalierung** der Lohnsteuer vornehmen. Der Pauschalsteuersatz beträgt dann **20%**. Im Gegensatz zur 2%-Pauschalierung werden hier jedoch **zusätzlich** der Solidaritätszuschlag (mit 5,5%) und gegebenenfalls Kirchensteuer auf Basis der Lohnsteuer erhoben.

Die Pauschalsteuer von 20% nebst Zuschlagsteuern wird jedoch mit der Lohnsteueranmeldung an das zuständige Finanzamt gemeldet und abgeführt.

Wer zahlt die pauschale Lohnsteuer?

Ein besonderer Vorteil der Pauschalierung entsteht für den Arbeitnehmer, wenn die → pauschale Lohnsteuer vom Arbeitgeber getragen wird und der Arbeitnehmer somit einen Bruttolohn erhält, der **ohne gesetzliche Abzüge** in voller Höhe ausgezahlt wird. Der Arbeitgeber kann die pauschale Lohnsteuer aber auch auf den Arbeitnehmer abwälzen.

Beispiel
Lohnsteuern für geringfügig entlohnte Beschäftigungen

Frau Wischmob, Reinigungskraft der ModeFix GmbH, erhält als geringfügig entlohnte Beschäftigte monatlich 400,00 €. Da Frau Wischmob keinen weiteren Minijob hat, kann die ModeFix GmbH die Steuer mit 2% pauschalieren. Abzuführen ist ein Steuerbetrag von 8,00 € (= 400,00 € x 2 %).

10.5.4 Entgeltfortzahlung und Umlagen

Entgeltfortzahlung

Auch geringfügig Beschäftigte haben einen Anspruch auf → **Entgeltfortzahlung** im Krankheitsfall für bis zu sechs Wochen. Ausschlaggebend ist dabei die Höhe des Entgeltes, das der Beschäftigte verdient hätte, wenn er nicht erkrankt wäre.

Da bei mehreren Arbeitsverhältnissen, die Entgelte von allen Arbeitgebern fortgezahlt werden, muss der Erkrankte auch **jedem seiner Arbeitgeber** eine ärztliche Arbeitsunfähigkeitsbescheinigung vorlegen.

Zuschuss zum Mutterschaftsgeld

Einen Zuschuss zum Mutterschaftsgeld hat der Arbeitgeber einer geringfügig beschäftigten Arbeitnehmerin nur dann zu zahlen, wenn diese auch Mutterschaftsgeld von der Krankenkasse bekommt. Dies ist nur der Fall, wenn sie selbst bei einer gesetzlichen Kasse versichert ist (z.B. über eine Hauptbeschäftigung). Wenn sie z.B. nur über eine Familienversicherung mitversichert ist, wird kein Mutterschaftsgeld und mithin auch kein Arbeitgeberzuschuss gezahlt.

Umlagen an die Knappschaft Bahn-See

Um die Belastungen, die einem Arbeitgeber durch Entgeltfortzahlungen entstehen können, besser kalkulieren zu können, zahlen Betriebe in eine **Ausgleichskasse** Beiträge ein. Diese erstattet dann teilweise die Aufwendungen für **Krankheit** von Arbeitnehmern und die Aufwendungen für **Mutterschutzlohn**. Für geringfügig beschäftigte Arbeitnehmer sind die Umlagen einheitlich an die **Knappschaft Bahn-See** zu entrichten und die Erstattungen auch dort geltend zu machen (Näheres dazu finden Sie in Kapitel 12).

Umlage U1 0,7 %

Die Knappschaft Bahn-See erstattet für Entgeltfortzahlungen wegen **Krankheit** oder Kur 80% der Aufwendungen für geringfügig entlohnte **Arbeitnehmer.** Die entsprechende Umlage (U1) beträgt ab 01.01.2012 0,7% der **rentenversicherungspflichtigen Arbeitsentgelte** aller geringfügig beschäftigten Arbeitnehmer des Betriebes.

Umlage U2 0,14 %

Die Aufwendungen bei **Mutterschaft** werden zu 100 % für alle geringfügig Beschäftigten erstattet. Die entsprechende Umlage (U2) beträgt seit 01.01.2011 0,14 % der **rentenversicherungspflichtigen Arbeitsentgelte** aller geringfügig beschäftigten Arbeitnehmer des Betriebes.

Beispiel
Entgeltfortzahlung und Umlagen

Die ModeFix GmbH zahlt im Fall von Frau Wischmob für die U1 2,80 € (= 400,00 € x 0,7 %) und für die U2 0,56 € an die Knappschaft Bahn-See.

10.5.5 Einzugsstellen für gesetzliche Abgaben bei Mini-Jobs

Knappschaft Bahn-See / Mini-Job-Zentrale

Sozialversicherungsbeiträge und Umlagen

Die für eine geringfügige Beschäftigung zu leistenden pauschalen Sozialabgaben, der Arbeitnehmeranteil bei Verzicht auf die Rentenversicherungsfreiheit sowie die → Umlagen sind an die **Knappschaft Bahn-See** abzuführen. Dabei spielt es keine Rolle, dass die Beschäftigten in einer anderen Krankenkasse oder über die Familienversicherung krankenversichert sind. Auch die → **Meldungen** zur → Sozialversicherung sind an die Knappschaft Bahn-See zu erstatten (zu Meldungen für geringfügig Beschäftigte siehe auch Kapitel 12).

Steuerbeträge

Bei einer mit 2% → pauschal erhobenen Lohnsteuer, wird der **Steuerbetrag** zusammen mit den Arbeitgeberbeiträgen zur Sozialversicherung an die **Knappschaft Bahn-See** abgeführt. Die Knappschaft Bahn-See leitet dann die Sozialversicherungsbeiträge an die Sozialversicherungsträger weiter und nimmt eine Aufteilung der Pauschalsteuer auf die erhebungsberechtigten Körperschaften vor. Dabei werden 90% der einheitlichen Pauschalsteuer für die Lohnsteuer verwendet und jeweils 5% für den Solidaritätszuschlag und die Kirchensteuer.

Finanzamt

Führt der Arbeitgeber für eine geringfügig entlohnte Beschäftigung den Lohnsteuerabzug anhand der **Lohnsteuerkarte** durch oder berechnet er die Lohnsteuer pauschal mit 20%, so sind die entsprechenden Steuerbeträge (Lohnsteuer zuzüglich Solidaritätszuschlag und Kirchensteuer) an das zuständige **Betriebsstättenfinanzamt** zu melden.

10.6 Kurzfristig Beschäftigte § 40a EStG, § 8 SGB IV

Eine zweite Form der geringfügigen Beschäftigung ist die **kurzfristige** Beschäftigung. Auch hier gelten steuerliche und sozialversicherungsrechtliche Besonderheiten. Anders als bei den → geringfügig entlohnten Arbeitsverhältnissen unterscheiden sich jedoch die Definitionen der kurzfristigen Beschäftigung im Steuer- und Sozialversicherungsrecht. Typische kurzfristige Beschäftigungen sind:

- Beschäftigung während einer Saison
  - Bedienung im Biergarten oder Eiscafé
  - Bedienung bei Festen (Oktoberfest)

- Beschäftigung in „Notsituationen"
  - Auftragslage
  - Krankheitsvertretung
- Beschäftigung bezogen auf ein Projekt
  - Planung im Ingenieur- oder Architekturbüro

10.6.1 Kurzfristig Beschäftigte im Sozialversicherungsrecht

Kurzfristigkeit im Sozialversicherungsrecht

Nach § 8 SGB IV ist die kurzfristige Beschäftigung eine zweite Form der sozialversicherungsfreien geringfügigen Beschäftigung. Es handelt sich dabei um Beschäftigungen, die entweder aufgrund ihrer Eigenart oder vertraglich festgelegt von vornherein **zeitlich begrenzt** sind. Eine zeitliche Begrenzung aus der Eigenart der Beschäftigung liegt beispielsweise bei Saisonarbeit oder Urlaubsvertretung vor. Leitet sich die zeitliche Begrenzung nicht aus Art und Umfang der Tätigkeit ab, so ist sie vertraglich zu fixieren. Da es sich bei dem kurzfristigen Beschäftigungsverhältnis um ein befristetes Arbeitsverhältnis handelt, ist zur Anerkennung ein schriftlicher Arbeitsvertrag erforderlich. Des Weiteren sind für eine kurzfristige Beschäftigung folgende Voraussetzungen zu erfullen:

- Das → Arbeitsverhältnis darf von vornherein nicht länger als zwei Monate **oder** 50 Arbeitstage im Kalenderjahr bestehen.
- Die Tätigkeit darf **nicht berufsmäßig** ausgeübt werden.

Prüfung der Berufsmäßigkeit

Von einer Berufsmäßigkeit ist auszugehen, wenn die kurzfristige Beschäftigung für den Arbeitnehmer nicht von untergeordneter wirtschaftlicher Bedeutung ist, d.h. wenn er seinen Lebensunterhalt in erheblichem Maße aus der kurzfristigen Beschäftigung bezieht. Dabei sind die wirtschaftlichen Gesamtverhältnisse zu berücksichtigen (insbesondere weitere Einkünfte, Unterhaltsansprüche und Vermögensverhältnisse).

Berufsmäßige Tätigkeiten

Die Feststellung der Berufsmäßigkeit ist in der Praxis oftmals schwierig. Grundsätzlich kann von einer **Berufsmäßigkeit** ausgegangen werden, bei kurzfristigen Beschäftigungen ...

- zwischen abgeschlossenem Studium und Eintritt ins Berufsleben
- zwischen Schulabschluss und Antritt einer Dauerbeschäftigung oder Ausbildung
- während eines unbezahlten Urlaubs
- während der Elternzeit
- während dem Bezug von Leistungen vom Arbeitsamt
- vor Ableistung eines Freiwilligendienstes (freiwilliger Wehrdienst, Bundesfreiwilligendienst, freiwilliges soziales oder ökologisches Jahr), auch wenn im Anschluss hieran ein Studium beabsichtigt ist

Nicht berufsmäßige Tätigkeiten

Dagegen ist grundsätzlich **keine berufsmäßige Tätigkeit** anzunehmen, bei kurzfristigen Beschäftigungen...

- bei Vorliegen einer Hauptbeschäftigung
- zwischen Schulabschluss und Antritt eines Studium
- während der Ableistung des Freiwilligendienstes
- nach Ausscheiden aus dem Erwerbsleben
- von Hausfrauen, Schülern und Studenten

Berufsmäßigkeit und 400,00 € Grenze

Eine Prüfung der Berufsmäßigkeit ist nicht notwendig, wenn das Arbeitsentgelt höchstens 400,00 € monatlich beträgt. Die Beschäftigung ist in diesem Fall geringfügig entlohnt und somit auch dann sozialversicherungsfrei, wenn sie berufsmäßig ausgeübt wird (zu geringfügig entlohnten Beschäftigungsverhältnissen siehe auch Kapitel 9.1 ab Kapitel 10).

Prüfung der Zeitgrenze

Beispiel
Kurzfristig Beschäftigte

Frau Knolle ist Hausfrau und nicht berufstätig. Um wegen eines krankheitsbedingten Engpasses auszuhelfen nimmt sie am 01.08. eine Beschäftigung als Aushilfsverkäuferin bei der ModeFix GmbH auf. Die Beschäftigung ist von vornherein bis zum 31.08. befristet und auf 6 Tage in der Woche (montags bis samstags) festgelegt. Vom 15.10. bis zum 14.11. springt sie nochmals als Urlaubsvertretung bei ModeFix ein, diesmal aber nur für 4 Tage in der Woche (dienstags bis freitags). Bleibt Frau Knolle mit beiden Beschäftigungen unter den Zeitgrenzen der kurzfristigen Beschäftigung?

Zwei Monate oder 50 Arbeitstage

Bei der Prüfung der Kurzfristigkeit ist die **Zwei-Monats-Grenze** anzusetzen, wenn die Beschäftigung an mindestens 5 Tagen in der Woche ausgeübt wird. Besteht das Arbeitsverhältnis nur einen Teilmonat, wird die Zwei-Monats-Grenze durch **60 Kalendertage** ersetzt. Arbeitet der Betroffene weniger als 5 Tage in der Woche, sind die **50 Arbeitstage** als Grenze maßgebend.

Zusammenrechnung

Wie auch bei den geringfügig entlohnten Tätigkeiten werden mehrere kurzfristige Beschäftigungen innerhalb eines Kalenderjahres **zusammengerechnet**, um festzustellen, ob die Zeitgrenzen überschritten werden. Zu beachten ist dabei, dass **nur kurzfristige Beschäftigungen** untereinander zusammengerechnet werden, nicht aber kurzfristige mit geringfügig entlohnten Beschäftigungen oder Hauptbeschäftigungen.

Bei der Zusammenrechnung mehrerer Beschäftigungen für die Prüfung der Kurzfristigkeit kann nicht wahlweise auf der Basis Monat oder Kalendertag abgestellt werden. Sobald **ein** Arbeitsverhältnis auf Tagesbasis zu bewerten ist, sind auch alle anderen Beschäftigungen mit der Tagesgrenze anzusetzen. Gleiches gilt für das Ersetzen der Zwei-Monats-Grenze durch 60 Kalendertage.

zu Beispiel
Kurzfristig Beschäftigte

Die beiden Beschäftigungen von Frau Knolle bei der ModeFix GmbH sind zur Prüfung der Kurzfristigkeit zusammenzurechnen. Dabei gilt es zunächst zu prüfen, ob die Monats- oder die Tagesbasis herangezogen werden muss. Da das zweite Beschäftigungsverhältnis weniger als 5 Tage in der Woche umfasste, ist für **beide** Zeiträume die Grenze von 50 Arbeitstagen maßgebend. Im ersten Beschäftigungszeitraum sind 26 Arbeitstage, im zweiten Zeitraum 19 Arbeitstage zu berücksichtigen. Mit insgesamt 45 Arbeitstagen wird die Kurzfristigkeitsgrenze von 50 Tagen somit nicht überschritten.
Hätte Frau Knolle auch im zweiten Beschäftigungszeitraum mindestens 5 Tage pro Woche gearbeitet, wäre für beide Beschäftigungen die Monatsbasis maßgebend gewesen. Da es sich im zweiten Zeitraum jedoch um Teilmonate handelt, wäre die Zwei-Monats-Grenze durch 60 Kalendertage ersetzt worden. Mit insgesamt 62 Kalendertagen (31 im ersten und 31 im zweiten Beschäftigungszeitraum) wäre die Kurzfristigkeitsgrenze bei der zweiten Beschäftigung dann überschritten worden.

Sozialversicherungsbeiträge

Keine pauschalen Beiträge

Anders als bei den geringfügig entlohnten Beschäftigungen sind bei kurzfristigen Beschäftigungen **keine** pauschalen → Sozialversicherungsbeiträge durch den Arbeitgeber zu entrichten. Kurzfristige Beschäftigungen sind sowohl für den Arbeitnehmer als auch für den Arbeitgeber vollständig **beitragsfrei**. Eine Verdienstgrenze gibt es nicht.

Vorrang von kurzfristiger Beschäftigung

Erfüllt ein Arbeitsverhältnis gleichzeitig die Bedingungen einer geringfügig entlohnten Beschäftigung (400 €-Grenze; siehe auch Kapitel 10) und einer kurzfristigen Beschäftigung, so ist es als **kurzfristige** Beschäftigung anzusehen.

Meldung zur Sozialversicherung

Auch kurzfristig Beschäftigte müssen der Knappschaft Bahn-See gemeldet werden (siehe dazu auch Kapitel 12). Eine Jahresmeldung ist jedoch nicht erforderlich; auch dann nicht, wenn die kurzfristige Beschäftigung über einen Jahreswechsel hinausreicht. Es sind nur An- und Abmeldungen zu erstellen.

Umlagen zur Entgeltfortzahlungsversicherung

Umlage U1 0,7 %

Auch kurzfristig Beschäftigte Arbeitnehmer haben gesetzlichen Anspruch auf Lohnfortzahlung im Krankheitsfall, jedoch erst ab der 5. Beschäftigungswoche. Daher sind auch nur Umlagebeträge zu zahlen, wenn das Beschäftigungsverhältnis für mehr als 4 Wochen geschlossen wurde. Die Umlage ist dann allerdings ab dem 1. Beschäftigungstag zu leisten.

Die entsprechenden Aufwendungen des Arbeitgebers werden für umlagepflichtige Unternehmen zu 80 % erstattet. Die Umlage (U1) beträgt ab 01.01.2012 0,7% der Entgelte aller kurzfristig Beschäftigten eines Betriebes. Umlagekasse ist die Bundesknappschaft.

Umlage U2 0,14 %

Die Umlage (U2) zur Erstattung der Aufwendungen wegen Mutterschutz wird seit 01.01.2011 mit 0,14 % angesetzt. Die Knappschaft Bahn-See erstattet 100 % der Arbeitgeberaufwendungen wegen Mutterschutz.

10.6.2 Kurzfristig Beschäftigte im Steuerrecht

Pauschalierung mit 25 %

Ähnlich wie für geringfügig entlohnte Beschäftigungen sieht § 40a EStG auch für kurzfristige Arbeitsverhältnisse eine → **Pauschalierung** der Lohnsteuer vor. Der Pauschalsteuersatz beträgt hier **25 %** des Arbeitslohns. Hinzu kommen → Kirchensteuer und → Solidaritätszuschlag auf der Bemessungsgrundlage der Lohnsteuer.

Kurzfristigkeit im Steuerrecht

Die Definition der Kurzfristigkeit unterscheidet sich im Steuerrecht jedoch von der im sozialversicherungsrechtlichen Sinne. Nach § 40a EStG liegt eine kurzfristige Beschäftigung vor, wenn der Arbeitnehmer bei dem Arbeitgeber **gelegentlich** (d.h. nicht regelmäßig wiederkehrend) beschäftigt wird und die Dauer der Beschäftigung **18 zusammenhängende Arbeitstage** nicht übersteigt. Des Weiteren muss **eine** der folgenden Bedingungen erfüllt sein:

- Der Arbeitslohn übersteigt während der Beschäftigungsdauer 62,00 € durchschnittlich je Arbeitstag nicht.
- Die Beschäftigung wird zu einem unvorhersehbaren Zeitpunkt sofort erforderlich.

Eine Pauschalierung der Lohnsteuer mit 25 % ist außerdem ausgeschlossen, wenn der Arbeitslohn während der Beschäftigungsdauer durchschnittlich **je Arbeitsstunde 12,00 €** übersteigt.

Abführung ans Finanzamt

Die pauschale Lohnsteuer für kurzfristig Beschäftigte ist an das zuständige **Betriebsstättenfinanzamt** abzuführen.

Individualbesteuerung

Selbstverständlich ist auch bei kurzfristigen Beschäftigungen ein **individueller → Lohnsteuerabzug** anhand der Steuermerkmale des einzelnen Beschäftigten möglich bzw. wenn die obigen Kriterien nicht erfüllt sind, notwendig. Dazu wird das normale Lohnsteuerabzugsverfahren mit →Lohnsteuerkarte und → Lohnsteuertabelle angewendet.

10.6.3 Aufzeichnungspflichten bei geringfügig entlohnten und kurzfristig Beschäftigten

Wie auch bei Hauptbeschäftigten hat der → Arbeitgeber bei → geringfügig entlohnten und → kurzfristig Beschäftigten bestimmten **Aufzeichnungspflichten** nachzukommen. Es müssen mindestens die folgenden Daten erfasst werden:

Relevante Daten des Arbeitsverhältnisses

- Name und Anschrift des Beschäftigten
- Sozialversicherungsnummer des Beschäftigten
- Dauer der Beschäftigung mit Zahl der tatsächlich geleisteten Arbeitsstunden im Lohnzahlungszeitraum
- Tag der Lohnzahlung
- Höhe des Arbeitslohns einschließlich eventuell steuerfreien Arbeitslohns und pauschal besteuerte Teile des Arbeitslohns wie z.B. Fahrkostenzuschüsse

Das Sozialversicherungsrecht fordert zudem zwingend einen Stundennachweis bei geringfügig Beschäftigten. Generell ist es von Vorteil, wenn neben den allgemeinen Aufzeichnungen ein **schriftlicher Arbeitsvertrag** ausgearbeitet wird. Bei zeitlich begrenzten Beschäftigungen ist dies unbedingt erforderlich.

10.7 Beschäftigte in der Gleitzone

§ 344 Abs. 4 SGB III, § 226 Abs. 4 SGB V, § 163 Abs. 10 SGB VI

Schleichender Einstieg in die Sozialversicherung

Ab einem regelmäßigen monatlichen → Arbeitsentgelt von 400,01 € tritt die Sozialversicherungspflicht bzw. die individuelle Steuerpflicht ein. Um die Belastungen für geringverdienende → Arbeitnehmer klein zu halten, wurde im Niedriglohnbereich von 400,01 € bis 800,00 € die **Gleitzonenregelung** eingeführt. Durch die Anwendung einer speziellen gesetzlichen Formel wird erreicht, dass der Arbeitnehmer einen **reduzierten → Sozialversicherungsbeitrag** von circa 9% bei 400,01 € bis circa 21% bei 800,00 € bezahlt. Der Arbeitgeberbeitrag bleibt unverändert, es ergibt sich allerdings auch keine Mehrbelastung für den Arbeitgeber. Die Gleitzonenregelung gilt nicht für

- Auszubildende und Praktikanten
- Beschäftigten in Altersteilzeit oder bei sonstigen Vereinbarungen über flexible Arbeitszeiten, in denen lediglich das reduzierte Arbeitsentgelt in die Gleitzone fällt
- Arbeitsentgelt aus Wiedereingliederungsmaßnahmen, wenn das volle Arbeitsentgelt nicht in der Gleitzone liegt
- alle Fälle, in denen das sozialversicherungspflichtige Entgelt aus anderen Gründen, als der regelmäßigen Gehaltsvereinbarung in der Gleitzone liegt, z.B. Kurzarbeitergeld, Teillohnzahlungszeitraum

Der Arbeitnehmer erwirbt aus der geminderten Beitragszahlung einen vollen Kranken- und Pflegeversicherungsschutz. Außerdem hat der Arbeitnehmer Anspruch auf Krankengeld sowie Anspruch auf Arbeitslosengeld aus dem tatsächlichen Entgelt. In der Rentenversicherung erwirbt er jedoch nur Ansprüche bzw. Anwartschaften aus der reduzierten Bemessungsgrundlage.

Rentenversicherung

Daher kann der Arbeitnehmer der Rentenversicherung auf die Reduzierung der Bemessungsgrundlage verzichten. Dieser Verzicht muss schriftlich dem Arbeitgeber gegenüber erklärt werden. Die Erklärung kann jedoch nur für die Zukunft und einheitlich bei allen Arbeitgebern abgegeben werden.

In den anderen Zweigen der Sozialversicherung kann auf die Gleitzonenregelung nicht verzichtet werden. Es ergeben sich allerdings auch keine Nachteile für den Beschäftigten.

Die Beiträge zur Umlagekasse sind ebenfalls aus dem reduzierten rentenversicherungspflichtigen Entgelt zu zahlen, wenn nicht auf die Reduzierung durch den Arbeitnehmer verzichtet wurde.

Lohnsteuer

Steuerlich gibt es für die Gleitzone keine gesonderte Regelung **(keine Pauschalierung)**. Bis zu einem Entgelt von knapp 900,00 € (in 2012) fallen für → Lohnsteuerklasse I keine Steuerabzugsbeträge an.

Beispiel
Beschäftigte in der Gleitzone

Emil Emsig arbeitet bei einer Gebäudereinigungsfirma, die auch mit der täglichen Reinigung der Verkaufsräume der ModeFix GmbH beauftragt ist. Er verdient monatlich 600,00 €, zusätzlich erhält er laut Arbeitsvertrag ein Urlaubsgeld in Höhe von 150,00 € (im August) und ein Weihnachtsgeld von 300,00 € (im November). Für welche Monate kann Herr Emsig die Gleitzonenregelung in Anspruch nehmen und welche Sozialversicherungsbeiträge werden für ihn abgeführt?

10.7.1 Prüfung der Gleitzonengrenze

Regelmäßiges Arbeitsentgelt

Bei der Prüfung, ob das regelmäßige Arbeitsentgelt höchstens 800,00 € beträgt, werden neben den monatlichen Bezügen auch → **Einmalzahlungen** wie Urlaubs- und Weihnachtsgeld berücksichtigt. Die Einmalzahlungen wirken sich nicht nur entgelterhöhend auf den Monat der Auszahlung, sondern auf das gesamte Kalenderjahr aus. D.h. die Einmalzahlung wird auf die Monate eines Kalenderjahres **aufgeteilt**, in der das Beschäftigungsverhältnis besteht und dann geprüft, ob die monatliche Grenze von 800,00 € überschritten wird. Ist dies der Fall fällt das gesamte Beschäftigungsverhältnis nicht mehr unter die Gleitzonenregelung.

zu Beispiel
Beschäftigte in der Gleitzone

Zur Prüfung des regelmäßigen Arbeitsentgeltes von Emil Emsig werden die regelmäßigen Bezüge und die Einmalzahlungen für das gesamte Jahr zusammengerechnet und anschließend auf den Beschäftigungsmonat heruntergerechnet.

voraussichtliches Jahresentgelt aus laufenden Bezügen	600,00 € x 12 Monate =	7.200,00 €
Urlaubsgeld		+ 150,00 €
Weihnachtsgeld		+ 300,00 €
voraussichtliches Jahresentgelt		7.650,00 €
regelmäßiges monatliches Arbeitsentgelts	7.650,00 € : 12 Monate =	**637,50 €**

Da das regelmäßige Arbeitsentgelt nicht über 800,00 € liegt, ist die Gleitzonenregelung für das gesamte Beschäftigungsverhältnis anzuwenden.

Durchschnittsberechnung

Soweit ein Arbeitnehmer ein monatlich gleich bleibendes Arbeitentgelt erhält, ist die Hochrechnung unkompliziert. Wenn das Arbeitsentgelt jedoch von Monat zu Monat schwankt, muss eine **Durchschnittsberechnung** für das Jahr durchgeführt werden. Gegebenenfalls ist auch eine **Schätzung** notwendig. Sollte sich im Nachhinein herausstellen, dass die Schätzung nicht mit den tatsächlichen Gegebenheiten übereinstimmt, ist die Entscheidung, die Gleitzonenregelung anzuwenden, zu korrigieren. Die Korrektur erfolgt allerdings nur für die folgenden Zeiträume, nicht für die zurückliegenden.

Zusammenrechnung mehrere Beschäftigungen

Werden mehrere Beschäftigungen ausgeübt, kann die Gleitzonenregelung nur angewandt werden, wenn die **Summe der Entgelte** die Grenze von 800,00 € nicht übersteigt. Unberücksichtigt bleiben Arbeitsentgelte aus versicherungsfreien, geringfügig entlohnten Beschäftigungsverhältnissen. Ein Arbeitsverhältnis mit einer Vergütung bis 800,00 €, das neben einer sozialversicherungspflichtigen **Hauptbeschäftigung** besteht, fällt nicht unter die Gleitzonenregelung, es ist in vollem Umfang steuer- und sozialversicherungspflichtig.

Auch hier ist der Arbeitgeber zur korrekten Beurteilung des Beschäftigungsverhältnisses und Ermittlung der Beiträge auf die Angaben des Arbeitnehmers auf etwaiges Entgelt bei anderen Arbeitgebern angewiesen. Die Auskunftspflicht des Arbeitnehmers hat hier vor datenschutzrechtlichen Grundlagen Vorrang.

Beispiel
Gleitzonenregelung bei mehreren geringfügigen Beschäftigungen

Brigitte Kainz arbeitet in der Personalverwaltung eines Gebäudereinigers und verdient dort im Monat 250,00 €. Des Weiteren hat sie ein zweites Beschäftigungsverhältnis, bei dem sie für 180,00 € im Monat die Lohnbuchführung einer Buchhandlung bearbeitet. Beide Beschäftigungen sind für sich betrachtet geringfügig entlohnt, aufgrund der Zusammenrechnung handelt es sich jedoch nicht mehr um geringfügige Arbeitsverhältnisse. Allerdings liegt die Summe der Entgelte nicht über 800,00 €. Für Frau Kainz ist daher die Gleitzonenregelung anzuwenden.

Beispiel
Gleitzonenregelung bei Haupt- und Nebenbeschäftigungen

Herr Emsig hat neben seiner Hauptbeschäftigung, bei der er 600,00 € verdient, ein erstes geringfügiges Beschäftigungsverhältnis mit 300,00 € monatlich und ein zweites geringfügiges Beschäftigungsverhältnis mit 250,00 € monatlich.

Die Beschäftigungsverhältnisse sind wie folgt zu beurteilen:

Hauptbeschäftigung:

- sozialversicherungspflichtig in allen Zweigen, Zusammenrechnung mit der zweiten geringfügigen Beschäftigung, Prüfung der Gleitzonenregelung in den einzelnen Versicherungszweigen

1. geringfügige Nebenbeschäftigung:

erfüllt die Geringfügigkeitsrichtlinien, ist weder mit der Hauptbeschäftigung noch mit der zweiten geringfügigen Beschäftigung zusammen zu rechnen

2. geringfügige Nebenbeschäftigung:

ist aus sozialversicherungsrechtlicher Sicht nicht geringfügig, sozialversicherungspflichtig in KV,PV und RV, jedoch nicht in der Arbeitslosenversicherung, Prüfung der Gleitzonenregelung in den einzelnen Versicherungszweigen

Ergebnis: Durch die Zusammenrechnung von der Hauptbeschäftigung mit der zweiten geringfügigen Beschäftigung ist Herr Emsig mit seinem gesamten sozialversicherungspflichtigen Entgelt regelmäßig oberhalb der Gleitzone. Lediglich die Arbeitslosenversicherung in der Hauptbeschäftigung wird weiterhin nach der Gleitzonenregelung abgerechnet.

10.7.2 Sozialversicherungsbeiträge in der Gleitzone

Geminderte Beitragsbemessungsgrundlage

Durch Anwendung der Gleitzonenregelung bezahlt der Arbeitnehmer auf sein Arbeitsentgelt einen **reduzierten Sozialversicherungsbeitrag**. Die Sozialversicherungsbeträge werden nicht vom Arbeitsentgelt sondern von einer **geminderten → Bemessungsgrundlage** berechnet. Die geminderte Bemessungsgrundlage wird unter Anwendung einer speziellen Formel ermittelt.

F x 400 + [(2-F) x (AE-400)]

AE = Arbeitsentgelt

Der **Faktor F** wird ermittelt, indem 30 % (= Gesamtbelastung des Arbeitgebers für geringfügig Beschäftigte) durch den aktuellen durchschnittlichen Beitragssatz zur Gesamtsozialversicherung zum 01.01. eines Jahres geteilt und auf vier Dezimalstellen gerundet wird. Für 2012 liegt dieser Satz bei 40,05 %. Der Faktor F errechnet sich daher wie folgt:

F = 30 % : 40,05 % = 0,7491

Die vereinfachte **Berechnungsformel** für die geminderte Bemessungsgrundlage lautet für das Jahr 2012:

BMG = 1,2509 x AE - 200,75

zu Beispiel
Beschäftigte in der Gleitzone

Emil Emsig (Elterneigenschaft ist nachgewiesen) verdient im Monat Juni 600,00 €. Die Beiträge zur Sozialversicherung werden mit dem allgemeinen Krankenkassensatz wie folgt berechnet:

Beitragsbemessungsgrundlage								600,00 €
geminderte Beitragsbemessungsgrundlage	1,2509	x	600,00 €	-		200,75 €	=	549,79 €
Arbeitgeberbeiträge								
Krankenversicherung	600,00 €	x	7,3 %				=	43,80 €
Rentenversicherung	600,00 €	x	9,8 %				=	58,80 €
Arbeitslosenversicherung	600,00 €	x	1,5 %				=	9,00 €
Pflegeversicherung	600,00 €	x	0,975 %				=	5,85 €
Arbeitnehmerbeiträge								
Krankenversicherung	549,79 €	x	15,5 %		-	43,80 €	=	41,42 €
Rentenversicherung	549,79 €	x	19,6 %		-	58,80 €	=	48,96 €
Arbeitslosenversicherung	549,79 €	x	3,0 %		-	9,00 €	=	7,49 €
Pflegeversicherung	549,79 €	x	1,950 %		-	5,85 €	=	4,87 €

In Teilzahlungszeiträumen ist die für einen vollen Kalendermonat (30 SV-Tage) ermäßigte Bemessungsgrundlage auf die tatsächlichen SV-Tage zu kürzen.

zu Beispiel
Beschäftigte in der Gleitzone

Herr Emsig scheidet zum 12.06. aus. Sein regelmäßiges Entgelt für den vollen Monat beträgt 600,00 €.

mtl. Arbeitsentgelt =								600,00 €
Arbeitsentgelt für Juni:		600,00 €	:	21 AT	x	9 AT	=	257,14 €
mtl. beitragspflichtige Einnahme	=	1,2509	x	600,00 €	-	200,75 €	=	549,79 €
anteilige beitragspflichtige Einnahme	=	549,79 €	:	30 SV-Tage	x	12 SV-Tage	=	219,92 €

Zusammenrechnung mehrerer Beschäftigungen

Auch bei einer Zusammenrechnung mehrerer Beschäftigungen ist die Bemessungsgrundlage bei jedem Arbeitgeber mit einer gesonderten Formel zu ermitteln. Für das Jahr 2012 gilt folgende Formel:

[(1,2509 x GAE - 200,75) x EAE] / GAE

GAE = Gesamtarbeitsentgelt EAE = Einzelarbeitsentgelt

Beispiel
Zusammenrechnung mehrerer Beschäftigungen

Ein AN übt mehrere geringfügig entlohnte Beschäftigungen aus, welche aufgrund der Zusammenrechnung jeweils SV-pflichtig sind:

AG A						350,00 €
AG B						370,00 €
Arbeitsverhältnis A:	(1,2509	x	720,00 €	-	200,75 €)	
		x	350,00 €	:	720,00 €	340,23 €
Arbeitsverhältnis B:	(1,2509	x	720,00 €	-	200,75 €)	
		x	370,00 €	:	720,00 €	359,67 €

Schwankende Bezüge

Liegt das Arbeitsentgelt z.B. aufgrund schwankender Bezüge in einem Monat außerhalb der Gleitzone, gelten gleichfalls gesonderte Formeln.
In den Monaten, in denen die Gleitzone **unterschritten** wird, gilt folgende Formel:

tatsächliches AE x F = beitragspflichtige Einnahme

d.h. für 2012:

tats. AE x 0,7491 = beitragspflichtige Einnahme

In den Monaten, in denen die Gleitzone **überschritten** wird, gilt:

tatsächliche AE = beitragspflichtige Einnahme

10.8 Beschäftigung von Schülern

Schulbescheinigung

Für beschäftigte Schüler gelten in der Sozialversicherung unter bestimmten Voraussetzungen gesonderte Regelungen. Dazu muss dem Arbeitgeber bei Beginn des Beschäftigungsverhältnisses und zum Schuljahreswechsel jeweils eine aktuelle Bescheinigung der besuchten Schule vorliegen. Die Bescheinigung enthält folgende Angaben:

- Vor- und Zuname
- Geburtsdatum
- Anschrift
- Ausstellende Schule
- Welche Klasse der Schüler derzeit besucht und
- Wie lange der Schüler voraussichtlich die Schule noch besuchen wird

Grundsätzlich sind Schüler, die neben dem Schulbesuch einer Beschäftigung nachgehen, **versicherungspflichtig**. Dennoch gibt es einige Besonderheiten zu berücksichtigen.

Bei Geringfügigkeit

Wenn es sich um ein → **geringfügiges Arbeitsverhältnis** handelt, sind die entsprechenden Regelungen anzuwenden (siehe dazu Kapitel 10). Die Geringfügigkeitsrichtlinien haben Vorrang.

Sozialversicherung

Ist das Beschäftigungsverhältnis mehr als geringfügig, so tritt volle Versicherungspflicht ein, d.h. es sind Beiträge zur → Kranken- , → Pflege-, → Renten- und ggf. → Arbeitslosenversicherung zu leisten.

Eine weitere **Sonderregelung** gibt es für die **Arbeitslosenversicherung**. Beschäftigte Schüler, die eine allgemeinbildende Schule besuchen, sind in der Arbeitslosenversicherung befreit. Der Arbeitgeber muss auch kein „Strafbeitrag" leisten. Dies gilt nicht für Schüler von Abend- und Berufsschulen.

Schulentlassene

Wird ein Schüler nach seiner Schulentlassung, also nach Abschluss der Schulausbildung beschäftigt, um die Zeit bis zum **Beginn der Berufsausbildung** zu überbrükken, kann der Schülerstatus nicht mehr in Anspruch genommen werden. Versicherungsfreiheit kann dann nur über eine Geringfügigkeit der Beschäftigung erreicht werden. Anders sieht es aus, wenn die Beschäftigung nach Schulentlassung der Überbrückung bis zum **Studienbeginn** dient. In diesem Fall kann der Beschäftigte den Schülerstatus behalten. Der Nachweis über den Schülerstatus ist zu den Lohnunterlagen zu nehmen und aufzubewahren.

Steuern

Steuerlich werden beschäftigte Schüler nicht gesondert behandelt. Es wird der normale → **Lohnsteuerabzug** mittels Lohnsteuerkarte vorgenommen oder die Pauschalversteuerung angewendet, wenn es sich um eine **geringfügige Beschäftigung** handelt.

10.9 Beschäftigung von Studenten

Immatrikulationsbescheinigung

Unter bestimmten Voraussetzungen sind beschäftigte Studenten nicht in allen Zweigen der Sozialversicherung versicherungspflichtig. Dazu muss dem Arbeitgeber bei Beginn der Beschäftigung und zu jedem neuen Semester die aktuelle **Immatrikulationsbescheinigung** vorliegen. Mit dieser Bescheinigung weist der Arbeitnehmer nach, dass er an einer Universität oder Hochschule tatsächlich eingeschrieben ist und somit grundlegend die Studenteneigenschaft erfüllt.

Die Immatrikulationsbescheinigung wird von der Universität bzw. der Hochschule für jedes Semester gesondert ausgestellt und enthält folgende Angaben:

- Vor- und Zuname
- Geburtsdatum und Geburtsort
- Ausstellende Universität / Hochschule
- Bezeichnung des angestrebten Abschlusses
- Studiengang / Studienfächer
- Fachsemester / Regelstudienzeit
- Zeitraum des Semesters

Beispiel
Beschäftigung von Studenten

Trotz BAföG und elterlicher Unterstützung sind viele Studenten darauf angewiesen, neben dem Studium zu arbeiten, um ihren Lebensunterhalt zu verdienen. Auch die Modedesignstudentin Lisa Lustig jobbt neben dem Studium für ca. 15 Stunden pro Woche in der ModeFix GmbH und erhält dafür 820,00 € im Monat. Darüber hinaus wird sie im nächsten Semester ein sechsmonatiges Pflichtpraktikum bei der ModeFix GmbH absolvieren, wobei ein Praktikumsentgelt von 1.000,00 € im Monat gezahlt wird. Wie werden der Nebenjob und das Praktikum von Lisa Lustig in der Lohn- und Gehaltsrechnung behandelt?

10.9.1 Beschäftigung neben dem Studium

Grundsätzlich gilt es bei Studenten zu unterscheiden, ob eine → **geringfügige** oder eine mehr als geringfügige Beschäftigung vorliegt. Handelt es sich um eine geringfügige Beschäftigung, so sind bezüglich der → Lohnsteuer und → Sozialversicherungsabgaben die Regelungen für geringfügig Beschäftigte anzuwenden (siehe dazu Kapitel 10). Werden Studenten **mehr als geringfügig** beschäftigt, so sind besondere Regelungen anzuwenden.

Kranken-, Pflege- und Arbeitslosenversicherung

Beitragsfreiheit

Grundsätzlich sind Studenten, die neben dem Studium mehr als geringfügig arbeiten und Entgelt beziehen **beitragsfrei** in der Kranken-, Pflege- und Arbeitslosenversicherung (nicht in der Rentenversicherung). Dazu sind folgende Voraussetzungen zu erfüllen:

- Der Student ist ordentlicher Studierender an einer Hochschule, Universität oder Fachhochschule.
- Die Beschäftigung wird nicht mehr als 20 Stunden in der Woche oder überwiegend am Abend und an Wochenenden ausgeübt, sodass der Student seine Arbeitskraft überwiegend dem Studium widmen kann.
- Die Studienzeit hat das 25. Fachsemester noch nicht überschritten.

Nachweis des Studentenstatus

Für die Bestätigung des Studentenstatus muss der → Arbeitgeber sich eine **Studien- bzw. Immatrikulationsbescheinigung** vorlegen lassen und diese zu den Lohnunterlagen nehmen. Als ordentliche Studenten gelten im Übrigen auch Studierende, die zwar ihren Studienabschluss bereits absolviert haben, aber in einem Aufbau-, Ergänzungs- oder Zweitstudium immatrikuliert sind. Sie müssen dann jedoch glaubhaft machen können, dass sie sich tatsächlich dem Studium widmen und einen weiteren **akademischen Abschluss** anstreben und nicht nur zum Erhalt des Studentenstatus eingeschrieben sind.

Zusammenrechnung

Bei mehreren Tätigkeiten des Studenten werden alle Beschäftigungen **zusammengerechnet**, um das Einhalten der Zeitgrenze zu überprüfen, d.h. der Studierende darf für alle seine Nebentätigkeiten insgesamt nicht mehr als 20 Stunden in der Woche aufwenden.

Arbeiten in den Semesterferien

Während der **vorlesungsfreien Zeit** (Semesterferien) darf eine sonst nicht länger als 20 Wochenstunden beanspruchende Beschäftigung auf mehr als 20 Stunden ausgedehnt werden und behält dennoch ihre Versicherungsfreiheit. Gleiches gilt für Beschäftigungen, die ausschließlich in den Semesterferien ausgeübt werden und von vornherein auf die Dauer der Ferien befristet sind.

Rentenversicherung

Beitragspflicht

Für die → Rentenversicherung besteht seit 1996 keine Befreiung mehr für studentische Arbeitskräfte. Der Arbeitgeber führt daher die vollen Rentenversicherungsbeiträge an die Krankenkasse des Studenten ab. Die Beiträge werden je zur Hälfte vom Arbeitgeber und vom → Arbeitnehmer getragen.

Lohnsteuer

Individuelle oder pauschale Lohnsteuer

Bei der Erhebung der → Lohnsteuer gibt es **keine Sonderbehandlung** für Studenten. Sie werden als normale Arbeitnehmer angesehen. Der Arbeitgeber führt den Lohnsteuerabzug entweder individuell anhand der → **Lohnsteuerkarte** durch, oder führt eine → **pauschale** Lohnsteuer ab. Pauschalierungen sind nur möglich, wenn die Voraussetzungen der Geringfügigkeit erfüllt sind (siehe dazu Kapitel 10).

Zu beachten ist bei studentischen Arbeitskräften, dass diese zumeist noch nicht über nennenswerte andere steuerpflichtige Einnahmen verfügen und somit aufgrund der **Freibeträge** oftmals gar keine Steuern entrichten müssten. In diesen Fällen ist der individuelle → Lohnsteuerabzug für den Arbeitgeber günstiger, als der pauschalierte. Eine Prüfung im Einzelfall kann sich hier durchaus lohnen.

zu Beispiel Beschäftigung von Studenten

Das monatliche Gehalt von Lisa Lustig beträgt 820,00 € und übersteigt somit die Geringfügigkeitsgrenze von 400,00 €. Lohnsteuer und Sozialversicherungsbeiträge können daher nicht pauschaliert werden. Auch die Gleitzonenregelung findet keine Anwendung. Da sie neben dem Studium arbeitet, ist sie beitragsfrei in der Kranken-, Pflege- und Arbeitslosenversicherung. Die Gehaltsabrechnung gestaltet sich wie folgt:

monatliches Gesamt-Brutto		820,00 €
Steuerabzugsbeträge	Steuerklasse I / 0 / rk	0,00 €
Sozialversicherungsbeiträge	820,00 € x 19,6% (RV) : 2 =	80,36 €
auszuzahlender Betrag		**739,64 €**

10.10 Beschäftigung von studentischen Praktikanten

In den meisten Studienordnungen ist mindestens ein **Praktikum** vorgesehen, in dem der Student das an der Hochschule theoretisch erworbene Wissen in der Praxis anwenden, verbreitern und vervollständigen soll.

Praktikanten sind grundsätzlich versicherungspflichtig. Es ist nun zu unterscheiden, ob es sich um ein Pflichtpraktikum während, vor oder nach dem Studium handelt, oder ob es sich um ein freiwilliges Praktikum handelt.

10.10.1 Vorgeschriebene Praktika

Das Praktikum muss in einer Studien- oder Prüfungsordnung vorgeschrieben sein und die Ableistung des Praktikums ist nachzuweisen. Der Arbeitgeber sollte den Praktikantenvertrag zu seinen Unterlagen nehmen.

Am häufigsten ist das vorgeschriebene **Zwischenpraktikum.** Bei Ableistung eines vorgeschriebenen Praktikums besteht Versicherungsfreiheit in allen Zweigen der Sozialversicherung. Es ist dabei unerheblich, ob und in welcher Höhe der Praktikant ein Entgelt erhält und wie hoch die wöchentliche Arbeitszeit ist. Es sind auch keine Meldungen zur Sozialversicherung zu erstatten. Es sind auch keine Umlagebeiträge für diese Praktikanten zu entrichten.

Bei vorgeschriebenen **Vor- und Nachpraktika** gegen Entgelt besteht allerdings grundsätzlich Versicherungspflicht in allen Zweigen. Dieses Praktikum wird nicht während des Studiums absolviert, der Praktikant ist also nicht immatrikuliert. Die Geringfügigkeitsrichtlinien können nicht angewandt werden, da das Praktikum der Berufsausbildung dient. Auch die Gleitzonenregelung findet hier keine Anwendung. Es greift jedoch die Geringverdienergrenze (vgl. Auszubildende). Hier fallen auch die Umlagebeiträge an.

Erhält der Praktikant während des vorgeschriebenen Vor- und Nachpraktikums kein Entgelt, sind durch den Arbeitgeber Beiträge zur Renten- und Arbeitslosenversicherung aus einem fiktiven Entgelt zu melden und abzuführen. Das **fiktive Entgelt** beträgt 1% der monatlichen Bezugsgröße (in 2012: 2.625,00 € West / 2.240,00 € Ost).

10.10.2 Freiwillige Praktika

Wird ein Praktikum freiwillig absolviert, **fehlt es an der Verpflichtung** zur Ableistung und dient daher nicht zur Berufsausbildung. Hier besteht Versicherungspflicht in allen Zweigen der Sozialversicherung. Bei einem Entgelt bis 400,00 € sind die Geringfügigkeitsrichtlinien anzuwenden, bei einem höheren Entgelt greifen evtl. die Bestimmungen zur **Gleitzone**.

Wird ein nicht vorgeschriebenes Zwischenpraktikum **während eines Studiums** absolviert, ist die Höhe des Entgelts und die wöchentliche Arbeitszeit maßgebend.

In der Kranken-, Pflege- und Arbeitslosenversicherung besteht Versicherungsfreiheit,

- bei einer wöchentlichen Arbeitszeit bis 20 Stunden
- bei mehr als 20 Stunden und einem Entgelt bis 400,00 € (hier sind jedoch der pauschale Beitrag zur KV für geringfügig Beschäftigte durch den Arbeitgeber zu zahlen.

In der Rentenversicherung ist das Entgelt maßgebend:

- Bis 400,00 € besteht keine Versicherungspflicht und auch der der pauschale Beitrag für geringfügig Beschäftigte ist **nicht** zu bezahlen.
- Bei einem höheren Entgelt ist der volle Beitrag je zur Hälfte zu entrichten.

10.10.3 Lohnsteuern für Praktikanten

In der Besteuerung werden Praktikanten nicht von anderen Arbeitnehmern nicht unterscheiden. Es ist zu prüfen, welche Art von Praktikum abgeleistet wird, d.h. welche sozialversicherungsrechtlichen Regelungen werden angewandt. Ist das Praktikum von der Sozialversicherung befreit und liegt das Entgelt über 400,00 €, muss nach Lohnsteuerkarte abgerechnet werden. Greifen die Geringfügigkeitsrichtlinien, ist die entsprechende Versteuerung zu prüfen. Muss die Sozialversicherung nach den Regelungen für Auszubildende ermittelt werden, ist eine pauschale Versteuerung, auch bei einem Entgelt bis 400,00 € nicht möglich.

zu Beispiel
Beschäftigung von Studenten

Lisa Ludwig absolviert bei der ModeFix GmbH ihr sechsmonatiges Pflichtpraktikum unter Vorlage der Lohnsteuerkarte (Stkl. I / 0 / rk.) und erhält ein Praktikumsgehalt von 1.000,00 €. Das Gehalt berechnet sich wie folgt:

monatliches Gesamt-Brutto		1.000,00 €
Steuerabzugsbeträge	Steuerklasse I / 0 / rk	14,34 €
Sozialversicherungsbeiträge		0,00 €
auszuzahlender Betrag		**985,66 €**

Die Beitragsfreiheit in der Rentenversicherung ist gegeben, weil es sich um ein in der Studienordnung vorgesehenes Pflichtpraktikum handelt.

10.11 Duale Studiengänge (Exkurs): neue sozialversicherungsrechtliche Beurteilung

Ein „dualer Studiengang" liegt vor, wenn ein Studium an einer Hochschule bzw. einer Akademie eng gekoppelt wird mit einer praktischen Berufsausbildung in einem Unternehmen. Der duale Student erwirbt innerhalb von drei bis fünf Jahren gleichzeitig einen Diplom- oder Bachelor-Abschluss sowie den Abschluss einer anerkannten Berufsausbildung vor einer Kammer (z. B. der IHK). Das setzt zum einen das Abitur oder die allgemeine Fachhochschulreife voraus, zum anderen einen Ausbildungsvertrag mit einem Betrieb.

Duale Studiengänge gibt es z. B. bei der Kopplung eines Wirtschaftsstudiums mit kaufmännischer Ausbildung im Bereich Steuer-, Wirtschaftsrecht oder Medienwirtschaft oder bei der Kombination eines Informatikstudiums mit technischer Berufsausbildung wie im Bereich Medieninformatik oder Wirtschaftsinformatik.

Problematisch war bislang die sozialversicherungsrechtliche Beurteilung eines solchen dualen Studiengangs, da es verschiedene Möglichkeiten gab, je nachdem, ob die Schwerpunkte im Studium oder in der betrieblichen Ausbildung lagen.

einheitliche SV-Pflicht

Nach dem 4. SGB-IV-Änderungsgesetz ist vorgesehen, dass ab dem 01.01.2012 alle Teilnehmer an dualen Studiengängen einheitlich als sozialversicherungspflichtig beurteilt werden und zwar in allen Zweigen der Sozialversicherung und unabhängig davon, ob sie sich in der Praxis- oder der Studienphase befinden. Sie werden dann den Auszubildenden gleichgestellt und müssen daher auch wie Auszubildende gemeldet werden.

Beispiel

Max Pfiffig studiert in einem praxisintegrierten dualen Studiengang und erhält vom Betrieb ein Entgelt. Nach den bisherigen Regelungen war sein Entgelt sozialversicherungsfrei. Er war mit Personengruppenschlüssel 190 gemeldet.

Ab 01.01.2012 muss ihn der Betrieb mit Personengruppe 102, Beitragsgruppe 1111 und Abgabegrund 12 (Beitragsgruppenwechsel) bei der zuständigen Einzugsstelle melden. Die Sozialversicherungsbeiträge werden anhand des gezahlten Entgelts berechnet.

Praxisübungen

Die Lösungen finden Sie im Band **„Lohn und Gehalt 1 - Übungen und Musterklausuren"** dieser Fachbuchreihe.

Aufgabe 1: Lohnsteuer für Rentenempfänger und ältere Arbeitnehmer

◆ **Beantworten Sie die folgenden Fragen.**

a) Welche Besonderheit ist bei der Beschäftigung von Altersrentnern in Bezug auf die Steuerabzugsbeträge zu berücksichtigen?

....

....

....

....

b) Wie hoch ist der Altersentlastungsbetrag in 2012? Ist er auf der Lohnsteuerkarte eingetragen?

....

....

....

....

Aufgabe 2: Sozialversicherungsbeiträge für Rentenempfänger

◆ **Beantworten Sie die folgende Frage.**

Gibt es eine Besonderheit bei der Berechnung der Sozialversicherungsbeiträge bei Altersrentnern?

....

....

....

....

Aufgabe 3: Mini-Jobs

◆ **Beurteilen Sie die folgenden Fälle bezüglich der Steuer- und Sozialversicherungspflicht.**

a) Herr Saubermann arbeitet für eine Gebäudereinigung und verdient im Monat 350,00 €. Außer diesem Job hat er keine weitere Beschäftigung. Er ist in einer gesetzlichen Krankenversicherung versichert. Wie kann der Arbeitgeber am günstigsten abrechnen? Welche Steuer- und Sozialversicherungsbeiträge hat der Arbeitgeber abzuführen?

....

....

....

....

....

....

b) Neben der Beschäftigung bei der Gebäudereinigung putzt Herr Saubermann bei der ModeFix GmbH einmal im Monat die Fenster und erhält hierfür 100,00 €. Kann die ModeFix GmbH dieses Entgelt im Rahmen eines geringfügig entlohnten Beschäftigungsverhältnisses auszahlen? Welche Auswirkungen hat diese Beschäftigung auf das Beschäftigungsverhältnis bei der Gebäudereinigung?

....

....

....

....

....

c) Hermine Hermelin arbeitet als gelernte Verwaltungsangestellte aushilfsweise in der Stadtbücherei und verdient im Monat 400,00 €. In den Herbstferien übernimmt sie die Urlaubsvertretung einer Bekannten als Verkäuferin in einem Café und verdient in den 14 Tagen insgesamt 500,00 €. Wie sind die beiden Beschäftigungen für Hermine Hermelin am günstigsten abzurechnen?

....

....

....

....

d) August Kaspar ist als Koch im Hotel Admiral angestellt. Er arbeitet 40 Stunden in der Woche und verdient als 5-Sterne-Koch durchschnittlich 3.500,00 € im Monat. Als Junggeselle geht er mit seinem Geld allerdings sehr großzügig um, sodass er sich noch einen Nebenjob gesucht hat. An seinen freien Tagen arbeitet er auf 400 €-Basis in einem Sonnenstudio. Kann die Tätigkeit im Sonnenstudio als Minijob abgerechnet werden? Welche Abgaben hat das Sonnenstudio für August Kaspar abzuführen?

Aufgabe 4: Gleitzone

◆ **Beurteilen Sie die folgenden Fällen und begründen Sie Ihre Entscheidung.**

a) Frau Annette Bierbaum arbeitet stundenweise in einem Sonnenstudio und verdient dort monatlich 500,00 € brutto. Des Weiteren arbeitet sie stundenweise als Aushilfe in einem Blumengeschäft. Dort verdient sie monatlich 300,00 €. Das Entgelt aus dem Blumengeschäft wird als geringfügiges Beschäftigungsverhältnis abgerechnet. Muss für die Tätigkeit im Sonnenstudio die Gleitzonenregelung angewandt werden?

b) Monika Clever arbeitet von Montag bis Mittwoch als Verkäuferin in einer Bäckerei und von Donnerstag bis Samstag als Kassiererin in einem Supermarkt. In beiden Beschäftigungsverhältnissen verdient sie je 700,00 €. Muss die Gleitzonenregelung angewandt werden?

Aufgabe 5: Studenten

◆ **Wie ist der folgende Fall aus steuer- und sozialversicherungsrechtlicher Sicht zu beurteilen?**

Theo Schlaumeier studiert Architektur und arbeitet neben seinem Studium durchschnittlich 14 Stunden in der Woche in einem Architekturbüro. Dort verdient er 650,00 € im Monat.

11

Reisekosten

In diesem Kapitel lernen Sie den Begriff der Auswärtstätigkeit kennen. Sie erfahren, welche Aufwendungen als Reisekosten geltend gemacht werden können und wie die entsprechenden Erstattungen des Arbeitgebers in der Lohn- und Gehaltsabrechnung zu berücksichtigen sind.

Inhalt

11.1 Aufwendungen für eine Auswärtstätigkeit

Erstattungen von Reisekosten

Bei einer Auswärtstätigkeit können für den → Arbeitnehmer **zusätzliche Belastungen** z.B. für Verpflegung, Fahrtkosten, Übernachtung oder Reisenebenkosten (z.B. Parkgebühren) anfallen, die er entweder zunächst auslegt und später vom → Arbeitgeber erstattet bekommt, oder deren Rechnung gleich vom Arbeitgeber übernommen werden. Der Anspruch auf Reisekostenerstattung ist zwar geregelt, jedoch wird vom Gesetzgeber keine exakte Höhe festgelegt. In welcher Form und Höhe Reisekostenerstattungen erfolgen, ist daher arbeits- bzw. tarifvertraglich zu regeln.

Steuerfreiheit

Die entsprechenden Leistungen des Arbeitgebers sind dabei **innerhalb bestimmter Grenzen** grundsätzlich nicht dem steuer- und sozialversicherungspflichtigen → Brutto hinzuzurechnen. Schließlich hat der Arbeitnehmer eventuelle Auslagen aus seinem bereits versteuerten Nettoeinkommen gezahlt. Voraussetzung für die Steuerfreiheit ist jedoch, dass es sich im Sinne des Gesetzgebers um eine **betrieblich veranlasste Reise** handelt und die Aufwendungen als **Reisekosten** anerkannt sind. Eine betriebliche Reise liegt in folgenden Fällen vor:

- Wenn der Arbeitnehmer eine Auswärtstätigkeit ausübt.
- Wenn der Arbeitnehmer aufgrund seiner Tätigkeit nur an ständig wechselnden Arbeitsstellen eingesetzt wird (Einsatzwechseltätigkeit).
- Wenn der Arbeitnehmer seine Tätigkeit in einem Fahrzeug ausübt (Fahrtätigkeit).

Beispiel
Aufwendungen für eine Auswärtstätigkeit

Kurt Hurtig ist Angestellter der ModeFix GmbH. Er besucht im Auftrag der Firma regelmäßig Kunden zwecks Kontaktpflege. Diese Woche stehen mehrere Kunden in Mecklenburg auf seinem Plan. Er ist daher vier Tage unterwegs und übernachtet in unterschiedlichen Hotels. In der nächsten Woche besucht er verschiedene Kunden in unmittelbarer Nähe des Firmensitzes. Er ist daher im Laufe eines Tages mehrmals bei Kunden und zwischendurch wieder in der Firma. Handelt es sich in beiden Wochen um Auswärtstätigkeiten und wie werden diese bezüglich der Reisekosten behandelt?

Begriff der Auswärtstätigkeit (Dienstreise)

Gemäß R9.4 LStR liegt eine **Auswärtstätigkeit** vor, wenn eine vorübergehende Abwesenheit von der Wohnung und der regelmäßigen Arbeitsstätte aus betrieblichen Gründen erforderlich ist. Die zurückgelegte Entfernung ist dabei unerheblich.

Begriff der Reisekosten

Als **Reisekosten** erkennt R9.4 LStR folgende Aufwendungen an:

- Fahrtkosten
- Übernachtungskosten
- Verpflegungsmehraufwendungen
- Reisenebenkosten

zu Beispiel
Aufwendungen für eine Auswärtstätigkeit

In den Zeiten, in denen Kurt Hurtig für die Firma unterwegs ist, übt er eine Auswärtstätigkeit aus. Die Entfernung und die Frage, ob er auswärts übernachtet, ist für den Status der Auswärtstätigkeit unerheblich. Daher sind die Auswärtstätigkeiten in beiden Wochen als Dienstreise anzusehen.

11.2 Reisekostenabrechnung R9.4 LStR

Soweit eine Auswärtstätigkeit im Sinne R9.4 LStR vorliegt, kann der → Arbeitgeber dem → Arbeitnehmer dessen Auslagen für Fahrtkosten, Verpflegungsmehraufwendungen, Übernachtungskosten und Reisenebenkosten erstatten. Voraussetzung ist, dass der Arbeitnehmer entsprechende Aufzeichnungen über die Auswärtstätigkeit geführt hat. Innerhalb bestimmter Grenzen unterliegen die **Reisekostenerstattungen** nicht der → Lohnsteuer und nicht der → Sozialversicherung. Werden Erstattungen über die gesetzlichen Grenzen hinaus gewährt, sind diese steuer- und beitragspflichtig. Es besteht jedoch die Möglichkeit innerhalb einer Auswärtstätigkeit oder einer Abrechnung, höhere Erstattungen mit Erstattungen, die unter der gesetzlichen Grenze liegen zu verrechnen.

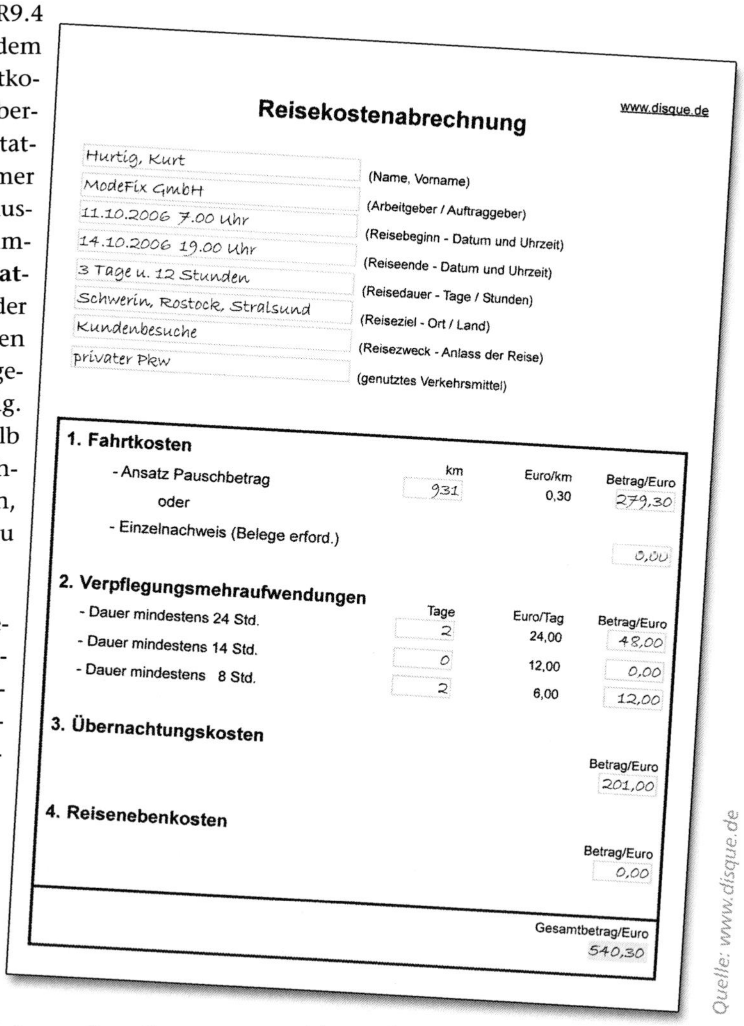
Reisekostenabrechnung www.disque.de

Hurtig, Kurt	(Name, Vorname)
ModeFix GmbH	(Arbeitgeber / Auftraggeber)
11.10.2006 7.00 Uhr	(Reisebeginn - Datum und Uhrzeit)
14.10.2006 19.00 Uhr	(Reiseende - Datum und Uhrzeit)
3 Tage u. 12 Stunden	(Reisedauer - Tage / Stunden)
Schwerin, Rostock, Stralsund	(Reiseziel - Ort / Land)
Kundenbesuche	(Reisezweck - Anlass der Reise)
privater PKW	(genutztes Verkehrsmittel)

1. Fahrtkosten

	km	Euro/km	Betrag/Euro
- Ansatz Pauschbetrag	931	0,30	279,30
oder			
- Einzelnachweis (Belege erford.)			0,00

2. Verpflegungsmehraufwendungen

	Tage	Euro/Tag	Betrag/Euro
- Dauer mindestens 24 Std.	2	24,00	48,00
- Dauer mindestens 14 Std.	0	12,00	0,00
- Dauer mindestens 8 Std.	2	6,00	12,00

3. Übernachtungskosten

Betrag/Euro 201,00

4. Reisenebenkosten

Betrag/Euro 0,00

Gesamtbetrag/Euro 540,30

Quelle: www.disque.de

In den meisten Betrieben werden die Reisekosten über entsprechende Formulare abgerechnet. Der Arbeitnehmer trägt die ihm entstandenen Reisekosten in das Abrechnungsformular ein, fügt **Belege** hinzu und übergibt die Abrechnung der Firma.

Die Reisekosten können über die Gehaltsabrechnung oder separat ausgezahlt werden. Allerdings ist der Arbeitgeber verpflichtet, steuerfreie Erstattungen von Verpflegungsmehraufwendungen grundsätzlich in der Lohnsteuerbescheinigung und im Lohnkonto zu dokumentieren, damit der Arbeitnehmer diese Erstattungen nicht nochmals in seiner Einkommensteuererklärung als Werbungskosten ansetzen kann (siehe hierzu auch Kapitel 12). Die Reisekostenabrechnung hat der Arbeitgeber zu den Lohnunterlagen zu nehmen.

11.2.1 Abrechnung von Fahrtkosten R9.5 LStR

Mit öffentlichen Verkehrsmitteln

Bei den Erstattungen für Fahrtkosten (R9.5 LStR) wird zwischen der Benutzung öffentlicher Verkehrsmittel und eines eigenen Kfz unterschieden. Bei **öffentlichen Verkehrsmitteln** kann der Arbeitgeber den tatsächlich bezahlten Fahrpreis (einschließlich eventueller Zuschläge) steuerfrei erstatten. Entsprechende Belege oder Quittungen sind der Reisekostenabrechnung im Original beizufügen.

Mit privatem Kfz

Hat der Arbeitnehmer sein **privates Kfz** für eine Auswärtstätigkeit genutzt, kann er seine Aufwendungen mit einer Kilometerpauschale geltend machen. Diese kann individuell berechnet werden, indem die tatsächlichen Gesamtkosten des Fahrzeugs für ein Jahr auf die gefahrenen Jahreskilometer umgerechnet werden. Dazu ist jedoch eine exakte Dokumentation erforderlich. Eine andere Möglichkeit ist die Verwendung eines **pauschalen Kilometersatzes** ohne Einzelnachweise. Dabei kann der Arbeitgeber je gefahrenen Kilometer folgende Sätze steuerfrei erstatten:

Fahrzeug	Kilometerpauschale
Kraftwagen	0,30 €
Motorrad und Motorroller	0,13 €
Moped/Mofa	0,08 €
Fahrrad	0,05 €

Für jede Person, die bei einer Auswärtstätigkeit mitgenommen wird, erhöht sich der Kilometersatz von 0,30 € um 0,02 € und der Kilometersatz von 0,13 € um 0,01 €.

11.2.2 Mehraufwendungen für Verpflegung R9.6 LStR

Verpflegungspauschalen

Höhere Kosten für Verpflegung

Mit der Abrechnung von **Verpflegungsmehraufwendungen** wird berücksichtigt, dass ein Arbeitnehmer während einer Auswärtstätigkeit üblicherweise nicht für sich selbst Mahlzeiten zubereiten kann, sondern auf den Besuch von Restaurants oder anderen Verpflegungseinrichtungen angewiesen ist. Die dadurch entstehenden Mehraufwendungen können vom Arbeitgeber innerhalb festgelegter Pauschalen steuer- und sozialversicherungsfrei erstattet werden. Die Pauschsätze richten sich nach der Abwesenheitsdauer am jeweiligen Tag:

Abwesenheitsdauer	Pauschbetrag für Verpflegungsmehraufwendungen
mindestens 8 Stunden aber weniger als 14 Stunden	6,00 €
mindestens 14 Stunden aber weniger als 24 Stunden	12,00 €
für mindestens 24 Stunden	24,00 €

Führt ein Arbeitnehmer an einem Tag mehrere Auswärtstätigkeiten aus, so sind die Zeiten der Abwesenheit zusammenzurechnen.

Beispiel Verpflegungspauschale

Kurt Hurtig besucht in dieser Woche die Kunden in der näheren Umgebung. Zwischendurch fährt er mehrmals in den Betrieb um noch andere Tätigkeiten zu erledigen. Um 7.00 Uhr fährt er von seiner Wohnung zum Kunden und kommt um 10.00 Uhr in die Firma. Um 11.30 Uhr fährt er zur Post und zur Bank und ist um 12.00 Uhr zurück. Um 14.00 Uhr fährt er wieder los, besucht an diesem Tag noch drei Kunden und fährt anschließend nach Hause; Ankunft um 19.30 Uhr.

Die Zeiten der Abwesenheit werden aufaddiert:

von 07.00 Uhr -10.00 Uhr	3,0 Stunden
von 11.30 Uhr - 12:00 Uhr	0,5 Stunden
von 14.00 Uhr - 19.30 Uhr	5,5 Stunden

Kurt Hurtig war insgesamt 9 Stunden unterwegs und kann für diesen Tag eine Pauschale für Verpflegungsmehraufwendungen von 6,00 € ansetzen.

Wenn sich eine Dienstreise über zwei Tage erstreckt, jedoch keine Übernachtung stattfindet, sind die Abwesenheitszeiten zusammenzurechnen und dem Kalendertag mit der überwiegenden Abwesenheit zuzuordnen.

Beispiel
Verpflegungsmehraufwand: Dienstreise über zwei Tage ohne Übernachtung

> Beginn der Auswärtstätigkeit um 17.00 Uhr, keine Übernachtung, Rückkehr um 7.30 Uhr. Die Abwesenheit beträgt insgesamt 14,5 h, hierfür steht ein Pauschalbetrag von 12,00 € zu

Erstattung höherer Beträge

Pauschalversteuerung

Erstattet der Arbeitgeber höhere Beträge für Verpflegungsmehraufwendungen als die Pauschsätze, können diese übersteigenden Beträge bis zur Höhe des geltenden Pauschalsatzes mit 25% → **pauschal versteuert** werden. Die so pauschalierten Beträge bleiben **beitragsfrei** in der → Sozialversicherung. Darüber hinausgehende Zuwendungen sind dann als individuell zu versteuerndes und sozialversicherungspflichtiges Entgelt zu behandeln.

Beispiel
Erstattung höherer Beträge für Verpflegungsmehraufwendungen

> Die ModeFix GmbH erstattet Herrn Hurtig für die neunstündige Abwesenheit einen Tagessatz von 15,00 €. Dies ist wie folgt abzurechnen:
> - 6,00 € können steuerfrei erstattet werden
> - 6,00 € könnten mit 25 % pauschaliert werden (zzgl. Solidaritätszuschlag und Kirchensteuer)
> - 3,00 € gehen als steuer- und sozialversicherungspflichtige Zuwendung in die Gehaltsabrechnung ein

Für dieselbe Auswärtstätigkeit können Verpflegungsmehraufwendungen jedoch nur für die ersten drei Monate steuerfrei erstattet werden. Vergleiche hierzu auch Band „Lohn und Gehalt 2".

Beispiel
Erstattung höherer Beträge für Verpflegungsmehraufwendungen länger als drei Monate

> Herr Hase wird für die Zeit vom 01.02. bis 31.05. vorübergehend bei der Zweigniederlassung in Stuttgart tätig werden. Verpflegungsmehraufwendungen können lediglich für die Zeit vom 01.02. bis 30.04. steuerfrei erstattet werden.

Kostenlose Mahlzeiten bei Auswärtstätigkeiten

Beispiel
Kostenlose Mahlzeiten bei Auswärtstätigkeiten

> Kurt Hurtig nimmt an einer eintägigen Fortbildungsveranstaltung in München teil. Die ModeFix GmbH hat an den Bildungsanbieter für das sechsstündige Seminar 233,00 € bezahlt. Im Preis inbegriffen ist auch ein Mittagessen für den Teilnehmer. Ist diese unentgeltliche Mahlzeit steuerpflichtig?

Geldwerte Vorteile gelten als Erstattungen

Mahlzeiten, die der Arbeitgeber Mitarbeitern unentgeltlich oder verbilligt zur Verfügung stellt oder durch einen Dritten zur Verfügung stellen lässt, gelten als → Sachbezüge und sind als **geldwerte Vorteile** dem steuerpflichtigen Arbeitslohn zuzurechnen. Dies gilt auch für Mahlzeiten während einer **Auswärtstätigkeit**.

Hier gibt es nun zwei Möglichkeiten der Bewertung des Sachbezugs. Gemäß R 8.1 Abs. 8 Nr. 2 LStR ist der amtliche Sachbezugswert der Mahlzeit zu versteuern (siehe dazu auch Kapitel 8.4.8). Nach dem BFH Beschluss vom 19.11.2008 ist jedoch bei Auswärtstätigkeiten nicht der amtliches Sachbezugswert, sondern die Mahlzeit immer mit dem tatsächlichen Wert ohne dem Abschlag von 4 % heranzuziehen.

Der Wert der Mahlzeit ist in die Prüfung der 44-Euro-Freigrenze einzubeziehen. Die Finanzverwaltung lässt dem Arbeitgeber hier jedoch ein Wahlrecht (BMF-Schreiben vom 13.07.2009).

Der Sachbezugswert einer solchen Mahlzeit kann entweder mit den steuerfreien Erstattungen für Verpflegungsmehraufwendungen verrechnet werden oder als geldwerter Vorteil in der Gehaltsabrechnung einfließen.

zu Beispiel
Kostenlose Mahlzeiten bei Auswärtstätigkeiten

Kurt Hurtig ist mit Hin- und Rückreise von 5:30 Uhr bis 20:00 Uhr unterwegs. Für die 14,5 Stunden Abwesenheit erhält er 12,00 € Verpflegungspauschale. Der tatsächliche Wert der Mahlzeit ist auf der Rechnung des Veranstalters nicht ausgewiesen. Der Arbeitgeber hat zwei Möglichkeiten den Sachbezug des kostenfreien Mittagessens zu behandeln:

1. Möglichkeit: Der Sachbezugswert eines Mittagessens (2,87 €) wird von der Verpflegungspauschale abgezogen. Die ModeFix GmbH kann Herrn Hurtig dann 9,13 € steuerfrei als Reisekosten erstatten.

2. Möglichkeit: Die Verpflegungspauschale wird in voller Höhe mit 12,00 € steuerfrei ausgezahlt und der Sachbezugswert für das Mittagessen wird mit 2,87 € als geldwerter Vorteil angerechnet.

11.2.3 Abrechnung von Übernachtungskosten R9.7 LStR

Tatsächlich entstandene Kosten

Als **Übernachtungskosten** können die Aufwendungen steuerfrei erstattet werden, die im Rahmen einer Auswärtstätigkeit durch die persönliche Inanspruchnahme einer Unterkunft tatsächlich entstanden sind. Sie sind durch entsprechende Belege nachzuweisen. Ist in den Übernachtungskosten das Frühstück enthalten, muss der **Frühstückanteil** herausgerechnet werden:

- In Höhe des tatsächlichen Aufwandes, soweit erkennbar.
- Wenn tatsächlicher Aufwand nicht erkennbar, pauschal mit 20% des vollen Tagessatzes = 4,80 € je Übernachtung im Inland.

Bei Übernachtungen im Inland muss immer davon ausgegangen werden, dass das Frühstück auch ohne gesonderten Ausweis in den Übernachtungskosten enthalten ist. Lediglich dann, wenn durch das Hotel „Übernachtung ohne Frühstück" bescheinigt wurde, ist kein Frühstücksanteil aus den Übernachtungskosten herauszurechnen. Eine diesbezügliche Ergänzung durch den Arbeitnehmer ist nicht zulässig.

Hat der Arbeitgeber das Frühstück vorbestellt bzw. die Hotelbuchung vor Antritt der Auswärtstätigkeit vorgenommen, spricht man davon, dass der Arbeitnehmer **auf Veranlassung des Arbeitgebers** von einem Dritten ein Frühstück unentgeltlich erhalten hat. In diesem Fall ist das Frühstück mit dem amtlichen Sachbezugswert (in 2012: 1,57 €) entweder aus den Übernachtungskosten herauszurechnen, oder bei ungekürzter Erstattung als geldwerter Vorteil in der Lohn- /Gehaltsabrechnung zu berücksichtigen.

Beispiel
Übernachtungskosten

Kurt Hurtig ist für die ModeFix GmbH vier Tage unterwegs, um verschiedene Firmen zu besuchen. Er übernachtet stets in unterschiedlichen Hotels und legt folgende Belege vor:

Übernachtung		
Montag auf Dienstag (Hotel zur Krone)	Übernachtung einschl. Frühstück	70,00 €
Dienstag auf Mittwoch (Hotel zum Hirsch)	Übernachtung Frühstücksbuffet	60,00 € 15,00 €
Mittwoch auf Donnerstag (Hotel zur Sonne)	Übernachtung einschl. Frühstück	80,00 €

Die ModeFix GmbH kann die Übernachtungskosten wie folgt steuerfrei erstatten:

Übernachtung		
Montag auf Dienstag (Hotel zur Krone)	Übernachtung abzgl. Frühstück 70,00 € - 4,80 € –	65,20 €
Dienstag auf Mittwoch (Hotel zum Hirsch)	Übernachtung (Frühstück nicht steuerfrei erstattbar)	60,00 €
Mittwoch auf Donnerstag (Hotel zur Sonne)	Übernachtung abzgl. Frühstück 80,00 € - 4,80 € =	75,20 €
Übernachtungskosten gesamt (steuerfrei erstattbar)		**200,40 €**

Übernachtungspauschale

Ist für eine Übernachtung der tatsächliche Aufwand nicht nachweisbar, so kann ein **Pauschalbetrag** von 20,00 € pro Übernachtung im Inland steuerfrei vom Arbeitgeber erstattet werden (R9.7 LStR). Dies gilt nicht, wenn die Unterkunft vom Arbeitgeber oder aufgrund des → Arbeitsverhältnisses von einem Dritten **kostenlos oder verbilligt** zur Verfügung gestellt wurde. Voraussetzung ist zudem, dass tatsächlich eine Übernachtung in einer Unterkunft stattgefunden hat. Das Schlafen im Schlafwagen der Bahn, in einer Kabine auf einem Schiff oder während eines Fluges stellt keine Übernachtung dar.

Beispiel
Übernachtung in Schlafkabine (Lkw)

Der Berufskraftfahrer Theo Fahrig fährt für die Schnelltrans-Spedition. Er ist regelmäßig von Montag bis Freitag unterwegs und übernachtet in der Schlafkabine seines LKW. Hierfür kann er **keine** steuerfreie Übernachtungspauschale von der Firma kassieren, weil die Übernachtungsmöglichkeit (Schlafkabine) vom Arbeitgeber gestellt wird.

11.2.4 Reisenebenkosten

Weitere Kosten einer Auswärtstätigkeit

Als Reisenebenkosten können z.B. folgende Aufwendungen in ihrer tatsächlichen Höhe steuerfrei erstattet werden, wenn sie durch Belege nachgewiesen sind:

- Parkgebühren (jedoch keine Bußgelder (Strafzettel) z.B. wegen Falschparken)
- Gepäckaufbewahrung und -transport
- Reisegepäckversicherung (wenn auf berufliche Reisen beschränkt)
- Reiseunfallversicherung
- Schadensersatzleistungen infolge eines Verkehrsunfalls
- betrieblich veranlasste Telefonkosten

Praxisübungen

Die Lösungen finden Sie im Band **„Lohn und Gehalt 1 - Übungen und Musterklausuren"** dieser Fachbuchreihe.

Aufgabe: Reisekostenerstattung

- **Ermitteln Sie in den folgenden Fällen die steuer- und sozialversicherungsfrei erstattbaren Reisekosten.**

a) Trude Herr ist als Handelsvertreterin bei der Firma Lederwaren Kurz angestellt. Sie reicht folgende Reisekostenabrechnung ein (Die jeweils besuchten Kunden und die Fahrstrecke sollen als Anlage beigefügt sein.).

	Beginn	**Ende**	**Gefahrene km mit eigenem PKW**
Montag	8:00 Uhr	16:30 Uhr	230
Dienstag	7:30 Uhr	20:00 Uhr	415
Mittwoch	6:00 Uhr	21:30 Uhr	325
Donnerstag	8:15 Uhr	16:00 Uhr	190
Freitag	7:00 Uhr	19:00 Uhr	280

....

....

....

....

....

....

....

....

b) Der Berufskraftfahrer Alfred Schuch ist von Montag 5:00 Uhr bis Donnerstag 13:45 Uhr in Deutschland unterwegs. Er ist zwischendurch weder in die Firma noch nach Hause gefahren. Welche Verpflegungskostenmehraufwendungen kann er geltend machen?

....

....

....

....

....

....

....

c) Die Praktikantin Lisa Lustig wird von der ModeFix GmbH für drei Tage auf eine Messe geschickt. Lisa Lustig fährt Dienstag um 6:30 Uhr los und kommt am Donnerstag um 18:00 Uhr zurück. Sie ist mit dem eigenen PKW insgesamt 200 km gefahren und hat für die beiden Übernachtungen (ohne separaten Ausweis eines Frühstücks) 120,00 € bezahlt. In welcher Höhe kann Lisa Lustig die Reisekosten steuerfrei geltend machen?

....

....

....

....

....

....

....

12

Arbeiten am Monats- und Jahresende sowie bei Ein- und Austritt eines Arbeitnehmers

Dieses Kapitel erläutert Ihnen die Meldepflichten an die Sozialversicherung, die Arbeiten, die ein Arbeitgeber in Bezug auf Lohn- und Gehaltsbuchführung und die Personalverwaltung am Ende eines jeden Monats bzw. Jahres sowie bei Ein- und Austritt eines Arbeitnehmers zu erbringen hat.

Inhalt

12.1 Meldung zur Sozialversicherung § 28a ff SGB IV

Damit die Träger der Sozialversicherungszweige ihre Sozialleistungen korrekt berechnen und dem Empfangsberechtigten auch tatsächlich vollständig und pünktlich zukommen lassen können, benötigen sie stets die aktuellen und korrekten **Daten zur Person** und dem → **Arbeitsverhältnis** eines Versicherten. Jeder → Arbeitgeber hat daher bestimmte, einen → Arbeitnehmer betreffende, Tatbestände (z.B. den Beginn oder das Ende eines Arbeitsverhältnisses oder die Änderung eines Namens oder einer Anschrift) an die Krankenkassen zu melden, die die Daten dann an die Sozialversicherungsträger weitergeben.

12.1.1 Rechtsgrundlagen

Rechtsgrundlagen

Als Rechtsgrundlage für das Meldeverfahren dienen die §§ 28a ff. SGB IV und die DEÜV (Datenerfassungs- und Übermittlungsverordnung). Darin sind insbesondere die **Meldeanlässe** und die jeweils zu meldenden Daten festgelegt.

Personenkreis

Meldungen sind für jeden Beschäftigten zu erstellen, der mindestens in einer der Sozialversicherungszweige (→ Kranken-, → Pflege-, → Renten- oder → Arbeitslosenversicherung) **versicherungspflichtig** ist. Zu melden sind auch Arbeitnehmer, die zwar versicherungsfrei sind, für die der Arbeitgeber aber Beiträge zur → Sozialversicherung abführen muss. Für geringfügig entlohnte und kurzfristig Beschäftigte sind die Meldungen an die **Knappschaft Bahn-See** zu erstatten.

12.1.2 Form und Übermittlung der Meldungen

Seit 2006 dürfen Meldungen und Beitragnachweise nur durch gesicherte und verschlüsselte Datenübertragungen aus systemgeprüften Programmen an die Datenannahmestellen der jeweiligen Krankenkassen per Internet übermittelt werden. Das manuelle Meldeverfahren mit Papierformularen entfällt damit vollständig.

12.1.3 Meldeanlässe

Beispiel
Meldeanlässe

Die ModeFix GmbH stellt zum 01.04. die kaufmännische Angestellte Sybille König ein. Frau König heiratet am 11.11. und nimmt den Namen ihres Mannes „Kaiser“ an. Am 18.01. geht Sybille Kaiser in Mutterschaftsurlaub, zieht am 01.02. in eine größere Wohnung und am 03.03. stellt sich Nachwuchs ein. Nach der Mutterschaftsfrist nimmt sie am 28.04. die Arbeit in der ModeFix GmbH wieder auf. Welche Meldungen muss die ModeFix GmbH für Sybille Kaiser erstellen?

Meldungen von Tatbeständen

Meldungen zur → Sozialversicherung sind jeweils nur zu bestimmten Anlässen zu erstatten. Dazu gehören z.B. der Beginn und die Beendigung eines → Arbeitsverhältnisses. Je nach **Meldeanlass** ist eine entsprechende Kennzahl als Schlüssel für den Grund der Abgabe in das Formular einzutragen (eine vollständige Übersicht aller Meldeschlüssel finden Sie im Anhang).

Der monatlich zu erstellende Beitragsnachweis (siehe Kapitel 12.3) ist **keine** Meldung zur Sozialversicherung auch wenn er in der betrieblichen Praxis oftmals als „Monatsmeldung“ bezeichnet wird.

Anmeldung

Der **Beginn** einer versicherungspflichtigen Beschäftigung ist binnen einer Frist von sechs Wochen zu melden. Ein → Arbeitnehmer ist außerdem anzumelden, wenn er die Krankenkasse gewechselt hat oder die Beitragspflicht geändert wurde.

Beginn einer Beschäftigung

Anmeldung bei ...	Schlüssel für Abgabegrund
Beginn einer Beschäftigung	10
Krankenkassenwechsel	11
Beitragsgruppenwechsel	12
sonstigen Gründen	13

Seit 2009 wurde im Zuge der Bekämpfung der Schwarzarbeit die **Sofortmeldung** für folgende Branchen wieder eingeführt:

- Baugewerbe,
- Gaststätten und Beherbergungsgewerbe,
- Personenbeförderungsgewerbe,
- Speditions-, Transport- und damit verbundene Logistikgewerbe,
- Schaustellergewerbe,
- Unternehmen der Forstwirtschaft,
- Gebäudereinigergewerbe,
- Unternehmen, die sich am Auf- und Abbau von Messen und Ausstellungen beteiligen und
- Fleischwirtschaft.

Diese Meldung ist mit **Meldegrund „20"** am Tag der Beschäftigungsaufnahme an den Deutschen Rentenversicherungsträger zu übermitteln und muss folgende Angaben enthalten:

- Familien- und Vornamen des Beschäftigten,
- Versicherungsnummer bzw. die zu deren Vergabe notwendigen Angaben (Tag, Ort der Geburt, Anschrift),
- Arbeitgeberbetriebsnummer,
- Tag der Beschäftigungsaufnahme.

Die Meldung bleibt so lange beim Rentenversicherungsträger gespeichert, bis die reguläre Anmeldung bei der zuständigen Krankenkasse mit Meldegrund „10" erfolgt.

Abmeldung

Ende einer Beschäftigung

Bei **Beendigung** eines Arbeitsverhältnisses, beim Wechsel der Krankenkassen oder bei einer Änderung der Beitragspflicht ist der Arbeitnehmer bei der Krankenkasse abzumelden. Darüber hinaus gibt es weitere Abmeldeanlässe wie beispielsweise das Ende einer Beschäftigung nach einer Unterbrechung von länger als einem Monat oder ein Arbeitskampf von länger als einen Monat (Eine vollständige Übersicht der Abmeldungsgründe mit dazugehörigen Schlüsseln finden Sie im Anhang).

Abmeldung bei ...	Schlüssel für Abgabegrund
Ende einer Beschäftigung	30
Krankenkassenwechsel	31
Beitragsgruppenwechsel	32
sonstigen Gründen	33

Unterbrechungs- und Änderungsmeldungen

Unterbrechung der Entgeltzahlung

Wird eine Beschäftigung für mindestens einen Kalendermonat **unterbrochen**, sodass kein Anspruch mehr auf → Arbeitsentgelt besteht, und stattdessen Entgeltersatzleistungen (z.B. Krankengeld, Mutterschaftsgeld) bezogen werden, so ist diese Unterbrechung der Krankenkasse zu melden. Meldepflichtige Unterbrechungen sind zudem die Inanspruchnahme von **Elternzeit** oder das Ableisten von **Wehr- oder Zivildienst**.

Die Unterbrechungsmeldung ist spätestens bis zwei Wochen nach Ablauf des ersten Unterbrechungsmonats zu erstatten. Als **Beschäftigungszeit** ist der Zeitraum von Beginn des Jahres (bzw. dem Beschäftigungsbeginn innerhalb des Jahres) bis zum Wegfall der Entgeltansprüche (also bis zum Beginn der Unterbrechung) anzugeben.

Unterbrechung wegen ...	Schlüssel für Abgabegrund
des Bezugs von Entgeltersatzleistungen	51
Elternzeit	52
gesetzlicher Dienstpflicht	53

Änderung persönlicher Daten

Für Änderungen von **Namen** oder **Staatsangehörigkeit** sind keine gesonderten Meldungen mehr zu erstellen. Die Änderungen werden mit der nächst folgenden Meldung übermittelt. Lediglich bei Änderung der Personalnummer bzw. Aktenzeichen beim Arbeitgeber ist noch eine Meldung mit Meldeschlüssel „62“ zu erstellen.

Jahresmeldung

Meldung des Jahresentgeltes

Für jeden versicherungspflichtigen Arbeitnehmer sowie für versicherungsfreie geringfügig entlohnte Beschäftigte, welche über den Jahreswechsel hinaus beschäftigt werden, hat der → Arbeitgeber am Ende des Kalenderjahres eine **Jahresmeldung** zur → Sozialversicherung zu erstatten, in der das rentenversicherungspflichtige Bruttojahresentgelt aufgeführt ist. Für ehemalige Arbeitnehmer, deren Arbeitsverhältnis im Laufe des Jahres geendet hat und für die bereits eine Abmeldung erfolgt ist, wird keine Jahresmeldung erstellt. Die Jahresmeldungen sind spätestens bis zum 15. April des Folgejahres bei der Krankenkasse einzureichen. Als Meldeanlass ist für die **Jahresmeldung der Schlüssel „50“** einzutragen. Für privat krankenversicherte Arbeitnehmer ist die Jahresmeldung an die zuletzt zuständige gesetzliche Krankenversicherung zu erstatten.

Sondermeldungen

Neben den An-, Ab-, Unterbrechungs-, Änderungs- und Jahresmeldungen gibt es noch so genannte **Sondermeldungen** (z.B. wegen einmalig gezahltem Arbeitsentgelt) und Meldungen in Insolvenzfällen, für die jeweils gesonderte Meldeschlüssel zu verwenden sind (siehe Anhang).

Gesonderte Meldung im Rentenantragsverfahren

Seit 01.01.2008 ist die Meldung der beitragspflichtigen Einnahmen zum Zwecke des Rentenantragsverfahrens im Meldeverfahren der Sozialversicherung integriert. Auf Verlangen des Rentenversicherungsträgers hat der Arbeitgeber den Verdienstnachweis mit der nächsten regulären Meldung zur Sozialversicherung abzugeben (frühestens jedoch drei Monate vor Rentenbeginn). Als Abgabegrund ist der Meldeschlüssel 57 einzutragen.

zu Beispiel Meldeanlässe

Die ModeFix GmbH hat folgende Meldungen für Sybille Kaiser abzugeben:

Meldungen	Frist	Abgabegrund
1. Anmeldung zum 1.04.	innerhalb 6 Wochen nach Tätigkeitsbeginn	10
2. Jahresmeldung zum 31.12.	bis zum 15.04. des Folgejahres	50
3. Unterbrechungsmeldung zu Beginn des Mutterschaftsurlaubs	innerhalb von zwei Wochen nach Ablauf des ersten Kalendermonats der Unterbrechung	51
4. Bei Wiederaufnahme der Beschäftigung nach dem Mutterschaftsurlaub ist keine Anmeldung zu erstellen. Die Wiederaufnahme wird mit der nächsten Unterbrechungs-, Jahres- oder Abmeldung in laufenden Kalenderjahr gemeldet.		

Meldung bei alleiniger Beitragspflicht zur Unfallversicherung

Zum 01.01.2012 werden die DEÜV-Meldungen um den neuen Meldegrund 91 ergänzt. Dieser ist nur dann anzuwenden, wenn eine Einmalzahlung erfasst werden soll, die nicht sozialversicherungspflichtig ist, jedoch der Unfallversicherungspflicht unterliegt. Im Regelfall betrifft das nur Einmalzahlungen, die nach Beschäftigungsende an den ausgeschiedenen Arbeitnehmer gezahlt werden.

Ist das gezahlte Entgelt zusätzlich auch in anderen Sozialversicherungszweigen zu melden, darf der neue Meldegrund nicht benutzt werden.

Beispiel

Helmut Groß schied zum 15.12.2011 aus der Neumann GmbH aus. Im Mai 2012 erhält er von der Neumann GmbH eine Einmalzahlung in Höhe von 3.000 €.

Da die Einmalzahlung in KV, PV, RV und AV nicht beitragspflichtig ist, ist sie hier auch nicht meldepflichtig. Es besteht aber Unfallversicherungspflicht. Daher muss die Neumann GmbH eine DEÜV-Meldung mit Grund 91 abgeben für den Zeitraum 01.05. bis 31.05.2012.

12.1.4 Inhalt der Meldungen

Versicherungsnummer

Anhand der Versicherungsnummer ❶ ordnen die Sozialversicherungsträger die Daten des Versicherten zu. Die Versicherungsnummer entnimmt der → Arbeitgeber dem **Sozialversicherungsausweis** des → Arbeitnehmers (siehe auch Kapitel 1.5.2).

Name

In diese Felder ❷ wird der **Familienname** und der **Vorname** (Rufname) des Versicherten eingetragen. Vorsatzwort (z.B. „von“), Namenszusätze (z.B. „Freiherr“) oder Titel (z.B. „Prof.“) werden in die Felder nach dem Familiennamen eingetragen.

Anschrift

Die Eintragung der Anschrift ❸ ist nur bei einer **Anmeldung** oder bei einer **Anschriftenänderung** nötig. Bei einer Änderung wird die **neue** Adresse eingetragen.

Grund der Abgabe

In die Kästchen ❹ wird der **Meldegrund** mit dem entsprechenden Schlüssel eingetragen. Eine Übersicht der Meldetatbestände mit dazugehörigen Schlüsseln finden Sie im Anhang.

Treffen für einen meldepflichtigen Sachverhalt mehrere Abgabegründe zu, ist stets der Abgabegrund mit der niedrigeren Schlüsselzahl anzugeben.

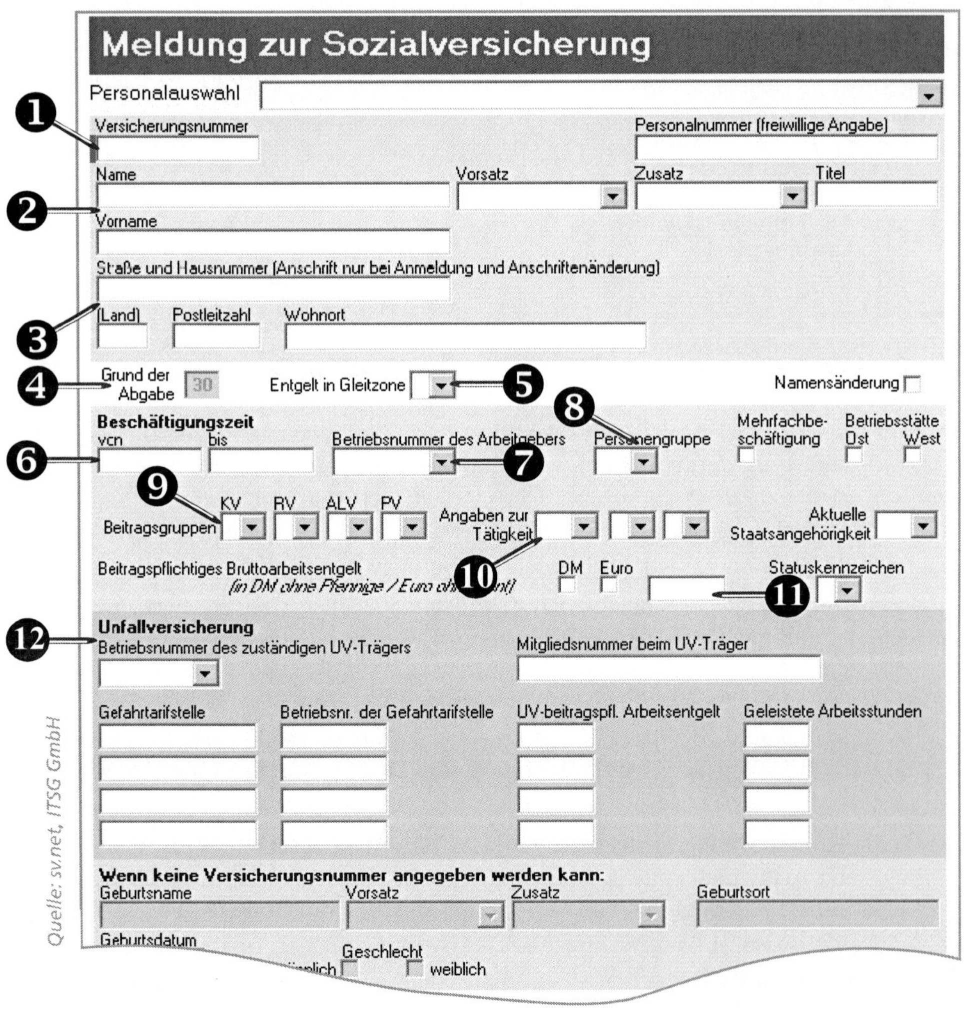

Quelle: sv.net, ITSG GmbH

❺ Entgelt in Gleitzone

Hier sind die entsprechenden Schlüssel einzutragen, ob im Meldezeitraum bei Ab-, Jahres- oder Unterbrechungsmeldungen das bescheinigte Entgelt vollständig, teilweise oder gar nicht innerhalb der Gleitzone gelegen hat.

Beschäftigungszeiten

In die Felder ❻ ist der **Zeitraum** einzutragen, für den die Meldung erfolgt. Bei Abmeldung, Unterbrechungs- oder Jahresmeldung und bei Meldung einmalig gezahlter → Arbeitsentgelte ist der Beschäftigungszeitraum während des Kalenderjahres anzugeben. Bei einer Anmeldung ist nur der Beginn der Beschäftigung anzugeben. Bereits gemeldete Zeiten und Entgelte dürfen nicht **erneut** gemeldet werden. Gab es beispielsweise im Laufe des Jahres eine Unterbrechung und wurden die Beschäftigungszeiten vor der Unterbrechung bereits mit einer Unterbrechungsmeldung angezeigt, so ist in der Jahresmeldung nur noch der Beschäftigungszeitraum ab Wiederaufnahme der Arbeit zu berücksichtigen.

Betriebsnummer

In Feld ❼ ist die Betriebsnummer des Arbeitgebers einzutragen. Jeder Betrieb, der Arbeitnehmer beschäftigt, erhält über den Betriebsnummernservice der Arbeitsagentur in Saarbrücken eine Betriebsnummer zugewiesen, unter der er bei der Krankenkasse geführt wird.

Personengruppe

Hier wird der dreistellige Schlüssel der Personengruppe eingetragen ❽, der eine genaue **Berufsbildzuordnung** des Versicherten möglich macht. Für sozialversicherungspflichtig Beschäftigte ohne besondere Merkmale ist der Schlüssel „101" zu verwenden. Für Beschäftigte mit besonderen Merkmalen ist der entsprechende Schlüssel einzutragen, z.B.:

Personengruppenschlüssel

Personengruppe	Schlüssel
Beschäftigte ohne besondere Merkmale	101
Auszubildende	102
Altersteilzeitbeschäftigte	103
Geringfügig entlohnter Beschäftigter	109
Kurzfristig Beschäftigte	110
Altersvollrentner	119
Seeleute	140

Eine vollständige Übersicht der Personengruppenschlüssel finden Sie im Anhang.

Treffen für einen Versicherten mehrere Personengruppen zu, hat grundsätzlich der **niedrigste** Schlüssel Vorrang. Ausnahme: Schlüssel für geringfügig entlohnte (109) und kurzfristig Beschäftigte (110) haben immer Vorrang.

Beitragsgruppen

In diese vier Felder ❾ wird jeweils für die → Krankenversicherung (KV), die → Rentenversicherung (RV), die → Arbeitslosenversicherung (ALV) und die → Pflegeversicherung (PV) eine Kennziffer zur **Beitragspflicht** eingetragen. Für die Krankenversicherung sind dies u. a.:

Beitragsgruppenschlüssel

Beitragsgruppe KV	Schlüssel
Kein Beitrag	0
Allgemeiner Beitrag	1
Erhöhter Beitrag	2
Ermäßigter Beitrag	3
Pauschalbeitrag für geringfügig Beschäftigte	6

Ähnliche **Beitragsgruppenschlüssel** sind auch für die anderen Zweige der Sozialversicherung einzutragen. Eine vollständige Übersicht finden Sie im Anhang.

Angaben zur Tätigkeit

Tätigkeit, Stellung und Ausbildung

Am 01.12.2011 wurden aufgrund der vielen neuen Berufe bzw. Berufsbezeichnungen neue Tätigkeitsschlüssel eingeführt. Erstmals werden auch Informationen über Arbeitnehmerüberlassung und Vertragsform in die Meldung integriert. Eine vollständige Übersicht der Kennziffern finden Sie auch im Anhang.

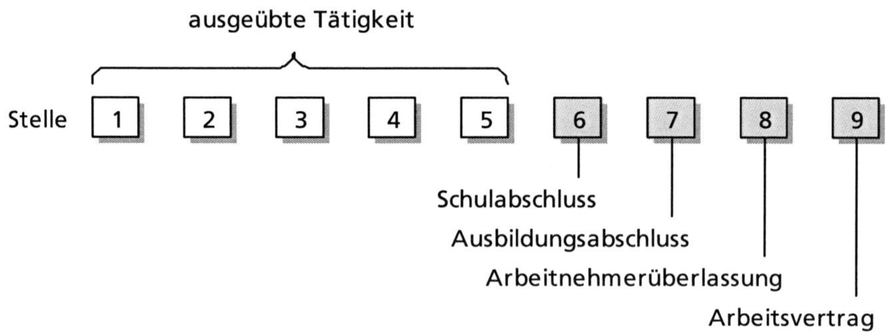

Stelle 1 bis 5 **Ausgeübte Tätigkeit**
Es ist die Schlüsselnummer für die aktuell ausgeübte Tätigkeit anzugeben, unabhängig vom evtl. erlernten Beruf. Der Katalog der Tätigkeitsschlüssel ist u. a. auf der Webseite der Bundesagentur für Arbeit abrufbar (www.arbeitsagentur.de).

Stelle 6 **Höchster allgemeinbildender Schulabschluss**	**Schlüssel**
ohne Schulabschluss	1
Haupt-/Volksschulabschluss	2
Mittlere Reife oder gleichwertiger Abschluss	3
Allgemeine Hochschulreife oder Fachhochschulreife	4
Abschluss unbekannt	9

Stelle 7 **Höchster beruflicher Ausbildungsabschluss**	**Schlüssel**
ohne beruflichen Ausbildungsabschluss	1
Abschluss einer anerkannten Berufsausbildung	2
Meister-/Techniker- oder gleichwertiger Fachschulabschluss	3
Bachelor	4
Diplom, Magister, Master, Staatsexamen	5
Promotion	6
Abschluss unbekannt	9

Stelle 8 **Arbeitnehmerüberlassung**	**Schlüssel**
nein	1
ja	2

Stelle 9 **Form des Arbeitsvertrages**	**Schlüssel**
unbefristet, Vollzeit	1
unbefristet, Teilzeit	2
befristet, Vollzeit	3
befristet, Teilzeit	4

Beitragspflichtiges Bruttoarbeitsentgelt

In das Feld ⓫ wird das im Beschäftigungszeitraum gezahlte **Bruttoarbeitsentgelt** eingetragen. Dabei ist nur das tatsächlich **rentenversicherungspflichtige Entgelt** zu berücksichtigen. Nicht beitragspflichtiges Entgelt bleibt außer Acht. Meldepflichtig ist daher nur das Entgelt bis zur → **Beitragsbemessungsgrenze** der Rentenversicherung.

Das Entgelt wird auf volle Euro gerundet (bis 0,49 € abgerundet, ab 0,50 € aufgerundet) und ist immer sechsstellig einzutragen, ggf. mit führenden Nullen.

Demnach ist auch nur ein Entgelt bei einer Ab-, Jahres- oder Unterbrechungsmeldung einzutragen. Bei einer Anmeldung ist das beitragspflichtige Entgelt noch nicht bekannt, es wird auch nicht geschätzt.

Seit 2009 neuer Datenbaustein Unfallversicherung im Meldeverfahren ⓬

Bisher wurden die für die Gesetzliche Unfallversicherung (Berufsgenossenschaft) relevanten Daten gesondert im jährlichen „Lohnnachweis" gemeldet (vgl. hierzu Kapitel 12.4). Ab dem Jahr 2010 ist jedoch die Betriebsprüfung der Unfallversicherung auf den Rentenversicherungsträger übergegangen und ab dem Jahr 2014 soll der jährliche Lohnnachweis für die Berufsgenossenschaft durch die Meldung zur Sozialversicherung abgelöst werden.

Bei allen Meldungen mit Meldegrund 30 bis 49, 50 bis 57 und 70 bis 72 ab dem Jahr 2009, müssen folgende unfallversicherungsspezifischen Daten enthalten sein:

- die Betriebsnummer des zuständigen Unfallversicherungsträgers,
- die Mitgliedsnummer des Arbeitgebers,
- die Gefahrtarifstelle und
- die dazugehörige Betriebsnummer, die dem Veranlagungsbescheid der Unfallversicherung entnommen werden kann, sowie
- das beitragspflichtige Arbeitsentgelt in der Unfallversicherung.

Stornierung einer bereits abgegebenen Meldung

Es kann vorkommen, dass eine Meldung falsch war, z.B. bei Anwendung der Märzklausel muss evtl. eine bereits abgegebene Jahresmeldung korrigiert werden. Es ist hier zunächst die bereits eingereichte Meldung zu stornieren und eine neue korrekte Meldung zu erstellen.

Neue Personengruppenschlüssel

Der Sozialausgleich darf für Arbeitnehmer, deren Arbeitgeber die SV-Beiträge alleine zahlt, prinzipiell nicht durchgeführt werden. Für diese Personen darf auch keine GKV-Meldung erstellt werden. Für sie werden ab 2012 neue Personengruppenschlüssel eingeführt:

121 Geringverdiener (Auszubildende, deren regelmäßiges Arbeitsentgelt nicht über 325 € liegt)

122 Auszubildende, die ihre Ausbildung in einer außerbetrieblichen Einrichtung erhalten

123 Personen, die den Bundesfreiwilligendienst (s. Seite 23), ein freiwilliges soziales oder ökologisches Jahr leisten

144 Geringverdiener in der Seefahrt

Bereits mit der Entgeltabrechnung im Januar 2012 müssen für die o. g. Personen die entsprechenden DEÜV-Anmeldungen erstellt werden.

Beispiel

Paul Schere ist Friseur-Auszubildender mit einer Ausbildungsvergütung von 305 €. Bis Ende 2011 ist Paul mit der Personengruppe 102 gemeldet. Zum 31.12.2011 muss eine Abmeldung erfolgen mit Personengruppe 102 und Meldegrund 33 (Abmeldung wegen Änderung des Personengruppenschlüssels). Außerdem muss Paul zum 01.01.2012 mit Personengruppe 121 und Meldegrund 13 angemeldet werden.

12.1.5 GKV-Monatsmeldung bei Mehrfachbeschäftigung

Bei vorliegender Mehrfachbeschäftigung eines Arbeitnehmers benötigt jeder Arbeitgeber bei Überschreiten der Beitragsbemessungs- und Jahresarbeitsentgeltgrenze sowie der Ermittlung der Beiträge in der Gleitzone das Gesamtarbeitsentgelt des Abrechnungszeitraums.

Ab 2012 ist für diese Mitteilung die für den Arbeitnehmer zuständige Krankenkasse mittels elektronischer Rückmeldung verpflichtet. Diese Rückmeldung an alle Arbeitgeber setzt jedoch voraus, dass die einzelnen Arbeitgeber das jeweilige Einzelarbeitsentgelt mittels der GKV-Monatsmeldung an die Krankenkasse elektronisch übermitteln. Hierfür wurden der neue Meldegrund „58" und ein zusätzliches Meldeformular zur Sozialversicherung eingeführt:

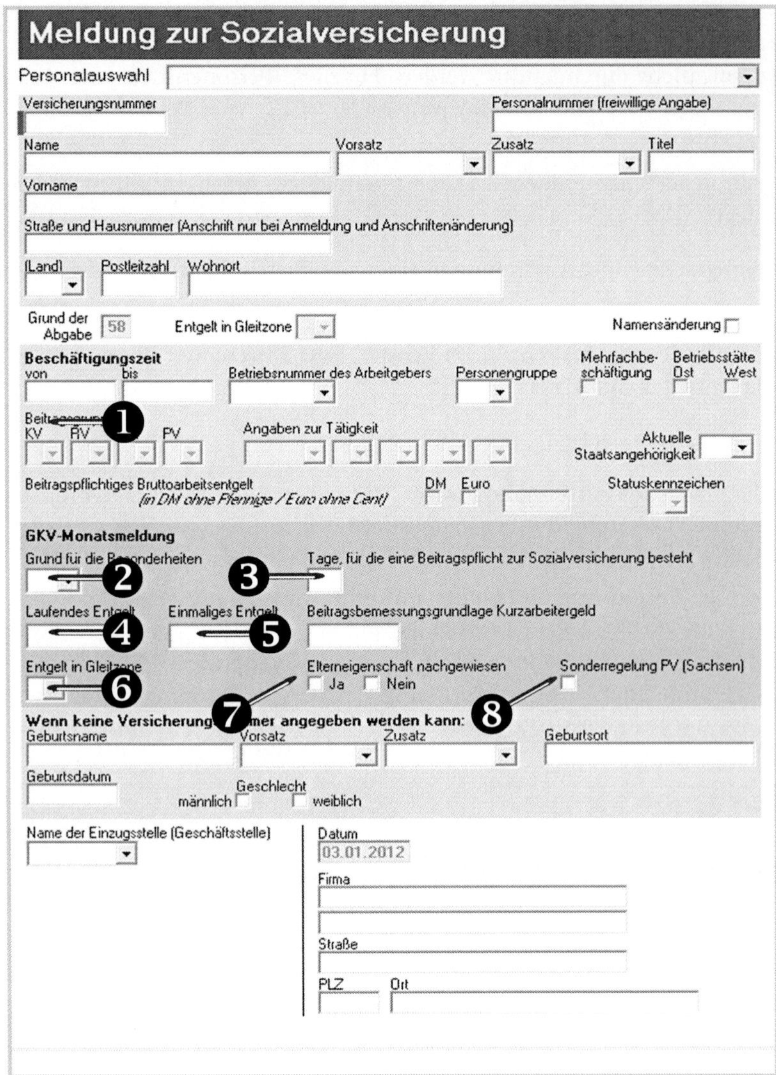

❶: Beschäftigungszeit innerhalb eines Kalendermonats

❷: Grund der Besonderheit - in 2012 nur „00 = Grundeinstellung ohne Besonderheiten“

❸: Tage, für die eine Beitragspflicht zur Sozialversicherung besteht, für volle Monate 30

❹: beitragspflichtiges laufendes Entgelt ohne Berücksichtigung der BBG oder Gleitzonenformel

❺: beitragspflichtiges Einmalentgelt ohne Berücksichtigung der BBG oder Gleitzonenformel

❻: Gleitzonenkennzeichen

❼: Angabe, ob die Elterneigenschaft nachgewiesen ist

❽: Angabe, ob die Sonderregelung PV für Sachsen anzuwenden ist

In der GKV-Monatsmeldung sind laufendes Entgelt und Einmalzahlungen - im Gegensatz zu den DEÜV-Meldungen - separat anzugeben.

Keine Meldung ist zu erstatten für

- geringfügig Beschäftigte (selbst dann nicht, wenn der Arbeitnehmer auf seine Rentenversicherungsfreiheit verzichtet),
- kurzfristig Beschäftigte,
- ausschließlich unfallversicherungspflichtig Beschäftigte mit Personengruppe 190 und
- Mitarbeiter, die in einer landwirtschaftlichen Krankenkasse versichert sind.

Die GKV-Monatsmeldung ist erstmalig mit derjenigen Entgeltabrechnung abzugeben, die auf den Beginn einer Mehrfachbeschäftigung folgt, und zwar innerhalb einer 6-Wochen-Frist. Diese Frist beginnt mit dem Zeitpunkt der Mehrfachbeschäftigung bzw. mit dem Zeitpunkt, an dem der Arbeitgeber über die Mehrfachbeschäftigung informiert ist. So lange, wie die Mehrfachbeschäftigung andauert, ist die GKV-Meldung monatlich abzugeben. Damit die beteiligten Arbeitgeber ihrer Pflicht zur GKV-Monatsmeldung nachkommen können, wird der Arbeitnehmer ab 01.01.2012 verpflichtet, den Arbeitgeber über Nebenbeschäftigungen zu informieren.

Beispiel

Frau Klein ist seit Jahren bei der Groß GmbH als Buchhalterin in Teilzeit tätig.

Ihr Gehalt beträgt 610 €.

a) Ab April 2012 nimmt sie eine weitere sozialversicherungspflichtige Tätigkeit als Teilzeit-Sekretärin der Versicherungsagentur Franke mit einem Gehalt von 420 € auf.

   Frau Klein hat beide Arbeitgeber zu informieren, dass sie ab April mehrere sozialversicherungspflichtige Tätigkeiten ausübt. Jeder der beiden Arbeitgeber muss bis Mitte Mai erstmalig eine GKV-Monatsmeldung an die zuständige Krankenkasse abgeben. Anschließend müssen beide Arbeitgeber jeden Monat eine GKV-Meldung erstellen.

b) Die Tätigkeit in der Agentur Franke wird zum 31.10.2012 beendet.

   Die GKV-Monatsmeldung ist letztmalig mit der Entgeltabrechnung Oktober von beiden Arbeitgebern abzugeben.

12.1.6 Meldung bei geringfügiger Beschäftigung

Meldung an die Knappschaft

Geringfügig entlohnte Beschäftigte sind zwar sozialversicherungsbefreit, jedoch entrichtet der → Arbeitgeber **pauschale Beiträge zur → Sozialversicherung**. Daher sind auch für geringfügig Beschäftigte insbesondere Anmeldungen, Abmeldungen, Unterbrechungs- und Jahresmeldungen zu erstatten. Die Meldungen werden bei der **Knappschaft Bahn-See** eingereicht.

Bei Jahres-, Unterbrechungs- und Abmeldungen ist jeweils die Höhe des rentenversicherungspflichtigen → Bruttoarbeitsentgeltes einzutragen, auf deren Grundlage die pauschalen Arbeitgeberbeiträge zur Sozialversicherung berechnet werden.

Meldeschlüssel für geringfügig Beschäftigte

Als Schlüssel zum Grund der Abgabe sind dieselben Kennzahlen zu verwenden, wie bei voll sozialversicherungspflichtig Beschäftigten. Für die Bezeichnung der **Personen- und Beitragsgruppe** sind folgende Schlüssel zu verwenden:

Personengruppe	Schlüssel
Geringfügig entlohnte Beschäftigte. (Gilt auch bei Verzicht auf Rentenversicherungsfreiheit) (an die Knappschaft Bahn-See)	109
Aufgrund der Zusammenrechnung mit anderen Beschäftigungen versicherungspflichtig gewordene geringfügig entlohnte Beschäftigte. (an die Krankenkasse des Arbeitnehmers)	101

Sozialversicherung	Schlüssel
Krankenversicherung	6
bei nicht gesetzlichen Krankenversicherten	0
Rentenversicherung	5
Bei Verzicht auf Rentenversicherungsfreiheit:	1
Arbeitslosenversicherung	kein Beitrag: 0
Pflegeversicherung	kein Beitrag: 0

Mehrere Tätigkeiten

Übt der Beschäftigte mehrere geringfügig entlohnte Tätigkeiten aus, so ist auf der Anmeldung das Feld **„Mehrfachbeschäftigung"** anzukreuzen.

12.1.7 Meldung kurzfristig Beschäftigter

An- und Abmeldung

Auch → kurzfristig Beschäftigte müssen der Sozialversicherung gemeldet werden. Dabei ist grundsätzlich wie bei der → geringfügig entlohnten Beschäftigung vorzugehen (Meldung an die Knappschaft Bahn-See). Die Meldungen beschränkten sich bis 2008 jedoch auf **An- und Abmeldung**. Ab 2009 sind aufgrund des neuen Datenbausteins zur Unfallversicherung auch Unterbrechungs- und Jahresmeldungen zu übermitteln. Als **Personengruppenschlüssel** ist für kurzfristig Beschäftigte „110" anzugeben, der **Beitragsgruppenschlüssel** ist stets „0000". Als **rentenversicherungspflichtiges Entgelt** ist der Wert „000000" einzutragen. Das beitragspflichtige Entgelt zur **Unfallversicherung** (Berufsgenossenschaft) ist jedoch in der entsprechenden Zeile einzutragen.

12.2 Lohnsteueranmeldung § 41a EStG

Der → Arbeitgeber behält im Rahmen des → **Lohnsteuerabzuges** vom → Bruttoarbeitslohn eines jeden Beschäftigten die → Lohnsteuer, die → Kirchensteuer und den → Solidaritätszuschlag ein. Zudem können → pauschalierte Lohnsteuerbeträge erhoben werden.

Steueranmeldung

Nach Ablauf eines jeden Lohnsteueranmeldezeitraumes (in der Regel ist dies der Kalendermonat) gibt der Arbeitgeber eine **Lohnsteueranmeldung** ab, in der die Summen der für den Anmeldezeitraum einbehaltenen und abgeführten Lohnsteuer, der Kirchensteuer und des Solidaritätszuschlags aufgeführt sind und führt die Steuerbeträge an das zuständige Betriebsstättenfinanzamt ab.

Die Abgabe der Lohnsteueranmeldung hat seit 01.01.2005 grundsätzlich elektronisch mittels des von der Finanzverwaltung zur Verfügung gestellten Programms „ELSTER“ zu erfolgen.

Mustermann GmbH **Steuernummer: 012 345 67890**

Übertragungsprotokoll

Empfangsdatum: 10.03.20xx / 7:45:20 Uhr

Lohnsteuer - Anmeldung

Anmeldungszeitraum: Februar 20xx

Übermittelt von:
Mustermann GmbH
Goethestr. 15
10178 Berlin

Zahl der Arbeitnehmer: 86 | 3

	Kz	Betrag
Lohnsteuer	42	1.449,51
Verbleiben	48	1.449,51
Solidaritätszuschlag	49	79,72
Römisch-katholische Kirchensteuer	62	130,48
Gesamtbetrag	83	1.659,71

Hinweis zu Säumniszuschlägen

Wird die angemeldete Steuer durch Hingabe eines Schecks beglichen, fallen Säumniszuschläge an, wenn dieser nicht am Fälligkeitstag bei der Finanzkasse vorliegt (§ 240 Abs. 3 Abgabenordnung). Um Säumniszuschläge zu vermeiden wird empfohlen, am Lastschriftverfahren teilzunehmen.
Die Teilnahme am Lastschriftverfahren ist jederzeit widerruflich und völlig risikolos. Sollte einmal ein Betrag zu Unrecht abgebucht werden, können Sie diese Abbuchung bei Ihrer Bank innerhalb von 6 Wochen stornieren lassen. Zur Teilnahme am Lastschriftverfahren setzen Sie sich bitte mit Ihrem Finanzamt in Verbindung.

Anmeldezeitraum

Festlegung der Abrechnungszeiträume

Grundsätzlich gilt der **Kalendermonat** als Anmeldezeitraum. In Abhängigkeit der Höhe der im letzten Kalenderjahr abgeführten Lohnsteuer, wird der Abrechnungszeitraum jedoch verlängert.

- Bei maximal 1.000,00 € Lohnsteuer im vorangegangenen Jahr ist für dieses Jahr das gesamte Kalenderjahr ein Abrechnungszeitraum. Es muss also nur eine Lohnsteueranmeldung nach Ablauf des Jahres abgegeben werden.
- Bei mehr als 1.000,00 € aber höchstens 4.000,00 € Lohnsteuer im Vorjahr gilt in diesem Jahr das Kalendervierteljahr als Anmeldezeitraum. Eine Lohnsteueranmeldung ist demnach alle drei Monate abzugeben.
- Bei mehr als 4.000,00 € Lohnsteuer im Vorjahr gilt der Kalendermonat als Anmeldezeitraum.

Wenn die Betriebsstätte nicht während des gesamten Vorjahres bestanden hat, werden die für das Teiljahr gezahlten Lohnsteuern auf das gesamte Jahr hochgerechnet.

Fälligkeit

Abgabefrist

Die Abgabe der Lohnsteueranmeldung und die Überweisung der Steuerbeträge haben jeweils spätestens am **zehnten Tag** nach Ablauf des Anmeldezeitraums zu erfolgen. Die Frist verlängert sich bis zum nächsten Werktag, der kein Samstag ist, wenn der zehnte Tag auf einen Samstag, einen Sonntag oder einen gesetzlichen Feiertag fällt.

Die Steuerabzugsbeträge sind in dem Lohnsteueranmeldezeitraum zu erfassen, in dem die Lohnsteuer tatsächlich einbehalten wurde, d.h. in dem die Lohnabrechnung erfolgte. Wird beispielsweise der Monatslohn für August im Voraus ausgezahlt und erfolgt die Lohnabrechnung am letzten Werktag im Juli, sind die Steuerbeträge der Lohnsteueranmeldung für den Monat Juli zuzuordnen und müssen bis zum 10. August beim Finanzamt angemeldet werden.

Folgen verspäteter Abgabe

Erfolgt die Abgabe der Lohnsteueranmeldung nicht fristgerecht, kann das Finanzamt einen **Verspätungszuschlag** festsetzen (§ 152 Abgabenordnung). Die Höhe des Zuschlags richtet sich dabei nach der Dauer der Fristüberschreitung, der Höhe der Steuerschuld, die aus der verspäteten Abgabe gezogenen Vorteile (z.B. Zinserträge), sowie dem Verschulden des Arbeitgebers. Gesetzlich sind jedoch **Höchstgrenzen** für Verspätungszuschläge festgesetzt. Demnach darf ein solcher Zuschlag nicht höher als 10% der Steuerschuld oder 25.000,00 € sein.

Folgen verspäteter Zahlung

Wurde die Lohnsteueranmeldung zwar abgegeben, die **Zahlung** aber nicht fristgerecht geleistet, kann ein **Säumniszuschlag** erhoben werden (§ 240 Abgabenordnung). Die Säumnis beginnt an dem Tag, an dem Fälligkeit und Anmeldung vorliegen. Wurde die Anmeldung noch nicht abgegeben entsteht noch keine Säumnis (für diese Zeit werden Verspätungszuschläge erhoben). Die Säumnis endet an dem Tag, an dem die Steuerschuld vollständig beglichen wurde.

Erfolgt die Bezahlung der Steuern per **Banküberweisung**, wird mit Beginn der Säumnis zunächst eine dreitägige **Schonfrist** abgewartet. Gehen innerhalb dieser Schonfrist die Steuern beim Finanzamt ein, so werden keine Säumniszuschläge erhoben. Bei Zahlung der Steuern per **Scheck** gilt seit 2007 die Zahlung erst 3 Tage nach Scheckeinreichung als erfolgt.

Form der Lohnsteueranmeldung

Elektronische Übermittlung

Die Lohnsteueranmeldung hat mittels eines amtliches **Formular-Vordrucks** oder per elektronischer Datenübermittlung zu erfolgen. Seit 2005 ist die Übermittlung der Anmeldung auf **elektronischem Wege** vorgeschrieben. Würde die elektronische Übermittlung unbillige Härten verursachen (z.B. weil der Arbeitgeber nur zu diesem Zweck einen Personalcomputer anschaffen müsste), kann beim Finanzamt die Abgabe in Papierform beantragt werden. Das Formular muss dann vom Arbeitgeber oder einer vertretungsberechtigten Person unterzeichnet werden.

Inhalt der Lohnsteuer-Anmeldung

❶ Steuernummer

Hier muss die Steuernummer des Arbeitgebers (ggf. der Betriebsstätte) eingetragen werden.

❷ Finanzamt

Empfänger ist das Betriebsstättenfinanzamt des Arbeitgebers. In einigen Bezirken weicht das Lohnsteuer-Finanzamt vom Haupt-Finanzamt ab (z.B. Darmstadt / Bensheim).

❸ Arbeitgeber

Absender ist der Arbeitgeber bzw. die Betriebsstätte des Arbeitgebers.

❹ Anmeldezeitraum

Es ist der Anmeldezeitraum (Monat, Quartal oder Jahr) entsprechend anzukreuzen.

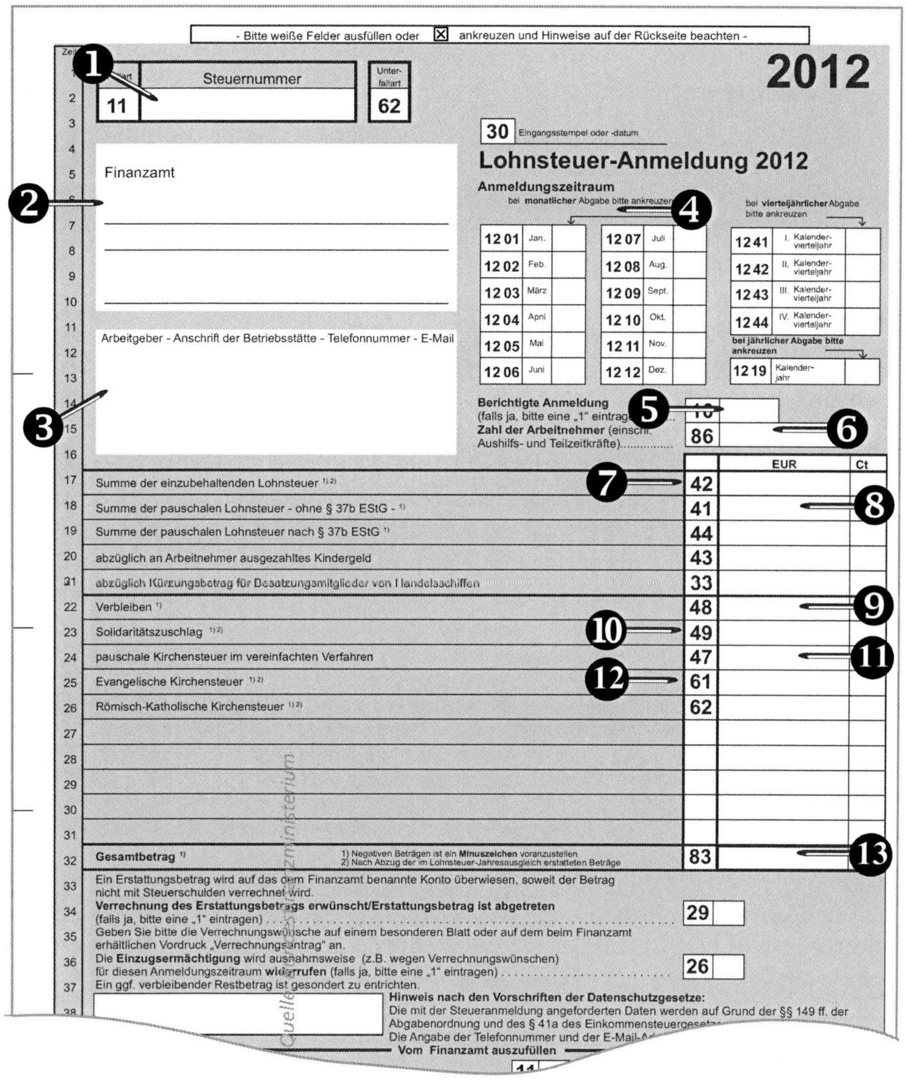
- Bitte weiße Felder ausfüllen oder ☒ ankreuzen und Hinweise auf der Rückseite beachten -

Steuernummer | Unterfallart

11 | 62

2012

30 Eingangsstempel oder -datum

Lohnsteuer-Anmeldung 2012

Anmeldungszeitraum

Finanzamt

Arbeitgeber - Anschrift der Betriebsstätte - Telefonnummer - E-Mail

bei monatlicher Abgabe bitte ankreuzen			bei vierteljährlicher Abgabe bitte ankreuzen
12 01 Jan.	12 07 Juli		12 41 I. Kalendervierteljahr
12 02 Feb.	12 08 Aug.		12 42 II. Kalendervierteljahr
12 03 März	12 09 Sept.		12 43 III. Kalendervierteljahr
12 04 April	12 10 Okt.		12 44 IV. Kalendervierteljahr
12 05 Mai	12 11 Nov.		bei jährlicher Abgabe bitte ankreuzen
12 06 Juni	12 12 Dez.		12 19 Kalenderjahr

Berichtigte Anmeldung (falls ja, bitte eine „1" eintragen) 10

Zahl der Arbeitnehmer (einschl. Aushilfs- und Teilzeitkräfte) 86

		EUR	Ct
Summe der einzubehaltenden Lohnsteuer 1) 2)	42		
Summe der pauschalen Lohnsteuer - ohne § 37b EStG - 1)	41		
Summe der pauschalen Lohnsteuer nach § 37b EStG 1)	44		
abzüglich an Arbeitnehmer ausgezahltes Kindergeld	43		
abzüglich Kürzungsbetrag für Besatzungsmitglieder von Handelsschiffen	33		
Verbleiben 1)	48		
Solidaritätszuschlag 1) 2)	49		
pauschale Kirchensteuer im vereinfachten Verfahren	47		
Evangelische Kirchensteuer 1) 2)	61		
Römisch-Katholische Kirchensteuer 1) 2)	62		
Gesamtbetrag 1)	83		

1) Negativen Beträgen ist ein **Minuszeichen** voranzustellen
2) Nach Abzug der im Lohnsteuer-Jahresausgleich erstatteten Beträge

Ein Erstattungsbetrag wird auf das dem Finanzamt benannte Konto überwiesen, soweit der Betrag nicht mit Steuerschulden verrechnet wird.
Verrechnung des Erstattungsbetrags erwünscht/Erstattungsbetrag ist abgetreten (falls ja, bitte eine „1" eintragen) 29
Geben Sie bitte die Verrechnungswünsche auf einem besonderen Blatt oder auf dem beim Finanzamt erhältlichen Vordruck „Verrechnungsantrag" an.
Die **Einzugsermächtigung** wird ausnahmsweise (z.B. wegen Verrechnungswünschen) für diesen Anmeldungszeitraum **widerrufen** (falls ja, bitte eine „1" eintragen) 26
Ein ggf. verbleibender Restbetrag ist gesondert zu entrichten.

Hinweis nach den Vorschriften der Datenschutzgesetze:
Die mit der Steueranmeldung angeforderten Daten werden auf Grund der §§ 149 ff. der Abgabenordnung und des § 41a des Einkommensteuergesetzes ...
Die Angabe der Telefonnummer und der E-Mail-...

Vom Finanzamt auszufüllen

Quelle: Bundesfinanzministerium

❺ Berichtigte Anmeldung

Wurde bereits für den Anmeldezeitraum eine Lohnsteuer-Anmeldung übermittelt und wurde aufgrund von Korrekturen der Lohnabrechnungen eine Berichtigung der bisherigen Anmeldung erforderlich, ist dies mit „1" zu kennzeichnen. Die bisherige Anmeldung wird dann durch die berichtigte Anmeldung ersetzt.

❻ Zahl der Arbeitnehmer

Es ist die Zahl aller Arbeitnehmer (Kopfzahl), unabhängig davon, ob für den einzelnen Arbeitnehmer tatsächlich Lohnsteuer einzubehalten war, einzutragen.

❼ Summe der einzubehaltenden Lohnsteuer

Hier wird die im Anmeldezeitraum individuell nach Lohnsteuermerkmal einzubehaltende Lohnsteuer aller Arbeitnehmer in einer Summe eingetragen.

❽ Summe der pauschalen Steuer

Es ist die Summe aller im Anmeldezeitraum pauschal erhobenen Lohnsteuer, unabhängig vom Steuersatz (15%, 20%, 25%), einzutragen, jedoch nicht die pauschale Steuer mit 2% bei geringfügig Beschäftigten.

❾ Verbleiben

Hier ist die Summe der Lohnsteuerbeträge einzutragen.

❿ Solidaritätszuschlag

Es ist die Summe des gesamten Solidaritätszuschlags des Anmeldezeitraums einzutragen. Es wird hier nicht nach Solidaritätszuschlag aus individuell erhobener oder aus pauschaler Versteuerung unterschieden.

⓫ pauschale Kirchensteuer im vereinfachten Verfahren

Hier wird nur die bei pauschaler Versteuerung mit dem pauschalen Kirchensteuersatz erhobene Kirchensteuer eingetragen. Die Finanzverwaltung nimmt dann die Aufteilung nach den im jeweiligen Bundesland geltenden Regelungen zwischen den kirchensteuerberechtigten Konfessionen vor.

⓬ Evangelische Kirchensteuer / Römisch-Katholische Kirchensteuer

Hier und in den nachfolgenden Zeilen werden die einzelnen nach Konfessionszugehörigkeit der Arbeitnehmer bzw. nach Eintragung auf der Lohnsteuerkarte einbehaltenen Kirchensteuern eingetragen. Auch die im pauschalen Lohnsteuerabzug nach Kirchenzugehörigkeit der Arbeitnehmer ermittelten Beträge werden hier aufsummiert.

⓭ Gesamtbetrag

Es ist die Summe aller Steuerbeträge einzutragen.

12.3 Beitragsnachweise §§ 28a ff SGB IV

Am Ende eines Entgeltabrechnungszeitraumes (in der Regel ist dies der Kalendermonat) erstellt der Arbeitgeber für jede Krankenkasse, an die er → Sozialversicherungsbeiträge für seine Mitarbeiter abführt einen **Beitragsnachweis**.

Angaben auf dem Beitragsnachweis

Auf diesem Nachweis sind die abgeführten **Beiträge** getrennt nach → Kranken-, → Pflege-, → Renten- und → Arbeitslosenversicherung aufgeführt. Außerdem sind auch die → **Umlagen** zur Entgeltfortzahlungsversicherung (U1 und U2) aufzuführen. Dabei werden für die jeweiligen Beitragsgruppen die Beiträge aller bei dieser Krankenkasse versicherten Arbeitnehmer des Betriebes zusammengefasst.

Abgabezeitraum und Fälligkeit

Grundsätzlich ist für jeden **Entgeltabrechnungszeitraum** ein Beitragsnachweis abzugeben. In der Regel ist dies der Kalendermonat.

Die Fälligkeit für die Beiträge zur Sozialversicherung wurde ab 2006 neu geregelt. Der Gesamtsozialversicherungsbetrag ist nunmehr am drittletzten Bankarbeitstag eines Monat fällig. Seit 2008 wurde ein vom Fälligkeitstag der Zahlung abweichender Termin für die Einreichung der Beitragsnachweise eingeführt. Der Beitragsnachweis ist zwei Arbeitstage vor Fälligkeit der Beiträge einzureichen. Da durch das Vorziehen des Abgabetermins häufig die Lohnabrechnungen noch nicht fertig gestellt sind, ist eine voraussichtliche Beitragsschuld zu ermitteln. Diese Schätzung ist so genau wie möglich durchzuführen und für einen Betriebsprüfer nachvollziehbar zu dokumentieren. Mögliche Abweichungen sind jeweils zusammen mit dem Folgemonat nachzumelden. Ein Korrekturbeitragsnachweis wird in der Regel nicht erstellt.

Wenn ein Arbeitgeber die fälligen → Sozialversicherungsbeiträge nicht fristgerecht zahlt, sind für jeden angefangenen Monat der **Säumnis** 1% der noch offenen Beitragsschuld zu zahlen. Als Berechnungsgrundlage der Säumniszuschläge wird der rückständige Beitrag auf 50,00 € nach unten abgerundet. Die Einzugsstellen (Krankenkassen) sind zur Erhebung des **Säumniszuschlags** verpflichtet; er liegt nicht im Ermessen der jeweiligen Einzugsstelle. Im Unterschied zur Lohnsteueranmeldung gilt die Zahlung erst als erfolgt, wenn der Scheck eingelöst wurde.

Folgen bei verspäteter Zahlung

Liegt eine Einzugsermächtigung für die Krankenkasse vor, so liegt es in deren Verantwortlichkeit, die Beiträge fristgerecht einzuziehen. Dies kann jedoch nur geschehen, wenn die **Beitragsmeldung** rechtzeitig eingegangen ist. Wurde die Meldung nicht rechtzeitig eingereicht, so kann die Krankenkasse das Arbeitsentgelt zur Berechnung der Beiträge schätzen. Eine solche **Schätzung** wird auch für die Berechnung der Säumniszuschläge zugrunde gelegt, wenn die Beitragszahlung nicht per Bankeinzug erfolgt und der Arbeitgeber mit Beitragszahlung und Monatsmeldung in Verzug geraten ist.

Folgen bei verspäteter Monatsmeldung

Form des Beitragsnachweises

Der monatliche Beitragsnachweis ist in einem vorgefertigten **Formular** einzureichen.

Seit 2006 sieht der Gesetzgeber nur noch die **elektronische Übermittlung** der Meldungen vor. Dazu kann ein Datenträger eingereicht oder die Meldung per E-Mail übermittelt werden. Das dazu notwendige Computerprogramm wird von den einzelnen Krankenkassen kostenlos zur Verfügung gestellt.

Elektronische Übermittlung

Inhalt des Beitragsnachweises

❶ Betriebsnummer

Es ist die Betriebsnummer des Arbeitgebers bzw. der Betriebsstätte einzutragen.

❷ Arbeitgeber

Die Anschrift des Absenders / Arbeitgebers ist ebenfalls einzutragen.

❸ Krankenkasse

Im Empfängerfeld ist die entsprechende Krankenkasse zu vermerken.

❹ Zeitraum

Es ist der Meldezeitraum einzutragen, in der Regel der Kalendermonat.

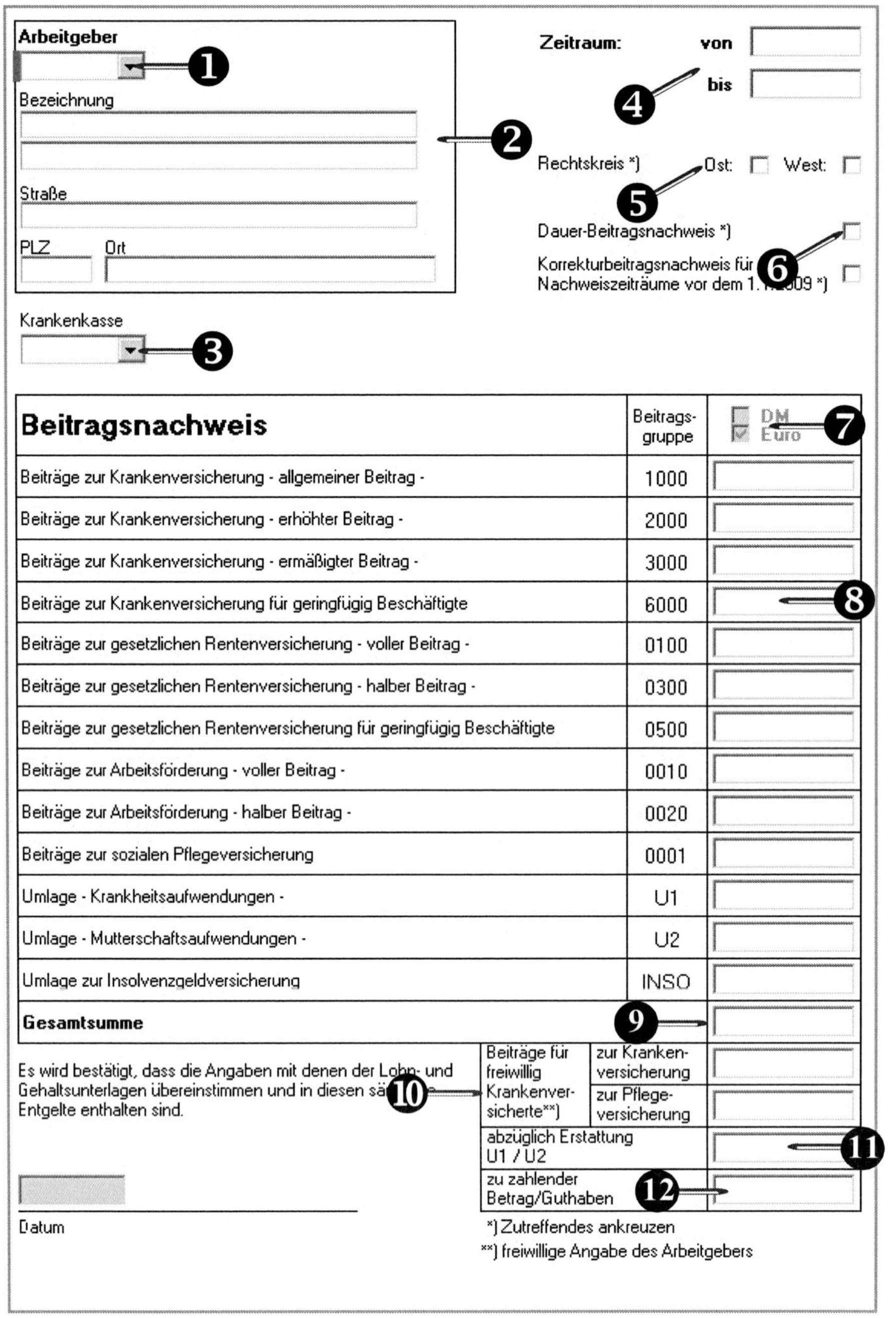

Arbeitgeber

Bezeichnung

Straße

PLZ Ort

Zeitraum: von bis

Rechtskreis *) Ost: West:

Dauer-Beitragsnachweis *)

Korrekturbeitragsnachweis für Nachweiszeiträume vor dem 1.…09 *)

Krankenkasse

Beitragsnachweis	Beitrags-gruppe	DM / Euro
Beiträge zur Krankenversicherung - allgemeiner Beitrag -	1000	
Beiträge zur Krankenversicherung - erhöhter Beitrag -	2000	
Beiträge zur Krankenversicherung - ermäßigter Beitrag -	3000	
Beiträge zur Krankenversicherung für geringfügig Beschäftigte	6000	
Beiträge zur gesetzlichen Rentenversicherung - voller Beitrag -	0100	
Beiträge zur gesetzlichen Rentenversicherung - halber Beitrag -	0300	
Beiträge zur gesetzlichen Rentenversicherung für geringfügig Beschäftigte	0500	
Beiträge zur Arbeitsförderung - voller Beitrag -	0010	
Beiträge zur Arbeitsförderung - halber Beitrag -	0020	
Beiträge zur sozialen Pflegeversicherung	0001	
Umlage - Krankheitsaufwendungen -	U1	
Umlage - Mutterschaftsaufwendungen -	U2	
Umlage zur Insolvenzgeldversicherung	INSO	
Gesamtsumme		

Es wird bestätigt, dass die Angaben mit denen der Lohn- und Gehaltsunterlagen übereinstimmen und in diesen sä[…] Entgelte enthalten sind.

Beiträge für freiwillig Krankenver-sicherte**)	zur Kranken-versicherung	
	zur Pflege-versicherung	
abzüglich Erstattung U1 / U2		
zu zahlender Betrag/Guthaben		

Datum

*) Zutreffendes ankreuzen

**) freiwillige Angabe des Arbeitgebers

Quelle: sv.net, ITSG GmbH

❺ Rechtskreis

Wie auch bei der Meldung zur Sozialversicherung ist der Rechtskreis der Meldung einzutragen. Der Beitragsnachweis kann nur einen Rechtskreis enthalten.

❻ Dauerbeitragsnachweis

Wenn die Beiträge über einen längeren Zeitraum gleich hoch sind, kann auch ein Dauerbeitragsnachweis eingereicht werden.

❼ Währung

Es ist die Währung anzukreuzen, in der Regel wird dies nur noch Euro sein.

❽ Beiträge

Es sind die Summen der Arbeitgeber- und Arbeitnehmeranteile zu den jeweiligen Versicherungszweigen aller bei dieser Krankenkasse versicherten bzw. gemeldeten Arbeitnehmer einzutragen. Die einzelnen Beträge sind entsprechend der Beitragsgruppenschlüssel analog zur Meldung zur Sozialversicherung zu summieren. Auch die Beiträge zur Umlage 1, Umlage 2 und Umlage 3 (INSO) sind in Summe einzutragen.

❾ Gesamtsumme

Hier ist die Summe aller Pflichtbeiträge einzutragen.

❿ Freiwillig Versicherte

Hier sind die Beiträge für die freiwillig bei der jeweiligen Krankenkasse Versicherten, getrennt nach Kranken- und Pflegeversicherung, einzutragen. Die Renten- und Arbeitslosenversicherungsbeiträge dieser Arbeitnehmer ist oben bei den Pflichtbeiträgen enthalten. Es sind jedoch nur die für entsprechend der Meldung mit Beitragsgruppenschlüssel „9" in der KV und „1" in der PV gemeldete Arbeitnehmer zu berücksichtigen, sog. Firmenzahler.

⓫ Erstattung gem. § 10 LFZG

Hier kann die Summe der beantragten Erstattungen eingetragen und die Verrechnung beantragt werden.

⓬ zu zahlender Betrag / Guthaben

Hier ist der zu zahlende Betrag bzw. das sich ergebende Guthaben einzutragen.

Beitragsnachweis für geringfügig Beschäftigte

Geringfügig entlohnte Beschäftigte

Zur Beitragsnachweisung → **geringfügig entlohnter Beschäftigter** gibt es einen gesonderten Vordruck (siehe Anhang). Darauf sind die abzuführenden pauschalierten Sozialversicherungsbeiträge, die Umlagen zur Lohnfortzahlungsversicherung und die pauschalen Steuerbeträge (2% Pauschalsteuer) der geringfügig entlohnten Mitarbeiter einzutragen. Der Beitragsnachweis für geringfügig Beschäftigte ist bei der **Knappschaft Bahn-See** einzureichen.

Inhalt des Beitragsnachweises

Auch hier sind, wie im Beitragsnachweis an die anderen Krankenkassen, die Betriebsnummer, der Arbeitgeber, der Zeitraum etc. einzutragen. Zusätzlich ist die Steuernummer des Arbeitgebers bzw. der Betriebsstätte zu vermerken, wenn die pauschale Steuer mit 2 % gemeldet wird.

Auch hier sind die Summen aller geringfügig Beschäftigten nach Beitragsgruppenschlüssel getrennt aufzulisten.

Ab 2009 sind ebenfalls die Beiträge zur Insolvenzgeldumlage zu melden. Dies bedeutet, dass auch die Beiträge für → **kurzfristig Beschäftigte** im Beitragsnachweis hierfür und ggf. Umlagen zur Lohnfortzahlungsversicherung an die Knappschaft Bahn-See zu entrichten sind.

Arbeitgeber **Steuernummer des Arbeitgebers *)**

Bezeichnung

Straße

PLZ Ort

Zeitraum: **von** **bis**

Rechtskreis **) Ost: ☐ West: ☐

Dauer-Beitragsnachweis **) ☐

Korrekturbeitragsnachweis für Nachweiszeiträume vor dem 1.1.2009 *) ☐

Deutsche Rentenversicherung Knappschaft-Bahn-See

45115 Essen

Beitragsnachweis für geringfügig Beschäftigte (einschließlich einheitlicher Pauschsteuer)	Beitrags-gruppe	Euro
Beiträge zur Krankenversicherung für geringfügig Beschäftigte	6000	
Beiträge zur gesetzlichen Rentenversicherung - voller Beitrag bei Verzicht auf die Rentenversicherungsfreiheit -	0100	
Beiträge zur gesetzlichen Rentenversicherung für geringfügig Beschäftigte	0500	
Umlage - Krankheitsaufwendungen -	U1	
Umlage - Mutterschaftsaufwendungen -	U2	
Umlage zur Insolvenzgeldversicherung	INSO	
einheitliche Pauschsteuer	St	
Gesamtsumme		
Es wird bestätigt, dass die Angaben mit denen der Lohn- und Gehaltsunterlagen übereinstimmen und in diesen sämtliche Entgelte enthalten sind.	abzüglich Erstattung U1 / U2	
	zu zahlender Betrag/Guthaben	

Datum

*) Die Steuernummer ist nur anzugeben, sofern die einheitliche Pauschsteuer an die Rentenversicherung Knappschaft-Bahn-See abgeführt wird.

**) Zutreffendes ankreuzen

Quelle: sv.net, ITSG GmbH

12.4 Lohnnachweis für die Berufsgenossenschaft

Lohnnachweis

Zu den Aufgaben des Arbeitgebers am Jahresende gehört die Erstellung des Lohnnachweises für die Berufsgenossenschaft. Darin werden die **Jahresentgelte** aller versicherten Beschäftigten für das abgelaufene Kalenderjahr aufgeführt. Anhand der **Jahresentgeltsumme** und der individuellen **Gefahrenklassen** legt die Berufsgenossenschaft dann den Beitrag fest. Außerdem kann die Zahl oder Schwere von Unfällen im Betrieb sich durch einen Zuschlag erhöhend auf den Beitrag zur Berufsgenossenschaften auswirken. Demgegenüber kann die Berufsgenossenschaft auch bei Nichtvorliegen von Unfällen einen Nachlass auf den Beitrag gewähren.
Aufgrund der Neuregelung zum 01.01.2009 (vgl. hierzu auch Kapitel 12.1.4) wurde das Meldeverfahren zur Sozialversicherung reformiert, so dass für eine Übergangszeit die Meldungen zur Berufsgenossenschaft einschließlich des Veranlagungsjahres 2013 doppelt erfolgen. Ab dem Veranlagungsjahr 2014 entfällt dann der gesonderte jährliche Lohnnachweis.

Der Lohnnachweis für ein Kalenderjahr muss jeweils bis spätestens zum **11. Februar des Folgejahres** bei der Berufsgenossenschaft eingereicht werden.

Frist

Zum Jahresarbeitsentgelt im Sinne der Berufsgenossenschaft gehören zunächst alle steuerpflichtigen Bezüge eines Arbeitnehmers. Unter Umständen gehören auch Entgeltbestandteile, die nicht steuer- oder beitragspflichtig sind, wie z.B. steuerfreie Zuschläge nach § 3b EStG zum beitragspflichtigen Entgelt in der Berufsgenossenschaft. Welche Lohnbestandteile im Einzelnen in die zu meldende Lohnsumme mit einbezogen werden müssen, kann der Satzung bzw. den Erläuterungen zum Ausfüllen des Lohnnachweises der einzelnen Berufsgenossenschaften entnommen werden. Außerdem sind die Lohnsummen ihrer Höhe nach begrenzt, d.h. auch hier gibt es eine Beitragsbemessungsgrenze, die jedoch bei den einzelnen Berufsgenossenschaften unterschiedlich hoch ist.

Jahresentgeltsumme

12.5 Der Lohnsteuerjahresausgleich durch den Arbeitgeber §42b EStG

Für → Arbeitnehmer behält der → Arbeitgeber im Rahmen des → Lohnsteuerabzugs jeden Monat → Lohnsteuer ein und führt diese an das Finanzamt ab.

Aufgrund der monatlichen Berechnung kann es aufs Jahr gesehen zu **Über- oder Unterzahlungen** von Lohnsteuer kommen, wenn beispielsweise eine Änderung der → Lohnsteuerklasse nicht sofort berücksichtigt werden konnte oder durch schwankende Monatslöhne Progressionsnachteile entstehen.

Falsch abgeführte Lohnsteuer

Aus diesem Grund führt der Arbeitgeber u. U. am Ende des Kalenderjahres einen **Lohnsteuerjahresausgleich** durch. Dabei wird für den einzelnen Beschäftigten berechnet, wie hoch seine Steuerschuld auf Basis des Jahresarbeitslohns ist. Diese Steuerschuld wird dann mit den tatsächlich abgeführten Lohnsteuern verglichen und entsprechende **Differenzbeträge** werden frühestens mit dem Lohnsteuerabzug für den letzten Abrechnungszeitraum des Jahres (Monat Dezember) und spätestens mit dem des Monats März des Folgejahres verrechnet. Ein Ausgleich findet jedoch nur zu Gunsten des Arbeitnehmers in Form der Erstattung statt. Wurde zu wenig Steuer einbehalten, werden diese Beträge nur in Abzug gebracht, wenn Fehler bei der Steuerberechnung im laufenden Kalenderjahr unterlaufen sind. Gleiches gilt entsprechend für den Solidaritätszuschlag und ggf. die Kirchensteuer.

Ausgleich am Jahresende

  Bezüge aus bestehendem Dienstverhältnis
\+ Bezüge aus vorangegangenen Dienstverhältnissen
  (anhand der Lohnsteuerbescheinigungen)
\- Versorgungsfreibetrag
\- Altersentlastungsbetrag
....
= geminderter Jahresarbeitslohn

  tatsächlich abgeführte Lohnsteuer im Kalenderjahr
\- Jahreslohnsteuer für geminderten Jahresarbeitslohn
....
= Steuerdifferenz

Bedingungen für den Jahresausgleich

Hat der Arbeitgeber am 31.12. eines Kalenderjahres mindestens 10 Arbeitnehmer beschäftigt, so ist er zur Durchführung eines Lohnsteuerjahresausgleichs **verpflichtet** (§ 42b EStG). Dagegen muss er von einem Jahresausgleich absehen, wenn der Arbeitnehmer dies nicht wünscht. Grundlegende Voraussetzungen für einen Lohnsteuerjahresausgleich sind:

- Der Arbeitnehmer ist unbeschränkt einkommenssteuerpflichtig.
- Der Arbeitnehmer stand während des Ausgleichsjahres ständig in einem Dienstverhältnis.
- Dem Arbeitgeber liegt die Lohnsteuerkarte des Arbeitnehmers vor.
- Dem Arbeitgeber liegen Lohnsteuerbescheinigungen aus etwaigen vorangegangenen Dienstverhältnissen vor.
- Der Arbeitnehmer war für das Ausgleichsjahr oder für einen Teil des Ausgleichsjahres nicht nach den Steuerklassen V oder VI zu besteuern.
- Der Arbeitnehmer war nicht nur für einen Teil des Ausgleichsjahres mit der Steuerklasse II, III oder IV zu besteuern, d.h. es darf in Verbindung mit diesen Steuerklassen kein Wechsel der Steuerklasse stattgefunden haben.
- Bei der Lohnsteuerberechnung war kein Freibetrag, Hinzurechnungsbetrag oder das Faktorverfahren zu berücksichtigen.
- Der Arbeitnehmer hat kein Kurzarbeiter- oder Winterausfallgeld, keinen Zuschuss zum Mutterschaftsgeld, keine Entschädigung für Verdienstausfall, keine Aufstockungsbeträge und keine Zuschläge aufgrund des Bundesbesoldungsgesetzes bezogen.
- Im Lohnkonto ist kein Großbuchstabe U eingetragen.
- Vorsorgeaufwendungen nach §39b Abs.2 Satz 5 Nr. 3 a) bis d) EStG oder der Beitragszuschlag nach §39b Abs. 2 Satz 5 Nr. 3 c) EStG sind jeweils für das vollständige Kalenderjahr (nicht nur zeitweise) berücksichtig worden.
- Der Arbeitnehmer hat keinen Arbeitslohn bezogen, der nach einem Doppelbesteuerungsabkommen oder unter Progressionsvorbehalt nach § 34c Abs. 5 EStG von der deutschen Lohnsteuer freigestellt ist.

Beispiel Lohnsteuerjahresausgleich

Azubi Harry (I / 0 / --) beendet seine Lehre zum 30.0.6. Bis dahin verdient er im Monat 802,00 €. Als Geselle erhält er ab 01.0.7. monatlich 2.095,00 €. Die entsprechende Verrechnung der Lohnsteuer erfolgt mit dem Lohnsteuerjahresausgleich. (Die Werte basieren auf der Xpert Business Übungs-Lohnsteuertabelle.)

	Bemessungsgrundlage	Lohnsteuer	Soli-Zuschlag
nach Lohnkonto	17.382,00 €	1.731,48 €	95,22 €
bei Anwendung der Jahrestabelle	17.382,00 €	1.330,00 €	71,60 €
Erstattung durch Verrechnung mit Lohnsteuer Dezember		401,48 €	23,62 €

12.6 Abschluss des Lohnkontos § 41 EStG

Für jeden Beschäftigten hat der → Arbeitgeber ein **Lohnkonto** zu führen, in welches alle für den → Lohnsteuerabzug und den Abzug der Sozialversicherungsbeiträge wesentliche Daten aufgenommen werden. Dazu gehören zum einen die einmaligen Aufzeichnungen (z.B. Persönliche Daten des Arbeitnehmers, Freibeträge der → Lohnsteuerkarte usw.) zum anderen die bei jeder Lohnzahlung einzutragenden Aufzeichnungen (insbesondere die Art und Höhe des → Arbeitsentgelts (Barlohn, → Sachbezüge), die einbehaltene → Lohnsteuer, steuerfreie und pauschal besteuerte Bezüge).

Lohn- und Gehaltsbuchführung

Zumeist werden Lohnkonten heute mit Hilfe des **Computers** angelegt und geführt. Zum Ende eines Kalenderjahres hat der Arbeitgeber die Lohnkonten elektronisch zu archivieren oder entsprechende **Ausdrucke** für die Aufbewahrung in der Personalbuchführung anzufertigen.

Elektronische Datenverarbeitung

Lohnkonto

Das Lohnkonto beinhaltet die zur Berechnung von Steuerabzugsbeträgen und → Sozialversicherungsbeiträgen notwendigen **persönlichen Daten** des Arbeitnehmers. Zudem werden sämtliche **Bezüge** des Arbeitnehmers getrennt nach Monaten aufgeführt und alle → **Abzugsbeträge** bis hin zum auszuzahlenden Betrag einzeln dargestellt. Wurden während des Jahres Korrekturen durchgeführt, sind auch diese im Lohnkonto dokumentiert.

Lohnaufzeichnungen

ModeFix GmbH **Lohnkonto**

Pers.Nr.:	1			Geburtsdatum:	27.08.1960	Finanzamt:	Offenbach-Land
Name:	Petra Lehmann	Abteilung:		Staatsangehörigkeit:	Deutschland	Finanz.-Nr.:	2644
Adresse:	Frankfurter Str. 51	Kostenstelle:		SV-Nr.:	52270860M502	AGS:	06438010
	63179 Obertshausen			Berufsbez.:			

Monat: (korrigiert im): (Zuordnung zu): (Zahlung im):	Januar	Februar	März	April	Mai	Juni	Juli	August	September	Oktober	November	Dezember	Gesamt
Personalnummer	1	1	1	1	1	1	1	1	1	1	1	1	
Gesamt-Brutto	2.115,00	2.115,00	2.115,00	2.115,00	2.115,00	2.649,64	2.649,64	2.649,64	2.649,64	2.649,64	4.744,64	2.649,64	31.217,48
Steuerabzüge	326,51	326,51	326,51	326,51	326,51	472,04	472,04	472,04	472,04	472,04	1.181,94	472,04	5.646,73
Sozialabzüge	449,44	449,44	449,44	449,44	449,44	542,97	542,97	542,97	542,97	542,97	988,16	542,97	6.493,18
Nettolohn	1.339,05	1.339,05	1.339,05	1.339,05	1.339,05	1.634,63	1.634,63	1.634,63	1.634,63	1.634,63	2.574,54	1.634,63	19.077,57
Sonstige Be- und Abzüge	-40,00	-40,00	-40,00	-40,00	-40,00	-574,64	-574,64	-574,64	-574,64	-574,64	-574,64	-574,64	-4.222,48
davon VWL-Überweisung	40,00	40,00	40,00	40,00	40,00	40,00	40,00	40,00	40,00	40,00	40,00	40,00	480,00
Auszahlung	1.299,05	1.299,05	1.299,05	1.299,05	1.299,05	1.059,99	1.059,99	1.059,99	1.059,99	1.059,99	1.999,90	1.059,99	14.855,09
Steuer Berechnungsgrundlagen													
St.Kl./Kinder/Konf.	1/0.5/rk	1/0.5/rk	1/0.5/rk	1/0.5/rk	1/0.5/rk	1/0.5/rk	1/0.5/rk	1/0.5/rk	1/0.5/rk	1/0.5/rk	1/0.5/rk	1/0.5/rk	
Familienstand	verheiratet	verheiratet	verheiratet	verheiratet	verheiratet	verheiratet	verheiratet	verheiratet	verheiratet	verheiratet	verheiratet	verheiratet	
Steuertabelle	Allgemeine	Allgemeine	Allgemeine	Allgemeine	Allgemeine	Allgemeine	Allgemeine	Allgemeine	Allgemeine	Allgemeine	Allgemeine	Allgemeine	
Freibetrag jährlich	0,00	0,00	0,00	0,00	0,00	0,00	0,00	0,00	0,00	0,00	0,00	0,00	
Freibetrag monatlich	0,00	0,00	0,00	0,00	0,00	0,00	0,00	0,00	0,00	0,00	0,00	0,00	
Hinzurechnung jährl.	0,00	0,00	0,00	0,00	0,00	0,00	0,00	0,00	0,00	0,00	0,00	0,00	
Hinzurechnung monatl.	0,00	0,00	0,00	0,00	0,00	0,00	0,00	0,00	0,00	0,00	0,00	0,00	
Steuertage	30	30	30	30	30	30	30	30	30	30	30	30	360
Bem.grundl. Vers.FB	0,00	0,00	0,00	0,00	0,00	0,00	0,00	0,00	0,00	0,00	0,00	0,00	
Steuerpfl. Brutto	2.115,00	2.115,00	2.115,00	2.115,00	2.115,00	2.555,14	2.555,14	2.555,14	2.555,14	2.555,14	2.555,14	2.555,14	28.460,98
St. pfl. Versorgungsbez.	0,00	0,00	0,00	0,00	0,00	0,00	0,00	0,00	0,00	0,00	0,00	0,00	0,00
Steuerpfl. Brutto EZ	0,00	0,00	0,00	0,00	0,00	0,00	0,00	0,00	0,00	0,00	2.095,00	0,00	2.095,00
St.-pfl. Versorg.-Bez. EZ	0,00	0,00	0,00	0,00	0,00	0,00	0,00	0,00	0,00	0,00	0,00	0,00	0,00
Steuerpfl. Brutto Gesamt	2.115,00	2.115,00	2.115,00	2.115,00	2.115,00	2.555,14	2.555,14	2.555,14	2.555,14	2.555,14	4.650,14	2.555,14	30.555,98
[illegible]chuss	0,00	0,00	0,00	0,00	0,00	0,00	0,00	0,00	0,00	0,00	[illegible]		0,00
	0,00	0,00	0,00	0,00				[illegible]	0,00	0,00			
	0,00	0,00	0,00						0,00				

Jahreslohnjournal

Neben dem Lohnkonto des einzelnen Arbeitnehmers ist das **Jahreslohnjournal** elektronisch zu archivieren oder auszudrucken. Das Jahreslohnjournal beinhaltet alle im Kalenderjahr beschäftigten Personen. Es lässt in einer übersichtlichen **Zusammenstellung** erkennen, welche Personen im ganzen Jahr beschäftigt und mit welcher Beitragsgruppe sie in welcher Krankenkasse gemeldet waren. Das Jahres-Gesamt-Brutto, die Jahressteuerbeträge und die Jahressozialversicherungsbeiträge werden bezogen auf den einzelnen Arbeitnehmer und in Summe aller Arbeitnehmer dargestellt.

Gesamtübersicht

12.7 Prüfung der Jahresarbeitsentgeltgrenze

Zum Jahreswechsel muss der Arbeitgeber prüfen, ob die Arbeitnehmer die Jahresarbeitsentgeltgrenze überschritten haben und auch weiterhin überschreiten werden. Da in solch einem Fall im Folgejahr keine Kranken- und Pflegeversicherungspflicht mehr besteht (siehe dazu auch Kapitel 4), ist keine Jahresmeldung zu erstellen, sondern eine Meldung wegen Änderung des Beitragsgruppenschlüssels. Der Arbeitnehmer muss rechtzeitig seine weitere Absicherung in der Kranken- und Pflegeversicherung wählen (privat oder freiwillig).

Arbeitnehmer, die im abgelaufenen Kalenderjahr die Jahresarbeitsentgeltgrenze überschritten haben und voraussichtlich im nächsten Kalenderjahr überschreiten werden, sind von der Versicherungspflicht in der Kranken- und Pflegeversicherung befreit. Bei unterjährigem Eintritt eines neuen Mitarbeiters besteht Versicherungsfreiheit ab Beginn der Beschäftigung, wenn das für 12 Monate vereinbarte Entgelt die Jahresarbeitsentgeltgrenze übersteigt.

	Allgemeine Jahresarbeitsentgeltgrenze	Besondere Jahresarbeitsentgeltgrenze
2012	50.850,00 €	45.900,00 €
2011	49.500,00 €	44.550,00 €

Ermittlung des regelmäßigen Jahresarbeitsentgelts

Für zurückliegende Zeiträume ist die Ermittlung, ob ein Arbeitnehmer die Jahresarbeitsentgeltgrenze überschritten hat oder nicht, relativ unproblematisch, da die Bezüge des Arbeitnehmers in den Lohnabrechnungen vorliegen.

Bei der Vorausschau in das folgende Jahr bzw. bei Neueintritt eines Arbeitnehmers, muss hingegen das Jahresarbeitsentgelt geschätzt werden. Dabei müssen alle in Laufe eines Kalenderjahres zu erwartenden Bezüge, auf die der Arbeitnehmer Anspruch hat, aufaddiert werden.

- Bezüge, die nicht regelmäßig gewährt werden und auf die der Arbeitnehmer keinen Anspruch hat, wie z.B. eine Jubiläumszuwendung, bleiben außer Acht.
- Zu berücksichtigen ist außerdem nur beitragspflichtiges Entgelt, also keine steuerfreien oder pauschal versteuerten Bezüge. Auch im Wege der Entgeltumwandlung steuerfrei oder pauschal versteuerte Beiträge in eine Betriebliche Altersversorgung sind nicht einzubeziehen.
- Überstundenvergütungen sind nur mit einzubeziehen, wenn sie entweder pauschal (ohne Aufzeichnung für tatsächlich geleistete Überstunden) gezahlt werden, oder Überstunden tatsächlich regelmäßig anfallen und entsprechend vergütet werden.
- Nicht in die Jahresarbeitsentgeltgrenze mit einzubeziehen sind Vergütungen, die aufgrund des Familienstandes o.ä. gewährt werden (Familienzulage, Kinderzulage etc.)
- Bei Akkordlohn oder Provisionszahlungen ist der Durchschnitt der vergangen zwei Jahre und des laufenden Jahres zu berücksichtigen.

Zusammenrechnung mehrerer Beschäftigungsverhältnisse.

Übt ein Arbeitnehmer mehrere Beschäftigungsverhältnisse nebeneinander aus, sind die Entgelte aller Beschäftigungen zusammen zu rechnen, für die Pflichtbeiträge abgeführt werden bzw. Anspruch auf Zuschuss durch den Arbeitgeber besteht.

Unterschreitung der Jahresarbeitsentgeltgrenze

Bei bereits privat oder freiwillig versicherten Arbeitnehmern ist zum Jahreswechsel bzw. bei unterjähriger Änderung der vertraglich vereinbarten Vergütung zu prüfen, ob die Kriterien noch erfüllt werden, oder der Arbeitnehmer wieder als Pflichtversicherter anzusehen ist.

Die betroffenen Arbeitnehmer verbleiben jedoch in der privaten Kranken- und Pflegeversicherung, wenn diese sich von der Versicherungspflicht auf Antrag haben befreien lassen. Dies ist möglich, wenn die Unterschreitung der Jahresarbeitsentgeltgrenze auf folgende Tatbestände basieren:

- Anhebung der Jahresarbeitsentgeltgrenze
- Aufnahme einer nicht vollen Erwerbstätigkeit während der Elternzeit
- Wenn bereits fünf Jahre wegen Überschreitens der Jahresarbeitsentgeltgrenze Versicherungsfreiheit besteht und die Reduzierung des Entgelts aufgrund der gleichzeitigen Reduzierung der Arbeitszeit auf die Hälfte bzw. weniger die Hälfte erfolgt.

Der Antrag muss innerhalb von drei Monaten nach Beginn der Versicherungspflicht bei der zuständigen Krankenkasse gestellt werden.

12.8 Die Lohnsteuerbescheinigung § 41b EStG

Elektronische Lohnsteuerbescheinigung

Bei Beendigung eines → Arbeitsverhältnisses und am Ende eines jeden Kalenderjahres hat der → Arbeitgeber in elektronischer Form eine **Lohnsteuerbescheinigung** nach amtlich vorgefertigtem Datensatz an das Finanzamt zu überstellen, in der die Lohndaten des → Arbeitnehmers erfasst sind. Der Arbeitnehmer erhält hierüber vom Arbeitgeber ein so genanntes Datenübermittlungsprotokoll, anhand dessen er seine **Einkommenssteuererklärung** durchführen kann.

Ausdruck der elektronischen Lohnsteuerbescheinigung für 2012

Nachstehende Daten wurden maschinell an die Finanzverwaltung übertragen.

Datum:

eTIN:

Identifikationsnummer:

Personalnummer:

Geburtsdatum:

Transferticket:

Dem Lohnsteuerabzug wurden zugrunde gelegt:

Steuerklasse/Faktor	vom - bis

Zahl der Kinderfreibeträge	vom - bis

Steuerfreier Jahresbetrag	vom - bis

Jahreshinzurechnungsbetrag	vom - bis

Kirchensteuermerkmale	vom - bis

Anschrift und Steuernummer des Arbeitgebers:

1. Dauer des Dienstverhältnisses	vom - bis	
2. Zeiträume ohne Anspruch auf Arbeitslohn	Anzahl „U"	
Großbuchstaben (S, F)		
	EUR	Ct
3. Bruttoarbeitslohn einschl. Sachbezüge ohne 9. und 10.		
4. Einbehaltene Lohnsteuer von 3.		
5. Einbehaltener Solidaritätszuschlag von 3.		
6. Einbehaltene Kirchensteuer des Arbeitnehmers von 3.		
7. Einbehaltene Kirchensteuer des Ehegatten von 3. (nur bei konfessionsverschiedener Ehe)		
8. In 3. enthaltene Versorgungsbezüge		
9. Ermäßigt besteuerte Versorgungsbezüge für mehrere Kalenderjahre		
10. Ermäßigt besteuerter Arbeitslohn für mehrere Kalenderjahre (ohne 9.) und ermäßigt besteuerte Entschädigungen		
11. Einbehaltene Lohnsteuer von 9. und 10.		
12. Einbehaltener Solidaritätszuschlag von 9. und 10.		
13. Einbehaltene Kirchensteuer des Arbeitnehmers von 9. und 10.		
14. Einbehaltene Kirchensteuer des Ehegatten von 9. und 10. (nur bei konfessionsverschiedener Ehe)		
15. Kurzarbeitergeld, Zuschuss zum Mutterschaftsgeld, Verdienstausfallentschädigung (Infektionsschutzgesetz), Aufstockungsbetrag und Altersteilzeitzuschlag		
16. Steuerfreier Arbeitslohn nach a) Doppelbesteuerungsabkommen		
16. Steuerfreier Arbeitslohn nach b) Auslandstätigkeitserlass		
17. Steuerfreie Arbeitgeberleistungen für Fahrten zwischen Wohnung und Arbeitsstätte		
18. Pauschalbesteuerte Arbeitgeberleistungen für Fahrten zwischen Wohnung und Arbeitsstätte		
19. Steuerpflichtige Entschädigungen und Arbeitslohn für mehrere Kalenderjahre, die nicht ermäßigt besteuert wurden - in 3. enthalten		
20. Steuerfreie Verpflegungszuschüsse bei Auswärtstätigkeit		
21. Steuerfreie Arbeitgeberleistungen bei doppelter Haushaltsführung		
22. Arbeitgeberanteil a) zur gesetzlichen Rentenversicherung		
22. Arbeitgeberanteil b) an berufsständische Versorgungseinrichtungen		
23. Arbeitnehmeranteil a) zur gesetzlichen Rentenversicherung		
23. Arbeitnehmeranteil b) an berufsständische Versorgungseinrichtungen		
24. Steuerfreie Arbeitgeberzuschüsse a) zur gesetzlichen Krankenversicherung		
24. Steuerfreie Arbeitgeberzuschüsse b) zur privaten Krankenversicherung		
24. Steuerfreie Arbeitgeberzuschüsse c) zur gesetzlichen Pflegeversicherung		
25. Arbeitnehmerbeiträge zur gesetzlichen Krankenversicherung		
26. Arbeitnehmerbeiträge zur sozialen Pflegeversicherung		
27. Arbeitnehmerbeiträge zur Arbeitslosenversicherung		
28. Beiträge zur privaten Krankenversicherung und Pflege-Pflichtversicherung		
29. Bemessungsgrundlage für den Versorgungsfreibetrag zu 8.		
30. Maßgebendes Kalenderjahr des Versorgungsbeginns zu 8. und/oder 9.		
31. Zu 8. bei unterjähriger Zahlung: Erster und letzter Monat, für den Versorgungsbezüge gezahlt wurden		
32. Sterbegeld; Kapitalauszahlungen/Abfindungen und Nachzahlungen von Versorgungsbezügen - in 3. und 8. enthalten		
33. Ausgezahltes Kindergeld		–
Finanzamt, an das die Lohnsteuer abgeführt wurde (Name und vierstellige Nr.)		

3.11

Quelle: Bundesfinanzministerium

Unter anderem sind folgende Angaben in der elektronischen Lohnsteuerbescheinigung enthalten:

- Name, Vorname, Geburtsdatum und Anschrift des Arbeitnehmers
- Identifikationsnummer (eTIN, wenn Identifikationsnummer nicht vorliegt)
- Besteuerungsmerkmale der Lohnsteuerkarte
- zuständiges Finanzamt
- Steuernummer des Arbeitgebers (wird nur übermittelt, ohne Ausdruck)
- Dauer des Dienstverhältnisses während des Kalenderjahres
- Anzahl der vermerkten Großbuchstaben „U"
- Art und Höhe des gezahlten Arbeitslohns
- die einbehaltene Lohnsteuer, den Solidaritätszuschlag und die Kirchensteuer
- Kurzarbeiter-, Schlechtwetter- und Winterausfallgeld
- Zuschuss zum Mutterschaftsgeld
- Entschädigungen für Verdienstausfall nach dem Infektionsschutzgesetz
- steuerfreie Aufstockungsbeträge oder Zuschläge nach § 3 Nr. 28
- pauschal besteuerten Arbeitgeberleistungen für Fahrten zwischen Wohnung und Arbeitsstätte,
- für steuerfreie Sammelbeförderung den Großbuchstaben „F",
- steuerfrei gezahlte Verpflegungszuschüsse und Vergütungen bei doppelter Haushaltsführung,
- steuerfrei gezahlte Zuschüsse zur freiwilligen und privaten Kranken- und Pflegeversicherung,
- Arbeitnehmeranteile zu den einzelnen Zweigen der Sozialversicherung
- der Großbuchstaben „S", wenn bei nicht ganzjähriger Beschäftigung beim selben Arbeitgeber sonstige Bezüge ohne Berücksichtigung des vom Vorarbeitgeber bezahlten Entgelts versteuert wurden.

Besondere Lohnsteuerbescheinigung

Für Arbeitnehmer, die bei Abschluss des Lohnkontos keine Lohnsteuerkarte vorgelegt haben, muss der Arbeitgeber eine Besondere Lohnsteuerbescheinigung erstellen. Die Bescheinigung enthält im Wesentlichen dieselben Angaben, wie die elektronische Lohnsteuerbescheinigung. Es sind jedoch zusätzlich Angaben zu machen, z.B. ob und von welcher Gemeinde eine Lohnsteuerkarte im Laufe des Jahres vorgelegen hat etc.

1. Dauer des Dienstverhältnisses		
2. Zeiträume ohne Anspruch auf Arbeitslohn		
Großbuchstaben (S, F)		
3. Bruttoarbeitslohn einschl. Sachbezüge ohne 9. und 10.		
4. Einbehaltene Lohnsteuer von 3.		
5. Einbehaltener Solidaritätszuschlag von 3.		
6. Einbehaltene Kirchensteuer des Arbeitnehmers von 3.		
7. Einbehaltene Kirchensteuer des Ehegatten von 3. (nur bei konfessionsverschiedener Ehe)		
8. In 3. enthaltene Versorgungsbezüge		
9. Ermäßigt besteuerte Versorgungsbezüge für mehrere Kalenderjahre		
10. Ermäßigt besteuerter Arbeitslohn für mehrere Kalenderjahre (ohne 9.) und ermäßigt besteuerte Entschädigungen		
11. Einbehaltene Lohnsteuer von 9. und 10.		
12. Einbehaltener Solidaritätszuschlag von 9. und 10.		
13. Einbehaltene Kirchensteuer des Arbeitnehmers von 9. und 10.		
14. Einbehaltene Kirchensteuer des Ehegatten von 9. und 10. (nur bei konfessionsverschiedener Ehe)		
15. Kurzarbeitergeld, Zuschuss zum Mutterschaftsgeld, Verdienstausfallentschädigung (Infektionsschutzgesetz), Aufstockungsbetrag und Altersteilzeitzuschlag		
16. Steuerfreier Arbeitslohn nach	a) Doppelbesteuerungsabkommen	
	b) Auslandstätigkeitserlass	
17. Steuerfreie Arbeitgeberleistungen für Fahrten zwischen Wohnung und Arbeitsstätte		
18. Pauschalbesteuerte Arbeitgeberleistungen für Fahrten zwischen Wohnung und Arbeitsstätte		
19. Steuerpflichtige Entschädigungen und Arbeitslohn für mehrere Kalenderjahre, die nicht ermäßigt besteuert wurden - in 3. enthalten		

3. Steuerpflichtiges Bruttoentgelt ohne Berücksichtigung von Frei- oder Hinzurechnungsbeträgen, ohne steuerfreie Bezüge, ohne pauschal besteuerte Bezüge
4. LSt aus in 3. bescheinigten Bezügen, keine pauschale LSt
5. SolZ aus in 3. bescheinigten Bezügen, nicht aus pauschaler LSt
6. KiSt aus in 3. bescheinigten Bezügen, nicht aus pauschaler LSt
7. KiSt des Ehegatten bei konfessionsverschiedenen Ehen entsprechend der Eintragung der LSt-Karte, z.B. Arbeitnehmer rk, Ehegatte ev; nicht aus pauschaler LSt; Aufteilung der KiSt erfolgt je nach Bundesland unterschiedlich
8. nochmaliger Ausweis eines in 3. bereits bescheinigten Versorgungsbezuges (Betriebsrente, Lohn-/Sterbegeldzahlung an Hinterbliebene)
(siehe auch Band „Lohn und Gehalt 2")
9. gesonderter Ausweis eines in 3. nicht bescheinigten Versorgungsbezuges (Betriebsrente, Lohn-/Sterbegeldzahlung an Hinterbliebene) für mehrere Kalenderjahre
(siehe auch Band „Lohn und Gehalt 2") bei Anwendung der Fünftel-Regelung
10. gesonderter Ausweis einer in 3. nicht bescheinigten Entschädigung (steuerpfl. Teil einer Abfindung) oder Lohn für mehrere Kalenderjahre (z.B. Jubiläumszuwendung)
(siehe auch Kapitel 7.4) sowie sämtliche Vergütungen, welche mit der Fünftel-Regelung berechnet wurden, jedoch ohne Versorgungsbezüge
11. LSt aus in 9. und 10. bescheinigten Bezügen, in 4. nicht enthalten, LSt der 1/5 Regelung, keine pauschale LSt
12. SolZ aus in 9. und 10. bescheinigten Bezügen, in 5. nicht enthalten, nicht aus pauschaler LSt
13. KiSt des Arbeitnehmers aus in 9. und 10. bescheinigten Bezügen, in 5. nicht enthalten, nicht aus pauschaler LSt
14. KiSt des Ehegatten aus in 9. und 10. bescheinigten Bezügen, in 5. nicht enthalten, nicht aus pauschaler LSt; bei konfessionsverschiedenen Ehen; Aufteilung der KiSt erfolgt je nach Bundesland unterschiedlich
15. dem Arbeitnehmer bezahlte steuerfreie Lohnersatzleistungen, in 3. nicht enthalten (siehe auch Kapitel 6.3)
16. Doppelbesteuerungsabkommen: dem Arbeitnehmer aufgrund eines Doppelbesteuerungsabkommens steuerfrei ausgezahlter Arbeitslohn (siehe auch Band „Lohn und Gehalt 2") Auslandstätigkeitserlass: dem Arbeitnehmer aufgrund des Auslandstätigkeitserlasses steuerfrei ausgezahlter Arbeitslohn
17. steuerfrei gewährte Zuschüsse (nur noch möglich in Form eines Sachbezuges innerhalb der 44-Euro-Grenze bzw. bei Verkehrsträgern Rabatte))
18. pauschal versteuerte Zuschüsse bzw. im Rahmen der Nutzung des Firmenwagens pauschal versteuerter Teil für Wege zwischen Wohnung und Arbeitsstätte, ohne pauschale Steuer
19. nochmaliger Ausweis einer in 3. bescheinigten Entschädigung (steuerpfl. Teil einer Abfindung) oder Lohn für mehrere Kalenderjahre (z.B. Jubiläumszuwendung), die nicht ermäßigt (Fünftel-Regelung) besteuert wurden
(siehe auch Kapitel 7.4)

20. siehe nachfolgende Ausführungen (siehe auch Kapitel 11)
21. siehe nachfolgende Ausführungen (siehe auch Band „Lohn und Gehalt 2“)
22. Arbeitgeber-Anteil der Beiträge der gesetzlichen RV und an berufsständische Versorgungseinrichtungen (z.B. Rechtsanwaltsversorgungswerk)
23. Arbeitnehmer-Anteil der Beiträge der gesetzlichen RV und an berufsständische Versorgungseinrichtungen (z.B. Rechtsanwaltsversorgungswerk)
24. Arbeitgeber-Zuschüsse eines nicht pflichtversicherten Arbeitnehmers in einer gesetzlichen oder privaten Krankenversicherung bzw. einer gesetzlichen Pflegeversicherung, soweit der Arbeitgeber zur Zahlung verpflichtet ist (nicht Arbeitgeber-Anteil bei pflichtversicherten Arbeitnehmern!)
25. Arbeitnehmer-Anteil zur gesetzlichen Krankenversicherung (Pflichtversicherung) bzw. der volle Arbeitnehmer-Beitrag zur freiwilligen Krankenversicherung, wenn der Arbeitgeber die Beiträge an die Krankenkasse abführt (Firmenzahler)
26. Arbeitnehmer-Anteil zur gesetzlichen Pflegeversicherung (Pflichtversicherung) bzw. der volle Arbeitnehmer-Beitrag zur freiwilligen Pflegeversicherung.
27. Arbeitnehmer-Anteil zur Arbeitslosenversicherung.
28. Arbeitnehmer-Beiträge zur privaten Kranken- und Pflegeversicherung in Höhe des im Lohnsteuerabzugsverfahren berücksichtigten Teilbetrags der Vorsorgepauschale (Basis-Beiträge bzw. Mindestvorsorgepauschale)
29. die Höhe des Versorgungsbezuges in Euro für den Monat Januar 2005 bei Versorgungsbeginn vor 2005 bzw. Versorgungsbezug für den ersten vollen Monat bei Versorgungsbeginn ab 2005 zuzügl. anteilige Sonderzahlung eines Kalenderjahres auf die zu diesem Zeitpunkt ein Rechtsanspruch besteht (siehe auch Band „Lohn und Gehalt 2“)
30. z.B. „2006“ - ist vierstellig anzugeben (siehe auch Band „Lohn und Gehalt 2“)
31. Nur bei unterjähriger Zahlung von lfd. Versorgungsbezügen der erste und letzte Monat, z.B. „02-12“ oder „01-08“ (ist zweistellig mit Bindestrich anzugeben) (siehe auch Band „Lohn und Gehalt 2“)
32. Versorgungsbezüge, die einen Einmalbezug darstellen und in 3. und 8. enthalten sind, sind nochmals gesondert zu bescheinigen (siehe auch Band „Lohn und Gehalt 2“)
33. durch Arbeitgeber ausgezahltes Kindergeld

20. Steuerfreie Verpflegungszuschüsse bei Auswärtstätigkeit	
21. Steuerfreie Arbeitgeberleistungen bei doppelter Haushaltsführung	
22. Arbeitgeber-anteil	a) zur gesetzlichen Rentenversicherung
	b) an berufsständische Versorgungseinrichtungen
23. Abeitnehmer-anteil	a) zur gesetzlichen Rentenversicherung
	b) an berufsständische Versorgungseinrichtungen
24. Steuerfreie Arbeitgeber-zuschüsse	a) zur gesetzlichen Krankenversicherung
	b) zur privaten Krankenversicherung
	c) zur gesetzlichen Pflegeversicherung
25. Arbeitnehmerbeiträge zur gesetzlichen Krankenversicherung	
26. Arbeitnehmerbeiträge zur sozialen Pflegeversicherung	
27. Arbeitnehmerbeiträge zur Arbeitslosenversicherung	
28. Beiträge zur privaten Krankenversicherung und Pflege-Pflichtversicherung	
29. Bemessungsgrundlage für den Versorgungsfreibetrag zu 8.	
30. Maßgebendes Kalenderjahr des Versorgungsbeginns zu 8. und/oder 9.	
31. Zu 8. bei unterjähriger Zahlung: Erster und letzter Monat, für den Versorgungsbezüge gezahlt wurden	
32. Sterbegeld; Kapitalauszahlungen/Abfindungen und Nachzahlungen von Versorgungsbezügen - in 3. und 8. enthalten	
33. Ausgezahltes Kindergeld	

Unter Nr. 22 bis 27 dürfen keine Beiträge bescheinigt werden, die auf steuerfreien Arbeitslohn entfallen. Feld 22 bis 27

In der Lohnsteuerbescheinigung sind grundsätzlich nur Bezüge zu bescheinigen, die im **Lohnkonto** eingetragen sind. Für steuerfreie Arbeitgeberzuschüsse zu **Verpflegungsmehraufwendungen** sind - in den einzelnen Bundesländern unterschiedlich geregelt - unter Umständen auch andere Aufzeichnungswege als das Lohnkonto zulässig. Für die Lohnsteuerbescheinigung gilt daher: Erstattungen von Verpflegungsmehraufwendungen, die nicht im Lohnkonto eingetragen sind, müssen auch hier nicht bescheinigt werden. Gleiches gilt für steuerfreie Erstattungen des Arbeitgebers für Aufwendungen einer **doppelten Haushaltsführung**. Feld 20 und 21

Es sind auch Beiträge für geringfügig Beschäftigte zu bescheinigen, wenn die Lohnsteuer nicht pauschal erhoben wurde. Feld 22 und 23

12.9 Bescheinigungswesen

Der Arbeitgeber ist im Laufe des Beschäftigungsverhältnisses und auch am Ende eines solchen dazu verpflichtet, unterschiedlichste Bescheinigungen für seine Arbeitnehmer zu erstellen. In den meisten Fällen handelt es sich um Bescheinigungen im Rahmen von Sozialleistungen, wie z.B. Arbeitslosengeld, Wohngeld, Elterngeld, Krankengeld etc. In der Regel sind diese Bescheinigungen in Papierform auszufüllen und werden von der jeweiligen Behörde zur Verfügung gestellt.

Entgeltbescheinigung nach dem EEL-Verfahren

Zum 01.07.2011 wurde das Datenaustauschverfahren für Entgeltersatzleistungen (EEL-Verfahren) eingeführt. Ab diesem Zeitpunkt sind Entgeltbescheinigungen für Kranken-, Versorgungskranken-, und Verletztengeld, Mutterschaftsgeld und Kinderkrankengeld – unabhängig vom ELENA-Verfahren – elektronisch an die Krankenkassen zu übermitteln. Dies gilt auch für Anfragen zu Vorerkrankungen.

Die Entgeltbescheinigung für Krankengeld ist fünf Arbeitstage vor dem 42. Tag der Arbeitsunfähigkeit zu übermitteln. Vorerkrankungszeiten derselben Krankheit sind auf die 42 Tage anzurechnen.

Im Gegenzug sind die Krankenkassen verpflichtet, dem Arbeitgeber Meldungen über Vorerkrankungen und die Höhe der Entgeltersatzleistung ebenfalls elektronisch zu übermitteln.

12.10 Entgeltfortzahlungsversicherung (AAG)

12.10.1 Berechnung der Umlagen zur Lohnfortzahlungsversicherung

Kalkulierbares finanzielles Risiko

Die Lohnfortzahlungsversicherung ist eine **Pflichtversicherung** für Unternehmen, durch die die finanziellen Belastungen, die durch → Entgeltfortzahlung im Krankheitsfall oder beim Mutterschutz entstehen, kalkulierbarer gemacht werden soll. Das Unternehmen zahlt dazu eine monatliche → Umlage in die Ausgleichskasse und erhält im Gegenzug die Aufwendungen für Lohnfortzahlung teilweise oder vollständig erstattet. Die Lohnfortzahlungsversicherung ist in zwei Bereiche unterteilt:

- Lohnfortzahlungsversicherung für Aufwendungen der Entgeltfortzahlungen im **Krankheitsfall (U1)**. Hier besteht seit 2006 Pflichtmitgliedschaft für Unternehmen bis max. 30 Vollzeit-Mitarbeitern. Ebenfalls seit 2006 entfällt die Unterscheidung zwischen gewerblichen und kaufmännischen Mitarbeitern (Arbeiter vs. Angestellte). D.h., auch die kaufmännischen Mitarbeiter (Angestellte) sind seit 2006 in die Umlage 1 einzubeziehen.
- Lohnfortzahlungsversicherung für **Mutterschutzaufwendungen (U2)**. Hier besteht seit 2006 Pflichtmitgliedschaft für alle Unternehmen, unabhängig von ihrer Beschäftigtenzahl. Umlage 2 wird ebenfalls für sämtliche Mitarbeiter eines Unternehmens erhoben.

Ausgleichskassen

Seit 2006 sind sämtliche Krankenkassen (auch die Ersatzkassen) Träger der Lohnfortzahlungsversicherung.

Geringfügig und kurzfristig Beschäftigte

Auch → **geringfügig und kurzfristig beschäftige** Arbeitnehmer sind in die Lohnfortzahlungsversicherung einzubeziehen. Eine Ausnahme bilden lediglich diejenigen Arbeitnehmer, deren Beschäftigungsverhältnis von vornherein auf höchstens 4 Wochen beschränkt ist, da der Anspruch auf Lohnfortzahlung im Krankheitsfall durch den Arbeitgeber erst mit der 5. Beschäftigungswoche beginnt. Die zuständige Ausgleichskasse ist hier die **Knappschaft Bahn-See**, auch wenn der Arbeitnehmer bei einer anderen Krankenkasse (über eine Hauptbeschäftigung oder im Rahmen der Familienversicherung) versichert ist.

Umlagepflichtige Unternehmen

Beispiel
Entgeltfortzahlungsversicherung

Die ModeFix GmbH beschäftigt durchschnittlich 31 Mitarbeiter. Davon sind 13 Angestellte und 11 Arbeiter mit jeweils 40 Stunden Wochenarbeitszeit. Hinzu kommen 3 Auszubildende, 2 Reinigungskräfte mit jeweils 10 Stunden Wochenarbeitszeit und 2 Bürokräfte, die jeweils 12 Stunden in der Woche arbeiten. Ist die ModeFix GmbH mit dieser Belegschaft zur Teilnahme an der Lohnfortzahlungsversicherung verpflichtet?

Betriebe mit bis zu 30 Mitarbeitern

Während die Teilnahme an der Lohnfortzahlungsversicherung für Mutterschutzaufwendungen **(U2)** seit 2006 für **alle** Unternehmen verpflichtend ist, richtet sich die Umlagepflicht in der **U1** nach der **Mitarbeiterzahl** eines Betriebes. Dabei sind die folgenden Arbeitnehmergruppen **nicht** zu berücksichtigen:

Ermittlung der Mitarbeiterzahl

- Auszubildende, Praktikanten
- schwerbehinderte Menschen
- Heimarbeiter und Hausgewerbetreibende
- Bezieher von Vorruhestandsgeld
- Beschäftigte in Altersteilzeit
- mitarbeitende Familienangehörige in der Landwirtschaft
- Wehr- und Zivildienstleistende

Anrechnung von Teilzeitbeschäftigten

Teilzeitbeschäftigte mit einer wöchentlichen Arbeitszeit von bis zu 10 Stunden, werden mit dem Faktor 0,25 angerechnet; eine wöchentliche Arbeitszeit von bis zu 20 Stunden wird mit dem Faktor 0,5, und eine wöchentliche Arbeitszeit von bis zu 30 Stunden wird mit dem Faktor 0,75 berücksichtigt.

zu Beispiel
Entgeltfortzahlungsversicherung

Zur Feststellung ob die ModeFix GmbH am Umlageverfahren teilnehmen muss wird die Mitarbeiterzahl wie folgt ermittelt:

Anzahl	Mitarbeiter	Anrechnungsfaktor
13	Angestellte	13
11	Arbeiter	11
3	Auszubildende	0
2	Aushilfen bis zu 10 Stunden / Woche	2 x 0,25
2	Aushilfen bis zu 20 Stunden / Woche	2 x 0,5
31		**25,5**

Da die Arbeitnehmerzahl unter 30 liegt, muss die ModeFix GmbH am Ausgleichsverfahren teilnehmen.

Umlagesätze

Beim Ausgleichsverfahren für Lohnfortzahlungen wird zwischen zwei Arten der **Entgeltfortzahlung** unterschieden:

- Entgeltfortzahlung bei krankheitsbedingter Arbeitsunfähigkeit und Rehabilitationsmaßnahmen.
- Entgeltfortzahlungen bei Mutterschutzlohn und Zuschüssen zum Mutterschaftsgeld.

Umlage U1

Die Umlage für **Krankheitsfälle** (U1) wird monatlich mit einem von der Umlagekasse festgelegten Prozentsatz erhoben. Bemessungsgrundlage sind die laufenden rentenversicherungspflichtige Arbeitsentgelte **aller Arbeitnehmer** bis zur Beitragsbemessungsgrenze in der Rentenversicherung. Das Arbeitsentgelt von Heimarbeitern, Hausgewerbetreibenden, Beziehern von Vorruhestandsgeld sowie mitarbeitende Familienangehörige in der Landwirtschaft bleiben außer Acht.

Umlage U2

Die Umlage für **Mutterschaftsfälle** (U2) wird monatlich mit einem von der Krankenkasse festgelegten Prozentsatz vom Arbeitsentgelt aller **Arbeitnehmer** erhoben. Ausgenommen sind wiederum die Arbeitsentgelte von Heimarbeitern, Hausgewerbetreibenden, Beziehern von Vorruhestandsgeld sowie mitarbeitende Familienangehörige in der Landwirtschaft.

Zur Berechnung der Umlage U2 werden im Übrigen auch die Entgelte der **männlichen** Mitarbeiter herangezogen. Selbst wenn in einem Betrieb keine einzige Frau beschäftigt ist, besteht die Umlagepflicht.

Maßgebende Arbeitsentgelte

Rentenversicherungspflichtige Entgelte

Bemessungsgrundlage zur Berechnung der Umlagen bilden die **laufenden rentenversicherungspflichtigen Entgelte**. Außer Ansatz bleiben:

- Entgeltbestandteile, die die → Beitragsbemessungsgrenze in der Rentenversicherung überschreiten,
- Einmalbezüge,
- fiktive Entgeltbestandteile bei Beziehern von Kurzarbeiter- und Winterausfallgeld.

Beispiel
Ermittlung der Beitragsbemessungsgrundlagen zur Entgeltfortzahlungsversicherung

Beispielhafte Ermittlung der Beitragsbemessungsgrundlagen für die Lohnfortzahlungsversicherung für einen Betrieb mit max. 30 Mitarbeitern:

	Bruttoentgelte	**Bemessungsgrundlage U1**	**Bemessungsgrundlage U2**
Angestellter A (freiw. KKH)	5.700,00 €	KKH aus 5.600,00 €	KKH aus 5.600,00 €
Angestellter B (freiw. AOK)	5.000,00 €	AOK aus 5.000,00 €	AOK aus 5.000,00 €
Angestellter C (BKK)	2.500,00 € zzgl. Einmalbezug 300,00 €	BKK aus 2.500,00 €	BKK aus 2.500,00 €
Angestellter D (AOK)	3.750,00 €	AOK aus 3.750,00 €	AOK aus 3.750,00 €
Angestellter E (BKK)	4.000,00 € zzgl. sv-freie Zuschläge: 100,00 €	BKK aus 4.000,00 €	BKK aus 4.000,00 €
kaufm. Azubi F (BKK)	600,00 €	BKK aus 600,00 €	BKK aus 600,00 €

Hätte dieser Betrieb mehr als 30 Mitarbeiter, so entfielen die Beiträge zur U1. Beiträge zur U2 fielen in derselben Höhe an.

Umlagen in der Gleitzone

Beispiel
Umlagen in der Gleitzone

> Emil Emsig ist als Fensterputzer in der GebäudePutz GmbH angestellt. Er verdient monatlich 600,00 €. Sein Lohn wird unter Berücksichtigung der Gleitzone abgerechnet. Muss der Arbeitgeber Umlagen für Beschäftigte in der Gleitzone entrichten?

Auch für Beschäftigte, die mit einem monatlichen Entgelt zwischen 400,01 € und 800,00 € unter die → **Gleitzonenregelung** fallen, sind Umlagen für die Lohnfortzahlungsversicherung zu zahlen.

Berechnung der Umlagen

Berechnungsgrundlage für die Umlagen sind die **reduzierten** rentenversicherungspflichtigen Entgelte der Gleitzone. Obwohl der Arbeitgeber die vollen → Sozialversicherungsbeiträge zu zahlen hat, profitiert er in der Lohnfortzahlungsversicherung von den Entgeltreduzierungen für die Beitragsberechnung der Arbeitnehmer. Ein verminderter Erstattungsanspruch resultiert daraus nicht.

Wenn Arbeitnehmer auf die Anwendung der Gleitzonenregelung für die Rentenversicherungsbeiträge verzichten und freiwillig den vollen Rentenbeitrag zahlen, werden die Umlagen zur Lohnfortzahlungsversicherung anhand des tatsächlichen (nicht reduzierten) Arbeitsentgeltes berechnet.

zu Beispiel
Umlagen in der Gleitzone

> Emil Emsig ist bei der AOK krankenversichert, die die Umlagesätze mit 2,3% für U1 und 0,2% für U2 festgelegt hat. Da sich Herr Emsig nicht für die vollen Rentenversicherungsbeiträge entschieden hat, werden die Umlagen anhand der reduzierten Bemessungsgrundlage wie folgt berechnet:
>
> U1: 549,79 € x 2,3 % = 12,65 €
>
> U2: 549,79 € x 0,2 % = 1,10 €
>
> Hätte sich Herr Emsig dafür entschieden, die vollen Rentenversicherungsbeiträge zu zahlen, würden die Umlagen anhand des nicht reduzierten Arbeitsentgeltes wie folgt berechnet:
>
> U1: 600,00 € x 2,3 % = 13,80 €
>
> U2: 600,00 € x 0,2 % = 1,20 €
>
> Die Umlagen werden an die zuständige AOK abgeführt.

Erstattungen der Ausgleichskasse §§ 10 ff LFZG

Erstattungen bei Krankheit

Erstattungsfähig ist durch die Umlage U1 ein **Teil der Aufwendungen**, die durch Entgeltfortzahlung für arbeitsunfähig erkrankte Arbeitnehmer (gewerbliche und kaufmännische) entstehen. Die Höhe der Erstattung kann das Unternehmen jeweils am Beginn eines Kalenderjahres mit einem bestimmten Prozentsatz (60% bis 80%) selbst festlegen. Entsprechend wird dann bei den Umlagesätzen in „ermäßigt" (Erstattung 60%), „normal" (Erstattung 70 %) oder „erhöht" (Erstattung 80%) unterschieden. Es gibt jedoch auch Krankenkassen mit 4 Umlage- und Erstattungssätzen.

Erstattungsfähig sind das **fortgezahlte Entgelt** und bei einigen Krankenkassen die darauf entfallenen Arbeitgeberbeiträge zur Sozialversicherung (Bei den meisten Umlagekassen ist die Erstattung der Arbeitgeberbeiträge zur Sozialversicherung satzungsmäßig ausgeschlossen). Nicht erstattungsfähig sind Entgeltfortzahlungen, die über die gesetzlich vorgeschriebene Höhe hinausgehen sowie Einmalzahlungen.

Erstattungen bei Mutterschaft

Durch das Umlageverfahren U2 werden die Aufwendungen, die durch Mutterschaft entstehen in vollem Umfang erstattet. Dazu gehören die Zuschüsse zum Mutterschaftsgeld, die Entgeltfortzahlungen für Ausfallzeiten aufgrund von Beschäftigungsverboten sowie die darauf entfallenen Arbeitgeberbeiträge zur Sozialversicherung.

Beispiel
Erstattungen aus der Ausgleichskasse

Die Auszubildende Melanie Mollig, die eine Ausbildungsvergütung von 600,00 € monatlich bezieht, ist erkrankt und wurde von Montag 14.03. bis einschließlich Mittwoch 23.04. arbeitsunfähig geschrieben. Die ModeFix GmbH stellt einen Antrag auf Erstattung der Entgeltfortzahlung bei der zuständigen Krankenkasse. Sie hat sich zu Beginn des Jahres für einen Erstattungssatz von 70% entschieden. Der Erstattungsanspruch nach dem Lohnfortzahlungsgesetz berechnet sich wie folgt:

Arbeitsentgelt 600,00 € : 21 Arbeitstage = 28,57 € / Arbeitstag

28,57 € x 8 Krankheitstage = 228,56 €

228,56 € x 70 % = 159,99 € Erstattungsanspruch

Erstattungen der U1 oder U2 erfolgen nur auf Antrag durch den Arbeitgeber. Ab dem Jahr 2011 sind auch die Anträge auf Erstattung zwingend elektronisch bei der jeweiligen Krankenkasse einzureichen.

12.11 Insolvenzgeldumlage

Im Falle der Zahlungsunfähigkeit eines Arbeitgebers haben Arbeitnehmer Anspruch auf Ersatz des nicht gezahlten Arbeitslohns für die letzten 3 Monate vor Eröffnung des Insolvenzverfahrens.

Das auszuzahlende Insolvenzgeld wird durch die Insolvenzgeldumlage finanziert. Grundsätzlich sind alle Arbeitgeber umlagepflichtig. Hiervon ausgenommen sind nur Privathaushalte, der Bund, die Länder, die Gemeinden sowie Körperschaften, Stiftungen und Anstalten des öffentlichen Rechts, da hier ein Insolvenzverfahren nicht zulässig ist.

Im Zuge des Unfallmodernisierungsgesetzes wird die Insolvenzgeldumlage nicht mehr über den Beitragsbescheid der gesetzlichen Unfallversicherung, sondern mit dem monatlichen Beitragsnachweis der Einzugsstelle der Gesamtsozialversicherungsbeiträge gemeldet und an diese abgeführt.

Der Beitragssatz beträgt ab dem 01.01.2012 0,04 % des rentenversicherungspflichtigen Entgelts bis maximal zur Beitragsbemessungsgrenze und ist unter dem Beitragsgruppenschlüssel „0050" im Beitragsnachweis zu melden. Diesen Beitragsgruppenschlüssel gibt es jedoch nur im Beitragsnachweis, nicht in der Meldung zur Sozialversicherung.

Praxisübungen

Die Lösungen finden Sie im Band „**Lohn und Gehalt 1 - Übungen und Musterklausuren**“ dieser Fachbuchreihe.

Aufgabe 1: Meldungsschlüssel

- **Setzen Sie für die folgenden Beispiele die korrekten Schlüssel für die Sozialversicherungsmeldung ein. Gehen Sie davon aus, dass die Arbeitnehmer in einer gesetzlichen Krankenkasse (pflicht-)versichert sind.**

	Grund der Abgabe	Beitragsgruppe KV-RV-AV-PV	Personengruppe
Der Elektrofachbetrieb stellt einen Werkstattmeister ein.			
Der Elektrofachbetrieb erstellt die Jahresmeldung für den Auszubildenden.			
Die Lohnsachbearbeiterin geht in Mutterschaft.			
Die Gebäudereinigungsfirma stellt einen geringfügig beschäftigten Fensterputzer ein.			
Die Metzgerei entlässt die Fachverkäuferin, da diese den Arbeitgeber wechselt.			
Der Rechtsanwalt stellt als Urlaubsvertretung kurzfristig eine Rechtsanwaltsgehilfin ein.			
Das Architekturbüro stellt eine Studentin ein, die neben ihrem Studium für 18 Stunden in der Woche arbeitet.			
Die Steuerfachangestellte hat die Krankenkasse gewechselt.			
Der Wach- und Schließdienst stellt einen Altersvollrentner als Pförtner ein.			

Aufgabe 2: Lohnsteuern

- **Beantworten Sie folgende Fragen.**

a) Augenarzt Dr. Guck hat im Vorjahr seine Lohnsteuermeldungen monatlich abgegeben und möchte, da er die Anzahl seiner Mitarbeiter von sechs auf drei reduziert hat, die Lohnsteuermeldungen im neuen Jahr vierteljährlich abgeben. Muss Dr. Guck hierzu einen Antrag stellen? Nach welchen Kriterien erfolgt die Beurteilung, für welche Zeiträume eine Lohnsteueranmeldung abgegeben werden muss?

....

....

....

....

b) In welchen Fällen ist der Arbeitgeber gesetzlich verpflichtet einen Lohnsteuerjahresausgleich für seine Arbeitnehmer durchzuführen?

....

....

....

....

Aufgabe 3: Umlagen zur Lohnfortzahlungsversicherung

◆ **Beantworten Sie folgende Fragen.**

a) Augenarzt Guck beschäftigt zwei Arzthelferinnen und eine geringfügig beschäftigte Reinigungskraft. Welche Umlagen hat Dr. Guck monatlich an welche Ausgleichskasse abzuführen?

....

....

....

....

b) Welche Vorteile zieht Dr. Guck aus dem Zahlen der Umlagebeiträge?

....

....

....

A

Anhang

Inhalt

- Pauschale Kirchensteuer-Sätze im vereinfachten Verfahren
- Tagessätze für steuerfreie Reisekostenerstattung
- Beitragssätze in der Sozialversicherung
- Beitragsbemessungsgrenzen (West)
- Jahresarbeitsentgeltgrenzen
- Steuerfreier Arbeitgeberzuschuss zur privaten Kranken- und Pflegeversicherung
- Grundformel zur Berechnung der Gleitzone
- Meldeschlüssel für die Meldungen zur Sozialversicherung nach DEÜV
- Eintragungen in Zeile 2 der Lohnsteuerbescheinigung
- Kalendarium
- Kopiervorlage Lohnsteuerbescheinigung
- Übersicht zur steuer- und sozialversicherungsrechtlichen Behandlung von Beiträgen zur betrieblichen Altersvorsorge
- Beitragsnachweis für geringfügig Beschäftigte
- Glossar
- Abkürzungsverzeichnis
- Abbildungsverzeichnis
- Sachwortverzeichnis

Pauschale Kirchensteuer-Sätze im vereinfachten Verfahren

Bundesland	Steuersatz
Bayern, Bremen, Hessen, Nordrhein-Westfahlen, Rheinland-Pfalz, Saarland	7 %
Niedersachsen, Schleswig-Holstein, Baden-Württemberg	6 %
Berlin, Brandenburg, Mecklenburg-Vorpommern, Sachsen, Sachsen-Anhalt, Thüringen	5 %
Hamburg	4 %

Tagessätze für steuerfreie Reisekostenerstattung

	Verpflegungsmehraufwendungen für			
Land	24 h	14 h	8 h	Pauschbetrag Übernachtung
Deutschland	24,00 €	12,00 €	6,00 €	20,00 €
Australien	42,00 €	28,00 €	14,00 €	100,00 €
- Melbourne	42,00 €	28,00 €	14,00 €	105,00 €
- Sydney	42,00 €	28,00 €	14,00 €	115,00 €
Frankreich	39,00 €	26,00 €	13,00 €	100,00 €
- Paris	48,00 €	32,00 €	16,00 €	100,00 €
- Straßburg	39,00 €	26,00 €	13,00 €	75,00 €
Luxemburg	39,00 €	26,00 €	13,00 €	87,00 €
Österreich	36,00 €	24,00 €	12,00 €	70,00 €
- Wien	36,00 €	24,00 €	12,00 €	93,00 €
Spanien	36,00 €	24,00 €	12,00 €	105,00 €
- Barcelona, Madrid	36,00 €	24,00 €	12,00 €	150,00 €
- Kanarische Inseln	36,00 €	24,00 €	12,00 €	90,00 €
- Palma de Mallorca	36,00 €	24,00 €	12,00 €	125,00 €

Beitragssätze in der Sozialversicherung

West

Beitrag	AOK		BKK	
	ab 01.01.2011	ab 01.01.2012	ab 01.01.2011	ab 01.01.2012
KV allgemein	15,50 %*	15,50 %*	15,50 %*	15,50 %*
KV ermäßigt	14,90 %*	14,90 %*	14,90 %*	14,90 %*
RV	19,90 %	19,60 %	19,90 %	19,60 %
AlV voll	3,00 %	3,00 %	3,00 %	3,00 %
PflV	1,95 %	1,95 %	1,95 %	1,95 %
PflV Zusatz	0,25 %	0,25 %	0,25 %	0,25 %
U 1 (70 %)	2,50 %	2,50 %	2,20 %	2,50 %
U 2 (100 %)	0,50 %	0,50 %	0,50 %	0,80 %
U 3 (INSO)	0,00 %	0,04 %	0,00 %	0,04 %
KV freiwillig	575,44 €*	592,88 €*	575,44 €*	592,88 €*
PV freiwillig	72,39 €	74,59 €	72,39 €	74,59 €
PV freiwillig Zusatz	9,28 €	9,56 €	9,28 €	9,56 €
Geringf. Beschäftigte				
Pauschale KV	13,00 %	13,00 %		
Pauschale RV	15,00 %	15,00 %		
U 1 (80 %) geringf. Besch.	0,60 %	0,70 %		
U 2 (100 %) geringf. Besch.	0,14 %	0,14 %		
U 3 (INSO)	0,00 %	0,04 %		

* einschl. KVZ

Beitragsbemessungsgrenzen (West)

2012

Versicherungszweig	Beitragsbemessungsgrenze	
	monatlich	jährlich
Kranken- und Pflegeversicherung	3.825,00 €	45.900,00 €
Renten- und Arbeitslosenversicherung	5.600,00 €	67.200,00 €

2011

Versicherungszweig	Beitragsbemessungsgrenze	
	monatlich	jährlich
Kranken- und Pflegeversicherung	3.712,50 €	44.550,00 €
Renten- und Arbeitslosenversicherung	5.500,00 €	66.000,00 €

Jahresarbeitsentgeltgrenzen

Entgeltgrenze	2011	2012
Neufälle ab 01.01.2003	49.500,00 €	50.850,00 €
PKV-Versicherte am 31.12.02	44.550,00 €	45.900,00 €

Steuerfreier Arbeitgeberzuschuss zur privaten Kranken- und Pflegeversicherung

Private Versicherung	monatl. AG-Zuschuss max.	
	mit Krankengeld	ohne Krankengeld
Krankenversicherung	279,23 €	267,75 €
Pflegeversicherung	37,30 €	37,30 €

bzw. max. **7,3 %** (7,0 %) aus tatsächlichem Entgelt

Grundformel zur Berechnung der Gleitzone

1,2509 x AE - 200,75

Meldeschlüssel für die Meldungen zur Sozialversicherung nach DEÜV

Grund der Abgabe

Anmeldungen

10 Anmeldung wegen Beginn einer Beschäftigung
11 Anmeldung wegen Krankenkassenwechsel
12 Anmeldung wegen Beitragsgruppenwechsel
13 Anmeldung wegen sonstiger Gründe/Änderungen im Beschäftigungsverhältnis z.B.
- Anmeldung nach unbezahltem Urlaub oder Streik von länger als einem Monat nach § 7 Abs. 3 Satz 1 SGB IV
- Anmeldung wegen Rechtskreiswechsel ohne Krankenkassenwechsel
- Anmeldung wegen Wechsel des Entgeltabrechnungssystems (optional)
- Anmeldung wegen Änderung des Personengruppenschlüssels ohne Beitragsgruppenwechsel

20 Sofortmeldung

Jahresmeldungen/Unterbrechungsmeldungen/sonstige Entgeltmeldungen

50 Jahresmeldung
51 Unterbrechungsmeldung wegen Bezug von bzw. Anspruch auf Entgeltersatzleistungen oder bei geringfügig Beschäftigten wegen Ablauf der Entgeltfortzahlung bei Arbeitsunfähigkeit
52 Unterbrechungsmeldung wegen Elternzeit
53 Unterbrechungsmeldung wegen gesetzlicher Dienstpflicht
54 Meldung eines einmalig gezahlten Arbeitsentgelts (Sondermeldung)
55 Meldung von nicht vereinbarungsgemäß verwendeten Wertguthaben (Störfall)
56 Meldung des Unterschiedsbetrages bei Entgeltersatzleistungen während der Altersteilzeitarbeit
57 Gesonderte Meldung im Rentenantragsverfahren
58 GKV-Monatsmeldung

Abmeldungen

30 Abmeldung wegen Ende einer Beschäftigung
31 Abmeldung wegen Krankenkassenwechsel
32 Abmeldung wegen Beitragsgruppenwechsel
33 Abmeldung wegen sonstiger Gründe/Änderungen im Beschäftigungsverhältnis
34 Abmeldung wegen Ende einer sozialversicherungspflichtigen Beschäftigung nach einer Unterbrechung von länger als einem Monat
35 Abmeldung wegen Arbeitskampf von länger als einem Monat
36 Abmeldung wegen Wechsel des Entgeltabrechnungssystems (optional)
40 Gleichzeitige An- und Abmeldung wegen Ende einer Beschäftigung
49 Abmeldung wegen Tod

Änderungsmeldungen (gilt nur für elektronische Datenübermittlung)

62 Änderung des Aktenzeichens/der Personalnummer des Beschäftigten (optional)

Meldungen in Insolvenzfällen

70 Jahresmeldung für freigestellte Arbeitnehmer
71 Meldung des Vortages der Insolvenz/der Freistellung
72 Entgeltmeldung zum rechtlichen Ende der Beschäftigung
91 Sondermeldung UV

Personengruppen

101 Sozialversicherungspflichtig Beschäftigte ohne besondere Merkmale
102 Auszubildende
103 Beschäftigte in Altersteilzeit
104 Hausgewerbetreibende
105 Praktikanten, Auszubildende ohne Arbeitsentgelt
106 Werkstudenten
107 Behinderte Menschen in anerkannten Werkstätten oder ähnlichen Einrichtungen
108 Bezieher von Vorruhestandsgeld
109 Geringfügig entlohnt Beschäftigte nach § 8 Abs. 1 Nr.2 SGB IV
110 Kurzfristig Beschäftigte nach § 8 Abs. 1 Nr. 2 SGB IV
111 Personen in Einrichtungen der Jugendhilfe, Berufsbildungswerken oder ähnlichen Einrichtungen für behinderte Menschen
112 Mitarbeitende Familienangehörige in d. Landwirtschaft
113 Nebenerwerbslandwirte
114 Nebenerwerbslandwirte - saisonal beschäftigt
116 Ausgleichsgeld nach dem FELEG
118 Unständig Beschäftigte
119 Versicherungsfreie Altersvollrentner und Versorgungsbezieher wegen Alters
121 Auszubildende, deren Arbeitsentgelt die Geringverdienergrenze nicht übersteigt
122 Auszubildende in einer außerbetrieblichen Einrichtung
123 Personen, die ein freiwilliges soziales bzw. ökologisches Jahr oder einen Bundesfreiwilligendienst absolvieren
140 Seeleute
141 Auszubildende in der Seefahrt
142 Seeleute in Altersteilzeit
143 Seelotsen
144 Auszubildende in der Seefahrt, deren Arbeitsentgelt die Geringverdienergrenze nicht übersteigt
190 ausschließlich in der gesetzlichen Unfallversicherung Versicherte

Entgelt in Gleitzone

0 kein Arbeitsentgelt innerhalb der Gleitzone
1 Arbeitsentgelt durchgehend innerhalb der Gleitzone
2 Arbeitsentgelt sowohl innerhalb als auch außerhalb der Gleitzone

Beitragsgruppen

Beitrag zur Krankenversicherung

0 kein Beitrag
1 allgemeiner Beitrag
2 erhöhter Beitrag
3 ermäßigter Beitrag
4 Beitrag zur landwirtschaftlichen KV
5 Arbeitgeberbeitrag zur landwirtschaftlichen KV
6 Pauschalbeitrag für geringfügig Beschäftigte
9 Firmenzahler bei freiwilliger Krankenversicherung

Beitrag zur Rentenversicherung

0 kein Beitrag
1 voller Beitrag
3 halber Beitrag
5 Pauschalbetrag für geringfügig Beschäftigte

Beitrag zur Arbeitslosenversicherung

0 kein Beitrag
1 voller Beitrag
2 halber Beitrag

Beitrag zur Pflegeversicherung

0 kein Beitrag
1 voller Beitrag
2 halber Beitrag

Kennziffern für Stellung im Beruf und Ausbildung (ab 01.12.2011)

Ausgeübte Tätigkeit

Der Katalog der Tätigkeitsschlüssel ist u. a. auf der Webseite der Bundesagentur für Arbeit abrufbar (www.arbeitsagentur.de).

Höchster allgemeinbildender Schulabschluss

1 ohne Schulabschluss
2 Haupt-/Volksschulabschluss
3 Mittlere Reife oder gleichwertiger Abschluss)
4 Allgemeine Hochschulreife oder Fachhochschulreife
9 Abschluss unbekannt

Höchster beruflicher Ausbildungsabschluss

1 ohne beruflichen Ausbildungsabschluss
2 Abschluss einer anerkannten Berufsausbildung
3 Meister-/Techniker- oder gleichwertiger Fachschulabschluss
4 Bachelor
5 Diplom, Magister, Master, Staatsexamen
6 Promotion
9 Abschluss unbekannt

Arbeitnehmerüberlassung

1 nein
2 ja

Form des Arbeitsvertrages

1 unbefristet, Vollzeit
2 unbefristet, Teilzeit
3 befristet, Vollzeit
4 befristet, Teilzeit

Eintragungen in Zeile 2 der Lohnsteuerbescheinigung

In der Zeile 2 der Lohnsteuerbescheinigung sind die Angaben zu den Buchstaben F, S und U einzutragen.

Eintragung des Buchstabens F

Der Buchstabe F ist einzutragen, wenn der Arbeitgeber den Arbeitnehmer kostenlos oder verbilligt von der Wohnung zur Arbeitsstätte befördert hat, weil seit 1.1.2004 die Entfernungspauschale für Strecken mit steuerfreier Sammelbeförderung nicht mehr als Werbungskosten abgezogen werden kann.

Eintragung des Buchstabens S

Ist bei der Besteuerung eines sonstigen Bezugs der Arbeitslohn aus einem früheren Dienstverhältnis nicht in die Ermittlung des voraussichtlichen Jahresarbeitslohns einbezogen worden, so ist dies in der Lohnsteuerbescheinigung durch die Eintragung des Buchstabens „S" zu vermerken.

Eintragung der Anzahl der im Lohnkonto vermerkten Buchstaben U

Einzutragen ist die Anzahl der im Lohnkonto vermerkten Buchstaben „U". Der genaue Zeitraum der Unterbrechung braucht nicht angegeben zu werden. Hat der Arbeitnehmer z.B. im Kalenderjahr 2005 einmal 2 Wochen und einmal 1 Woche unbezahlt Urlaub genommen, so ist in Zeile 2 der Lohnsteuerkarte die Zahl „2" oder in Worten „zwei" einzutragen.

Kalendarium

	Jan	Feb	Mrz	Apr	Mai	Jun	Jul	Aug	Sep	Okt	Nov	Dez
Montag									1			1
Dienstag				1			1		2			2
Mittwoch	1			2			2		3	1		3
Donnerstag	2			3	1		3		4	2		4
Freitag	3			4	2		4	1	5	3		5
Samstag	4	1	1	5	3		5	2	6	4	1	6
Sonntag	5	2	2	6	4	1	6	3	7	5	2	7
Montag	6	3	3	7	5	2	7	4	8	6	3	8
Dienstag	7	4	4	8	6	3	8	5	9	7	4	9
Mittwoch	8	5	5	9	7	4	9	6	10	8	5	10
Donnerstag	9	6	6	10	8	5	10	7	11	9	6	11
Freitag	10	7	7	11	9	6	11	8	12	10	7	12
Samstag	11	8	8	12	10	7	12	9	13	11	8	13
Sonntag	12	9	9	13	11	8	13	10	14	12	9	14
Montag	13	10	10	14	12	9	14	11	15	13	10	15
Dienstag	14	11	11	15	13	10	15	12	16	14	11	16
Mittwoch	15	12	12	16	14	11	16	13	17	15	12	17
Donnerstag	16	13	13	17	15	12	17	14	18	16	13	18
Freitag	17	14	14	18	16	13	18	15	19	17	14	19
Samstag	18	15	15	19	17	14	19	16	20	18	15	20
Sonntag	19	16	16	20	18	15	20	17	21	19	16	21
Montag	20	17	17	21	19	16	21	18	22	20	17	22
Dienstag	21	18	18	22	20	17	22	19	23	21	18	23
Mittwoch	22	19	19	23	21	18	23	20	24	22	19	24
Donnerstag	23	20	20	24	22	19	24	21	25	23	20	25
Freitag	24	21	21	25	23	20	25	22	26	24	21	26
Samstag	25	22	22	26	24	21	26	23	27	25	22	27
Sonntag	26	23	23	27	25	22	27	24	28	26	23	28
Montag	27	24	24	28	26	23	28	25	29	27	24	29
Dienstag	28	25	25	29	27	24	29	26	30	28	25	30
Mittwoch	29	26	26	30	28	25	30	27		29	26	31
Donnerstag	30	27	27		29	26	31	28		30	27	
Freitag	31	28	28		30	27		29		31	28	
Samstag			29		31	28		30			29	
Sonntag			30			29		31			30	
Montag			31			30						

Sonn- und Feiertage sind grau unterlegt.

Kopiervorlage Lohnsteuerbescheinigung

Ausdruck der elektronischen Lohnsteuerbescheinigung für 2012

Nachstehende Daten wurden maschinell an die Finanzverwaltung übertragen.

Nebenrechnungen:

1. Dauer des Dienstverhältnisses	vom - bis	
2. Zeiträume ohne Anspruch auf Arbeitslohn	Anzahl „U"	
Großbuchstaben (S, F)		
	EUR	Ct
3. Bruttoarbeitslohn einschl. Sachbezüge ohne 9. und 10.		
4. Einbehaltene Lohnsteuer von 3.		
5. Einbehaltener Solidaritätszuschlag von 3.		
6. Einbehaltene Kirchensteuer des Arbeitnehmers von 3.		
7. Einbehaltene Kirchensteuer des Ehegatten von 3. (nur bei konfessionsverschiedener Ehe)		
8. In 3. enthaltene Versorgungsbezüge		
9. Ermäßigt besteuerte Versorgungsbezüge für mehrere Kalenderjahre		
10. Ermäßigt besteuerter Arbeitslohn für mehrere Kalenderjahre (ohne 9.) und ermäßigt besteuerte Entschädigungen		
11. Einbehaltene Lohnsteuer von 9. und 10.		
12. Einbehaltener Solidaritätszuschlag von 9. und 10.		
13. Einbehaltene Kirchensteuer des Arbeitnehmers von 9. und 10.		
14. Einbehaltene Kirchensteuer des Ehegatten von 9. und 10. (nur bei konfessionsverschiedener Ehe)		
15. Kurzarbeitergeld, Zuschuss zum Mutterschaftsgeld, Verdienstausfallentschädigung (Infektionsschutzgesetz), Aufstockungsbetrag und Altersteilzeitzuschlag		
16. Steuerfreier Arbeitslohn nach a) Doppelbesteuerungsabkommen		
16. Steuerfreier Arbeitslohn nach b) Auslandstätigkeitserlass		
17. Steuerfreie Arbeitgeberleistungen für Fahrten zwischen Wohnung und Arbeitsstätte		
18. Pauschalbesteuerte Arbeitgeberleistungen für Fahrten zwischen Wohnung und Arbeitsstätte		
19. Steuerpflichtige Entschädigungen und Arbeitslohn für mehrere Kalenderjahre, die nicht ermäßigt besteuert wurden - in 3. enthalten		
20. Steuerfreie Verpflegungszuschüsse bei Auswärtstätigkeit		
21. Steuerfreie Arbeitgeberleistungen bei doppelter Haushaltsführung		
22. Arbeitgeberanteil a) zur gesetzlichen Rentenversicherung		
22. Arbeitgeberanteil b) an berufsständische Versorgungseinrichtungen		
23. Abeitnehmeranteil a) zur gesetzlichen Rentenversicherung		
23. Abeitnehmeranteil b) an berufsständische Versorgungseinrichtungen		
24. Steuerfreie Arbeitgeberzuschüsse a) zur gesetzlichen Krankenversicherung		
24. Steuerfreie Arbeitgeberzuschüsse b) zur privaten Krankenversicherung		
24. Steuerfreie Arbeitgeberzuschüsse c) zur gesetzlichen Pflegeversicherung		
25. Arbeitnehmerbeiträge zur gesetzlichen Krankenversicherung		
26. Arbeitnehmerbeiträge zur sozialen Pflegeversicherung		
27. Arbeitnehmerbeiträge zur Arbeitslosenversicherung		
28. Beiträge zur privaten Krankenversicherung und Pflege-Pflichtversicherung		
29. Bemessungsgrundlage für den Versorgungsfreibetrag zu 8.		
30. Maßgebendes Kalenderjahr des Versorgungsbeginns zu 8. und/oder 9.		
31. Zu 8. bei unterjähriger Zahlung: Erster und letzter Monat, für den Versorgungsbezüge gezahlt wurden		
32. Sterbegeld; Kapitalauszahlungen/Abfindungen und Nachzahlungen von Versorgungsbezügen - in 3. und 8. enthalten		
33. Ausgezahltes Kindergeld		–
Finanzamt, an das die Lohnsteuer abgeführt wurde (Name und vierstellige Nr.)		

Übersicht zur steuer- und sozialversicherungsrechtlichen Behandlung von Beiträgen zur betrieblichen Altersvorsorge

Vorsorgeform	**lohnsteuerrechtliche** Behandlung der Beiträge	**sozialversicherungsrechtliche** Behandlung der Beiträge	
		Art der Beitragsfinanzierung	
Pensionszusage / Direktzusage /	vollständig **steuerfrei**	zusätzlich durch AG	vollständig **beitragsfrei**
		durch Gehaltsumwandlung	**beitragsfrei bis zu 4%** der BBG der RV (West)
Unterstützungs-kasse	vollständig **steuerfrei**	zusätzlich durch AG	vollständig **beitragsfrei**
		durch Gehaltsumwandlung	**beitragsfrei bis zu 4%** der BBG der RV (West)
Pensionsfond	**steuerfrei bis zu 4%** der BBG der RV (West) ab 2005: Freibetrag gilt bei AG-Wechsel pro AG im ersten Dienstverhältnis	zusätzlich durch AG	**beitragsfrei bis zu 4%** der BBG der RV (West)
		durch Gehaltsumwandlung	**beitragsfrei bis zu 4%** der BBG der RV (West)
	Neuzusagen ab 2005: **zusätzlich 1.800,00 €** pro Jahr **steuerfrei** Freibetrag gilt bei AG-Wechsel pro AG im ersten Dienstverhältnis		**beitragspflichtig**
	über Freibeträge hinaus: **individuell** zu versteuern		**beitragspflichtig**

Vorsorgeform	**lohnsteuerrechtliche** Behandlung der Beiträge	**sozialversicherungsrechtliche** Behandlung der Beiträge	
		Art der Beitragsfinanzierung	
Pensionskasse (kapitalgedeckt) erstes Dienstverhältnis pro Kalenderjahr	Behandlung bis 31.12.2004		
	steuerfrei bis zu 4% der BBG der RV (West)	zusätzlich durch AG	**beitragsfrei bis zu 4%** der BBG der RV (West)
		durch Gehaltsumwandlung	**beitragsfrei bis zu 4%** der BBG der RV (West)
	darüber hinaus: max. **1.752,00 € mit 20% pauschalierbar**	zusätzlich durch AG	**beitragsfrei,** soweit pauschal versteuert
		durch Gehaltsumwandlung	nur aus Einmalentgelt **beitragsfrei,** soweit pauschal versteuert
	darüber hinaus: **individuell** zu versteuern		**beitragspflichtig**
	Behandlung ab 01.01.2005 (auch Altverträge, da Verzicht auf Steuerfreiheit nicht möglich!)		
	steuerfrei bis zu 4% der BBG der RV (West) Freibetrag gilt bei AG-Wechsel pro AG im ersten Dienstverhältnis	zusätzlich durch AG	**beitragsfrei bis zu 4%** der BBG der RV (West)
		durch Gehaltsumwandlung	**beitragsfrei bis zu 4%** der BBG der RV (West)
	Neuzusagen ab 2005: zusätzlich **1.800,00 €** pro Jahr **steuerfrei** Freibetrag gilt bei AG-Wechsel pro AG im ersten Dienstverhältnis	zusätzlich durch AG	**beitragspflichtig**
		durch Gehaltsumwandlung	**beitragspflichtig**
	darüber hinaus: **individuell** zu versteuern		**beitragspflichtig**

Vorsorgeform	**lohnsteuerrechtliche** Behandlung der Beiträge	**sozialversicherungsrechtliche** Behandlung der Beiträge Art der Beitragsfinanzierung	
Direktversicherung erstes Dienstverhältnis pro Kalenderjahr	**Altverträge bis 31.12.2004** und Verzicht auf Steuerfreiheit ab 01.01.2005 – vorzulegen bis 30.06.2005		
	bis **1.752,00 € mit 20% pauschalierbar**	zusätzlich durch AG	**beitragsfrei,** soweit pauschal versteuert
		durch Gehaltsumwandlung	nur aus Einmalentgelt **beitragsfrei,** soweit pauschal versteuert
	darüber hinaus: **individuell** zu versteuern		**beitragspflichtig**
	Neuverträge ab 01.01.2005 bzw. entsprechende Altverträge ab 01.01.2005 ohne Verzichtserklärung des AN		
	steuerfrei bis zu 4% der BBG der RV (West)	zusätzlich durch AG	**beitragsfrei bis zu 4%** der BBG der RV (West)
		durch Gehaltsumwandlung	**beitragsfrei bis zu 4%** der BBG der RV (West)
	Neuzusagen ab 2005: zusätzlich **1.800,00 €** pro Jahr **steuerfrei** Freibetrag gilt bei AG-Wechsel pro AG im ersten Dienstverhältnis	zusätzlich durch AG	**beitragspflichtig**
		durch Gehaltsumwandlung	**beitragspflichtig**
	darüber hinaus: **individuell** zu versteuern		**beitragspflichtig**

Glossar

Abzugsbeträge
Als gesetzliche Abzugsbeträge werden die Steuern und Abgaben bezeichnet, die der Arbeitgeber im Rahmen der Lohn- und Gehaltsabrechnung vom Gesamt-Brutto eines Arbeitnehmers abzieht und an das Finanzamt bzw. die Krankenkasse abführt. Dazu gehören die Lohnsteuer, die Kirchensteuer und der Solidaritätszuschlag sowie die Beiträge zur gesetzlichen Sozialversicherung.

Arbeitgeber
Arbeitgeber ist, wer einen Arbeitnehmer in einem Dienstverhältnis beschäftigt und dabei Gläubiger von Arbeitsleistung und Schuldner von Arbeitsentgelt ist. Arbeitgeber können u. a. Unternehmen, Freiberufler, Gewerbetreibende, Kommunen, Länder und der Bund sowie Privathaushalte sein.

Arbeitnehmer
Arbeitnehmer ist, wer sich vertraglich gegenüber einem Anderen gegen Entgelt zur Leistung von Diensten verpflichtet hat und dabei in einer persönlichen Abhängigkeit zum Arbeitgeber steht, d.h. den Weisungen des Arbeitgebers unterliegt, fest in die Arbeitsorganisation eines Betriebes eingebunden ist und kein eigenes unternehmerisches Risiko trägt.

Arbeitsentgelt / Arbeitslohn
Arbeitsentgelt ist die Vergütung, die ein Arbeitnehmer im Rahmen eines Dienstverhältnisses vom Arbeitgeber für seine Arbeitsleistung erhält. Das steuer- und sozialversicherungspflichtige Gesamt-Brutto dient als Bemessungsgrundlage zur Berechnung der gesetzlichen Abzugsbeträge. Arbeitsentgelt kann in Form von Geldleistungen oder Sachbezügen als laufende oder einmalige Zahlung erbracht werden.

Arbeitslosenversicherung
Die Arbeitslosenversicherung ist ein Zweig der gesetzlichen Sozialversicherung. Sie sichert unter bestimmten Voraussetzungen das Risiko einer Arbeitslosigkeit ab. Träger ist die Bundesagentur für Arbeit.

Arbeitsverhältnis
Als Arbeits- oder Beschäftigungsverhältnis wird ein vertraglich geregeltes Dienstverhältnis zwischen einem Arbeitnehmer und einem Arbeitgeber bezeichnet.

Auszahlungsbetrag
Siehe Nettolohn / Nettoverdienst.

Beitragsbemessungsgrenze
In den einzelnen Zweigen der Sozialversicherung sind jeweils nur Beiträge auf Arbeitsentgelt bis zu einer Höchstgrenze zu leisten. Entgelte, die über diese Beitragsbemessungsgrenze hinaus gehen, sind beitragsfrei in der Sozialversicherung.

Bemessungsgrundlage
Als Bemessungsgrundlage wird der Entgeltbetrag bezeichnet, der als Berechnungsbasis für eine Erhebung von Steuern oder Sozialversicherungsbeiträgen dient. Man spricht in diesem Zusammenhang auch vom Gesamt-Brutto.

Bruttoentgelt / Bruttoarbeitslohn
Siehe Arbeitsentgelt / Arbeitslohn.

Direktversicherung
Die Direktversicherung ist eine Form der betrieblichen Altersvorsorge, bei der Beiträge in eine Kapitallebensversicherung oder Rentenversicherung eingezahlt werden.

Einmalzahlung / sonstiger Bezug / Einmalentgelt
Einmalzahlungen (auch sonstige Bezüge genannt) sind Entgeltbestandteile, die nicht fortlaufend (z.B. monatlich) sondern nur einmalig gezahlt werden. Darunter fallen z.B. Weihnachtsgeld, Urlaubsgeld, Abfindungen usw.

Entgeltfortzahlung
Arbeitgeber sind gesetzlich verpflichtet Arbeitsentgelt für bestimmte Ausfallzeiten zu zahlen, so als hätte der Arbeitnehmer in diesem Zeitraum gearbeitet. Dazu gehören gesetzliche Feiertage, krankheitsbedingte Arbeitsunfähigkeit, bezahlter Erholungsurlaub und Mutterschutzzeiten.

Geringfügig entlohnte Beschäftigte
Beschäftigungsverhältnisse, die mit einem monatlichen Entgelt von höchstens 400,00 € vergütet werden, sind so genannte geringfügig entlohnte Beschäftigungsverhältnisse. Sie unterliegen in der Steuer und Sozialversicherung besonderen Ermäßigungen und Erhebungsverfahren.

Gesamt-Brutto
Siehe Arbeitsentgelt / Arbeitslohn.

Gleitzone
Als Gleitzone wird der Niedriglohnbereich zwischen 400,01 € und 800,00 € monatlichen Entgeltes bezeichnet. Anhand einer besonderen Berechnungsformel werden für diese Entgelte die Arbeitnehmerbeiträge zur Sozialversicherung auf Basis einer verminderten Bemessungsgrundlage erhoben.

Kirchensteuer
Bestimmte Kirchen und Religionsgemeinschaften sind in Deutschland berechtigt von ihren Mitgliedern Kirchensteuer zu erheben. Sie wird als Zuschlagssteuer beim Lohnsteuerabzugsverfahren vom Arbeitgeber einbehalten und an das Finanzamt abgeführt. Bemessungsgrundlage ist der Lohnsteuerbetrag.

Krankenversicherung
Die Krankenversicherung ist ein Zweig der gesetzlichen Sozialversicherung. Sie sichert die allgemeine ärztliche und zahnärztliche Versorgung der Mitglieder ab. Träger sind die Allgemeinen Ortskrankenkassen (AOK), Betriebskrankenkassen, Ersatzkrankenkassen, Innungskrankenkassen, Seekassen, Knappschaft Bahn-See u. a.

Kurzfristig Beschäftigte
Kurzfristige Beschäftigungsverhältnisse sind im Sozialversicherungsrecht solche Arbeitsverhältnisse, die von vornherein auf zwei Monate oder 50 Arbeitstage im Jahr begrenzt sind und nicht berufsmäßig ausgeübt werden. Das Steuerrecht definiert kurzfristige Beschäftigungen als Arbeitsverhältnisse, die nur gelegentlich und nicht mehr als 18 zusammenhängende Arbeitstage bestehen und deren Vergütung einen Stundenlohn von 12,00 € und 62,00 € pro Arbeitstag durchschnittlich nicht übersteigt.

Laufendes Arbeitsentgelt / laufende Bezüge
Unter laufendem Arbeitslohn oder laufendem Arbeitsentgelt werden alle Leistungen (Geldleistungen und Sachbezüge) verstanden, die dem Arbeitnehmer regelmäßig und fortlaufend aus einem Arbeitsverhältnis zufließen.

Lohnfortzahlung
Siehe Entgeltfortzahlung.

Lohnsteuer
Die Lohnsteuer ist eine besondere Erhebungsform der Einkommensteuer auf das Arbeitsentgelt abhängig beschäftigter Arbeitnehmer. Bemessungsgrundlage ist der steuerpflichtige Bruttoarbeitslohn.

Lohnsteuerabzug
Im Lohnsteuerabzugsverfahren errechnet der Arbeitgeber für jeden seiner Arbeitnehmer auf Basis des Bruttoarbeitslohns und der persönlichen Steuermerkmale der Lohnsteuerkarte die Steuerabzugsbeträge die vom Bruttoentgelt einbehalten und an das zuständige Finanzamt abgeführt werden.

Lohnsteuerkarte
Auf der Lohnsteuerkarte sind die persönlichen Daten und Steuermerkmale eines Arbeitnehmers aufgeführt, die der Arbeitgeber zum Lohnsteuerabzug benötigt. Die Lohnsteuerkarte gilt für ein Kalenderjahr und wird von der Wohnsitz-Gemeinde des Arbeitnehmers ausgestellt und diesem zugesandt.

Lohnsteuerklassen
Arbeitnehmer sind in so genannte Lohnsteuerklassen eingeteilt. Je nach Steuerklasse unterscheidet sich der Lohnsteuersatz und somit die monatliche Steuerbelastung durch den Lohnsteuerabzug. Durch die unterschiedlichen Steuerklassen werden z.B. Familien durch den Gesetzgeber steuerlich begünstigt.

Lohnsteuertabelle
Die Lohnsteuertabelle dient dem Arbeitgeber zur korrekten Ermittlung der Steuerabzugsbeträge im Rahmen des Lohnsteuerabzugsverfahrens. Sie enthält auf Tages- Wochen- Monats- oder Jahresbasis die steuerpflichtigen Bemessungsgrundlagen in Progressionsschritten von 3,00 € und die dazugehörigen Lohnsteuer- und Zuschlagssteuerbeträge. In der heutigen Zeit werden die Steuerabzugsbeträge jedoch zumeist computergestützt mit Hilfe von Lohnprogrammen ermittelt.

Meldungen
Für jeden Arbeitnehmer hat der Arbeitgeber bestimmte Sachverhalte (Bruttoentgelte, Beginn, Ende, Änderungen des Arbeitsverhältnisses usw.) der zuständigen Krankenkasse zu melden. Es sind insbesondere An- und Abmeldungen, Unterbrechungsmeldungen, Änderungsmeldungen und Jahresmeldungen zu erstatten.

Nettolohn / Nettoverdienst
Das um die gesetzlichen Abzugsbeträge geminderte Gesamt-Brutto wird als Nettolohn bzw. Nettoverdienst bezeichnet. Vom Nettolohn können in der Gehaltsabrechnung weitere Beträge abgezogen oder hinzugerechnet werden, um den auszuzahlenden Betrag zu erhalten.

Pauschale Lohnsteuer
Der Gesetzgeber ermöglicht für bestimmte Entgeltbestandteile eine pauschale Erhebung der Lohnsteuer. Die Steuerabzugsbeträge werden dann nicht anhand der individuellen Steuermerkmale ermittelt, sondern mit einem pauschalen Steuersatz abgezogen. Mit festen Sätzen pauschal versteuerter Arbeitslohn ist grundsätzlich beitragsfrei in der Sozialversicherung.

Pflegeversicherung
Die Pflegeversicherung ist ein Zweig der gesetzlichen Sozialversicherung. Sie sichert die Versorgung der Mitglieder im Pflegefall ab. Träger sind die Pflegekassen der gesetzlichen Krankenkassen.

Progressionsvorbehalt
Bezüge, die dem Progressionsvorbehalt unterliegen sind zwar selbst steuerfrei, erhöhen aber die Steuer auf übrige steuerpflichtige Einkünfte.

Rentenversicherung
Die Rentenversicherung ist ein Zweig der gesetzlichen Sozialversicherung. Sie sichert das wirtschaftliche Risiko im Alter durch eine Altersrente und eine vollständige oder teilweise Erwerbsunfähigkeit durch eine Erwerbsminderungsrente ab. Träger sind die Landes- und Bundesversicherungsanstalten und die Knappschaft Bahn-See.

Sachbezug
Als Sachbezüge werden geldwerte Vorteile bezeichnet, die einem Arbeitnehmer aus einem Dienstverhältnis zufließen. Darunter fallen z.B. die private Nutzung eines Firmenwagens, kostenlose Verpflegung, kostenlose Unterkunft oder auch Warengutscheine oder Belegschaftsrabatte.

Solidaritätszuschlag
Der Solidaritätszuschlag ist eine Abgabe, die der Finanzierung der deutschen Einheit dient. Sie wird als Zuschlagssteuer beim Lohnsteuerabzugsverfahren vom Arbeitgeber einbehalten und an das Finanzamt abgeführt. Bemessungsgrundlage ist der Lohnsteuerbetrag.

Sozialversicherung
Die gesetzliche Sozialversicherung besteht aus den fünf Zweigen Kranken-, Pflege-, Renten-, Arbeitslosen- und Unfallversicherung. Die Beiträge werden auf der Bemessungsgrundlage des Bruttoentgeltes erhoben und von Arbeitnehmer und Arbeitgeber je zur Hälfte getragen. Ausnahme ist die gesetzliche Unfallversicherung, deren Beiträge allein der Arbeitgeber bezahlt.

Steuerabzugsbeträge
Die Steuerabzugsbeträge setzen sich aus der abzuführenden Lohnsteuer, der Kirchensteuer und dem Solidaritätszuschlag zusammen.

Umlagen
Kleine und mittlere Betriebe sind zur Teilnahme an der Lohnfortzahlungsversicherung verpflichtet. Gegen die Zahlung der Umlagen U1 und U2 erhalten Sie von der Ausgleichskasse die Aufwendungen für Lohnfortzahlungen im Krankheitsfall oder bei Mutterschutz teilweise oder vollständig erstattet.

Abkürzungsverzeichnis

BAföG	Bundesausbildungsförderungsgesetz
BBG	Beitragsbemessungsgrenze
BBiG	Berufsbildungsgesetz
BerzGG	Bundeserziehungsgesetz
BetrAVG	Gesetz zur Verbesserung der betrieblichen Altersvorsorge
BGB	Bürgerliches Gesetzbuch
BMG	Beitragsbemessungsgrundlage
DEÜV	Datenerfassungs- und -übermittlungsverordnung
DRV	Deutsche Rentenversicherung
EFZG	Entgeltfortzahlungsgesetz
EStG	Einkommensteuergesetz
ev	Evangelische Konfession
HGB	Handelsgesetzbuch
IfSG	Infektionsschutzgesetz
LStDV	Lohnsteuerdurchführungsverordnung
LStK	Lohnsteuerkarte
LStR	Lohnsteuerrichtlinie
MuSchG	Mutterschutzgesetz
rk	Römisch-katholische Konfession
SachBezV	Sachbezugsverordnung
SGB	Sozialgesetzbuch
SolZG	Solidaritätszuschlagsgesetz
Stkl	Lohnsteuerklasse
SV	Sozialversicherung
USt	Umsatzsteuer
VermBG	Vermögensbildungsgesetz
ZPO	Zivilprozessordnung

Sachwortverzeichnis

NEU

Buchungstrainer
interaktive Lernsoftware

Programmversion	Preis* (inkl. USt.)	Bestellnr.
Freies Training (Größe S) Mit 50 Belegen für Einsteiger	9,95 €	978-3-86718-**920**-0
Freies Training (Größe M) Mit 100 Belegen für Einsteiger und Fortgeschrittene	14,95 €	978-3-86718-**921**-7
Freies Training (Größe L) Mit 250 Belegen für Einsteiger und Fortgeschrittene	24,95 €	978-3-86718-**922**-4
Freies Training (Größe XL) Mit 500 Belegen für Einsteiger und Fortgeschrittene	39,95 €	978-3-86718-**923**-1
Prüfungstraining Xpert Business Finanzbuchführung 1 (Größe M) Mit 100 Belegen	14,95 €	978-3-86718-**924**-8
Prüfungstraining Xpert Business Finanzbuchführung 1 (Größe L) Mit 250 Belegen	24,95 €	978-3-86718-**925**-5
Prüfungstraining Xpert Business Finanzbuchführung 1 (Größe XL) Mit 500 Belegen	39,95 €	978-3-86718-**926**-2

* Änderungen vorbehalten. Aktuelle Preise finden Sie auf www.edumedia.de

Xpert Business
WirtschaftsWissen

Titel	Preis* (inkl. USt.)	ISBN/Bestellnr.
Systeme und Funktionen der Wirtschaft	11,95 €	978-3-86718-**600**-1
Wirtschafts- und Vertragsrecht	11,95 €	978-3-86718-**601**-8
Unternehmensorganisation und -führung	11,95 €	978-3-86718-**602**-5
Produktion, Materialwirtschaft und Qualitätsmanagement	11,95 €	978-3-86718-**603**-2
Finanzen und Steuern	11,95 €	978-3-86718-**604**-9
Marketing und Vertrieb	11,95 €	978-3-86718-**605**-6
Personal- und Arbeitsrecht	11,95 €	978-3-86718-**606**-3
Rechnungswesen und Kostenrechnung	11,95 €	978-3-86718-**607**-0
WirtschaftsWissen kompakt	22,95 €	978-3-86718-**611**-7
WirtschaftsWissen für Existenzgründer	29,95 €	978-3-86718-**612**-4

* Änderungen vorbehalten. Aktuelle Preise finden Sie auf www.edumedia.de

WirtschaftsWissen kompakt

Das Buch fasst eine Auswahl besonders relevanter Themen aus der Fachbuchreihe 8x8-WirtschaftsWissen zusammen. Es bietet fundiertes und aktuelles Basiswissen zum Verständnis des Wirtschafslebens und einen orientierenden Einstieg in das Xpert Business-System.

- Baustein 1 - Systeme und Funktionen der Wirtschaft
- Baustein 2 - Wirtschafts- und Vertragsrecht
- Baustein 3 - Unternehmensorganisation und -führung
- Baustein 4 - Produktion, Materialwirtschaft und Qualitätsmanagement
- Baustein 5 - Finanzen und Steuern
- Baustein 6 - Marketing und Vertrieb
- Baustein 7 - Personal- und Arbeitsrecht
- Baustein 8 - Rechnungswesen und Kostenrechnung

Xpert Business

Gesetzestexte

zum Lehrbuch

Lohn und Gehalt 1

Auszüge aus ...

Rechtsstand: 2012

Diese Beilage enthält den letzten aktuellen Stand der Original-Gesetzestexte, wie sie dem Verlag zum Zeitpunkt der Drucklegung des Lehrbuches vorlagen. Je nach Erscheinungstermin des jährlichen Fundstellennachweises für Änderungsanweisungen des Bundesgesetzblattes kann der Abdruck der Original-Gesetzestexte in dieser Beilage vom Erscheinungstermin des Lehrbuches abweichen.

Vollständige aktuelle Gesetzestexte finden Sie auch im Internet unter www.gesetze-im-internet.de

POD 7.0 Druckversion vom 23.01.2012

Internetadresse: http://www.edumedia.de
Redaktion: Mathias Repka, Daniela Eller
Druck: Educational Consulting GmbH, Ilmenau
Printed in Germany

EduMedia

Viertes Buch Sozialgesetzgebung

§ 8
Geringfügige Beschäftigung und geringfügige selbständige Tätigkeit

(1) Eine geringfügige Beschäftigung liegt vor, wenn

1. das Arbeitsentgelt aus dieser Beschäftigung regelmäßig im Monat 400 Euro nicht übersteigt,
2. die Beschäftigung innerhalb eines Kalenderjahres auf längstens zwei Monate oder 50 Arbeitstage nach ihrer Eigenart begrenzt zu sein pflegt oder im Voraus vertraglich begrenzt ist, es sei denn, dass die Beschäftigung berufsmäßig ausgeübt wird und ihr Entgelt 400 Euro im Monat übersteigt.

(2) [1]Bei der Anwendung des Absatzes 1 sind mehrere geringfügige Beschäftigungen nach Nummer 1 oder Nummer 2 sowie geringfügige Beschäftigungen nach Nummer 1 mit Ausnahme einer geringfügigen Beschäftigung nach Nummer 1 und nicht geringfügige Beschäftigungen zusammenzurechnen. [2]Eine geringfügige Beschäftigung liegt nicht mehr vor, sobald die Voraussetzungen des Absatzes 1 entfallen. [3]Wird bei der Zusammenrechnung nach Satz 1 festgestellt, dass die Voraussetzungen einer geringfügigen Beschäftigung nicht mehr vorliegen, tritt die Versicherungspflicht erst mit dem Tage der Bekanntgabe der Feststellung durch die Einzugsstelle oder einen Träger der Rentenversicherung ein. [4]Dies gilt nicht, wenn der Arbeitgeber vorsätzlich oder grob fahrlässig versäumt hat, den Sachverhalt für die versicherungsrechtliche Beurteilung der Beschäftigung aufzuklären.

(3) [1]Die Absätze 1 und 2 gelten entsprechend, soweit anstelle einer Beschäftigung eine selbständige Tätigkeit ausgeübt wird. [2]Dies gilt nicht für das Recht der Arbeitsförderung.

§ 8 a
Geringfügige Beschäftigung in Privathaushalten

[1]Werden geringfügige Beschäftigungen ausschließlich in Privathaushalten ausgeübt, gilt § 8. [2]Eine geringfügige Beschäftigung im Privathaushalt liegt vor, wenn diese durch einen privaten Haushalt begründet ist und die Tätigkeit sonst gewöhnlich durch Mitglieder des privaten Haushalts erledigt wird.

Einkommensteuergesetz

§ 3
Steuerfreie Einnahmen

Steuerfrei sind ...

63. Beiträge des Arbeitgebers aus dem ersten Dienstverhältnis an einen Pensionsfonds, eine Pensionskasse oder für eine Direktversicherung zum Aufbau einer kapitalgedeckten betrieblichen Altersversorgung, bei der eine Auszahlung der zugesagten Alters-, Invaliditäts- oder Hinterbliebenenversorgungsleistungen in Form einer Rente oder eines Auszahlungsplans (§ 1 Absatz 1 Satz 1 Nummer 4 des Altersvorsorgeverträge-Zertifizierungsgesetzes vom 26. Juni 2001 (BGBl. I S. 1310, 1322), das zuletzt durch Artikel 7 des Gesetzes vom 5. Juli 2004 (BGBl. I S. 1427) geändert worden ist, in der jeweils geltenden Fassung) vorgesehen ist, soweit die Beiträge im Kalenderjahr 4 Prozent der Beitragsbemessungsgrenze in der allgemeinen Rentenversicherung nicht übersteigen. [2]Dies gilt nicht, soweit der Arbeitnehmer nach § 1 a Absatz 3 des Betriebsrentengesetzes verlangt hat, dass die Voraussetzungen für eine Förderung nach § 10 a oder Abschnitt XI erfüllt werden. [3]Der Höchstbetrag nach Satz 1 erhöht sich um 1 800 Euro, wenn die Beiträge im Sinne des Satzes 1 auf Grund einer Versorgungszusage geleistet werden, die nach dem 31. Dezember 2004 erteilt wurde. [4]Aus Anlass der Beendigung des Dienstverhältnisses geleistete Beiträge im Sinne des Satzes 1 sind steuerfrei, soweit sie 1 800 Euro vervielfältigt mit der Anzahl der Kalenderjahre, in denen das Dienstverhältnis des Arbeitnehmers zu dem Arbeitgeber bestanden hat, nicht übersteigen; der vervielfältigte Betrag vermindert sich um die nach den Sätzen 1 und 3 steuerfreien Beiträge, die der Arbeitgeber in dem Kalenderjahr, in dem das Dienstverhältnis beendet wird, und in den sechs vorangegangenen Kalenderjahren erbracht hat; Kalenderjahre vor 2005 sind dabei jeweils nicht zu berücksichtigen;

§ 3 b
Steuerfreiheit von Zuschlägen für Sonntags-, Feiertags- oder Nachtarbeit

(1) Steuerfrei sind Zuschläge, die für tatsächlich geleistete Sonntags-, Feiertags- oder Nachtarbeit neben dem Grundlohn gezahlt werden, soweit sie

1. für Nachtarbeit 25 Prozent,
2. vorbehaltlich der Nummern 3 und 4 für Sonntagsarbeit 50 Prozent,
3. vorbehaltlich der Nummer 4 für Arbeit am 31. Dezember ab 14 Uhr und an den gesetzlichen Feiertagen 125 Prozent,
4. für Arbeit am 24. Dezember ab 14 Uhr, am 25. und 26. Dezember sowie am 1. Mai 150 Prozent

des Grundlohns nicht übersteigen.

(2) [1]Grundlohn ist der laufende Arbeitslohn, der dem Arbeitnehmer bei der für ihn maßgebenden regelmäßigen Arbeitszeit für den jeweiligen Lohnzahlungszeitraum zusteht; er ist in einen Stundenlohn umzurechnen und mit höchstens 50 Euro anzusetzen. [2]Nachtarbeit ist die Arbeit in der Zeit von 20 Uhr bis 6 Uhr. [3]Sonntagsarbeit und Feiertagsarbeit ist die Arbeit in der Zeit von 0 Uhr bis 24 Uhr des jeweiligen Tages. [4]Die gesetzlichen Feiertage werden durch die am Ort der Arbeitsstätte geltenden Vorschriften bestimmt.

(3) Wenn die Nachtarbeit vor 0 Uhr aufgenommen wird, gilt abweichend von den Absätzen 1 und 2 Folgendes:

1. Für Nachtarbeit in der Zeit von 0 Uhr bis 4 Uhr erhöht sich der Zuschlagssatz auf 40 Prozent,
2. als Sonntagsarbeit und Feiertagsarbeit gilt auch die Arbeit in der Zeit von 0 Uhr bis 4 Uhr des auf den Sonntag oder Feiertag folgenden Tages.

§ 8
Einnahmen

(1) Einnahmen sind alle Güter, die in Geld oder Geldeswert bestehen und dem Steuerpflichtigen im Rahmen einer der Einkunftsarten des § 2 Absatz 1 Satz 1 Nummer 4 bis 7 zufließen.

(2) [1]Einnahmen, die nicht in Geld bestehen (Wohnung, Kost, Waren, Dienstleistungen und sonstige Sachbezüge), sind mit den um übliche Preisnachlässe geminderten üblichen Endpreisen am Abgabeort anzusetzen. [2]Für die private Nutzung eines betrieblichen Kraftfahrzeugs zu

privaten Fahrten gilt § 6 Absatz 1 Nummer 4 Satz 2 entsprechend. [3]Kann das Kraftfahrzeug auch für Fahrten zwischen Wohnung und Arbeitsstätte genutzt werden, erhöht sich der Wert in Satz 2 für jeden Kalendermonat um 0,03 Prozent des Listenpreises im Sinne des § 6 Absatz 1 Nummer 4 Satz 2 für jeden Kilometer der Entfernung zwischen Wohnung und Arbeitsstätte. [4]Der Wert nach den Sätzen 2 und 3 kann mit dem auf die private Nutzung und die Nutzung zu Fahrten zwischen Wohnung und Arbeitsstätte entfallenden Teil der gesamten Kraftfahrzeugaufwendungen angesetzt werden, wenn die durch das Kraftfahrzeug insgesamt entstehenden Aufwendungen durch Belege und das Verhältnis der privaten Fahrten und der Fahrten zwischen Wohnung und Arbeitsstätte zu den übrigen Fahrten durch ein ordnungsgemäßes Fahrtenbuch nachgewiesen werden. [5]Die Nutzung des Kraftfahrzeugs zu einer Familienheimfahrt im Rahmen einer doppelten Haushaltsführung ist mit 0,002 Prozent des Listenpreises im Sinne des § 6 Absatz 1 Nummer 4 Satz 2 für jeden Kilometer der Entfernung zwischen dem Ort des eigenen Hausstands und dem Beschäftigungsort anzusetzen; dies gilt nicht, wenn für diese Fahrt ein Abzug von Werbungskosten nach § 9 Absatz 1 Satz 3 Nummer 5 Satz 3 und 4 in Betracht käme; Satz 4 ist sinngemäß anzuwenden. [6]Bei Arbeitnehmern, für deren Sachbezüge durch Rechtsverordnung nach § 17 Absatz 1 Satz 1 Nummer 4 des Vierten Buches Sozialgesetzbuch Werte bestimmt worden sind, sind diese Werte maßgebend. [7]Die Werte nach Satz 6 sind auch bei Steuerpflichtigen anzusetzen, die nicht der gesetzlichen Rentenversicherungspflicht unterliegen. [8]Die oberste Finanzbehörde eines Landes kann mit Zustimmung des Bundesministeriums der Finanzen für weitere Sachbezüge der Arbeitnehmer Durchschnittswerte festsetzen. [9]Sachbezüge, die nach Satz 1 zu bewerten sind, bleiben außer Ansatz, wenn die sich nach Anrechnung der vom Steuerpflichtigen gezahlten Entgelte ergebenden Vorteile insgesamt 44 Euro im Kalendermonat nicht übersteigen.

(3) [1]Erhält ein Arbeitnehmer auf Grund seines Dienstverhältnisses Waren oder Dienstleistungen, die vom Arbeitgeber nicht überwiegend für den Bedarf seiner Arbeitnehmer hergestellt, vertrieben oder erbracht werden und deren Bezug nicht nach § 40 pauschal versteuert wird, so gelten als deren Werte abweichend von Absatz 2 die um 4 Prozent geminderten Endpreise, zu denen der Arbeitgeber oder der dem Abgabeort nächstansässige Abnehmer die Waren oder Dienstleistungen fremden Letztverbrauchern im allgemeinen Geschäftsverkehr anbietet. [2]Die sich nach Abzug der vom Arbeitnehmer gezahlten Entgelte ergebenden Vorteile sind steuerfrei, soweit sie aus dem Dienstverhältnis insgesamt 1 080 Euro im Kalenderjahr nicht übersteigen.

* Zur Anwendung des § 8 siehe § 52 Absatz 23c.

§ 32 a
Einkommensteuertarif

(1) [1]Die tarifliche Einkommensteuer bemisst sich nach dem zu versteuernden Einkommen. [2]Sie beträgt vorbehaltlich der §§ 32b, 32d, 34, 34a, 34b und 34c jeweils in Euro für zu versteuernde Einkommen

1. bis 7.834 Euro (Grundfreibetrag):
   0;
2. von 7.835 Euro bis 13.139 Euro:
   $(939{,}68 \cdot y + 1.400) \cdot y$;
3. von 13.140 Euro bis 52.551 Euro:
   $(228{,}74 \cdot z + 2.397) \cdot z + 1.007$;
4. von 52.552 Euro bis 250.400 Euro:
   $0{,}42 \cdot x - 8.064$;
5. von 250.401 Euro an:
   $0{,}45 \cdot x - 15.576$.

[3]"y" ist ein Zehntausendstel des 7.834 Euro übersteigenden Teils des auf einen vollen Euro-Betrag abgerundeten zu versteuernden Einkommens. [4]"z" ist ein Zehntausendstel des 13.139 Euro übersteigenden Teils des auf einen vollen Euro-Betrag abgerundeten zu versteuernden Einkommens. [5]"x" ist das auf einen vollen Euro-Betrag abgerundete zu versteuernde Einkommen. [6]Der sich ergebende Steuerbetrag ist auf den nächsten vollen Euro-Betrag abzurunden.

(2) bis (4) weggefallen

(5) Bei Ehegatten, die nach den §§ 26, 26 b zusammen zur Einkommensteuer veranlagt werden, beträgt die tarifliche Einkommensteuer vorbehaltlich der §§ 32 b, 32 d, 34, 34 a, 34 b und 34 c das Zweifache des Steuerbetrags, der sich für die Hälfte ihres gemeinsam zu versteuernden Einkommens nach Absatz 1 ergibt (Splitting-Verfahren).

(6) [1]Das Verfahren nach Absatz 5 ist auch anzuwenden zur Berechnung der tariflichen Einkommensteuer für das zu versteuernde Einkommen

1. bei einem verwitweten Steuerpflichtigen für den Veranlagungszeitraum, der dem Kalenderjahr folgt, in dem der Ehegatte verstorben ist, wenn der Steuerpflichtige und sein verstorbener Ehegatte im Zeitpunkt seines Todes die Voraussetzungen des § 26 Absatz 1 Satz 1 erfüllt haben,
2. bei einem Steuerpflichtigen, dessen Ehe in dem Kalenderjahr, in dem er sein Einkommen bezogen hat, aufgelöst worden ist, wenn in diesem Kalenderjahr
   a) der Steuerpflichtige und sein bisheriger Ehegatte die Voraussetzungen des § 26 Absatz 1 Satz 1 erfüllt haben,
   b) der bisherige Ehegatte wieder geheiratet hat und
   c) der bisherige Ehegatte und dessen neuer Ehegatte ebenfalls die Voraussetzungen des § 26 Absatz 1 Satz 1 erfüllen.

[2]Voraussetzung für die Anwendung des Satzes 1 ist, dass der Steuerpflichtige nicht nach den §§ 26, 26 a einzeln zur Einkommensteuer veranlagt wird.

§ 38 b
Lohnsteuerklassen, Zahl der Kinderfreibeträge

(1) [1]Für die Durchführung des Lohnsteuerabzugs werden Arbeitnehmer in Steuerklassen eingereiht. [2]Dabei gilt Folgendes:

1. In die Steuerklasse I gehören Arbeitnehmer, die
   a) unbeschränkt einkommensteuerpflichtig und
      aa) ledig sind,
      bb) verheiratet, verwitwet oder geschieden sind und bei denen die Voraussetzungen für die Steuerklasse III oder IV nicht erfüllt sind;
      oder
   b) beschränkt einkommensteuerpflichtig sind;
2. in die Steuerklasse II gehören die unter Nummer 1 Buchstabe a bezeichneten Arbeitnehmer, wenn bei ihnen der Entlastungsbetrag für Alleinerziehende (§ 24 b) zu berücksichtigen ist;
3. in die Steuerklasse III gehören Arbeitnehmer,
   a) die verheiratet sind, wenn beide Ehegatten unbeschränkt einkommensteuerpflichtig sind und nicht dauernd getrennt leben und

aa) der Ehegatte des Arbeitnehmers keinen Arbeitslohn bezieht oder

bb) der Ehegatte des Arbeitnehmers auf Antrag beider Ehegatten in die Steuerklasse V eingereiht wird,

b) die verwitwet sind, wenn sie und ihr verstorbener Ehegatte im Zeitpunkt seines Todes unbeschränkt einkommensteuerpflichtig waren und in diesem Zeitpunkt nicht dauernd getrennt gelebt haben, für das Kalenderjahr, das dem Kalenderjahr folgt, in dem der Ehegatte verstorben ist,

c) deren Ehe aufgelöst worden ist, wenn

aa) im Kalenderjahr der Auflösung der Ehe beide Ehegatten unbeschränkt einkommensteuerpflichtig waren und nicht dauernd getrennt gelebt haben und

bb) der andere Ehegatte wieder geheiratet hat, von seinem neuen Ehegatten nicht dauernd getrennt lebt und er und sein neuer Ehegatte unbeschränkt einkommensteuerpflichtig sind,für das Kalenderjahr, in dem die Ehe aufgelöst worden ist;

4. in die Steuerklasse IV gehören Arbeitnehmer, die verheiratet sind, wenn beide Ehegatten unbeschränkt einkommensteuerpflichtig sind und nicht dauernd getrennt leben und der Ehegatte des Arbeitnehmers ebenfalls Arbeitslohn bezieht;
5. in die Steuerklasse V gehören die unter Nummer 4 bezeichneten Arbeitnehmer, wenn der Ehegatte des Arbeitnehmers auf Antrag beider Ehegatten in die Steuerklasse III eingereiht wird;
6. die Steuerklasse VI gilt bei Arbeitnehmern, die nebeneinander von mehreren Arbeitgebern Arbeitslohn beziehen, für die Einbehaltung der Lohnsteuer vom Arbeitslohn aus dem zweiten und einem weiteren Dienstverhältnis sowie in den Fällen des § 39c.

[3]Als unbeschränkt einkommensteuerpflichtig im Sinne der Nummern 3 und 4 gelten nur Personen, die die Voraussetzungen des § 1 Absatz 1 oder 2 oder des § 1 a erfüllen.

(2) Für ein minderjähriges und nach § 1 Absatz 1 unbeschränkt einkommensteuerpflichtiges Kind im Sinne des § 32 Absatz 1 Nummer 1 und Absatz 3 werden bei der Anwendung der Steuerklassen I bis IV die Kinderfreibeträge als Lohnsteuerabzugsmerkmal nach § 39 Absatz 1 wie folgt berücksichtigt:

1. mit Zähler 0,5, wenn dem Arbeitnehmer der Kinderfreibetrag nach § 32 Absatz 6 Satz 1 zusteht, oder
2. mit Zähler 1, wenn dem Arbeitnehmer der Kinderfreibetrag zusteht, weil
   a) die Voraussetzungen des § 32 Absatz 6 Satz 2 vorliegen oder
   b) der andere Elternteil vor dem Beginn des Kalenderjahres verstorben ist oder
   c) der Arbeitnehmer allein das Kind angenommen hat.

Soweit dem Arbeitnehmer Kinderfreibeträge nach § 32 Absatz 1 bis 6 zustehen, die nicht nach Satz 1 berücksichtigt werden, ist die Zahl der Kinderfreibeträge auf Antrag vorbehaltlich des § 39a Absatz 1 Nummer 6 zu Grunde zu legen. In den Fällen des Satzes 2 können die Kinderfreibeträge für mehrere Jahre gelten, wenn nach den tatsächlichen Verhältnissen zu erwarten ist, dass die Voraussetzungen bestehen bleiben. Bei Anwendung der Steuerklassen III und IV sind auch Kinder des Ehegatten bei der Zahl der Kinderfreibeträge zu berücksichtigen. Der Antrag kann nur nach amtlich vorgeschriebenem Vordruck gestellt werden.

(3) Auf Antrag des Arbeitnehmers kann abweichend von Absatz 1 oder 2 eine für ihn ungünstigere Steuerklasse oder geringere Zahl der Kinderfreibeträge als Lohnsteuerabzugsmerkmal gebildet werden. Dieser Antrag ist nach amtlich vorgeschriebenem Vordruck zu stellen und vom Arbeitnehmer eigenhändig zu unterschreiben.

§ 41
Aufzeichnungspflichten beim Lohnsteuerabzug

(1) [1]Der Arbeitgeber hat am Ort der Betriebsstätte (Absatz 2) für jeden Arbeitnehmer und jedes Kalenderjahr ein Lohnkonto zu führen. [2]In das Lohnkonto sind die nach § 39e Absatz 4 Satz 2 und Absatz 5 Satz 3 abgerufenen elektronischen Lohnsteuerabzugsmerkmale sowie die für den Lohnsteuerabzug erforderlichen Merkmale aus der vom Finanzamt ausgestellten Bescheinigung für den Lohnsteuerabzug (§ 39 Absatz 3 oder § 39e Absatz 7 oder Absatz 8) zu übernehmen. [3]Bei jeder Lohnzahlung für das Kalenderjahr, für das das Lohnkonto gilt, sind im Lohnkonto die Art und Höhe des gezahlten Arbeitslohns einschließlich der steuerfreien Bezüge sowie die einbehaltene oder übernommene Lohnsteuer einzutragen; an die Stelle der Lohnzahlung tritt in den Fällen des § 39 b Absatz 5 Satz 1 die Lohnabrechnung. [4]Ferner sind das Kurzarbeitergeld, das Schlechtwettergeld, das Winterausfallgeld, der Zuschuss zum Mutterschaftsgeld nach dem Mutterschutzgesetz, der Zuschuss bei Beschäftigungsverboten für die Zeit vor oder nach einer Entbindung sowie für den Entbindungstag während einer Elternzeit nach beamtenrechtlichen Vorschriften, die Entschädigungen für Verdienstausfall nach dem Infektionsschutzgesetz vom 20. Juli 2000 (BGBl. I S. 1045) sowie die nach § 3 Nummer 28 steuerfreien Aufstockungsbeträge oder Zuschläge einzutragen. [5]Ist während der Dauer des Dienstverhältnisses in anderen Fällen als in denen des Satzes 4 der Anspruch auf Arbeitslohn für mindestens fünf aufeinander folgende Arbeitstage im Wesentlichen weggefallen, so ist dies jeweils durch Eintragung des Großbuchstabens U zu vermerken. [6]Hat der Arbeitgeber die Lohnsteuer von einem sonstigen Bezug im ersten Dienstverhältnis berechnet und ist dabei der Arbeitslohn aus früheren Dienstverhältnissen des Kalenderjahres außer Betracht geblieben, so ist dies durch Eintragung des Großbuchstabens S zu vermerken. [7]Die Bundesregierung wird ermächtigt, durch Rechtsverordnung mit Zustimmung des Bundesrates vorzuschreiben, welche Einzelangaben im Lohnkonto aufzuzeichnen sind. [8]Dabei können für Arbeitnehmer mit geringem Arbeitslohn und für die Fälle der §§ 40 bis 40 b Aufzeichnungserleichterungen sowie für steuerfreie Bezüge Aufzeichnungen außerhalb des Lohnkontos zugelassen werden. [9]Die Lohnkonten sind bis zum Ablauf des sechsten Kalenderjahres, das auf die zuletzt eingetragene Lohnzahlung folgt, aufzubewahren.

(2) [1]Betriebsstätte ist der Betrieb oder Teil des Betriebs des Arbeitgebers, in dem der für die Durchführung des Lohnsteuerabzugs maßgebende Arbeitslohn ermittelt wird. [2]Wird der maßgebende Arbeitslohn nicht in dem Betrieb oder einem Teil des Betriebs des Arbeitgebers oder nicht im Inland ermittelt, so gilt als Betriebsstätte der Mittelpunkt der geschäftlichen Leitung des Arbeitgebers im Inland; im Fall des § 38 Absatz 1 Satz 1 Nummer 2 gilt als Betriebsstätte der Ort im Inland, an dem die Arbeitsleistung ganz oder vorwiegend stattfindet. [3]Als Betriebsstätte gilt auch der inländische Heimathafen deutscher Handelsschiffe, wenn die Reederei im Inland keine Niederlassung hat.

Jahrestabelle

Besondere

			Solidaritätszuschlag und Kirchensteuer für 0 bis 3 Kinderfreibeträge																				
						0,5			1,0			1,5			2,0			2,5			3,0		
Brutto bis	StKl	LSt	SolZ	KiSt 8%	KiSt 9%	SolZ	KiSt 8%	KiSt 9%	SolZ	KiSt 8%	KiSt 9%	SolZ	KiSt 8%	KiSt 9%	SolZ	KiSt 8%	KiSt 9%	SolZ	KiSt 8%	KiSt 9%	SolZ	KiSt 8%	KiSt 9%
15.530,00	I	1.074,00	20,40	85,92	96,66		34,80	39,15															
	II	768,00		61,44	69,12		15,60	17,55															
	III																						
	IV	1.074,00	20,40	85,92	96,66		58,88	66,24		34,80	39,15		13,68	15,39									
	V	3.592,00	197,56	287,36	323,28	197,56	287,36	323,28	197,56	287,36	323,28	197,56	287,36	323,28	197,56	287,36	323,28	197,56	287,36	323,28	197,56	287,36	323,28
	VI	3.912,00	215,16	312,96	352,08	215,16	312,96	352,08	215,16	312,96	352,08	215,16	312,96	352,08	215,16	312,96	352,08	215,16	312,96	352,08	215,16	312,96	352,08
17.063,99	I	1.444,00	79,42	115,52	129,96		66,00	67,50		14,48	16,29												
	II	1.123,00	30,20	89,84	101,07		38,00	42,75															
	III																						
	IV	1.444,00	79,42	115,52	129,96	23,40	87,12	98,01		60,00	67,50		35,76	40,23		14,48	16,29						
	V	4.116,00	226,38	329,28	370,44	226,38	329,28	370,44	226,38	329,28	370,44	226,38	329,28	370,44	226,38	329,28	370,44	226,38	329,28	370,44	226,38	329,28	370,44
	VI	4.428,00	243,54	354,24	398,52	243,54	354,24	398,52	243,54	354,24	398,52	243,54	354,24	398,52	243,54	354,24	398,52	243,54	354,24	398,52	243,54	354,24	398,52

Monatstabelle

Besondere

			Solidaritätszuschlag und Kirchensteuer für 0 bis 3 Kinderfreibeträge																				
						0,5			1,0			1,5			2,0			2,5			3,0		
Brutto bis	StKl	LSt	SolZ	KiSt 8%	KiSt 9%	SolZ	KiSt 8%	KiSt 9%	SolZ	KiSt 8%	KiSt 9%	SolZ	KiSt 8%	KiSt 9%	SolZ	KiSt 8%	KiSt 9%	SolZ	KiSt 8%	KiSt 9%	SolZ	KiSt 8%	KiSt 9%
842,99	I	4,58		0,37	0,41																		
	II																						
	III																						
	IV	4,58		0,37	0,41																		
	V	116,75	6,42	9,34	10,51	6,42	9,34	10,51	6,42	9,34	10,51	6,42	9,34	10,51	6,42	9,34	10,51	6,42	9,34	10,51	6,42	9,34	10,51
	VI	148,91	8,19	11,91	13,40	8,19	11,91	13,40	8,19	11,91	13,40	8,19	11,91	13,40	8,19	11,91	13,40	8,19	11,91	13,40	8,19	11,91	13,40
1.295,99	I	89,50	1,70	7,16	8,05		2,90	3,26															
	II	64,00		5,12	5,76		1,30	1,46															
	III																						
	IV	89,50	1,70	7,16	8,05		4,91	5,52		2,90	3,26		1,14	1,28									
	V	299,33	16,46	23,95	26,94	16,46	23,95	26,94	16,46	23,95	26,94	16,46	23,95	26,94	16,46	23,95	26,94	16,46	23,95	26,94	16,46	23,95	26,94
	VI	326,00	17,93	26,08	29,34	17,93	26,08	29,34	17,93	26,08	29,34	17,93	26,08	29,34	17,93	26,08	29,34	17,93	26,08	29,34	17,93	26,08	29,34

Tagestabelle
Allgemeine

			Solidaritätszuschlag und Kirchensteuer für 0 bis 3 Kinderfreibeträge																				
			0,0			0,5			1,0			1,5			2,0			2,5			3,0		
Brutto bis	StKl	LSt	SolZ	KiSt 8%	KiSt 9%	SolZ	KiSt 8%	KiSt 9%	SolZ	KiSt 8%	KiSt 9%	SolZ	KiSt 8%	KiSt 9%	SolZ	KiSt 8%	KiSt 9%	SolZ	KiSt 8%	KiSt 9%	SolZ	KiSt 8%	KiSt 9%
58,29	I	6,44	0,35	0,52	0,58	0,24	0,35	0,39	0,00	0,19	0,22	0,00	0,06	0,07	0,00	0,00	0,00	0,00	0,00	0,00	0,00	0,00	0,00
	II	5,49	0,30	0,44	0,49	0,15	0,28	0,31	0,00	0,13	14,00	0,00	0,01	0,01	0,00	0,00	0,00	0,00	0,00	0,00	0,00	0,00	0,00
	III	0,19	0,00	0,02	0,02	0,00	0,00	0,00	0,00	0,00	0,00	0,00	0,00	0,00	0,00	0,00	0,00	0,00	0,00	0,00	0,00	0,00	0,00
	IV	6,44	0,35	0,52	0,58	0,29	0,43	0,49	0,24	0,35	0,39	0,13	0,27	0,30	0,00	0,19	0,22	0,00	0,12	0,14	0,00	0,06	0,07
	V	15,22	0,83	1,22	1,37	0,83	1,22	1,37	0,83	1,22	1,37	0,83	1,22	1,37	0,83	1,22	1,37	0,83	1,22	1,37	0,83	1,22	1,37
	VI	16,17	0,88	1,29	1,46	0,88	1,29	1,46	0,88	1,29	1,46	0,88	1,29	1,46	0,88	1,29	1,46	0,88	1,29	1,46	0,88	1,29	1,46
114,79	I	23,68	1,30	1,89	2,13	1,14	1,67	1,88	0,99	1,45	1,63	0,85	1,24	1,40	0,71	1,04	1,18	0,58	0,85	0,96	0,46	0,67	0,76
	II	22,40	1,23	1,79	2,02	1,07	1,57	1,77	0,93	1,36	1,53	0,79	1,15	1,30	0,65	0,96	1,08	0,53	0,77	0,87	0,40	0,59	0,67
	III	13,09	0,72	1,05	1,18	0,60	0,88	0,99	0,49	0,71	0,80	0,30	0,55	0,62	0,00	0,40	0,45	0,00	0,26	0,29	0,00	0,13	0,15
	IV	23,68	1,30	1,89	2,13	1,22	1,78	2,00	1,14	1,67	1,88	1,07	1,56	1,76	0,99	1,45	1,63	0,92	1,35	1,52	0,85	1,24	1,40
	V	38,49	2,11	3,08	3,46	2,11	3,08	3,46	2,11	3,08	3,46	2,11	3,08	3,46	2,11	3,08	3,46	2,11	3,08	3,46	2,11	3,08	3,46
	VI	39,56	2,17	3,16	3,56	2,17	3,16	3,56	2,17	3,16	3,56	2,17	3,16	3,56	2,17	3,16	3,56	2,17	3,16	3,56	2,17	3,16	3,56
120,09	I	25,55	1,40	2,04	2,30	1,24	1,81	2,04	1,09	1,59	1,79	0,94	1,38	1,55	0,80	1,17	1,32	0,67	0,98	1,10	0,54	0,79	0,89
	II	24,24	1,33	1,94	2,18	1,17	1,71	1,93	1,02	1,49	1,68	0,88	1,28	1,44	0,74	1,08	1,22	0,61	0,89	1,00	0,48	0,71	0,79
	III	14,50	0,79	1,16	1,30	0,68	0,99	1,11	0,56	0,82	0,92	0,45	0,66	0,74	0,17	0,50	0,56	0,00	0,35	0,39	0,00	0,21	0,24
	IV	25,55	1,40	2,04	2,30	1,32	1,93	2,17	1,24	1,81	2,04	1,16	1,70	1,91	1,09	1,59	1,79	1,01	1,48	1,67	0,94	1,38	1,55
	V	40,72	2,23	3,26	3,66	2,23	3,26	3,66	2,23	3,26	3,66	2,23	3,26	3,66	2,23	3,26	3,66	2,23	3,26	3,66	2,23	3,26	3,66
	VI	41,79	2,29	3,34	3,76	2,29	3,34	3,76	2,29	3,34	3,76	2,29	3,34	3,76	2,29	3,34	3,76	2,29	3,34	3,76	2,29	3,34	3,76
122,79	I	26,52	1,45	2,12	2,39	1,29	1,89	2,12	1,14	1,66	1,87	0,99	1,45	1,63	0,85	1,24	1,39	0,71	1,04	1,17	0,58	0,85	0,95
	II	25,19	1,38	2,02	2,27	1,22	1,79	2,01	1,07	1,56	1,76	0,92	1,35	1,52	0,78	1,15	1,29	0,65	0,95	1,07	0,52	0,77	0,86
	III	15,23	0,83	1,22	1,37	0,71	1,05	1,18	0,60	0,88	0,99	0,49	0,71	0,80	0,30	0,55	0,62	0,00	0,40	0,45	0,00	0,26	0,29
	IV	26,52	1,45	2,12	2,39	1,37	2,00	2,25	1,29	1,89	2,12	1,22	1,77	2,00	1,14	1,66	1,87	1,06	1,55	1,75	0,99	1,45	1,63
	V	41,85	2,30	3,35	3,77	2,30	3,35	3,77	2,30	3,35	3,77	2,30	3,35	3,77	2,30	3,35	3,77	2,30	3,35	3,77	2,30	3,35	3,77
	VI	42,93	2,36	3,43	3,86	2,36	3,43	3,86	2,36	3,43	3,86	2,36	3,43	3,86	2,36	3,43	3,86	2,36	3,43	3,86	2,36	3,43	3,86
137,59	I	32,04	1,76	2,56	2,88	1,59	2,31	2,60	1,42	2,07	2,33	1,26	1,84	2,07	1,11	1,62	1,82	0,96	1,40	1,58	0,82	1,20	1,35
	II	30,62	1,68	2,45	2,76	1,51	2,20	2,48	1,35	1,97	2,21	1,19	1,74	1,96	1,04	1,52	1,71	0,90	1,31	1,47	0,76	1,11	1,25
	III	19,33	1,06	1,55	1,74	0,93	1,37	1,54	0,81	1,19	1,34	0,69	1,02	1,14	0,58	0,85	0,96	0,47	0,69	0,77	0,23	0,53	0,59
	IV	32,04	1,76	2,56	2,88	1,67	2,44	2,74	1,59	2,31	2,60	1,50	2,19	2,47	1,42	2,07	2,33	1,34	1,96	2,20	1,26	1,84	2,07
	V	48,07	2,64	3,85	4,33	2,64	3,85	4,33	2,64	3,85	4,33	2,64	3,85	4,33	2,64	3,85	4,33	2,64	3,85	4,33	2,64	3,85	4,33
	VI	49,14	2,70	3,93	4,42	2,70	3,93	4,42	2,70	3,93	4,42	2,70	3,93	4,42	2,70	3,93	4,42	2,70	3,93	4,42	2,70	3,93	4,42
163,69	I	42,56	2,34	3,40	3,93	2,15	3,13	3,53	1,97	2,87	3,22	1,79	2,61	2,93	1,62	2,36	2,65	1,45	2,11	2,38	1,29	1,88	2,12
	II	41,03	2,25	3,28	3,69	2,07	3,01	3,39	1,88	2,75	3,09	1,71	2,49	2,80	1,54	2,25	2,53	1,38	2,01	2,26	1,22	1,78	2,00
	III	26,88	1,47	2,15	2,42	1,34	1,96	2,20	1,21	1,77	1,99	1,08	1,58	1,78	0,96	1,40	1,57	0,84	1,22	1,37	0,72	1,05	1,18
	IV	42,56	2,34	3,40	3,83	2,24	3,27	3,68	2,15	3,13	3,53	2,06	3,00	3,37	1,97	2,87	3,22	1,88	2,74	3,08	1,79	2,61	2,93
	V	59,03	3,24	4,72	5,31	3,24	4,72	5,31	3,24	4,72	5,31	3,24	4,72	5,31	3,24	4,72	5,31	3,24	4,72	5,31	3,24	4,72	5,31
	VI	60,10	3,30	4,81	5,41	3,30	4,81	5,41	3,30	4,81	5,41	3,30	4,81	5,41	3,30	4,81	5,41	3,30	4,81	5,41	3,30	4,81	5,41

Jahrestabelle

Allgemeine

Brutto bis	StKl	LSt	0,0 SolZ	0,0 KiSt 8%	0,0 KiSt 9%	0,5 SolZ	0,5 KiSt 8%	0,5 KiSt 9%	1,0 SolZ	1,0 KiSt 8%	1,0 KiSt 9%	1,5 SolZ	1,5 KiSt 8%	1,5 KiSt 9%	2,0 SolZ	2,0 KiSt 8%	2,0 KiSt 9%	2,5 SolZ	2,5 KiSt 8%	2,5 KiSt 9%	3,0 SolZ	3,0 KiSt 8%	3,0 KiSt 9%
			Solidaritätszuschlag und Kirchensteuer für 0 bis 3 Kinderfreibeträge																				
56.267,99	I	14.225,00	782,38	1.138,00	1.280,25	715,99	1.041,44	1.171,62	651,70	947,92	1.066,41	589,49	857,44	964,62	529,43	770,08	866,34	471,46	685,76	771,48	415,63	604,56	680,13
	II	13.677,00	752,24	1.094,16	1.230,93	686,73	998,88	1.123,74	623,42	906,80	1.020,15	562,15	817,68	919,89	503,03	731,68	823,14	446,05	648,80	729,90	391,22	569,04	640,17
	III	8.892,00	489,06	711,36	800,28	441,98	642,88	723,24	395,89	575,84	647,82	350,90	510,40	574,20	306,90	446,40	502,20	264,00	384,00	432,00	222,20	323,20	363,60
	IV	14.225,00	782,38	1.138,00	1.280,25	748,94	1.089,36	1.225,53	715,99	1.041,44	1.171,62	683,54	994,24	1.118,52	651,70	947,92	1.066,41	620,29	902,24	1.015,02	589,49	857,44	964,62
	V	20.134,00	1.107,37	1.610,72	1.812,06	1.107,37	1.610,72	1.812,06	1.107,37	1.610,72	1.812,06	1.107,37	1.610,72	1.812,06	1.107,37	1.610,72	1.812,06	1.107,37	1.610,72	1.812,06	1.107,37	1.610,72	1.812,06
	VI	20.521,00	1.128,66	1.641,68	1.846,89	1.128,66	1.641,68	1.846,89	1.128,66	1.641,68	1.846,89	1.128,66	1.641,68	1.846,89	1.128,66	1.641,68	1.846,89	1.128,66	1.641,68	1.846,89	1.128,66	1.641,68	1.846,89
56.483,99	I	14.314,00	787,27	1.145,12	1.288,26	720,77	1.048,40	1.179,45	656,32	954,64	1.073,97	593,95	863,92	971,91	533,72	776,32	873,36	475,64	691,84	778,32	419,65	610,40	686,70
	II	13.765,00	757,08	1.101,20	1.238,85	691,46	1.005,76	1.131,48	627,94	913,36	1.027,53	566,55	824,08	927,09	507,32	737,92	830,16	450,18	654,80	736,65	395,12	574,72	646,56
	III	8.956,00	492,58	716,48	806,04	445,39	647,84	728,82	399,19	580,64	653,22	354,09	515,04	579,42	310,09	451,04	507,42	267,08	388,48	437,04	225,17	327,52	368,46
	IV	14.314,00	787,27	1.145,12	1.288,26	753,77	1.096,40	1.233,45	720,77	1.048,40	1.179,45	688,27	1.001,12	1.126,26	656,32	954,64	1.073,97	624,86	908,88	1.022,49	593,95	863,92	971,91
	V	20.225,00	1.112,38	1.618,00	1.820,25	1.112,38	1.618,00	1.820,25	1.112,38	1.618,00	1.820,25	1.112,38	1.618,00	1.820,25	1.112,38	1.618,00	1.820,25	1.112,38	1.618,00	1.820,25	1.112,38	1.618,00	1.820,25
	VI	20.611,00	1.133,61	1.648,88	1.854,99	1.133,61	1.648,88	1.854,99	1.133,61	1.648,88	1.854,99	1.133,61	1.648,88	1.854,99	1.133,61	1.648,88	1.854,99	1.133,61	1.648,88	1.854,99	1.133,61	1.648,88	1.854,99
57.743,99	I	14.833,00	815,82	1.186,64	1.334,97	748,83	1.089,20	1.225,35	683,43	994,08	1.118,34	620,18	902,08	1.014,84	559,08	813,20	914,85	500,06	727,36	818,28	443,19	644,64	725,22
	II	14.284,00	785,62	1.142,72	1.285,56	719,13	1.046,00	1.176,75	654,72	952,32	1.071,36	592,40	861,68	969,39	532,24	774,16	870,93	474,21	689,76	775,98	418,28	608,40	684,45
	III	9.326,00	512,93	746,08	839,34	465,30	676,80	761,40	418,66	608,96	685,08	373,12	542,72	610,56	328,68	478,08	537,84	285,23	414,88	466,74	242,88	353,28	397,44
	IV	14.833,00	815,82	1.186,64	1.334,97	782,26	1.137,84	1.280,07	748,83	1.089,20	1.225,35	715,88	1.041,28	1.171,44	683,43	994,08	1.118,34	651,59	947,76	1.066,23	620,18	902,08	1.014,84
	V	20.754,00	1.141,47	1.660,32	1.867,86	1.141,47	1.660,32	1.867,86	1.141,47	1.660,32	1.867,86	1.141,47	1.660,32	1.867,86	1.141,47	1.660,32	1.867,86	1.141,47	1.660,32	1.867,86	1.141,47	1.660,32	1.867,86
	VI	21.141,00	1.162,76	1.691,28	1.902,69	1.162,76	1.691,28	1.902,69	1.162,76	1.691,28	1.902,69	1.162,76	1.691,28	1.902,69	1.162,76	1.691,28	1.902,69	1.162,76	1.691,28	1.902,69	1.162,76	1.691,28	1.902,69
67.319,99	I	18.817,00	1.034,93	1.505,36	1.693,53	967,84	1.407,76	1.583,73	900,74	1.310,16	1.473,93	833,69	1.212,64	1.364,22	766,59	1.115,04	1.254,42	700,64	1.019,12	1.146,51	636,85	926,32	1.042,11
	II	18.267,00	1.004,69	1.461,36	1.644,03	937,64	1.363,84	1.534,32	870,54	1.266,24	1.424,52	803,44	1.168,64	1.314,72	736,62	1.071,44	1.205,37	671,66	976,96	1.099,08	608,79	885,52	996,21
	III	12.292,00	676,06	983,36	1.106,28	624,91	908,96	1.022,58	574,86	836,16	940,68	525,80	764,80	860,40	477,95	695,20	782,10	430,98	626,88	705,24	385,22	560,32	630,36
	IV	18.817,00	1.034,93	1.505,36	1.693,53	1.001,39	1.456,56	1.638,63	967,84	1.407,76	1.583,73	934,28	1.358,96	1.528,83	900,74	1.310,16	1.473,93	867,24	1.261,44	1.419,12	833,69	1.212,64	1.364,22
	V	24.776,00	1.362,68	1.982,08	2.229,84	1.362,68	1.982,08	2.229,84	1.362,68	1.982,08	2.229,84	1.362,68	1.982,08	2.229,84	1.362,68	1.982,08	2.229,84	1.362,68	1.982,08	2.229,84	1.362,68	1.982,08	2.229,84
	VI	25.162,00	1.383,91	2.012,96	2.264,58	1.383,91	2.012,96	2.264,58	1.383,91	2.012,96	2.264,58	1.383,91	2.012,96	2.264,58	1.383,91	2.012,96	2.264,58	1.383,91	2.012,96	2.264,58	1.383,91	2.012,96	2.264,58

Jahrestabelle

Allgemeine

			Solidaritätszuschlag und Kirchensteuer für 0 bis 3 Kinderfreibeträge																				
			0,0			0,5			1,0			1,5			2,0			2,5			3,0		
Brutto bis	StKl	LSt	SolZ	KiSt 8%	KiSt 9%	SolZ	KiSt 8%	KiSt 9%	SolZ	KiSt 8%	KiSt 9%	SolZ	KiSt 8%	KiSt 9%	SolZ	KiSt 8%	KiSt 9%	SolZ	KiSt 8%	KiSt 9%	SolZ	KiSt 8%	KiSt 9%
37.727,99	I	7.300,00	401,50	584,00	657,00	348,32	506,64	569,97	297,33	432,48	486,54	248,38	361,28	406,44	201,63	293,28	329,94	156,97	228,32	256,86	114,40	166,40	187,20
	II	6.860,00	377,30	548,80	617,40	325,11	472,88	531,99	275,00	400,00	450,00	227,04	330,24	371,52	181,22	263,60	296,55	137,50	200,00	225,00	95,92	139,52	156,96
	III	3.750,00	206,25	300,00	337,50	165,88	241,28	271,44	71,60	184,16	207,18		129,12	145,26		79,68	89,64		36,00	40,50			
	IV	7.300,00	401,50	584,00	657,00	374,66	544,96	613,08	348,32	506,64	569,97	322,57	469,20	527,85	297,33	432,48	486,54	272,58	396,48	446,04	248,38	361,28	406,44
	V	12.347,00	679,09	987,76	1.111,23	679,09	987,76	1.111,23	679,09	987,76	1.111,23	679,09	987,76	1.111,23	679,09	987,76	1.111,23	679,09	987,76	1.111,23	679,09	987,76	1.111,23
	VI	12.734,00	700,37	1.018,72	1.146,06	700,37	1.018,72	1.146,06	700,37	1.018,72	1.146,06	700,37	1.018,72	1.146,06	700,37	1.018,72	1.146,06	700,37	1.018,72	1.146,06	700,37	1.018,72	1.146,06
40.751,99	I	8.326,00	457,93	666,08	749,34	402,60	585,60	658,80	349,42	508,24	571,77	298,38	434,00	488,25	249,43	362,80	408,15	202,57	294,64	331,47	157,85	229,60	258,30
	II	7.863,00	432,74	629,44	708,12	378,40	550,40	619,20	326,15	474,40	533,70	276,05	401,52	451,71	228,03	331,68	373,14	182,16	264,96	298,08	138,44	201,36	226,53
	III	4.562,00	250,91	364,96	410,58	209,33	304,48	342,54	168,96	245,76	276,48	82,40	188,48	212,04		133,12	149,76		83,20	93,60		39,20	44,10
	IV	8.326,00	457,93	666,08	749,34	429,99	625,44	703,62	402,60	585,60	658,80	375,76	546,56	614,88	349,42	508,24	571,77	323,62	470,72	529,56	298,38	434,00	488,25
	V	13.617,00	748,94	1.089,36	1.225,53	748,94	1.089,36	1.225,53	748,94	1.089,36	1.225,53	748,94	1.089,36	1.225,53	748,94	1.089,36	1.225,53	748,94	1.089,36	1.225,53	748,94	1.089,36	1.225,53
	VI	14.004,00	770,22	1.120,32	1.260,36	770,22	1.120,32	1.260,36	770,22	1.120,32	1.260,36	770,22	1.120,32	1.260,36	770,22	1.120,32	1.260,36	770,22	1.120,32	1.260,36	770,22	1.120,32	1.260,36
41.075,99	I	8.439,00	464,14	675,12	759,51	408,60	594,32	668,61	355,13	516,56	581,13	303,82	441,92	497,16	254,65	370,40	416,70	207,63	302,00	339,75	162,63	236,56	266,13
	II	7.979,00	438,85	638,32	718,11	384,23	558,88	628,74	331,76	482,56	542,88	281,44	409,36	460,53	233,20	339,20	381,60	187,11	272,16	306,18	143,11	208,16	234,18
	III	4.645,00	255,53	371,68	418,14	213,95	311,20	350,10	173,36	252,16	283,68	98,00	194,72	219,06		139,04	156,42		88,48	99,54		43,84	49,32
	IV	8.439,00	464,14	675,12	759,51	436,10	634,32	713,61	408,60	594,32	668,61	381,59	555,04	624,42	355,13	516,56	581,13	329,23	478,88	538,74	303,82	441,92	497,16
	V	13.754,00	756,47	1.100,32	1.237,86	756,47	1.100,32	1.237,86	756,47	1.100,32	1.237,86	756,47	1.100,32	1.237,86	756,47	1.100,32	1.237,86	756,47	1.100,32	1.237,86	756,47	1.100,32	1.237,86
	VI	14.140,00	777,70	1.131,20	1.272,60	777,70	1.131,20	1.272,60	777,70	1.131,20	1.272,60	777,70	1.131,20	1.272,60	777,70	1.131,20	1.272,60	777,70	1.131,20	1.272,60	777,70	1.131,20	1.272,60
42.227,99	I	8.842,00	486,31	707,36	795,78	429,94	625,36	703,53	375,70	546,48	614,79	323,57	470,64	529,47	273,57	397,92	447,66	225,66	328,24	369,27	179,91	261,68	294,39
	II	8.376,00	460,68	670,08	753,84	405,24	589,44	663,12	351,94	511,92	575,91	300,74	437,44	492,12	251,74	366,16	411,93	204,77	297,84	335,07	160,00	232,72	261,81
	III	4.952,00	272,36	396,16	445,68	230,34	335,04	376,92	189,31	275,36	309,78	149,38	217,28	244,44	13,20	160,80	180,90		107,84	121,32		60,80	68,40
	IV	8.842,00	486,31	707,36	795,78	457,88	666,00	749,25	429,94	625,36	703,53	402,55	585,52	658,71	375,70	546,48	614,79	349,36	508,16	571,68	323,57	470,64	529,47
	V	14.237,00	783,03	1.138,96	1.281,33	783,03	1.138,96	1.281,33	783,03	1.138,96	1.281,33	783,03	1.138,96	1.281,33	783,03	1.138,96	1.281,33	783,03	1.138,96	1.281,33	783,03	1.138,96	1.281,33
	VI	14.624,00	804,32	1.169,92	1.316,16	804,32	1.169,92	1.316,16	804,32	1.169,92	1.316,16	804,32	1.169,92	1.316,16	804,32	1.169,92	1.316,16	804,32	1.169,92	1.316,16	804,32	1.169,92	1.316,16
43.379,99	I	9.251,00	508,81	740,08	832,59	451,61	656,88	738,99	396,55	576,80	648,90	343,58	499,76	562,23	292,71	425,76	478,98	244,04	354,96	399,33	197,45	287,20	323,10
	II	8.778,00	482,79	702,24	790,02	426,53	620,40	697,95	372,41	541,68	609,39	320,43	466,08	524,34	270,55	393,52	442,71	222,75	324,00	364,50	177,16	257,68	289,89
	III	5.262,00	289,41	420,96	473,58	246,84	359,04	403,92	205,48	298,88	336,24	165,11	240,16	270,18	68,80	183,04	205,92		128,16	144,18		78,72	88,56
	IV	9.251,00	508,81	740,08	832,59	479,93	698,08	785,34	451,61	656,88	738,99	423,78	616,40	693,45	396,55	576,80	648,90	369,76	537,84	605,07	343,58	499,76	562,23
	V	14.721,00	809,65	1.177,68	1.324,89	809,65	1.177,68	1.324,89	809,65	1.177,68	1.324,89	809,65	1.177,68	1.324,89	809,65	1.177,68	1.324,89	809,65	1.177,68	1.324,89	809,65	1.177,68	1.324,89
	VI	15.108,00	830,94	1.208,64	1.359,72	830,94	1.208,64	1.359,72	830,94	1.208,64	1.359,72	830,94	1.208,64	1.359,72	830,94	1.208,64	1.359,72	830,94	1.208,64	1.359,72	830,94	1.208,64	1.359,72
49.283,99	I	11.439,00	629,14	915,12	1.029,51	567,71	825,76	928,98	508,42	739,52	831,96	451,22	656,32	738,36	396,17	576,24	648,27	343,26	499,28	561,69	292,44	425,36	478,53
	II	10.931,00	601,21	874,48	983,79	540,76	786,56	884,88	482,41	701,68	789,39	426,19	619,92	697,41	372,07	541,20	608,85	320,10	465,60	523,80	270,21	393,04	442,17
	III	6.890,00	378,95	551,20	620,10	334,40	486,40	547,20	290,73	422,88	475,74	248,27	361,12	406,26	206,80	300,80	338,40	166,43	242,08	272,34	73,60	184,96	208,08
	IV	11.439,00	629,14	915,12	1.029,51	598,18	870,08	978,84	567,71	825,76	928,98	537,79	782,24	880,02	508,42	739,52	831,96	479,55	697,52	784,71	451,22	656,32	738,36
	V	17.201,00	946,06	1.376,08	1.548,09	946,06	1.376,08	1.548,09	946,06	1.376,08	1.548,09	946,06	1.376,08	1.548,09	946,06	1.376,08	1.548,09	946,06	1.376,08	1.548,09	946,06	1.376,08	1.548,09
	VI	17.587,00	967,28	1.406,96	1.582,83	967,28	1.406,96	1.582,83	967,28	1.406,96	1.582,83	967,28	1.406,96	1.582,83	967,28	1.406,96	1.582,83	967,28	1.406,96	1.582,83	967,28	1.406,96	1.582,83
50.543,99	I	11.926,00	655,93	954,08	1.073,34	593,62	863,44	971,37	533,39	775,84	872,82	475,31	691,36	777,78	419,32	609,92	686,16	365,48	531,60	598,05	313,77	456,40	513,45
	II	11.411,00	627,61	912,88	1.026,99	566,23	823,60	926,55	506,94	737,36	829,53	449,85	654,32	736,11	394,79	574,24	646,02	341,94	497,36	559,53	291,17	423,52	476,46
	III	7.248,00	398,64	579,84	652,32	353,54	514,24	578,52	309,54	450,24	506,52	266,64	387,84	436,32	224,73	326,88	367,74	183,81	267,36	300,78	135,20	209,60	235,80
	IV	11.926,00	655,93	954,08	1.073,34	624,47	908,32	1.021,86	593,62	863,44	971,37	563,20	819,20	921,60	533,39	775,84	872,82	504,07	733,20	824,85	475,31	691,36	777,78
	V	17.730,00	975,15	1.418,40	1.595,70	975,15	1.418,40	1.595,70	975,15	1.418,40	1.595,70	975,15	1.418,40	1.595,70	975,15	1.418,40	1.595,70	975,15	1.418,40	1.595,70	975,15	1.418,40	1.595,70
	VI	18.117,00	996,44	1.449,36	1.630,53	996,44	1.449,36	1.630,53	996,44	1.449,36	1.630,53	996,44	1.449,36	1.630,53	996,44	1.449,36	1.630,53	996,44	1.449,36	1.630,53	996,44	1.449,36	1.630,53
54.035,99	I	13.312,00	732,16	1.064,96	1.198,08	667,32	970,64	1.091,97	604,62	879,44	989,37	544,01	791,28	890,19	485,54	706,24	794,52	429,22	624,32	702,36	374,99	545,44	613,62
	II	12.776,00	702,68	1.022,08	1.149,84	638,83	929,20	1.045,35	577,06	839,36	944,28	517,38	752,56	846,63	459,91	668,96	752,58	404,53	588,40	661,95	351,23	510,88	574,74
	III	8.244,00	453,42	659,52	741,96	407,11	592,16	666,18	361,79	526,24	592,02	317,57	461,92	519,66	274,45	399,20	449,10	232,32	337,92	380,16	191,29	278,24	313,02
	IV	13.312,00	732,16	1.064,96	1.198,08	699,44	1.017,36	1.144,53	667,32	970,64	1.091,97	635,69	924,64	1.040,22	604,62	879,44	989,37	574,03	834,96	939,33	544,01	791,28	890,19
	V	19.197,00	1.055,84	1.535,76	1.727,73	1.055,84	1.535,76	1.727,73	1.055,84	1.535,76	1.727,73	1.055,84	1.535,76	1.727,73	1.055,84	1.535,76	1.727,73	1.055,84	1.535,76	1.727,73	1.055,84	1.535,76	1.727,73
	VI	19.583,00	1.077,07	1.566,64	1.762,47	1.077,07	1.566,64	1.762,47	1.077,07	1.566,64	1.762,47	1.077,07	1.566,64	1.762,47	1.077,07	1.566,64	1.762,47	1.077,07	1.566,64	1.762,47	1.077,07	1.566,64	1.762,47

Jahrestabelle

Allgemeine

			Solidaritätszuschlag und Kirchensteuer für 0 bis 3 Kinderfreibeträge																				
			0,0			0,5			1,0			1,5			2,0			2,5			3,0		
Brutto bis	StKl	LSt	SolZ	KiSt 8%	KiSt 9%	SolZ	KiSt 8%	KiSt 9%	SolZ	KiSt 8%	KiSt 9%	SolZ	KiSt 8%	KiSt 9%	SolZ	KiSt 8%	KiSt 9%	SolZ	KiSt 8%	KiSt 9%	SolZ	KiSt 8%	KiSt 9%
32.183,99	I	5.522,00	303,71	441,76	496,98	254,54	370,24	416,52	207,52	301,84	339,57	162,58	236,48	266,04	119,74	174,16	195,93	79,03	114,96	129,33		59,44	66,87
	II	5.115,00	281,32	409,20	460,35	233,09	339,04	381,42	187,00	272,00	306,00	143,00	208,00	234,00	101,15	147,12	165,51	29,00	89,36	100,53		37,60	42,30
	III	2.152,00	41,60	172,16	193,68		118,08	132,84		69,76	78,48		27,52	30,96									
	IV	5.522,00	303,71	441,76	496,98	278,85	405,60	456,30	254,54	370,24	416,52	230,72	335,60	377,55	207,52	301,84	339,57	184,75	268,72	302,31	162,58	236,48	266,04
	V	10.019,00	551,04	801,52	901,71	551,04	801,52	901,71	551,04	801,52	901,71	551,04	801,52	901,71	551,04	801,52	901,71	551,04	801,52	901,71	551,04	801,52	901,71
	VI	10.405,00	572,27	832,40	936,45	572,27	832,40	936,45	572,27	832,40	936,45	572,27	832,40	936,45	572,27	832,40	936,45	572,27	832,40	936,45	572,27	832,40	936,45
32.543,99	I	5.634,00	309,87	450,72	507,06	260,43	378,80	426,15	213,07	309,92	348,66	167,91	244,24	274,77	124,85	181,60	204,30	83,88	122,00	137,25		65,76	73,98
	II	5.224,00	287,32	417,92	470,16	238,81	347,36	390,78	192,50	280,00	315,00	148,22	215,60	242,55	106,15	154,40	173,70	46,00	96,16	108,18		43,20	48,60
	III	2.252,00	61,60	180,16	202,68		125,44	141,12		76,32	85,86		33,28	37,44									
	IV	5.634,00	309,87	450,72	507,06	284,85	414,32	466,11	260,43	378,80	426,15	236,50	344,00	387,00	213,07	309,92	348,66	190,25	276,72	311,31	167,91	244,24	274,77
	V	10.170,00	559,35	813,60	915,30	559,35	813,60	915,30	559,35	813,60	915,30	559,35	813,60	915,30	559,35	813,60	915,30	559,35	813,60	915,30	559,35	813,60	915,30
	VI	10.557,00	580,63	844,56	950,13	580,63	844,56	950,13	580,63	844,56	950,13	580,63	844,56	950,13	580,63	844,56	950,13	580,63	844,56	950,13	580,63	844,56	950,13
33.011,99	I	5.779,00	317,85	462,32	520,11	268,07	389,92	438,66	220,44	320,64	360,72	174,90	254,40	286,20	131,51	191,28	215,19	90,20	131,20	147,60		74,32	83,61
	II	5.367,00	295,19	429,36	483,03	246,35	358,32	403,11	199,65	290,40	326,70	155,10	225,60	253,80	112,64	163,84	184,32	68,60	105,20	118,35		50,88	57,24
	III	2.384,00	88,00	190,72	214,56		135,20	152,10		85,12	95,76		40,80	45,90		2,56	2,88						
	IV	5.779,00	317,85	462,32	520,11	292,71	425,76	478,98	268,07	389,92	438,66	243,98	354,88	399,24	220,44	320,64	360,72	197,40	287,12	323,01	174,90	254,40	286,20
	V	10.367,00	570,19	829,36	933,03	570,19	829,36	933,03	570,19	829,36	933,03	570,19	829,36	933,03	570,19	829,36	933,03	570,19	829,36	933,03	570,19	829,36	933,03
	VI	10.753,00	591,41	860,24	967,77	591,41	860,24	967,77	591,41	860,24	967,77	591,41	860,24	967,77	591,41	860,24	967,77	591,41	860,24	967,77	591,41	860,24	967,77
33.623,99	I	5.971,00	328,41	477,68	537,39	278,19	404,64	455,22	230,12	334,72	376,56	184,14	267,84	301,32	140,31	204,08	229,59	98,56	143,36	161,28	20,00	85,76	96,48
	II	5.555,00	305,52	444,40	499,95	256,25	372,72	419,31	209,11	304,16	342,18	164,12	238,72	268,56	121,22	176,32	198,36	80,47	117,04	131,67		61,28	68,94
	III	2.558,00	122,80	204,64	230,22		148,48	167,04		96,80	108,90		51,04	57,42		11,36	12,78						
	IV	5.971,00	328,41	477,68	537,39	303,05	440,80	495,90	278,19	404,64	455,22	253,88	369,28	415,44	230,12	334,72	376,56	206,86	300,88	338,49	184,14	267,84	301,32
	V	10.624,00	584,32	849,92	956,16	584,32	849,92	956,16	584,32	849,92	956,16	584,32	849,92	956,16	584,32	849,92	956,16	584,32	849,92	956,16	584,32	849,92	956,16
	VI	11.010,00	605,55	880,80	990,90	605,55	880,80	990,90	605,55	880,80	990,90	605,55	880,80	990,90	605,55	880,80	990,90	605,55	880,80	990,90	605,55	880,80	990,90
33.911,99	I	6.062,00	333,41	484,96	545,58	282,98	411,60	463,05	234,69	341,36	384,03	188,54	274,24	308,52	144,49	210,16	236,43	102,52	149,12	167,76	33,80	91,28	102,69
	II	5.644,00	310,42	451,52	507,96	260,98	379,60	427,05	213,62	310,72	349,56	168,41	244,96	275,58	125,35	182,32	205,11	84,37	122,72	138,06		66,40	74,70
	III	2.640,00	139,20	211,20	237,60		154,72	174,06		102,40	115,20		56,00	63,00		15,68	17,64						
	IV	6.062,00	333,41	484,96	545,58	307,94	447,92	503,91	282,98	411,60	463,05	258,56	376,08	423,09	234,69	341,36	384,03	211,37	307,44	345,87	188,54	274,24	308,52
	V	10.745,00	590,98	859,60	967,05	590,98	859,60	967,05	590,98	859,60	967,05	590,98	859,60	967,05	590,98	859,60	967,05	590,98	859,60	967,05	590,98	859,60	967,05
	VI	11.131,00	612,21	890,48	1.001,79	612,21	890,48	1.001,79	612,21	890,48	1.001,79	612,21	890,48	1.001,79	612,21	890,48	1.001,79	612,21	890,48	1.001,79	612,21	890,48	1.001,79
34.523,99	I	6.256,00	344,08	500,48	563,04	293,26	426,56	479,88	244,47	355,60	400,05	197,89	287,84	323,82	153,40	223,12	251,01	111,05	161,52	181,71	63,00	102,96	115,83
	II	5.835,00	320,93	466,80	525,15	271,04	394,24	443,52	223,25	324,72	365,31	177,60	258,32	290,61	134,04	194,96	219,33	92,62	134,72	151,56		77,60	87,30
	III	2.814,00	154,77	225,12	253,26	32,40	168,48	189,54		114,72	129,06		66,88	75,24		24,96	28,08						
	IV	6.256,00	344,08	500,48	563,04	318,39	463,12	521,01	293,26	426,56	479,88	268,62	390,72	439,56	244,47	355,60	400,05	220,94	321,36	361,53	197,89	287,84	323,82
	V	11.002,00	605,11	880,16	990,18	605,11	880,16	990,18	605,11	880,16	990,18	605,11	880,16	990,18	605,11	880,16	990,18	605,11	880,16	990,18	605,11	880,16	990,18
	VI	11.388,00	626,34	911,04	1.024,92	626,34	911,04	1.024,92	626,34	911,04	1.024,92	626,34	911,04	1.024,92	626,34	911,04	1.024,92	626,34	911,04	1.024,92	626,34	911,04	1.024,92
35.603,99	I	6.603,00	363,17	528,24	594,27	311,52	453,12	509,76	262,02	381,12	428,76	214,66	312,24	351,27	169,40	246,40	277,20	126,23	183,60	206,55	85,20	123,92	139,41
	II	6.175,00	339,63	494,00	555,75	288,97	420,32	472,86	240,41	349,68	393,39	193,99	282,16	317,43	149,71	217,76	244,98	107,53	156,40	175,95	50,80	98,08	110,34
	III	3.126,00	171,93	250,08	281,34	93,20	192,80	216,90		137,12	154,26		86,72	97,56		42,24	47,52		3,84	4,32			
	IV	6.603,00	363,17	528,24	594,27	337,10	490,32	551,61	311,52	453,12	509,76	286,50	416,72	468,81	262,02	381,12	428,76	238,10	346,32	389,61	214,66	312,24	351,27
	V	11.455,00	630,02	916,40	1.030,95	630,02	916,40	1.030,95	630,02	916,40	1.030,95	630,02	916,40	1.030,95	630,02	916,40	1.030,95	630,02	916,40	1.030,95	630,02	916,40	1.030,95
	VI	11.842,00	651,31	947,36	1.065,78	651,31	947,36	1.065,78	651,31	947,36	1.065,78	651,31	947,36	1.065,78	651,31	947,36	1.065,78	651,31	947,36	1.065,78	651,31	947,36	1.065,78
36.035,99	I	6.743,00	370,87	539,44	606,87	318,94	463,92	521,91	269,12	391,44	440,37	221,43	322,08	362,34	175,84	255,76	287,73	132,38	192,56	216,63	91,08	132,48	149,04
	II	6.313,00	347,22	505,04	568,17	296,23	430,88	484,74	247,34	359,76	404,73	200,64	291,84	328,32	155,98	226,88	255,24	113,52	165,12	185,76	71,60	106,40	119,70
	III	3.252,00	178,86	260,16	292,68	117,60	202,56	227,88		146,40	164,70		95,04	106,92		49,60	55,80		10,08	11,34			
	IV	6.743,00	370,87	539,44	606,87	344,63	501,28	563,94	318,94	463,92	521,91	293,76	427,28	480,69	269,12	391,44	440,37	244,97	356,32	400,86	221,43	322,08	362,34
	V	11.637,00	640,03	930,96	1.047,33	640,03	930,96	1.047,33	640,03	930,96	1.047,33	640,03	930,96	1.047,33	640,03	930,96	1.047,33	640,03	930,96	1.047,33	640,03	930,96	1.047,33
	VI	12.023,00	661,26	961,84	1.082,07	661,26	961,84	1.082,07	661,26	961,84	1.082,07	661,26	961,84	1.082,07	661,26	961,84	1.082,07	661,26	961,84	1.082,07	661,26	961,84	1.082,07

Jahrestabelle

Allgemeine

			Solidaritätszuschlag und Kirchensteuer für 0 bis 3 Kinderfreibeträge																				
			0,0			0,5			1,0			1,5			2,0			2,5			3,0		
Brutto bis	StKl	LSt	SolZ	KiSt 8%	KiSt 9%	SolZ	KiSt 8%	KiSt 9%	SolZ	KiSt 8%	KiSt 9%	SolZ	KiSt 8%	KiSt 9%	SolZ	KiSt 8%	KiSt 9%	SolZ	KiSt 8%	KiSt 9%	SolZ	KiSt 8%	KiSt 9%
17.387,99	I	1.330,00	71,60	106,40	119,70		51,92	58,41		8,32	9,36												
	II	1.012,00	8,00	80,96	91,08		30,80	34,65															
	III																						
	IV	1.330,00	71,60	106,40	119,70	1,00	78,16	87,93		51,92	58,41		28,64	32,22		8,32	9,36						
	V	4.226,00	232,43	338,08	380,34	232,43	338,08	380,34	232,43	338,08	380,34	232,43	338,08	380,34	232,43	338,08	380,34	232,43	338,08	380,34	232,43	338,08	380,34
	VI	4.538,00	249,59	363,04	408,42	249,59	363,04	408,42	249,59	363,04	408,42	249,59	363,04	408,42	249,59	363,04	408,42	249,59	363,04	408,42	249,59	363,04	408,42
22.571,99	I	2.745,00	150,97	219,60	247,05	108,68	158,08	177,84	55,00	99,76	112,23		46,24	52,02		4,08	4,59						
	II	2.394,00	131,67	191,52	215,46	90,36	131,44	147,87		74,48	83,79		25,76	28,98									
	III	272,00		21,76	24,48																		
	IV	2.745,00	150,97	219,60	247,05	129,58	188,48	212,04	108,68	158,08	177,84	88,39	128,56	144,63	55,00	99,76	112,23		71,76	80,73		46,24	52,02
	V	6.074,00	334,07	485,92	546,66	334,07	485,92	546,66	334,07	485,92	546,66	334,07	485,92	546,66	334,07	485,92	546,66	334,07	485,92	546,66	334,07	485,92	546,66
	VI	6.426,00	353,43	514,08	578,34	353,43	514,08	578,34	353,43	514,08	578,34	353,43	514,08	578,34	353,43	514,08	578,34	353,43	514,08	578,34	353,43	514,08	578,34
27.215,99	I	4.044,00	222,42	323,52	363,96	176,83	257,20	289,35	133,32	193,92	218,16	91,96	133,76	150,48		76,64	86,22		27,44	30,87			
	II	3.666,00	201,63	293,28	329,94	156,97	228,32	256,86	114,40	166,40	187,20	74,03	107,68	121,14		53,04	59,67		9,20	10,35			
	III	1.048,00		83,84	94,32		39,68	44,64		1,60	1,80												
	IV	4.044,00	222,42	323,52	363,96	199,38	290,00	326,25	176,83	257,20	289,35	154,82	225,20	253,35	133,32	193,92	218,16	112,37	163,44	183,87	91,96	133,76	150,48
	V	7.932,00	436,26	634,56	713,88	436,26	634,56	713,88	436,26	634,56	713,88	436,26	634,56	713,88	436,26	634,56	713,88	436,26	634,56	713,88	436,26	634,56	713,88
	VI	8.319,00	457,55	665,52	748,71	457,55	665,52	748,71	457,55	665,52	748,71	457,55	665,52	748,71	457,55	665,52	748,71	457,55	665,52	748,71	457,55	665,52	748,71
28.475,99	I	4.409,00	242,50	352,72	396,81	195,97	285,04	320,67	151,58	220,48	248,04	109,29	158,96	178,83	57,00	100,56	113,13		46,96	52,83		4,56	5,13
	II	4.023,00	221,27	321,84	362,07	175,72	255,60	287,55	132,28	192,40	216,45	90,97	132,32	148,86		75,28	84,69		26,40	29,70			
	III	1.304,00		104,32	117,36		57,76	64,98		17,12	19,26												
	IV	4.409,00	242,50	352,72	396,81	218,96	318,48	358,29	195,97	285,04	320,67	173,53	252,40	283,95	151,58	220,48	248,04	130,19	189,36	213,03	109,29	158,96	178,83
	V	8.462,00	465,41	676,96	761,58	465,41	676,96	761,58	465,41	676,96	761,58	465,41	676,96	761,58	465,41	676,96	761,58	465,41	676,96	761,58	465,41	676,96	761,58
	VI	8.848,00	486,64	707,84	796,32	486,64	707,84	796,32	486,64	707,84	796,32	486,64	707,84	796,32	486,64	707,84	796,32	486,64	707,84	796,32	486,64	707,84	796,32
29.807,99	I	4.802,00	264,11	384,16	432,18	216,65	315,12	354,51	171,27	249,12	280,26	128,04	186,24	209,52	86,95	126,48	142,29		69,84	78,57		22,16	24,93
	II	4.408,00	242,44	352,64	396,72	195,97	285,04	320,67	151,53	220,40	247,95	109,29	158,96	178,83	57,00	100,56	113,13		46,88	52,74		4,56	5,13
	III	1.590,00		127,20	143,10		77,92	87,66		34,56	38,88												
	IV	4.802,00	264,11	384,16	432,18	240,13	349,28	392,94	216,65	315,12	354,51	193,71	281,76	316,98	171,27	249,12	280,26	149,38	217,28	244,44	128,04	186,24	209,52
	V	9.021,00	496,16	721,68	811,89	496,16	721,68	811,89	496,16	721,68	811,89	496,16	721,68	811,89	496,16	721,68	811,89	496,16	721,68	811,89	496,16	721,68	811,89
	VI	9.407,00	517,38	752,56	846,63	517,38	752,56	846,63	517,38	752,56	846,63	517,38	752,56	846,63	517,38	752,56	846,63	517,38	752,56	846,63	517,38	752,56	846,63
30.167,99	I	4.910,00	270,05	392,80	441,90	222,31	323,36	363,78	176,66	256,96	289,08	133,21	193,76	217,98	91,85	133,60	150,30		76,48	86,04		27,28	30,69
	II	4.514,00	248,27	361,12	406,26	201,47	293,04	329,67	156,81	228,08	256,59	114,29	166,24	187,02	73,86	107,44	120,87		52,88	59,49		9,04	10,17
	III	1.670,00		133,60	150,30		83,68	94,14		39,52	44,46		1,44	1,62									
	IV	4.910,00	270,05	392,80	441,90	245,91	357,68	402,39	222,31	323,36	363,78	199,21	289,76	325,98	176,66	256,96	289,08	154,66	224,96	253,08	133,21	193,76	217,98
	V	9.172,00	504,46	733,76	825,48	504,46	733,76	825,48	504,46	733,76	825,48	504,46	733,76	825,48	504,46	733,76	825,48	504,46	733,76	825,48	504,46	733,76	825,48
	VI	9.559,00	525,75	764,72	860,31	525,75	764,72	860,31	525,75	764,72	860,31	525,75	764,72	860,31	525,75	764,72	860,31	525,75	764,72	860,31	525,75	764,72	860,31
30.455,99	I	4.996,00	274,78	399,68	449,64	226,82	329,92	371,16	181,01	263,28	296,19	137,34	199,76	224,73	95,75	139,28	156,69	10,40	81,92	92,16		31,52	35,46
	II	4.599,00	252,94	367,92	413,91	205,92	299,52	336,96	161,10	234,32	263,61	118,36	172,16	193,68	77,72	113,04	127,17		57,76	64,98		12,80	14,40
	III	1.736,00		138,88	156,24		88,16	99,18		43,52	48,96		4,96	5,58									
	IV	4.996,00	274,78	399,68	449,64	250,53	364,40	409,95	226,82	329,92	371,16	203,66	296,24	333,27	181,01	263,28	296,19	158,90	231,12	260,01	137,34	199,76	224,73
	V	9.293,00	511,12	743,44	836,37	511,12	743,44	836,37	511,12	743,44	836,37	511,12	743,44	836,37	511,12	743,44	836,37	511,12	743,44	836,37	511,12	743,44	836,37
	VI	9.680,00	532,40	774,40	871,20	532,40	774,40	871,20	532,40	774,40	871,20	532,40	774,40	871,20	532,40	774,40	871,20	532,40	774,40	871,20	532,40	774,40	871,20
30.671,99	I	5.061,00	278,36	404,88	455,49	230,29	334,96	376,83	184,31	268,08	301,59	140,41	204,24	229,77	98,73	143,60	161,55	20,60	86,00	96,75		34,80	39,15
	II	4.662,00	256,41	372,96	419,58	209,28	304,40	342,45	164,29	238,96	268,83	121,39	176,56	198,63	80,63	117,28	131,94		61,52	69,21		15,68	17,64
	III	1.784,00		142,72	160,56		91,68	103,14		46,72	52,56		7,52	8,46									
	IV	5.061,00	278,36	404,88	455,49	254,05	369,52	415,71	230,29	334,96	376,83	207,02	301,12	338,76	184,31	268,08	301,59	162,09	235,76	265,23	140,41	204,24	229,77
	V	9.384,00	516,12	750,72	844,56	516,12	750,72	844,56	516,12	750,72	844,56	516,12	750,72	844,56	516,12	750,72	844,56	516,12	750,72	844,56	516,12	750,72	844,56
	VI	9.770,00	537,35	781,60	879,30	537,35	781,60	879,30	537,35	781,60	879,30	537,35	781,60	879,30	537,35	781,60	879,30	537,35	781,60	879,30	537,35	781,60	879,30

Monatstabelle

Allgemeine

			Solidaritätszuschlag und Kirchensteuer für 0 bis 3 Kinderfreibeträge																				
			0,0			0,5			1,0			1,5			2,0			2,5			3,0		
Brutto bis	StKl	LSt	SolZ	KiSt 8%	KiSt 9%	SolZ	KiSt 8%	KiSt 9%	SolZ	KiSt 8%	KiSt 9%	SolZ	KiSt 8%	KiSt 9%	SolZ	KiSt 8%	KiSt 9%	SolZ	KiSt 8%	KiSt 9%	SolZ	KiSt 8%	KiSt 9%
3.404,99	I	697,00	38,33	55,76	62,73	33,71	49,04	55,17	29,27	42,59	47,91	25,01	36,39	40,93	20,92	30,44	34,24	17,02	24,76	27,86	13,28	19,33	21,74
	II	658,75	36,23	52,70	59,29	31,69	46,10	51,86	27,33	39,76	44,73	23,15	33,68	37,89	19,14	27,85	31,33	15,31	22,28	25,07	11,66	16,97	19,09
	III	382,50	21,03	30,60	34,43	17,57	25,56	28,75	14,19	20,65	23,23	7,30	15,88	17,87		11,25	12,66		7,08	7,96		3,39	3,81
	IV	697,00	38,33	55,76	62,73	36,00	52,37	58,91	33,71	49,04	55,17	31,47	45,78	51,50	29,27	42,59	47,91	27,12	39,45	44,38	25,01	36,39	40,93
	V	1.138,58	62,62	91,09	102,47	62,62	91,09	102,47	62,62	91,09	102,47	62,62	91,09	102,47	62,62	91,09	102,47	62,62	91,09	102,47	62,62	91,09	102,47
	VI	1.170,75	64,39	93,66	105,37	64,39	93,66	105,37	64,39	93,66	105,37	64,39	93,66	105,37	64,39	93,66	105,37	64,39	93,66	105,37	64,39	93,66	105,37
3.407,99	I	698,00	38,39	55,84	62,82	33,77	49,13	55,27	29,33	42,67	48,00	25,06	36,46	41,02	20,97	30,51	34,33	17,06	24,83	27,93	13,33	19,39	21,82
	II	659,83	36,29	52,79	59,38	31,74	46,18	51,95	27,39	39,84	44,82	23,20	33,75	37,97	19,19	27,92	31,41	15,36	22,35	25,14	11,71	17,03	19,16
	III	383,33	21,08	30,67	34,50	17,61	25,63	28,83	14,24	20,72	23,31	7,43	15,93	17,92		11,31	12,72		7,12	8,01		3,43	3,85
	IV	698,00	38,39	55,84	62,82	36,06	52,45	59,01	33,77	49,13	55,27	31,52	45,86	51,59	29,33	42,67	48,00	27,17	39,53	44,47	25,06	36,46	41,02
	V	1.139,83	62,69	91,19	102,58	62,69	91,19	102,58	62,69	91,19	102,58	62,69	91,19	102,58	62,69	91,19	102,58	62,69	91,19	102,58	62,69	91,19	102,58
	VI	1.172,00	64,46	93,76	105,48	64,46	93,76	105,48	64,46	93,76	105,48	64,46	93,76	105,48	64,46	93,76	105,48	64,46	93,76	105,48	64,46	93,76	105,48
3.440,99	I	709,50	39,02	56,76	63,86	34,37	50,01	56,26	29,91	43,51	48,95	25,62	37,27	41,93	21,51	31,29	35,20	17,58	25,57	28,77	13,82	20,11	22,62
	II	671,08	36,90	53,69	60,40	32,34	47,05	52,93	27,96	40,67	45,76	23,75	34,55	38,86	19,72	28,69	32,27	15,86	23,08	25,97	12,18	17,73	19,94
	III	392,00	21,56	31,36	35,28	18,08	26,31	29,59	14,69	21,37	24,04	9,03	16,57	18,64		11,92	13,41		7,67	8,62		3,91	4,39
	IV	709,50	39,02	56,76	63,86	36,68	53,35	60,02	34,37	50,01	56,26	32,12	46,73	52,57	29,91	43,51	48,95	27,74	40,36	45,41	25,62	37,27	41,93
	V	1.153,66	63,45	92,29	103,83	63,45	92,29	103,83	63,45	92,29	103,83	63,45	92,29	103,83	63,45	92,29	103,83	63,45	92,29	103,83	63,45	92,29	103,83
	VI	1.185,91	65,22	94,87	106,73	65,22	94,87	106,73	65,22	94,87	106,73	65,22	94,87	106,73	65,22	94,87	106,73	65,22	94,87	106,73	65,22	94,87	106,73
3.533,99	I	742,08	40,81	59,37	66,79	36,10	52,52	59,09	31,57	45,93	51,67	27,22	39,59	44,54	23,04	33,52	37,71	19,04	27,70	31,16	15,21	22,13	24,90
	II	703,16	38,67	56,25	63,28	34,04	49,52	55,71	29,59	43,05	48,43	25,31	36,83	41,43	21,22	30,87	34,72	17,29	25,16	28,31	13,55	19,71	22,18
	III	416,66	22,91	33,33	37,50	19,40	28,23	31,75	15,98	23,25	26,16	12,65	18,41	20,71	1,83	13,69	15,40		9,24	10,40		5,29	5,95
	IV	742,08	40,81	59,37	66,79	38,44	55,91	62,90	36,10	52,52	59,09	33,82	49,19	55,34	31,57	45,93	51,67	29,37	42,73	48,07	27,22	39,59	44,54
	V	1.192,75	65,60	95,42	107,35	65,60	95,42	107,35	65,60	95,42	107,35	65,60	95,42	107,35	65,60	95,42	107,35	65,60	95,42	107,35	65,60	95,42	107,35
	VI	1.224,91	67,37	97,99	110,24	67,37	97,99	110,24	67,37	97,99	110,24	67,37	97,99	110,24	67,37	97,99	110,24	67,37	97,99	110,24	67,37	97,99	110,24
3.992,99	I	909,91	50,04	72,79	81,89	45,00	65,47	73,65	40,14	58,39	65,69	35,46	51,58	58,03	30,95	45,03	50,65	26,62	38,73	43,57	22,47	32,69	36,77
	II	868,25	47,75	69,46	78,14	42,79	62,25	70,03	38,01	55,29	62,20	33,40	48,59	54,67	28,98	42,16	47,43	24,73	35,97	40,47	20,65	30,05	33,80
	III	542,16	29,81	43,37	48,79	26,14	38,03	42,78	22,55	32,80	36,90	19,04	27,71	31,17	15,63	22,75	25,59	12,32	17,92	20,16	0,63	13,21	14,86
	IV	909,91	50,04	72,79	81,89	47,50	69,09	77,73	45,00	65,47	73,65	42,55	61,90	69,64	40,14	58,39	65,69	37,78	54,95	61,82	35,46	51,58	58,03
	V	1.385,50	76,20	110,84	124,70	76,20	110,84	124,70	76,20	110,84	124,70	76,20	110,84	124,70	76,20	110,84	124,70	76,20	110,84	124,70	76,20	110,84	124,70
	VI	1.417,75	77,97	113,42	127,60	77,97	113,42	127,60	77,97	113,42	127,60	77,97	113,42	127,60	77,97	113,42	127,60	77,97	113,42	127,60	77,97	113,42	127,60
4.040,99	I	928,08	51,04	74,25	83,53	45,97	66,87	75,22	41,07	59,75	67,21	36,35	52,89	59,50	31,81	46,28	52,06	27,45	39,93	44,92	23,26	33,84	38,07
	II	886,08	48,73	70,89	79,75	43,74	63,63	71,58	38,93	56,63	63,70	34,29	49,88	56,12	29,82	43,39	48,81	25,54	37,15	41,80	21,43	31,18	35,08
	III	555,66	30,56	44,45	50,01	26,86	39,08	43,97	23,25	33,83	38,05	19,73	28,71	32,29	16,30	23,72	26,69	12,97	18,87	21,22	2,93	14,13	15,90
	IV	928,08	51,04	74,25	83,53	48,48	70,53	79,34	45,97	66,87	75,22	43,50	63,27	71,18	41,07	59,75	67,21	38,69	56,29	63,32	36,35	52,89	59,50
	V	1.405,66	77,31	112,45	126,51	77,31	112,45	126,51	77,31	112,45	126,51	77,31	112,45	126,51	77,31	112,45	126,51	77,31	112,45	126,51	77,31	112,45	126,51
	VI	1.437,91	79,08	115,03	129,41	79,08	115,03	129,41	79,08	115,03	129,41	79,08	115,03	129,41	79,08	115,03	129,41	79,08	115,03	129,41	79,08	115,03	129,41
4.688,99	I	1.185,41	65,19	94,83	106,69	59,66	86,79	97,63	54,30	78,99	88,87	49,12	71,45	80,38	44,11	64,17	72,19	39,28	57,15	64,29	34,63	50,38	56,68
	II	1.139,75	62,68	91,18	102,58	57,22	83,24	93,64	51,95	75,57	85,01	46,84	68,14	76,66	41,91	60,97	68,59	37,17	54,07	60,82	32,60	47,42	53,35
	III	741,00	40,75	59,28	66,69	36,83	53,57	60,27	32,99	47,99	53,98	29,24	42,53	47,85	25,57	37,20	41,85	22,00	32,00	36,00	18,51	26,93	30,30
	IV	1.185,41	65,19	94,83	106,69	62,41	90,78	102,13	59,66	86,79	97,63	56,96	82,85	93,21	54,30	78,99	88,87	51,69	75,19	84,58	49,12	71,45	80,38
	V	1.677,83	92,28	134,23	151,00	92,28	134,23	151,00	92,28	134,23	151,00	92,28	134,23	151,00	92,28	134,23	151,00	92,28	134,23	151,00	92,28	134,23	151,00
	VI	1.710,08	94,05	136,81	153,91	94,05	136,81	153,91	94,05	136,81	153,91	94,05	136,81	153,91	94,05	136,81	153,91	94,05	136,81	153,91	94,05	136,81	153,91
4.901,99	I	1.273,16	70,02	101,85	114,58	64,43	93,72	105,44	58,91	85,70	96,41	53,58	77,94	87,68	48,42	70,44	79,25	43,44	63,19	71,09	38,64	56,21	63,23
	II	1.227,41	67,50	98,19	110,47	61,93	90,08	101,34	56,49	82,17	92,44	51,24	74,53	83,85	46,16	67,15	75,54	41,25	60,01	67,51	36,53	53,14	59,78
	III	804,00	44,22	64,32	72,36	40,21	58,49	65,80	36,30	52,80	59,40	32,46	47,23	53,13	28,72	41,79	47,01	25,07	36,48	41,04	21,51	31,29	35,20
	IV	1.273,16	70,02	101,85	114,58	67,22	97,79	110,01	64,43	93,72	105,44	61,65	89,68	100,89	58,91	85,70	96,41	56,23	81,79	92,02	53,58	77,94	87,68
	V	1.767,33	97,20	141,39	159,06	97,20	141,39	159,06	97,20	141,39	159,06	97,20	141,39	159,06	97,20	141,39	159,06	97,20	141,39	159,06	97,20	141,39	159,06
	VI	1.799,50	98,97	143,96	161,96	98,97	143,96	161,96	98,97	143,96	161,96	98,97	143,96	161,96	98,97	143,96	161,96	98,97	143,96	161,96	98,97	143,96	161,96

Monatstabelle

Allgemeine

Brutto bis	StKl	LSt	Solidaritätszuschlag und Kirchensteuer für 0 bis 3 Kinderfreibeträge																				
			0,0			0,5			1,0			1,5			2,0			2,5			3,0		
			SolZ	KiSt 8%	KiSt 9%	SolZ	KiSt 8%	KiSt 9%	SolZ	KiSt 8%	KiSt 9%	SolZ	KiSt 8%	KiSt 9%	SolZ	KiSt 8%	KiSt 9%	SolZ	KiSt 8%	KiSt 9%	SolZ	KiSt 8%	KiSt 9%
2.726,99	I	474,16	26,07	37,93	42,67	21,94	31,92	35,91	17,99	26,17	29,44	14,21	20,68	23,27	10,61	15,44	17,37	7,19	10,46	11,77		5,75	6,47
	II	439,91	24,19	35,19	39,59	20,14	29,30	32,96	16,27	23,67	26,62	12,57	18,29	20,57	9,05	13,17	14,81	4,56	8,31	9,34		3,85	4,33
	III	191,83	5,96	15,35	17,26		10,76	12,11		6,64	7,47		3,01	3,39									
	IV	474,16	26,07	37,93	42,67	23,98	34,89	39,25	21,94	31,92	35,91	19,94	29,01	32,64	17,99	26,17	29,44	16,08	23,39	26,32	14,21	20,68	23,27
	V	853,83	46,96	68,31	76,84	46,96	68,31	76,84	46,96	68,31	76,84	46,96	68,31	76,84	46,96	68,31	76,84	46,96	68,31	76,84	46,96	68,31	76,84
	VI	886,00	48,73	70,88	79,74	48,73	70,88	79,74	48,73	70,88	79,74	48,73	70,88	79,74	48,73	70,88	79,74	48,73	70,88	79,74	48,73	70,88	79,74
2.750,99	I	481,58	26,48	38,53	43,34	22,33	32,49	36,55	18,37	26,72	30,06	14,57	21,20	23,85	10,95	15,94	17,93	7,51	10,93	12,30		6,19	6,97
	II	447,25	24,59	35,78	40,25	20,52	29,86	33,59	16,63	24,20	27,23	12,92	18,80	21,15	9,38	13,65	15,36	5,71	8,77	9,86		4,24	4,77
	III	198,66	7,33	15,89	17,88		11,27	12,67		7,09	7,98		3,40	3,83		0,21	0,24						
	IV	481,58	26,48	38,53	43,34	24,39	35,48	39,91	22,33	32,49	36,55	20,33	29,57	33,27	18,37	26,72	30,06	16,44	23,93	26,92	14,57	21,20	23,85
	V	863,91	47,51	69,11	77,75	47,51	69,11	77,75	47,51	69,11	77,75	47,51	69,11	77,75	47,51	69,11	77,75	47,51	69,11	77,75	47,51	69,11	77,75
	VI	896,08	49,28	71,69	80,65	49,28	71,69	80,65	49,28	71,69	80,65	49,28	71,69	80,65	49,28	71,69	80,65	49,28	71,69	80,65	49,28	71,69	80,65
2.801,99	I	497,58	27,36	39,81	44,78	23,18	33,72	37,94	19,17	27,89	31,38	15,34	22,32	25,11	11,69	17,01	19,13	8,21	11,95	13,44	1,66	7,15	8,04
	II	462,91	25,46	37,03	41,66	21,35	31,06	34,94	17,42	25,35	28,51	13,67	19,89	22,38	10,10	14,69	16,53	6,70	9,75	10,97		5,11	5,74
	III	213,16	10,23	17,05	19,18		12,37	13,92		8,07	9,07		4,25	4,78		0,95	1,06						
	IV	497,58	27,36	39,81	44,78	25,25	36,73	41,32	23,18	33,72	37,94	21,15	30,77	34,62	19,17	27,89	31,38	17,23	25,07	28,21	15,34	22,32	25,11
	V	885,33	48,69	70,83	79,68	48,69	70,83	79,68	48,69	70,83	79,68	48,69	70,83	79,68	48,69	70,83	79,68	48,69	70,83	79,68	48,69	70,83	79,68
	VI	917,50	50,46	73,40	82,58	50,46	73,40	82,58	50,46	73,40	82,58	50,46	73,40	82,58	50,46	73,40	82,58	50,46	73,40	82,58	50,46	73,40	82,58
2.867,99	I	518,50	28,51	41,48	46,66	24,28	35,32	39,73	20,23	29,43	33,10	16,35	23,79	26,76	12,65	18,40	20,70	9,12	13,27	14,93	4,81	8,41	9,46
	II	483,41	26,58	38,67	43,51	22,43	32,63	36,71	18,46	26,85	30,21	14,66	21,33	23,99	11,04	16,06	18,07	7,59	11,05	12,43		6,30	7,09
	III	232,00	12,76	18,56	20,88	2,16	13,83	15,55		9,37	10,54		5,41	6,09		1,93	2,17						
	IV	518,50	28,51	41,48	46,66	26,37	38,37	43,16	24,28	35,32	39,73	22,23	32,34	36,38	20,23	29,43	33,10	18,26	26,57	29,89	16,35	23,79	26,76
	V	913,00	50,21	73,04	82,17	50,21	73,04	82,17	50,21	73,04	82,17	50,21	73,04	82,17	50,21	73,04	82,17	50,21	73,04	82,17	50,21	73,04	82,17
	VI	945,25	51,98	75,62	85,07	51,98	75,62	85,07	51,98	75,62	85,07	51,98	75,62	85,07	51,98	75,62	85,07	51,98	75,62	85,07	51,98	75,62	85,07
2.894,99	I	527,08	28,98	42,17	47,44	24,74	35,99	40,48	20,66	30,06	33,82	16,77	24,39	27,44	13,04	18,98	21,35	9,50	13,83	15,55	6,11	8,93	10,04
	II	491,91	27,05	39,35	44,27	22,88	33,29	37,45	18,88	27,47	30,91	15,07	21,92	24,66	11,43	16,63	18,70	7,96	11,59	13,03	0,81	6,81	7,66
	III	239,66	13,18	19,17	21,57	3,70	14,44	16,25		9,92	11,16		5,89	6,63		2,36	2,66						
	IV	527,08	28,98	42,17	47,44	26,84	39,05	43,93	24,74	35,99	40,48	22,67	32,99	37,11	20,66	30,06	33,82	18,69	27,19	30,59	16,77	24,39	27,44
	V	924,33	50,83	73,95	83,19	50,83	73,95	83,19	50,83	73,95	83,19	50,83	73,95	83,19	50,83	73,95	83,19	50,83	73,95	83,19	50,83	73,95	83,19
	VI	956,58	52,61	76,53	86,09	52,61	76,53	86,09	52,61	76,53	86,09	52,61	76,53	86,09	52,61	76,53	86,09	52,61	76,53	86,09	52,61	76,53	86,09
3.077,99	I	586,50	32,25	46,92	52,79	27,87	40,55	45,61	23,66	34,43	38,73	19,63	28,57	32,14	15,78	22,97	25,84	12,11	17,62	19,82	8,61	12,53	14,10
	II	550,16	30,25	44,01	49,51	25,96	37,76	42,48	21,83	31,75	35,72	17,88	26,01	29,26	14,11	20,53	23,09	10,51	15,30	17,21	7,09	10,33	11,62
	III	293,00	16,11	23,44	26,37	12,77	18,59	20,91	2,26	13,87	15,60		9,40	10,58		5,44	6,12		1,96	2,21			
	IV	586,50	32,25	46,92	52,79	30,04	43,70	49,16	27,87	40,55	45,61	25,74	37,45	42,13	23,66	34,43	38,73	21,63	31,47	35,40	19,63	28,57	32,14
	V	1.001,25	55,06	80,10	90,11	55,06	80,10	90,11	55,06	80,10	90,11	55,06	80,10	90,11	55,06	80,10	90,11	55,06	80,10	90,11	55,06	80,10	90,11
	VI	1.033,41	56,83	82,67	93,01	56,83	82,67	93,01	56,83	82,67	93,01	56,83	82,67	93,01	56,83	82,67	93,01	56,83	82,67	93,01	56,83	82,67	93,01
3.116,99	I	599,33	32,96	47,95	53,94	28,55	41,53	46,72	24,32	35,38	39,80	20,26	29,48	33,16	16,38	23,83	26,81	12,68	18,45	20,75	9,15	13,32	14,98
	II	562,83	30,95	45,03	50,65	26,62	38,73	43,57	22,47	32,69	36,77	18,49	26,91	30,27	14,69	21,38	24,05	11,07	16,11	18,12	7,62	11,09	12,48
	III	304,50	16,74	24,36	27,41	13,39	19,48	21,91	4,43	14,73	16,57		10,20	11,48		6,13	6,90		2,57	2,89			
	IV	599,33	32,96	47,95	53,94	30,73	44,71	50,29	28,55	41,53	46,72	26,41	38,43	43,23	24,32	35,38	39,80	22,27	32,39	36,44	20,26	29,48	33,16
	V	1.017,58	55,96	81,41	91,58	55,96	81,41	91,58	55,96	81,41	91,58	55,96	81,41	91,58	55,96	81,41	91,58	55,96	81,41	91,58	55,96	81,41	91,58
	VI	1.049,83	57,74	83,99	94,48	57,74	83,99	94,48	57,74	83,99	94,48	57,74	83,99	94,48	57,74	83,99	94,48	57,74	83,99	94,48	57,74	83,99	94,48
3.359,99	I	681,41	37,47	54,51	61,33	32,89	47,85	53,83	28,49	41,44	46,62	24,25	35,29	39,70	20,20	29,39	33,06	16,32	23,75	26,71	12,62	18,37	20,66
	II	643,50	35,39	51,48	57,91	30,88	44,93	50,54	26,56	38,63	43,46	22,40	32,59	36,67	18,43	26,81	30,16	14,63	21,29	23,95	11,01	16,03	18,03
	III	370,66	20,38	29,65	33,36	16,94	24,64	27,72	13,58	19,76	22,23	5,10	15,00	16,88		10,44	11,75		6,35	7,14		2,76	3,11
	IV	681,41	37,47	54,51	61,33	35,16	51,15	57,54	32,89	47,85	53,83	30,66	44,61	50,18	28,49	41,44	46,62	26,34	38,33	43,12	24,25	35,29	39,70
	V	1.119,66	61,58	89,57	100,77	61,58	89,57	100,77	61,58	89,57	100,77	61,58	89,57	100,77	61,58	89,57	100,77	61,58	89,57	100,77	61,58	89,57	100,77
	VI	1.151,83	63,35	92,15	103,66	63,35	92,15	103,66	63,35	92,15	103,66	63,35	92,15	103,66	63,35	92,15	103,66	63,35	92,15	103,66	63,35	92,15	103,66

Monatstabelle
Allgemeine

Brutto bis	StKl	LSt	0,0 SolZ	0,0 KiSt 8%	0,0 KiSt 9%	0,5 SolZ	0,5 KiSt 8%	0,5 KiSt 9%	1,0 SolZ	1,0 KiSt 8%	1,0 KiSt 9%	1,5 SolZ	1,5 KiSt 8%	1,5 KiSt 9%	2 0 SolZ	2 0 KiSt 8%	2 0 KiSt 9%	2,5 SolZ	2,5 KiSt 8%	2,5 KiSt 9%	3,0 SolZ	3,0 KiSt 8%	3,0 KiSt 9%
			Solidaritätszuschlag und Kirchensteuer für 0 bis 3 Kinderfreibeträge																				
2.120,99	I	295,33	16,24	23,63	26,58	12,54	18,25	20,53	9,02	13,13	14,77	4,48	8,27	9,31		3,82	4,30		0,31	0,35			
	II	264,66	14,55	21,17	23,82	10,94	15,91	17,90	7,50	10,91	12,28		6,17	6,94		2,12	2,39						
	III	59,16		4,73	5,32		1,36	1,53															
	IV	295,33	16,24	23,63	26,58	14,37	20,91	23,52	12,54	18,25	20,53	10,76	15,66	17,62	9,02	13,13	14,77	7,33	10,67	12,01	4,48	8,27	9,31
	V	600,33	33,01	48,03	54,03	33,01	48,03	54,03	33,01	48,03	54,03	33,01	48,03	54,03	33,01	48,03	54,03	33,01	48,03	54,03	33,01	48,03	54,03
	VI	631,66	34,74	50,53	56,85	34,74	50,53	56,85	34,74	50,53	56,85	34,74	50,53	56,85	34,74	50,53	56,85	34,74	50,53	56,85	34,74	50,53	56,85
2.123,99	I	296,25	16,29	23,70	26,66	12,59	18,32	20,61	9,07	13,20	14,85	4,63	8,33	9,37		3,87	4,35		0,35	0,39			
	II	265,50	14,60	21,24	23,90	10,98	15,98	17,98	7,54	10,97	12,34		6,23	7,00		2,16	2,43						
	III	59,83		4,79	5,38		1,40	1,58															
	IV	296,25	16,29	23,70	26,66	14,41	20,97	23,59	12,59	18,32	20,61	10,81	15,73	17,69	9,07	13,20	14,85	7,37	10,73	12,07	4,63	8,33	9,37
	V	601,50	33,08	48,12	54,13	33,08	48,12	54,13	33,08	48,12	54,13	33,08	48,12	54,13	33,08	48,12	54,13	33,08	48,12	54,13	33,08	48,12	54,13
	VI	633,00	34,81	50,64	56,97	34,81	50,64	56,97	34,81	50,64	56,97	34,81	50,64	56,97	34,81	50,64	56,97	34,81	50,64	56,97	34,81	50,64	56,97
2.141,99	I	301,33	16,57	24,11	27,12	12,86	18,71	21,04	9,32	13,57	15,26	5,51	8,69	9,77		4,17	4,69		0,58	0,65			
	II	270,58	14,88	21,65	24,35	11,24	16,36	18,41	7,79	11,34	12,76	0,21	6,57	7,39		2,43	2,73						
	III	63,16		5,05	5,68		1,63	1,83															
	IV	301,33	16,57	24,11	27,12	14,69	21,38	24,05	12,86	18,71	21,04	11,07	16,11	18,12	9,32	13,57	15,26	7,62	11,09	12,48	5,51	8,69	9,77
	V	608,83	33,48	48,71	54,79	33,48	48,71	54,79	33,48	48,71	54,79	33,48	48,71	54,79	33,48	48,71	54,79	33,48	48,71	54,79	33,48	48,71	54,79
	VI	640,33	35,21	51,23	57,63	35,21	51,23	57,63	35,21	51,23	57,63	35,21	51,23	57,63	35,21	51,23	57,63	35,21	51,23	57,63	35,21	51,23	57,63
2.249,99	I	331,91	18,25	26,55	29,87	14,46	21,04	23,67	10,85	15,79	17,76	7,42	10,79	12,14		6,05	6,81		2,03	2,28			
	II	300,50	16,52	24,04	27,05	12,81	18,64	20,97	9,28	13,51	15,19	5,36	8,63	9,70		4,12	4,63		0,54	0,61			
	III	83,66		6,69	7,53		3,07	3,45															
	IV	331,91	18,25	26,55	29,87	16,33	23,77	26,74	14,46	21,04	23,67	12,63	18,38	20,68	10,85	15,79	17,76	9,11	13,26	14,92	7,42	10,79	12,14
	V	653,50	35,94	52,28	58,81	35,94	52,28	58,81	35,94	52,28	58,81	35,94	52,28	58,81	35,94	52,28	58,81	35,94	52,28	58,81	35,94	52,28	58,81
	VI	685,66	37,71	54,85	61,71	37,71	54,85	61,71	37,71	54,85	61,71	37,71	54,85	61,71	37,71	54,85	61,71	37,71	54,85	61,71	37,71	54,85	61,71
2.450,99	I	390,33	21,46	31,23	35,13	17,53	25,51	28,69	13,78	20,05	22,55	10,20	14,84	16,70	6,80	9,89	11,13		5,23	5,89		1,39	1,56
	II	357,75	19,67	28,62	32,20	15,82	23,01	25,89	12,14	17,67	19,87	8,64	12,58	14,15	3,16	7,75	8,71		3,38	3,80			
	III	125,33		10,03	11,28		5,99	6,73		2,44	2,75												
	IV	390,33	21,46	31,23	35,13	19,47	28,33	31,87	17,53	25,51	28,69	15,63	22,75	25,59	13,78	20,05	22,55	11,96	17,41	19,58	10,20	14,84	16,70
	V	737,91	40,58	59,03	66,41	40,58	59,03	66,41	40,58	59,03	66,41	40,58	59,03	66,41	40,58	59,03	66,41	40,58	59,03	66,41	40,58	59,03	66,41
	VI	770,08	42,35	61,61	69,31	42,35	61,61	69,31	42,35	61,61	69,31	42,35	61,61	69,31	42,35	61,61	69,31	42,35	61,61	69,31	42,35	61,61	69,31
2.510,99	I	408,25	22,45	32,66	36,74	18,47	26,87	30,23	14,67	21,35	24,01	11,05	16,08	18,09	7,60	11,07	12,45		6,31	7,10		2,23	2,51
	II	375,25	20,63	30,02	33,77	16,74	24,35	27,40	13,02	18,95	21,31	9,48	13,79	15,52	6,03	8,89	10,00		4,35	4,90		0,71	0,80
	III	138,50		11,08	12,47		6,92	7,79		3,25	3,66		0,09	0,10									
	IV	408,25	22,45	32,66	36,74	20,44	29,73	33,45	18,47	26,87	30,23	16,55	24,08	27,09	14,67	21,35	24,01	12,84	18,68	21,02	11,05	16,08	18,09
	V	763,08	41,96	61,05	68,68	41,96	61,05	68,68	41,96	61,05	68,68	41,96	61,05	68,68	41,96	61,05	68,68	41,96	61,05	68,68	41,96	61,05	68,68
	VI	795,25	43,73	63,62	71,57	43,73	63,62	71,57	43,73	63,62	71,57	43,73	63,62	71,57	43,73	63,62	71,57	43,73	63,62	71,57	43,73	63,62	71,57
2.522,99	I	411,83	22,65	32,95	37,06	18,66	27,15	30,55	14,85	21,61	24,31	11,22	16,33	18,37	7,77	11,31	12,72	0,15	6,54	7,36		2,41	2,71
	II	378,83	20,83	30,31	34,09	16,93	24,63	27,70	13,20	19,20	21,60	9,65	14,04	15,80	6,27	9,13	10,27		4,55	5,12		0,87	0,98
	III	141,16		11,29	12,70		7,11	7,99		3,43	3,85		0,23	0,25									
	IV	411,83	22,65	32,95	37,06	20,63	30,02	33,77	18,66	27,15	30,55	16,74	24,35	27,40	14,85	21,61	24,31	13,02	18,94	21,31	11,22	16,33	18,37
	V	768,16	42,24	61,45	69,13	42,24	61,45	69,13	42,24	61,45	69,13	42,24	61,45	69,13	42,24	61,45	69,13	42,24	61,45	69,13	42,24	61,45	69,13
	VI	800,33	44,01	64,03	72,03	44,01	64,03	72,03	44,01	64,03	72,03	44,01	64,03	72,03	44,01	64,03	72,03	44,01	64,03	72,03	44,01	64,03	72,03
2.588,99	I	431,75	23,74	34,54	38,86	19,71	28,67	32,26	15,85	23,07	25,95	12,18	17,72	19,93	8,68	12,63	14,20	3,28	7,79	8,77		3,41	3,84
	II	398,33	21,90	31,87	35,85	17,95	26,12	29,39	14,18	20,63	23,20	10,58	15,39	17,32	7,15	10,41	11,71		5,71	6,42		1,76	1,98
	III	156,33		12,51	14,07		8,19	9,21		4,36	4,91		1,04	1,17									
	IV	431,75	23,74	34,54	38,86	21,70	31,57	35,52	19,71	28,67	32,26	17,76	25,84	29,07	15,85	23,07	25,95	13,99	20,36	22,91	12,18	17,72	19,93
	V	795,83	43,77	63,67	71,62	43,77	63,67	71,62	43,77	63,67	71,62	43,77	63,67	71,62	43,77	63,67	71,62	43,77	63,67	71,62	43,77	63,67	71,62
	VI	828,08	45,54	66,25	74,53	45,54	66,25	74,53	45,54	66,25	74,53	45,54	66,25	74,53	45,54	66,25	74,53	45,54	66,25	74,53	45,54	66,25	74,53

Monatstabelle

Allgemeine

Brutto bis	StKl	LSt	Solidaritätszuschlag und Kirchensteuer für 0 bis 3 Kinderfreibeträge																				
			0,0			0,5			1,0			1,5			2,0			2,5			3,0		
			SolZ	KiSt 8%	KiSt 9%	SolZ	KiSt 8%	KiSt 9%	SolZ	KiSt 8%	KiSt 9%	SolZ	KiSt 8%	KiSt 9%	SolZ	KiSt 8%	KiSt 9%	SolZ	KiSt 8%	KiSt 9%	SolZ	KiSt 8%	KiSt 9%
1.961,99	I	250,83	13,79	20,07	22,57	10,21	14,86	16,72	6,81	9,91	11,15		5,25	5,91		1,40	1,58						
	II	221,16	12,16	17,69	19,90	8,66	12,60	14,18	3,21	7,77	8,74		3,39	3,82									
	III	33,66		2,69	3,03																		
	IV	250,83	13,79	20,07	22,57	11,98	17,43	19,61	10,21	14,86	16,72	8,49	12,35	13,90	6,81	9,91	11,15	2,63	7,53	8,47		5,25	5,91
	V	537,16	29,54	42,97	48,34	29,54	42,97	48,34	29,54	42,97	48,34	29,54	42,97	48,34	29,54	42,97	48,34	29,54	42,97	48,34	29,54	42,97	48,34
	VI	567,16	31,19	45,37	51,04	31,19	45,37	51,04	31,19	45,37	51,04	31,19	45,37	51,04	31,19	45,37	51,04	31,19	45,37	51,04	31,19	45,37	51,04
2.000,99	I	261,66	14,39	20,93	23,55	10,78	15,68	17,64	7,35	10,69	12,03		5,97	6,71		1,95	2,20						
	II	231,66	12,74	18,53	20,85	9,21	13,40	15,08	5,11	8,53	9,59		4,03	4,54		0,47	0,53						
	III	39,16		3,13	3,52																		
	IV	261,66	14,39	20,93	23,55	12,56	18,27	20,56	10,78	15,68	17,64	9,04	13,15	14,80	7,35	10,69	12,03	4,53	8,29	9,33		5,97	6,71
	V	552,33	30,37	44,19	49,71	30,37	44,19	49,71	30,37	44,19	49,71	30,37	44,19	49,71	30,37	44,19	49,71	30,37	44,19	49,71	30,37	44,19	49,71
	VI	582,83	32,05	46,63	52,45	32,05	46,63	52,45	32,05	46,63	52,45	32,05	46,63	52,45	32,05	46,63	52,45	32,05	46,63	52,45	32,05	46,63	52,45
2.021,99	I	267,50	14,71	21,40	24,07	11,08	16,13	18,14	7,64	11,11	12,50		6,36	7,16		2,27	2,55						
	II	237,41	13,05	18,99	21,37	9,51	13,84	15,57	6,14	8,94	10,06		4,39	4,94		0,75	0,84						
	III	42,00		3,36	3,78		0,19	0,21															
	IV	267,50	14,71	21,40	24,07	12,87	18,73	21,07	11,08	16,13	18,14	9,34	13,59	15,28	7,64	11,11	12,50	5,56	8,71	9,79		6,36	7,16
	V	560,66	30,83	44,85	50,46	30,83	44,85	50,46	30,83	44,85	50,46	30,83	44,85	50,46	30,83	44,85	50,46	30,83	44,85	50,46	30,83	44,85	50,46
	VI	591,16	32,51	47,29	53,20	32,51	47,29	53,20	32,51	47,29	53,20	32,51	47,29	53,20	32,51	47,29	53,20	32,51	47,29	53,20	32,51	47,29	53,20
2.096,99	I	288,58	15,87	23,09	25,97	12,19	17,73	19,95	8,69	12,64	14,22	3,31	7,81	8,78		3,43	3,85		0,02	0,02			
	II	258,00	14,19	20,64	23,22	10,59	15,41	17,33	7,17	10,43	11,74		5,73	6,44		1,77	1,99						
	III	54,83		4,39	4,93		1,05	1,18															
	IV	288,58	15,87	23,09	25,97	14,01	20,38	22,93	12,19	17,73	19,95	10,41	15,15	17,05	8,69	12,64	14,22	7,00	10,19	11,47	3,31	7,81	8,78
	V	590,50	32,47	47,24	53,15	32,47	47,24	53,15	32,47	47,24	53,15	32,47	47,24	53,15	32,47	47,24	53,15	32,47	47,24	53,15	32,47	47,24	53,15
	VI	621,83	34,20	49,75	55,96	34,20	49,75	55,96	34,20	49,75	55,96	34,20	49,75	55,96	34,20	49,75	55,96	34,20	49,75	55,96	34,20	49,75	55,96
2.102,99	I	290,25	15,96	23,22	26,12	12,28	17,87	20,10	8,77	12,77	14,36	3,60	7,92	8,91		3,53	3,97		0,09	0,10			
	II	259,66	14,28	20,77	23,37	10,67	15,53	17,47	7,25	10,55	11,87		5,83	6,56		1,85	2,08						
	III	56,00		4,48	5,04		1,13	1,27															
	IV	290,25	15,96	23,22	26,12	14,10	20,51	23,08	12,28	17,87	20,10	10,50	15,28	17,19	8,77	12,77	14,36	7,09	10,31	11,60	3,60	7,92	8,91
	V	593,00	32,61	47,44	53,37	32,61	47,44	53,37	32,61	47,44	53,37	32,61	47,44	53,37	32,61	47,44	53,37	32,61	47,44	53,37	32,61	47,44	53,37
	VI	624,33	34,33	49,95	56,19	34,33	49,95	56,19	34,33	49,95	56,19	34,33	49,95	56,19	34,33	49,95	56,19	34,33	49,95	56,19	34,33	49,95	56,19
2.105,99	I	291,08	16,00	23,29	26,20	12,32	17,93	20,17	8,81	12,83	14,43	3,75	7,98	8,98		3,57	4,02		0,13	0,14			
	II	260,50	14,32	20,84	23,45	10,72	15,60	17,55	7,29	10,61	11,94		5,89	6,62		1,90	2,14						
	III	56,50		4,52	5,09		1,17	1,32															
	IV	291,08	16,00	23,29	26,20	14,14	20,58	23,15	12,32	17,93	20,17	10,55	15,35	17,26	8,81	12,83	14,43	7,13	10,37	11,67	3,75	7,98	8,98
	V	594,33	32,68	47,55	53,49	32,68	47,55	53,49	32,68	47,55	53,49	32,68	47,55	53,49	32,68	47,55	53,49	32,68	47,55	53,49	32,68	47,55	53,49
	VI	625,66	34,41	50,05	56,31	34,41	50,05	56,31	34,41	50,05	56,31	34,41	50,05	56,31	34,41	50,05	56,31	34,41	50,05	56,31	34,41	50,05	56,31
2.108,99	I	292,00	16,06	23,36	26,28	12,37	17,99	20,24	8,85	12,89	14,50	3,90	8,04	9,04		3,62	4,07		0,17	0,19			
	II	261,33	14,37	20,91	23,52	10,76	15,66	17,62	7,33	10,67	12,01		5,95	6,69		1,94	2,18						
	III	57,00		4,56	5,13		1,21	1,36															
	IV	292,00	16,06	23,36	26,28	14,19	20,64	23,22	12,37	17,99	20,24	10,59	15,41	17,33	8,85	12,89	14,50	7,17	10,43	11,74	3,90	8,04	9,04
	V	595,33	32,74	47,63	53,58	32,74	47,63	53,58	32,74	47,63	53,58	32,74	47,63	53,58	32,74	47,63	53,58	32,74	47,63	53,58	32,74	47,63	53,58
	VI	626,66	34,46	50,13	56,40	34,46	50,13	56,40	34,46	50,13	56,40	34,46	50,13	56,40	34,46	50,13	56,40	34,46	50,13	56,40	34,46	50,13	56,40
2.111,99	I	292,83	16,10	23,43	26,35	12,41	18,06	20,32	8,90	12,95	14,56	4,05	8,10	9,11		3,67	4,13		0,20	0,23			
	II	262,16	14,41	20,97	23,59	10,81	15,73	17,69	7,37	10,73	12,07		6,00	6,75		1,99	2,23						
	III	57,50		4,60	5,17		1,24	1,40															
	IV	292,83	16,10	23,43	26,35	14,23	20,71	23,29	12,41	18,06	20,32	10,63	15,47	17,41	8,90	12,95	14,56	7,21	10,49	11,80	4,05	8,10	9,11
	V	596,66	32,81	47,73	53,70	32,81	47,73	53,70	32,81	47,73	53,70	32,81	47,73	53,70	32,81	47,73	53,70	32,81	47,73	53,70	32,81	47,73	53,70
	VI	628,00	34,54	50,24	56,52	34,54	50,24	56,52	34,54	50,24	56,52	34,54	50,24	56,52	34,54	50,24	56,52	34,54	50,24	56,52	34,54	50,24	56,52

Monatstabelle

Allgemeine

			Solidaritätszuschlag und Kirchensteuer für 0 bis 3 Kinderfreibeträge																				
			0,0			0,5			1,0			1,5			2,0			2,5			3,0		
Brutto bis	StKl	LSt	SolZ	KiSt 8%	KiSt 9%	SolZ	KiSt 8%	KiSt 9%	SolZ	KiSt 8%	KiSt 9%	SolZ	KiSt 8%	KiSt 9%	SolZ	KiSt 8%	KiSt 9%	SolZ	KiSt 8%	KiSt 9%	SolZ	KiSt 8%	KiSt 9%
500,99	I																						
	II																						
	III																						
	IV																						
	V	63,58		5,09	5,72		5,09	5,72		5,09	5,72		5,09	5,72		5,09	5,72		5,09	5,72		5,09	5,72
	VI	75,08		6,01	6,76		6,01	6,76		6,01	6,76		6,01	6,76		6,01	6,76		6,01	6,76		6,01	6,76
602,99	I																						
	II																						
	III																						
	IV																						
	V	78,91		6,31	7,10		6,31	7,10		6,31	7,10		6,31	7,10		6,31	7,10		6,31	7,10		6,31	7,10
	VI	90,41	1,88	7,23	8,14	1,88	7,23	8,14	1,88	7,23	8,14	1,88	7,23	8,14	1,88	7,23	8,14	1,88	7,23	8,14	1,88	7,23	8,14
767,99	I																						
	II																						
	III																						
	IV																						
	V	103,66	4,53	8,29	9,33	4,53	8,29	9,33	4,53	8,29	9,33	4,53	8,29	9,33	4,53	8,29	9,33	4,53	8,29	9,33	4,53	8,29	9,33
	VI	117,41	6,45	9,39	10,57	6,45	9,39	10,57	6,45	9,39	10,57	6,45	9,39	10,57	6,45	9,39	10,57	6,45	9,39	10,57	6,45	9,39	10,57
830,99	I																						
	II																						
	III																						
	IV																						
	V	113,08	6,21	9,05	10,18	6,21	9,05	10,18	6,21	9,05	10,18	6,21	9,05	10,18	6,21	9,05	10,18	6,21	9,05	10,18	6,21	9,05	10,18
	VI	143,91	7,91	11,51	12,95	7,91	11,51	12,95	7,91	11,51	12,95	7,91	11,51	12,95	7,91	11,51	12,95	7,91	11,51	12,95	7,91	11,51	12,95
842,99	I																						
	II																						
	III																						
	IV																						
	V	116,75	6,42	9,34	10,51	6,42	9,34	10,51	6,42	9,34	10,51	6,42	9,34	10,51	6,42	9,34	10,51	6,42	9,34	10,51	6,42	9,34	10,51
	VI	148,91	8,19	11,91	13,40	8,19	11,91	13,40	8,19	11,91	13,40	8,19	11,91	13,40	8,19	11,91	13,40	8,19	11,91	13,40	8,19	11,91	13,40
1.001,99	I	13,16		1,05	1,18																		
	II																						
	III																						
	IV	13,16		1,05	1,18																		
	V	183,50	10,09	14,68	16,52	10,09	14,68	16,52	10,09	14,68	16,52	10,09	14,68	16,52	10,09	14,68	16,52	10,09	14,68	16,52	10,09	14,68	16,52
	VI	215,75	11,86	17,26	19,42	11,86	17,26	19,42	11,86	17,26	19,42	11,86	17,26	19,42	11,86	17,26	19,42	11,86	17,26	19,42	11,86	17,26	19,42
1.553,99	I	141,25	7,76	11,30	12,71	0,13	6,53	7,35		2,40	2,70												
	II	114,00	6,26	9,12	10,26		4,55	5,11		0,86	0,97												
	III																						
	IV	141,25	7,76	11,30	12,71	6,00	8,88	9,99	0,13	6,53	7,35		4,34	4,88		2,40	2,70		0,71	0,79			
	V	387,66	21,32	31,01	34,89	21,32	31,01	34,89	21,32	31,01	34,89	21,32	31,01	34,89	21,32	31,01	34,89	21,32	31,01	34,89	21,32	31,01	34,89
	VI	414,50	22,79	33,16	37,31	22,79	33,16	37,31	22,79	33,16	37,31	22,79	33,16	37,31	22,79	33,16	37,31	22,79	33,16	37,31	22,79	33,16	37,31
1.802,99	I	207,75	11,42	16,62	18,70	7,96	11,58	13,03	0,80	6,80	7,65		2,61	2,94									
	II	179,00	9,84	14,32	16,11	6,45	9,39	10,57		4,79	5,38		1,05	1,18									
	III	12,66		1,01	1,14																		
	IV	207,75	11,42	16,62	18,70	9,67	14,07	15,82	7,96	11,58	13,03	6,29	9,16	10,31	0,80	6,80	7,65		4,58	5,15		2,61	2,94
	V	476,83	26,22	38,15	42,91	26,22	38,15	42,91	26,22	38,15	42,91	26,22	38,15	42,91	26,22	38,15	42,91	26,22	38,15	42,91	26,22	38,15	42,91
	VI	505,50	27,80	40,44	45,49	27,80	40,44	45,49	27,80	40,44	45,49	27,80	40,44	45,49	27,80	40,44	45,49	27,80	40,44	45,49	27,80	40,44	45,49

Xpert Business

Übungs-
Lohnsteuertabelle
Lohn und Gehalt 1

Die Xpert Business Übungs-Lohnsteuertabelle veranschaulicht den Aufbau einer klassischen Lohnsteuertabelle und verwendet dafür exemplarischer Werte. Sie stellt alle Steuerbeträge zur Verfügung, die in den Beispielen und Übungen des Lehrbuches und des Übungsbuches verwendet wurden.

Die in der Xpert Business Übungs-Lohnsteuertabelle aufgeführten Steuerbeträge sind daher nicht identisch mit den gültigen Werten des aktuellen Jahres.

Druckversion vom 21.01.2011, POD-7.0

Druck: Educational Consulting GmbH, Ilmenau
Printed in Germany

EduMedia

Xpert Personal Business Skills

Titel	Preis* (inkl. USt.)	ISBN/Bestellnr.
Wirksam vortragen - Rhetorik 1	15,95 €	978-3-86718-**080**-1
Erfolgreich verhandeln - Rhetorik 2	15,95 €	978-3-86718-**081**-8
Zeit optimal nutzen - Zeitmanagement	15,95 €	978-3-86718-**082**-5
Erfolgreich verkaufen - Verkaufstraining	15,95 €	978-3-86718-**083**-2
Projekte realisieren - Projektmanagement	15,95 €	978-3-86718-**084**-9
Konflikte lösen - Konfliktmanagement	15,95 €	978-3-86718-**085**-6
Erfolgreich moderieren - Moderationstraining	15,95 €	978-3-86718-**086**-3
Probleme lösen und Ideen entwickeln	15,95 €	978-3-86718-**087**-0
Kompetent entscheiden und verantwortungsbewusst handeln	15,95 €	978-3-86718-**088**-7
Teams erfolgreich entwickeln und leiten	15,95 €	978-3-86718-**089**-4
Overhead-Folien und Bildschirmshows	15,95 €	978-3-86718-**090**-0
Präsentationen gekonnt durchführen	15,95 €	978-3-86718-**091**-7

* Änderungen vorbehalten. Aktuelle Preise finden Sie auf www.edumedia.de

Projekte realisieren - Projektmanagement

Um auf neue Herausforderungen flexibel und leistungsfähig reagieren zu können, werden in Organisationen Ziele und Aufgaben zunehmend projektbezogen formuliert. Der Band vermittelt theoretische Grundlagen und praxisnahe Beispiele für die erfolgreiche Projektarbeit und das Management von Projekten.

- Ein Projekt nach Phasen organisieren und umsetzen
- Ein kompetentes Projektteam entwickeln und etablieren
- Meilenstein-, Termin-, Aktivitäten- und Ressourcenpläne erstellen
- Geeignete Arbeitstechniken anwenden
- Den Projektablauf kontrollieren und steuern

EDV

Titel	Preis* (inkl. USt.)	ISBN/Bestellnr.
Grundlagen der EDV XP	13,95 €	978-3-86718-**310**-9
Windows XP	13,95 €	978-3-86718-**318**-5
PC-Starter - Version für Windows 7	13,95 €	978-3-86718-**340**-6
Grundlagen Internet XP	13,95 €	978-3-86718-**311**-6
Textverarbeitung XP	13,95 €	978-3-86718-**312**-3
Textverarbeitung 2003	13,95 €	978-3-86718-**332**-1
Textverarbeitung 2007	13,95 €	978-3-86718-**341**-3
Tabellenkalkulation XP	13,95 €	978-3-86718-**313**-0
Tabellenkalkulation 2003	13,95 €	978-3-86718-**333**-8
Tabellenkalkulation 2007	13,95 €	978-3-86718-**342**-0
Datenbanken XP	13,95 €	978-3-86718-**314**-7
Datenbanken 2007	13,95 €	978-3-86718-**343**-7

* Änderungen vorbehalten. Aktuelle Preise finden Sie auf www.edumedia.de

Xpert Culture Communikation Skills

Titel	Preis* (inkl. USt.)	ISBN/Bestellnr.
Interkulturelle Kompetenz	19,95 €	978-3-86718-**200**-3
Cross-cultural competence (englischsprachige Ausgabe)	21,95 €	978-3-86718-**201**-0
Leben und Arbeiten in Deutschland	11,95 €	978-3-86718-**202**-7

* Änderungen vorbehalten. Aktuelle Preise finden Sie auf www.edumedia.de

Büroorganisation

Titel	Preis* (inkl. USt.)	ISBN/Bestellnr.
Büroorganisation und Arbeitsoptimierung (HardCover-Ausgabe)	34,80 €	978-3-86718-**400**-7
Büroorganisation (SoftCover-Ausgabe)	27,80 €	978-3-86718-**402**-1
LOTUS NOTES- und IT-Anwendungen	9,95 €	978-3-86718-**401**-4

* Änderungen vorbehalten. Aktuelle Preise finden Sie auf www.edumedia.de

Konditionen und Kundenservice

Bestell- und Kundenservice

Ob es um Fragen zu unseren Produkten, zu einer Lieferung oder um aktuelle Informationen geht, unser Kundenservice ist gern für Sie da. Sie werden von Ihrem persönlichen Kundenbetreuer individuell beraten oder mit dem Experten für die jeweiligen inhaltlichen Fragen verbunden.

- ☑ Online: www.edumedia.de
  Bestellen Sie zu jeder Tages- und Nachtzeit. Zeitunabhängig und zuverlässig.
- ☑ Telefon-Hotline: 05031 - 909800
  Treffen Sie individuelle Absprachen mit Ihrem persönlichen Kundenbetreuer. Wir sind flexibel.
- ☑ Fax: 05031 - 909801
  Nutzen Sie das beiliegende Faxformular.
- ☑ E-Mail: info@edumedia.de
  Bestellen Sie bequem und zeitunabhängig.

Bestellformular

(auch per Fax an 05031 - 90 98 01)

Ich bestelle:

Anzahl	Titel	Bestellnummer / ISBN

	Rechnungsanschrift	Lieferanschrift
Institut		
Straße		
PLZ / Ort		
Ansprechpartner		
Telefon		
E-Mail		
Kundennummer		

☐ Ich habe die Allgemeinen Geschäftsbedingungen der EduMedia GmbH zur Kenntnis genommen und stimme diesen zu. (Die AGB finden Sie in unserem aktuellen Katalog oder auf der Website www.edumedia.de)

EduMedia Kundenservice:

Logistikzentrum
Ziegelhüttenweg 4
98693 Ilmenau

Kundenservice
Telefon: 05031 - 90 98 00
Fax: 05031 - 90 98 01

E-Mail/Web
info@edumedia.de
www.edumedia.de

Unsere Lieferbedingungen:

Lieferungen erfolgen bei 1 Exemplar als Büchersendung mit einer Versandkostenpauschale von 3,00 Euro (inkl. MwSt), ab 2 Exemplaren erfolgt die Lieferung als versichertes Paket. Weitere Informationen zu unseren Lieferbedingungen erfahren Sie unter: www.edumedia.de/lieferbedingungen

Widerrufsbelehrung:

§ 1 Widerrufsrecht

Sind Sie Verbraucher, können Sie Ihre Vertragserklärung innerhalb von 14 Tagen ohne Angabe von Gründen in Textform (z.B. Brief, Fax, E-Mail) oder wenn Ihnen die Sache vor Fristablauf überlassen wird - auch durch Rücksendung der Sache - widerrufen. Die Frist beginnt nach Erhalt dieser Belehrung in Textform, jedoch nicht vor Eingang der Ware beim Empfänger, bei der wiederkehrenden Lieferung gleichartiger Waren nicht vor Eingang der ersten Teillieferung und auch nicht vor Erfüllung unserer Pflichten gemäß Artikel 246 § 2 in Verbindung mit § 1 Absatz 1 und 2 EGBGB sowie unserer Pflichten gemäß § 312g Absatz 1 Satz 1 BGB in Verbindung mit Artikel 246 § 3 EGBGB. Zur Wahrung der Widerrufsfrist genügt die rechtzeitige Absendung des Widerrufs oder der Sache.

Der Widerruf ist per Brief zu richten an:

EduMedia GmbH
Ziegelhüttenweg 4
98693 Ilmenau

oder per Tel.: 0 50 31 / 90 98 00
oder per Fax an: (05031) 90 98 01
oder per E-Mai an: info@edumedia.de

§ 2 Widerrufsfolgen

Im Falle eines wirksamen Widerrufs sind die beiderseits empfangenen Leistungen zurückzugewähren und ggf. gezogene Nutzungen (z.B. Zinsen) herauszugeben. Können Sie uns die empfangene Leistung sowie Nutzungen (z.B. Gebrauchsvorteile) nicht oder teilweise nicht oder nur in verschlechtertem Zustand zurückgewähren bezie-hungsweise herausgeben, müssen Sie uns insoweit Wertersatz leisten. Wertersatz für gezogene Nutzungen müssen Sie nur leisten, soweit Sie die Ware in einer Art und Weise genutzt haben, die über die Prüfung der Eigenschaften und der Funktionsweise hinausgeht. Unter „Prüfung der Eigenschaften und der Funktionsweise" versteht man das Testen und Ausprobieren der jeweiligen Ware, wie es etwa im Ladengeschäft möglich und üblich ist.
Paketversandfähige Sachen sind auf unsere Gefahr zurückzusenden. Sie haben die regelmäßigen Kosten der Rücksendung zu tragen, wenn die gelieferte Ware der bestellten entspricht und wenn der Preis der zurückzusendenden Sache einen Betrag von 40 Euro nicht übersteigt oder wenn Sie bei einem höheren Preis der Sache zum Zeitpunkt des Widerrufs noch nicht die Gegenleistung oder eine vertraglich vereinbarte Teilzahlung erbracht haben. Andernfalls ist die Rücksendung für Sie kostenfrei. Nicht paketversandfähige Sachen werden bei Ihnen abgeholt. Verpflichtungen zur Erstattung von Zahlungen müssen innerhalb von 30 Tagen erfüllt werden. Die Frist beginnt für Sie mit der Absendung Ihrer Widerrufserklärung oder der Sache, für uns mit deren Empfang.